THE FOREVER DOG

フォーエバードッグ

愛犬が元気に長生きするための最新科学

ロドニー・ハビブ　カレン・ショー・ベッカー
クリスティン・ロバーグ　松丸さとみ［訳］　山下翠［監修］

ユーキャン 自由国民社

THE FOREVER DOG:
Surprising New Science to Help Your Canine Companion Live
Younger, Healthier, and Longer
by Rodney Habib and Dr. Karen Shaw Becker, with Kristin Loberg

私たちにとって最初の教師となった
サム、レジー、ジェミニへ

目次

PART 3
フォーエバードッグの育て方
Pooch Parenting to Build a Forever Dog

著者まえがき

本書は、一次資料、二次情報、さらには追加情報が掲載されたリンクなどから豊富に引用しています。ところが、それら情報の引用元は本書のなかには一切含まれていません。なぜか？　というのも、掲載するにはあまりにも多すぎ、まるで雪崩のようになってしまうからです。ということで、大切な読者のみなさんのために、本書のコストやページ数を少しでも抑えるために、こうした情報はオンライン（www.foreverdog）に掲載することにしました。こうすることで、紙の原料となる木を守れるうえ、本の価格が抑えられて手に取りやすくなるので、誰にとってもいいことずくめです。おまけに、科学的発見が新たにあるたびに、参照情報をその都度アップデートし、できる限り最新の状態に保つことができます。私たちが本書のなかでしている大胆な主張や発言は、すでに確立された定説に異を唱えるものもあります。そのため、正しいとされている科学や歴史的データを含め、この分野に関してくまなく調べました。一見とんでもないもののように思えるような主張を含め、本書に記載しているすべては、議論の余地がないほど確固とした証拠によって裏づけることができます。本書の参照情報のリストは、読者のみなさんが、ペットケアに関するデマを見破り、本物の科学を学び、健康に長生きする愛犬「フォーエバードッグ」を育てるツールを身につけるための魔法の鍵となります。

〔 〕は訳注。

引用文献で和訳書があるものについては、本書で新たに訳した文を使用した。

「1カップ」はすべて、アメリカ式の237ミリリットル。

〈免責事項〉

本書には、獣医療に関するアドバイスと情報が含まれています。これは、獣医師や他の訓練を受けた獣医療専門家のアドバイスを補完するものであり、代替するものではありません。ペットが健康問題を抱えている、またはその可能性があるとわかっている場合は、医療プログラムや治療を始める前に、獣医師のアドバイスを求めることをお勧めします。出版日時点で本書に含まれる情報の正確性を確保するためにあらゆる努力がなされていますが、出版社および著者、翻訳者、監修者は、本書で提案されている方法を適用した結果として生じる可能性のある医療結果についていっさいの責任を負いません。

はじめに　人類最良の友

私たちは誰もが、互いを見送るために歩いている……
……そしてその道のりがずっと続くよう願っている。

――ラム・ダス

――ベッカー博士＆ロドニー

カーティス・ウェルチ医師は、不安を感じていました。1924年の終わり、アラスカ州の小さな町ノームにゆっくりと冬が忍び寄るころ、嫌なことに気づいたのです。扁桃腺や喉の炎症を訴える人が増えていました。アラスカ州で1000人以上の犠牲を出した1918～1919年のインフルエンザ大流行はまだ記憶に新しかったものの、それとは違っていました。患者のなかには、伝染病であるジフテリアの症状を見せる人もいました。この土地で18年以上医師を務めてきたウェルチ医師は、ジフテリアを目にしたことがありませんでした。ジフテリアは、毒素を生み出す細菌の特定の株によって引き起こされる病で、子どもを中心に死に至る可能性があります。厚い偽膜が喉に詰まり呼吸困難になるため、「子どもの首を絞める天使」として知られていました。治療をしないと、窒息死する可能性が高くなります。

翌年1月には、ウェルチ医師が直面していたのはまさにこの恐ろしい病、ジフテリアの大流行であることがはっきりしました。しかし手元には、治療する手立てがありません。命を落とす子どもたちも出始めました。ウェルチ医師の要請により、学校、教会、映画館、宿泊施設はすべて閉鎖され、公共の場での集まりはすべて禁止されました。郵便配達人や緊急かつ必要な用事がある人以外は、電車での移動もできなくなりました。家族にジフテリア感染が疑われた家は、隔離されました。こうした対策は何らかの助けにはなるでしょう。しかしウェルチ医師にとって、約1万人が暮らすこの地域全体を救うために本当に必要なのは、抗毒素血清でした。ところがそれがあるのは、1600キロ以上離れたアンカレッジ。氷が張った港から出ることも、凍てつくなかでオープン・コックピットの飛行機を飛ばすこともできなかったため、数百万キロ離れているも同然です。

奇跡の血清をノームに届けるために、「偉大な慈悲のレース」として歴史に名を刻むことになるレースが行われることになりました。全長千キロメートル以上に及ぶ厳しい荒野、凍てつく水路、木のないツンドラ地帯を、24時間休みなしのリレーで5日半かけて進みます。ソリ用の犬とドライバーが、何チームも参加しました。なかでも、バルトとトーゴーという2匹のシベリアン・ハスキーが、スーパースター犬として名を馳せました。辺り一面がホワイトアウトするほど視界が悪い気象状況のなか、犬たちはほぼ全行程を、視覚ではなく嗅覚に頼りました。非常に危険なこのルートは現在、「アイディタロッド・トレイル」と呼ばれる、有名なトレイルコースの一部となっています。この物語は、犬がいかに驚くべき存在であり、人間と犬が数千年前に恋に落ちて以来、いかにお互いを助け合ってきたかを、鮮やかに語る多くの例の1つにすぎません。

血清のリレーがノームを救ってから100年近く経った今、そして皮肉にも世界を舞台に新たな感染症が地球規模で拡大しているさなかに、私たちは本書を書いています。多くの人にとって死の病であることが明らかになった見えない敵から人類を救うために、世間は今、あのとき慈悲のレースを走った救助犬の現代版ともいえる存在を探し求めています。今回の血清はソリ犬によって届けられる可能性は低いものの（とはいえソリ犬なら、新型コロナウイルス感染症の治療薬やワクチンを人里離れたところにまで届けてくれそうではありますが）、犬たちは、私たちがコロナ禍をなんとか生きながらえる力となる、血清とは違う種類の解毒剤となってくれたのは、疑いようがありません。アメリカでは全世帯の半数以上がペットを飼っており、犬は猫を凌ぎ最多となっています。ある推計によると、コロナ禍を理由にペットを飼い始めた人の割合は、全成人で8%ですが、18歳未満の子どもを持つ成人では12%に達します。ペットを飼う傾向は高まっており、今後も続くものと私たちは考えています。

多くの飼い主（*註1）にとって犬は、リフレッシュできるのんびりした散歩で楽園のような気分を味わわせてくれ、自宅ではいつもハグやキスの相手になってくれます。常に変わらない安心感とスキンシップ、そして無条件の愛を与えてくれます。嫌なニュースを忘れさせ、明日への希望を持たせてくれるのです。なかには、ワイナリーやブリュワリーで働く、お酒を運んでくれる犬もいます。また、空港の検疫所で活躍できるように、病気に罹患している人をにおいで嗅ぎ分けられるよう科学者が訓練している犬種もあります。

コロナ禍での経験は、人生において犬が大切な存在であること、そして人類が前に進み、いうなれば「生きながらえる」よう犬が助けてくれる役割を担っていることを、浮き彫りにしました。犬が生きるために私たち人間に頼っているのと同じように、私たちもまた、数え切れないほどの面で犬を頼りにしています。犬は究極的には、身体的、精神的、感情的、さらには職業的にも（今や多数の企業が、会社で飼っている犬を従業員として扱っています）、私たちがより良い人間となるよう、力を貸してくれます。犬を飼う人間は長生きすることが証明されている、というのは本当です。人の健康と犬とを結びつける証拠は増え続けており、全体的なストレス・レベルや孤独感を下げる、といったわかりやすい理由だけにとどまりません。犬のおかげで血圧が下がり、活動的になり、心臓発作や脳卒中のリスクが下がり、自己肯定感が高まり、人と関わるようになり、自然のなかに出て行かざるを得なくなり、さらには、安心感、人とのつながり、充足感を抱かせる強力な化学物質を体内に放出することが、研究で明らかになっています。ある研究ではさらに、あらゆる死因による死（科学論文ではよく「全死亡」と表現されます）のリスクが、犬を飼うことで24％低下することが明らかになりました。また、心血管系の基礎疾患がある人はアメリカだけでも数百万人に達しますが、そのような人にとっては、さらにリスクが下がります。２０１４年、スコットランドの科学者が計算したところ、犬を飼っている場合、とりわけ人生の後半に飼っている場合、老化時計の針を巻き戻し、行動が――さらには気分も――10歳若くなる可能性があるとの結果がはじき出されました。また、犬が子どもの免疫力を強化し、思春期（自信喪失、仲間からの批判、大人からの期待、情緒不安に苛まれることが多い時期）のストレス要因を和らげる可能性があることもわかっています。

犬は、私たち人間が予定を滞りなくこなせるようにしてくれ（ごはんや散歩など、時間どおりにしてあげないといけませんから）、私たち家族を守り、危険を察知するなど、さまざまな形で私たち人間の役に立ってくれます。地震が来る数分前に察知したり、空気のなかに漂う、大嵐や津波を告げる環境変化を嗅ぎ分けたりできます。鋭い感覚のおかげで、犯罪者を追跡したり、違法薬物や爆発物を見つけたり、身動きがとれなくなっている人、あるいは最悪の場合は亡くなった人の居場所を突き止めたりする際に、優秀な助っ人になってくれます。犬の優れた嗅覚は、がん、糖尿病患者の危険な低血糖、妊娠、そして今や新型コロナウイルスまでも嗅ぎつけることができます。また、犬は驚くほどの思考とインスピレーションの源にもなりえます。実は成長期のダーウィンに、体系的な自然学の研究に目を向けさせ、のちに科学的なアプローチを取るようになるきっかけをつくったのは、犬だとする学者もいます（傑作『種の起源』を書いていた書斎のデスクわきには暖炉があり、その前に置かれたバスケットのなかで、賢いテリア犬のポリーがよく丸くなっていました）。ダーウィンはポリーと一緒に窓の外を眺めながら、外にいる人を見て吠えるポリーに、冗談交じりに「悪い人たちだね」と語りかけ、会話を楽しんでいました。ダーウィン最後の書籍となった１８７２年の『*The Expression of the Emotions in Man and Animals*』〔日本語版は岩波書店から１９３１年に『人及び動物の表情について』として刊行〕で使われたイラストは、ポリーをモデルにしています。

とはいえ、犬にとって完璧なバラ色の話ばかりというわけではありません。今の私たちが生きているこの時代だけを見ても、測定の方法によっては犬の寿命は短くなっており、純血種の犬においてはとりわけそれが顕著です。この発言が、大胆かつ物議を醸すものであることは承知していますが、少し辛抱して読み進めてください。確かに人間同様、寿命が延びた犬はたくさんいます。とはいえ、慢性病が原因で早くに死んでしまう犬が、かつてないほどに増えているのです。高齢犬の最多の死因はがんであり、僅差で肥満、臓器変性、自己免疫疾患、糖尿病と続きます（若い犬で多い死因は、外傷、先天性疾患、感染症）。私たちはこれまで、できる限り（フォーエバー《永遠に》とまでいかずとも、せめて健康でいられる間、つまり健康寿命の間は）犬と長く一緒に暮らしたいと願う、数えきれないほど多くの飼い主と会ってきました（「寿命」と「健康寿命」は異なる2つの重要な言葉であり、同じではありません。このあと詳しく説明します）。

最初からはっきりお伝えしておきましょう。本書は、犬が文字どおり永遠に生き続ける方法をみなさんに教えようとするものではありません。また、犬の健康に関するありとあらゆる問題を解決するものでもありません。どの犬のタイプにも、健康状態にはさまざまな要素や潜在的な組み合わせが多くあり、すべての可能性をピンポイントで治療するのは不可能です（とはいえ、ペットに関する個人的な悩み解決の糸口は、私たちのウェブサイト www.foreverdog.com で見つけられます）。本書の狙いは、読者のみなさんが自分の環境に合わせてアレンジできる、科学に裏づけされた一番いい犬の飼い方の枠組みを提供することです。そして本書のタイトルを『FOREVER DOG』（フォーエバードッグ、永遠の犬）としたのは、永遠に生きてほしいという暗喩と強い願いを込めるためでした。最期の最期――それがいつであれ――まで、イキイキと生涯を全うする犬になってもらいたいという強い願いです。死んでも、犬は私たちとともにあり続けます。結局のところ、犬はこの世を去っても、私たちの心と思い出に永遠に残り続けるのです。あなたのわんちゃんは、あなたのもとで終の棲家を見つけました。あなた自身も、一緒のひとときを思う存分楽しみたいはずです。

FOREVER DOG（フォーエバードッグ）……家畜化された肉食性の哺乳動物で、ハイイロオオカミの種族の子孫。変性疾患を煩うことなく、健康で長生きする。ある意味それは、その飼い主が、健康と長寿につながる選択肢を選び賢明な決定を意図的に下した結果といえる。

興味深いことに、人がペットを家族の一員と考えるようになったのは、第二次世界大戦のあとでした。人間と動物との関係の変化を分析している歴史地理学者が２０２０年、イギリスのハイドパークにある、１８８１年にまで遡る墓石を観察して、ついに突き止めました。このひっそりとしたペット霊園で１８８１年から１９９１年までに立てられた１１６９もの墓石からデータを集めたところ、ペットを家族の一員として表現した文字が刻まれたものは、１９１０年以前にはわずか3基――調査した墓石の1％未満――しかないことがわかりました。しかし戦後、ペットを家族だと表現した墓石は20％弱となり、ペットの名前に苗字を使ったものは11％ありました。こうした調査をする人は、動物考古学者と呼ばれています。彼らはまた、時間の経過とともに、猫のお墓が増えたことにも気づきました。２０１６年になると、ニューヨーク州は初めて、ペットを人間の墓地に飼い主とともに埋葬することを合法としました。ペットが私たちと一緒に天国にいる価値があるのなら、この地上でだって、私たちと一緒に過ごし、いい犬生を生きる価値があるはずです。

私たちの使命は、数千万人に上る犬の飼い主や、犬を飼いたいと思っている人たちに力を与えること、ペットの健康を維持したり向上したりするために、飼い主がペットの世話の仕方を変えること、そして究極的には、世界中の犬の寿命を延ばすことです。犬は、慢性病や変性、障害を抱えずに生きるだけの価値があります。こうした健康上の問題が否応なしに起こるのは、年齢だけが理由ではありません（人間も同じです！）。しかし犬の寿命を延ばす目標を実現するには、考え方を変える必要があります。そしてそのために本書は、犬の寿命を延ばすのに重要な要素をすべて盛り込んだ、科学に裏づけされた活気溢れるツアーに、読者のみなさんをご招待します。科学の細かい部分に触れますが、わかりやすく説明することをお約束します。本書に盛り込んだ研究は、読者のみなさんに知識やインスピレーションを与えるためのものです。そして、みなさんの愛犬の健康と寿命を最大限にするには、生活習慣を変える必要がありますが、本書はそれを安心してできるだけのデータと背景説明を提供するものでもあります。こうした心身の健康状態《ウェルネス》のコンセプトにどれほど親しんでいるか、あるいは知らないかによって、私たちの提案が途方もないものに感じる可能性もあります。そのため、みなさんの心の余裕や、スケジュール、予算に応じて、できる範囲で取り入れられるよう、小さなステップの選択肢も用意しています。ペットの生活の質を可能な限り良くするためのヒントや手段を探し求めているさまざまな人たちから、私たちは毎日のように質問をもらいます。そのため本書のターゲットとなる読者のみなさんは、幅広く多様で、深遠で熱心であることも、私たちはわかっています。私たち誰もが、さまざまなバックグラウンドや経験を持っていますが、愛犬に関しては、目指すゴールはみんな同じです。

本書は、知らない領域へ入るにあたって細かなガイダンスが必要な人と、科学的な詳細を知りたいと切望している人と、それぞれに向けてバランスを取ることを目指しました。わからない点があったら、あまり気にせず先に読み進めてください。本書を読み終わるまでには、本書で述べている常識的な手法が、腑に落ちるはずです。難解な科学の部分をたとえざっと読んだだけでも、多くの知識をつけてもらえるはずだと確信していますし、本書の至るところで、実用的なアドバイスをお伝えしていきます。犬という存在（そして私たち自身の存在）に関する非常に興味深い事実について、その背景にある生物学をきちんと説明しなかったら、手抜きになってしまうでしょう。また、難解かつデリケートな話題を避けていたら、無責任とも言えると思います。例えば、健康に関心を持っている人たちの間では現在、好むと好まざるとにかかわらず体重が大きな問題である事実を、私たちは誰もが改めて突きつけられています。体についた余分なお肉について話すのはタブーになっており、獣医を含む多くの医師が、自分のクリニックで話題にしたくないと考えています。不快だし気まずいのです。誰かに恥をかかせるかのようで、避けたいテーマです。でも、話題にしないわけにはいきません。誰かに責めを負わせようとしているわけではなく、本書はこの点についても、解決策を提供しています。太りすぎが健康に悪影響を及ぼすとき、それはまるで、鋭い刃物か何かを不器用に持ちながら走るようなものです。愛犬がナイフを咥えながら走り回るようなこと、させる人はいませんよね？　本書で何度も繰り返されるレッスンがあるとしたら、それは**「食べる量を減らし、新鮮なものを食べ、もっと頻繁に体を動かす」**ことです。これは、あなたにとっても、あなたの愛犬にとっても、自明の真理であり、本書から得る最大の学びです。本書の核心をたった一文でお伝えしてしまいましたが、まだ本を閉じないでください。というのも、あなたと愛犬が食べる量を減らし、新鮮なものを食べ、体を動かすための「方法」と、なぜそれが必要なのかという「理由」を、知らなければならないからです。「方法」と「理由」を知れば、自然と実践できるようになります。

技術の進歩、そして哺乳類の体についてここ１００年でわかった知識のおかげで、私たちは今、ワクワクする時代に生きています。細胞内で起きている活動に関する理解は爆発的に深まっており、その新しい知識を、「愛するわんちゃんが、人間とともにできる限り健康にすくすく育つようにする」

という、1つのすばらしい目標に沿って、みなさんにお伝えできるのを私たちはとても嬉しく思います。

本書で学ぶレッスンの多くは、食習慣や栄養に関することを中心に、一般的に信じられている通説や習慣の誤りを暴いています。多くの人間と同じように多くの犬もまた、過食でありながら栄養不足の状態です。毎食のごはんが超加工食品だなんて、恐らくいいことではないと、あなたもわかっているはずです。当たり前ですよね。とはいえ、ほとんどの市販ペットフードはまさに超加工フードであることは、一般的に知られていません。でも、知らなかったのはあなた一人ではありません。どうかあまりショックを受けたり、騙された気になったりしないでください。また、悪い話ばかりではありません。あなたが自分自身の生活で好んで（理想的には節度を持って）食べている加工食品がそうであるように、市販のペットフードも、すっぱりやめなければいけないわけではないのです。本書で示すガイダンスに従えば、適切な量の市販のペットフードを使いながらうまくやりくりできるうえ、新鮮な食べ物に置き換える量も自分で決められます。

新鮮であればあるほど良い……ドッグフードのうち、手づくり、市販の生タイプ、あるいは本物の食べ物を軽く調理したもの、フリーズドライ、低温乾燥させたもの（低温でじっくり水分を蒸発させて乾燥させたもの。高温で乾燥させるいわゆる「カリカリ」などとは異なる。本書では、前者を「低温乾燥」、後者を「ドライ」とする）はどれも、超加工されたカリカリ（いわゆるドライドッグフード）や缶詰と比べると、混ぜ物がかなり少ないフードであり、

「より新鮮」というカテゴリーに当てはまります。本書では、このように加工度が低いフードをすべて、「新鮮な食べ物」と呼んでいます。そして、みなさんの愛犬の食習慣をどう変えれば、こうした食べ物を毎日の食事に取り入れられるかもお伝えします。

前述のとおり、長寿は食べ物に始まりますが、それがすべてではありません。多くの犬が、適切な運動量が足りていないと同時に、環境有害物質や、有害で容赦ないストレスにさらされています。本書ではまた、愛犬の遺伝的な過去や現在を理解し、その情報を使って、例えば最適とは言い難い遺伝的特徴からの影響を軽減するなど、予防的なケアはどうすればいいかも取り上げます。

ここ100年で行われた犬の繁殖活動によって、多くの犬が劇的に変化しました。改善したケースもありますが、残念ながら多くは改悪となっています。もちろん、家畜化によって垂れ耳や従順な遺伝子が生まれましたが、乱暴でいい加減な繁殖によって、潜性遺伝子（劣性遺伝子）ができ、遺伝子欠損をつくり、遺伝子プールが小さくなりました。このような状況は、遺伝的に見て弱い犬をつくり出す「犬種の欠陥」の要因となっています。パグの3匹に1匹は、きちんと歩くことができません。これは、「外見上の特徴を求めた繁殖」が原因で、それが歩行障害や脊髄障害のリスクの高まりなどさまざまな問題につながっています。ドーベルマンの10匹に7匹は、今から何十年も前に起きた「人気のオス親症候群」〔好ましい特徴を兼ね備えたオスを繰り返し繁殖させることで、好ましくない遺伝的特徴も広がること〕のせいで、対になっている遺伝子の1つあるいは両方に、拡張型心筋症の遺伝子を持っています（拡張型心筋症はDCMとも呼ばれ、心臓のポンプ機能の中心となる心室が拡張して収縮力が低下するために、血液を送り出す能力を失う病気で、人間でも一般的な心臓病）。幸いなことに、この状態を変えるために私たちにできることはたくさんあります。犬は、私たち人間にとって「炭鉱のカナリア」です（むしろ「炭鉱の犬」と言うべきでしょうか）。過去50年に犬が苦しんできた健康上の問題は、私たち人間のものとよく似ています。犬は人間と似たように歳を取るものの、そのスピードは人間よりずっと速く、だからこそ科学者は犬を人間の老化のモデルと捉えるようになってきたのです。とはいえ人間とは違い、健康に関する判断をペットは自分で下せません。元気と健康がいつまでも続くよう賢明な選択をするのは、ペット・ペアレント（あるいは、飼い主、保護者など、みなさんが愛犬に対して自分を呼ぶ名称）次第なのです。本書では、できる限り実用的かつ実行可能な形で、その方法をお教えします。

パート1ではまず、犬と人間の共進化〔複数の種が互いに影響しながら進化すること〕という、息をのむほどにすばらしい風景を会話の中心に置きつつ、現代において健康的な犬はほぼ絶滅している状況をざっと見ていきます。犬は大昔、人間に自分を屋内へ連れて行かせ、寒さから避難させ、食べ物を与えるよう働きかけました。そんなとき、初期の人間社会に自分の適所を見つけ出し、それをうまく活用したのかもしれません。

別の言い方をすれば、人が犬に好意的に近寄っていったのではなく、その逆だったのです。犬が人間をお世話係として信頼し、私たち人間はそれを受け入れました。パート1の各章では、現代の犬が心身の健康に関して直面するようになったあらゆる問題について説明し、警鐘を鳴らしつつ、解決策を示唆します。

パート2では、科学的に明らかになったすばらしい知識について詳しく取り上げ、食生活と生活習慣を通じたアンチエイジングについて、私たちが知っていることをお伝えします。食べ物がいかにして遺伝子に語りかけるか、健康にとって、人間の体内微生物が大切なのと同じくらい、犬の腸内にいる細菌（マイクロバイオーム）がいかに大切か、さらには、愛犬が何かを選んだ際にそれに応じてあげ（少なくとも時々は）、愛犬の好みを尊重するのがなぜ重要かについても学びます。

最後にパート3では、私たちが考案したフォーエバードッグ・メソッドを公開し、フォーエバードッグを育てるための実生活での実践法をお教えします。あなたが愛犬に合わせてカスタマイズするのに必要なツールは、すべて本書で提供しています。それが実質的に、愛犬が丈夫でイキイキと健康寿命を過ごせるような状況をつくり出すのです。愛犬のみならず、あなた自身も変わるはずです。何を食べるか、どのくらい体を動かすか、そして果たして自分の生活環境は健康の助けになるか、などについて考えるようになるでしょう。

フォーエバードッグ・メソッド

▼**D**iet（食習慣）と栄養
▼**O**ptimal（最適）な動き
▼**G**enetic（遺伝的）傾向
▼**S**tress（ストレス）と環境

シンプルかつ取り組みやすくするために、各章の終わりに「長寿マニア、本章での学び」や、その日にやってみるべきおすすめの行動をまとめました。本文では、覚えておくべきキーワードを太字で書き、何らかの事実についての記述はテキストボックスにして強調してあります。詳しいハウツーはパート3で説明しますが、そこまで待つ必要はありません。すぐに実践可能な情報を本書の冒頭からお伝えしているので、小さいながらも意義深い変更にすぐに取りかかれます。ここにも、読者のみなさんが本書に求める理想を反映しています。つまり、「なぜ」に対する科学的な答えと、その科学を日々の生活で「どうやって」実践するか、です。

動物を愛する、本書の読者層は非常に多様です。これまで積極的な生き方をしたことがない人にとっては、本書が、これからの長くて健康的な友情の始まりになるよう私たちは願っています。その友情は、愛犬が年齢を重ねていくなかで、心身の健康を最大限にするために私たちができる、あらゆる取り組みを中心としたものです。このコミュニティの中核にいるのは、数多くの「次世代のペット・ペアレント」のみなさん――ペットの健康を育み維持するために、慎重で常識的なアプローチを取っている、自信と知識を兼ね備えたペットの保護者――です。このような献身的なペット・ペアレントはここ10年で、革新的な健康対策を取るようになりました（多くの人たちは、もっとずっと長く取り組んでいます）。そして私たちはそうしたペット・ペアレントから、長寿と健康の秘訣に関する本を書いてほしいとリクエストされていました。適切な科学的知識をまとめた1冊の本があれば、自分のかかりつけの獣医や友達、家族が読めるからです。私たちはまた、犬を飼い始めたばかりで、ライフスタイルを変えたばかり（家族の世話をどうするかも含め）の飼い主にもよく会います。私たちが目指すところは、新たに犬を飼い始めた人も本書のアドバイスに納得できるよう、充分な背景情報を含めることです。また、長寿マニア（愛犬を最適な健康状態にするために、日々の選択肢を常に工夫できないかと考えるバイオハッカー）のみなさんのために、主な研究も掲載したいと考えました。積極的健康〔病気になったら治すというアプローチではなく、よりよく生きたり、病気を予防したりするために健康的な生活習慣にすること〕というコンセプトに出会ったばかりの人たちに、こうした情報をプレッシャーに感じてほしくありません。私たちが目指すところは、インスピレーションを与えること。そのため、アドバイスは1回に1つずつ、あなたにとってやりやすい方法で、愛犬の暮らしに取り入れてみてください。

長寿マニア……健康寿命——生涯のなかで、病気、不調、障害がない期間——を長引かせるため、基本的な生活習慣を活用した、日常的な秘訣を探し求める人のこと。

著者である私たち2人が協力し合うようになったのは、数年前です。本書のこの先のページでは、私たちが個人として、そして2人のコラボレーションとして、どのような道のりを歩んできたかをお伝えします。愛犬家である私たち2人はそれぞれ、動物の健康というわかりにくい世界を、飼い主たちがうまく進んでいけるよう全力で取り組んでおり、そのために出席したカンファレンスやセミナーで何度も鉢合わせていました。ところが当時は、お互いのゴールがどれほど重なり合ったものか、まったく気づいていませんでした。2人の共通の夢を一緒に実現する機会があるとわかってすぐに、仕事のパートナーシップを結ぶことにしました。共通の夢とは、犬とその健康についての人々の認識をアップデートすることです。このタスクが困難なことはわかっていました。ここ数年の間に私たちは、犬の健康、病気、長寿に関する最新の情報を集めるべく、世界のさまざまなところへ足を運びました。一流の遺伝学者、微生物学者、腫瘍学者、感染症専門医、免疫学者、食事療法士や栄養学者、犬の歴史学者、臨床医にインタビューし、私たちの目標の助けとなる最先端のデータを集めました。また、世界最長寿の犬を飼っていた人たちにもインタビューしました。犬が20歳以上、さらには30歳以上というケースもありましたが（人間でいえば、スーパーセンテナリアンと呼ばれる110歳以上の超ご長寿に相当）、それほど長生きするために一体何をしたか——あるいはしなかったか——を尋ねました。そこでわかったことは、ペットの世界を永遠に変える大改革をもたらす可能性を秘めています。私たちが集めた情報（読者のみなさんにとって驚きやモチベーションとなるよう願っています）のほとんどは、世界中の愛すべきペットたちの寿命を引き延ばしてくれるでしょう。あなたの寿命さえ長くなるかもしれません。私たちは、「健康は散歩紐《リード》を伝って人間にも影響する」という言い方をよくしているくらいです。

獣医学は、人間の医学から20年は遅れています。老化細胞を除去するセノリティック（アンチエイジング）の最新の研究はやがてペットにも広がるでしょうが、それまで待ちたくなどありません。また、犬の健康について大切な部分なのに、話題の中心にないものもあります。とはいえ、これは「ワンヘルス」のおかげで変わりつつあります。「ワンヘルス」とは、人間の健康は、動物の健康や、人と動物が共有する環境と密接につながっていることを認識する取り組みです。「ワンヘルス・イニシアチブ」は新しいものではありませんが、医師や整骨医、獣医、歯科医、看護師、科学者が、誰もが同等で包括的な協力を通じて学び合えると知ったおかげで、ここ数年、その重要性を増しています。ワンヘルス・イニシアチブの定義は、「ヒト、動物、環境にとって最適な健康の実現に向けた、複数の分野による地域、国、世界レベルでの協力的な取り組み」とされています。そのため、人と獣医学を統合した研究はまだそこまで主流ではないものの、実現はしつつあります。本書では、人間の健康に関する科学を多く取り上げていますが、それは伴侶動物（ペット）に関して現在進行中の研究の基礎になっているからであり、その逆もしかりです。

本書で取り上げているワンヘルスのコンセプトとその相関関係は、ペット関連のウェビナーや雑誌でそこまで広く発信されているわけではありません。ほとんどの獣医やペットの飼い主は話題にしてもおらず、SNSで取り上げられてもいません……今のところは。私たちは、絶対に必要であるこうした対話を始め、ムーブメントをつくり出したいのです。人間の健康（あるいは不健康）をつくる土台は、犬にも当てはまります。今すぐ、この対話を始めたいと思っています。

備考……本書は共同執筆者の「私たち」として書いていますが、ときおり、個々人（ロドニーあるいはベッカー博士）がそれぞれの意見を述べる場合もあり、その際は、誰が話しているかを明記します。また犬について述べる際は、「彼」や「彼女」という代名詞を使うこともあります。

愛犬の身体面・感情面の健康は、私たち人間が愛犬のためにする選択によってつくられます。そして愛犬の心身の健康はその後、私たちに影響します。「健康は散歩紐《リード》を伝って人間にも影響する」と前述しましたが、このリードは双方向に作用するのです。人間と犬は何世紀にもわたり、互いの人生に影響を与え、豊かにしながら、持ちつ持たれつの絆を育んできました。医学研究の世界がよりグローバルになるにつれ、犬の健康のための選択肢は、人間の健康のための選択肢と同じくらい膨大になっています。私たち誰もが、フォーエバードッグを育てるために賢明に選択する必要があります。

＊註1　ペットとの関係を表現するのに、「ペット・ペアレント」「飼い主」「保護者」などなど、人によってさまざまな言葉を使うものです。「ペット」や「飼い主」という言い方に不快感を示す人もいる一方で、どの言い方が適しているという総意があるわけではないため、ご自身が使いたい言葉を選びましょう。本書では、こうした表現を取り混ぜて使っています。

PART 1

現代の不健康な犬

The Modern, Unwell Dog

1

体調不良

ヒトと犬の寿命はなぜ縮んでいるのか

長寿の動物もいれば短命の動物もいるのはなぜか、
そして要するに生命の長短の原因は何か、調べる必要がある。
――アリストテレス、『On Longevity and Shortness of Life』（命の長短について）、紀元前350年

レジーは、フォーエバードッグになる運命の子でした……少なくとも私たちのなかでは。オスのゴールデン・レトリバーで、10歳にして元気いっぱいでした。外耳炎にかかったこともなく、歯磨きもまったく不要、アレルギーも急性湿疹もなく、多くの中年犬やシニア犬が悩まされるような症状も一切、経験したことがありませんでした。丈夫な体で、獣医へは文字どおり「健康診断」で半年ごとに訪れるだけでした。年2回の血液検査もまた、心臓病をチェックする心臓マーカーを含めて完璧。生まれてからずっと健康上の問題は1つもないうえに、レジーのパパはロドニーという申し分のなさでした。ところが2018年12月31日、レジーは朝食を拒みます。明らかに、どこかがおかしいサインです。2時間もしないうちに、レジーは倒れてしまいました。原因は、心臓の血管にできるがん、心臓血管肉腫でした。健康的から致命的への変化はあまりにも急で、あまりにも思いがけず、そして

衝撃的でした。それから1カ月もせずに、レジーは旅立ってしまいました。

レジーのショッキングな旅立ちによる痛みは、ある事実によってさらに大きなものとなっていました。ロドニーが飼っていたサムという名のメスのホワイト・シェパードは、遺伝性の病気で死ぬだろうと誰もが知っていたからです。それがいつかはわかりません。このときから4年前のある日、サムは変性性脊髄症と診断されました。後ろ脚から麻痺が始まり全身に広がっていく、非常に恐ろしい遺伝性の病気です。ところがサムはあらゆる予想を覆し、病気に打ち勝って、体の動きを維持していました。診断が下されてすぐに開始した、毎日の集中理学療法と革新的な神経保護治療のおかげです。しかしそれも、レジーが死んだ日に変わってしまいました。サムとレジーは親友で、レジーが死んだ日、サムも諦めてしまったのは明らかでした。レジーの体調変化とともにサムの体調も急速に悪化し、ロドニーにとって二重の心痛となってしまいました。

レジーとサムを失ったことで、ロドニーの人生は止まってしまいました。死にはそのような力があります。かけがえのない存在を失うと、打ちひしがれたり、絶望したりするどころか、もうこれ以上生きていたいとは思えなくなってしまうものです。この心の痛みは、別れが思いもよらなかったり、時期尚早だったりすればなおさらです。しかしどんな状況であれ、存在を失うことに変わりありません。グリーフ・カウンセラーやセラピストは、愛するペットを失うことは、人間を失うのと何ら変わりないとしています。間違いなく「ビフォー」と「アフター」があり、戻ることはできません。このようなとき、ほとんどの人が到達する結論は二つに一つです。「もうペットは二度と飼わない。あまりにもつらすぎる」か、「またペットを飼うなら次はもっとうまくやる。もっとよく知って、少なくとも同じ過ちは二度と繰り返さない」か。もしあなたが後者なら、本書はあなたのためにあります。

本書の執筆は、ロドニーにとってある種のセラピーであり、私たち2人にとっては人間としての成長の機会となりました。遺伝学の捉え方については特にそうです。遺伝のせいで犬を失うなど、ほとんどの人はあまり考えません。それが生後8週間の、もふもふしたかわいい子犬を眺めているときならなおさらです。新しい獣医を訪れ、愛犬の問診票に記入する際、人間の病院で新規患者にされる質問と同じものを目にすることはありません（つまり、「父方の祖父母の死因は何ですか?」「母方の祖父母の死因は何ですか?」「家族にがんの既往歴がある人はいますか?」「きょうだいのなかに、特定の病気の診断を受けたことがある人はいますか?」など）。獣医の分野において、このような質問への答えがわかれば目から鱗が落ちる情報となりますが、不可能でしょう。これが可能であれば、犬のゲノムに深刻かつ有害な変化が、（すべてを考慮すれば）比較的短期間で起きたという事実が、もっと認識されるはずです。

レジーを襲ったがんは、ほかの犬種よりゴールデン・レトリバーによく見られるものでした。そしてそれは、主にゴールデン・レトリバーの繁殖法に原因があります。現在のゴールデン・レトリバーのほとんどが、特定のがんにかかりやすい遺伝子を抱えているのです。同様に、チョコレート色のラブラドール・レトリバーは、ほかのラブラドール・レトリバーと比べ10％ほど短命ですが、これはチョコレート色の被毛を求めた人為選択が、同時に有害な遺伝子をもたらしたのが原因です。遺伝的特徴や遺伝子の多様性の欠如、遺伝子の欠損、さらには遺伝子の突然変異がいかにして、愛犬の全体的な健康や病気に関係するかを説明するには、科学を細かく説明する専門書が必要となります。しかし本書は、私たちが経験してきた遺伝子にまつわる悲劇を、可能な限り避けるための交通ルールをお伝えしたいのです。子犬にお金を払う人（つまり里親になったり保護したりしない人）には、子犬の購入先となるブリーダー候補に答えてもらうべき、びっくりするほど長い質問表を本書では用意しています。心から満足のいく回答がない限り、ビタ一文たりとも払ってはいけません。ブリーダーから犬を購入するなら、輝かしい遺伝子にお金を使ってください。

愛犬の遺伝子情報が一体何か見当もつかない人（そして理由が何であれ、今後も知ることはないと思われる人）や、パピーミル（子犬工場）と呼ばれる劣悪な繁殖業者から、遺伝子が傷つけられた犬を受け入れた人も、落胆しないでください。私たちは、世界屈指の犬の遺伝学者数名にインタビューしましたが、全員が同じことを言っています――劣悪な遺伝子を持っていても、エピジェネティクスを活用することで、犬の健康寿命を最大限に延ばす希望はあります。愛犬のＤＮＡを変えることはできませんが、**遺伝子発現にポジティブな影響を与え、コントロールできるとする研究は山のようにあるのです**。そして本書はまさに、それについて書いており、エピジェネティクスの魔法についても説明しています。

飼い主としての私たちの役目は、愛犬の寿命を引き延ばすために、可能な限りの障害物を取り除き、愛犬を最大限に健康にしてあげること。そして私たちのゴールは、質の高い生活で毎日を精一杯生きられるよう、愛犬の力になることです。

ではなぜ、獣医学の知識がかつてないほどに深まった21世紀の今、愛犬たちは病気や機能障害のない生き方ができないのでしょうか？　確かに、人間の寿命の方が概して犬より長い状態は今後も続くでしょう。でも、犬が早死にするのを目にする心痛など、受け入れるべきではありません。なかには、生涯のうちに複数の犬で何度もこの心痛を経験する人もいるでしょう。これは変えられるのでしょうか？　遺伝子が傷つけられた犬について、一緒に過ごす時間を長らえられないのなら、せめて一緒にいる間だけでも、生活の質を大幅に改善してあげることはできるのでしょうか？　見込みが低くても、抗うことはできるのでしょうか？　答えは間違いなくイエスです。たとえ遺伝子の宝くじに当たり、病気や機能障害を引き起こす可能性のある遺伝子が隠れていない犬でさえも、早死にしてしまう可能性はあります。これもまた、「なぜ」を理解することで、是正できます。それにはまず、犬にとってお気に入りのパートナーである人間を見てみましょう。

健康な犬の絶滅

古代ギリシアの哲学者であり科学者でもあったアリストテレスは、時代を先んじていました。ほとんどの人はアリストテレスを、倫理、論理、教育、政治に関する気高く難解な英知を広めた人物だと思っていますが、彼はまた、自然科学と物理の博識者でもあり、動物学の観察と理論における先駆者でもありました。犬とそのさまざまな性格について本まで書いており、そのなかで、ホメロスの手による古代ギリシアの叙情詩に登場するオデュッセウスの忠犬アルゴスの長寿を称賛しています。オデュッセウスはトロイで10年戦い、その後10年かけてようやくイタケーの王国に戻った際、家族や友人の忠誠を試すために、物乞いに変装しました。高齢の愛犬アルゴスだけが、飼い主のオデュッセウスだと認識し、尻尾を振って大喜びで迎え入れ、その後間もなくして喜びのなかで死にました。アルゴスは20歳を優に超えていました。

老化の謎は、２０００年以上も議論されてきました。アリストテレスは、老化には潤いが関係すると考えました（その推論は、象がネズミより長生きなのは、象の方が液体を多く含んでおり、乾燥するのに時間がかかるからというものでした）。それがまったく正しいわけではありませんが、ほかの多くについては正しく、今ある複数の学派の土台をつくりました。

若さを保ちつつ、活動的で病気もなく、老化の影響を避けながら寿命まで健康的に生きるには何をすべきか、ともし聞かれたら、あなたは何と答えるでしょうか？　恐らく、以下の一部またはすべてではないでしょうか……

▼理想的な体重、健全な代謝、体力を維持するために、栄養価の高い食べ物と定期的な運動を優先する
▼毎晩熟睡して疲れを取る
▼（犬に手伝ってもらいつつ）ストレスと不安をコントロールする
▼事故、発がん性物質、その他の有害物質、致命的な感染症を避ける
▼積極的に交流して人と関わり合い、認知面で刺激を受ける（つまり学習の継続）
▼長寿の遺伝子を持つ両親を選ぶ

最後の項目は明らかに、自分でどうにかできるものではありません。とはいえ、あなたがもし完璧な遺伝子を持って生まれてきた人でなくても（完璧な遺伝子など存在しません）、寿命に関して言えば、遺伝子の影響は想像以上にずっと小さいので、安心してください。これは、最近登場した壮大な家系図データベースの分析によって、ようやく科学的に判明しました。新たに行われた計算によると、遺伝子が人の寿命に影響する割合は、7％を大きく下回ります。直近で推測されていた、20〜30％ではないのです。これはつまり、あなたの寿命の大部分は自分でコントロールできるということであり、どんな生活習慣を選ぶか——何を食べて飲み、どれだけの頻度で汗をかき、どれだけしっかり睡眠を取り、何にイライラするのか（そしてそれをどうやりすごすのか）、さらには、人間関係や人付き合いの輪の質や強さ、結婚相手、医療や教育を利用できるかといったその他の要素——によるということです。

この新しい数字は、アメリカ遺伝学会の科学者が２０１８年に行った、19世紀から20世紀半ばに生まれた4億人以上の家系図を対象とした、配偶者同士の寿命に関する研究で算出されたものです。研究から、配偶者同士の寿命は似ていることがわかりました。きょうだい以上に似ていたのです。そのような結果は、遺伝子以外による影響が大きいことを示唆しています。というのも、人は一般的に、配偶者とは同じ遺伝的変異を持っていないためです。とはいえ2人は、食習慣や運動習慣、居住地が病気の発生地域から遠い、清潔な水を利用できる、識字能力、非喫煙者である、といった要素は同じである可能性が高いでしょう。これには納得がいきます。人は、自分と似たライフスタイルの人をパートナーとして選びがちだからです。喫煙者で1日中テレビを見て過ごすタイプの人が、競争好きで喫煙しない運動オタクと付き合っているのはあまり見ません。それがイデオロギーであれ、価値観、趣味、習慣であれ、人は、自分が好きなものを好きでいる人と一緒に生き（そして子どもをもうけ）たいと思うものなのです。この現象には実は、名前があります。「同類交配」といいます。私たちは、自分に似た相手を選びがちなのです。

誰もが、健康的にできるだけ長く生きたいと思っています。アンチエイジングの研究者のほとんどは、永遠の命を探し求めているわけではありません。恐らくあなたも、同じではないでしょうか。私たち誰もが切望しているのは、健康寿命を伸ばすことです。喜びに満ちてイキイキした日々を10年、20年加え、「老齢者」として過ごす期間を短縮したいのです。理想の世界なら、最後に夢のようなダンスを踊ったあと、眠りに落ちて静かに「老衰」で息を引き取ります。痛みもなければ、何年も何十年も慢性病を抱えることもありません。その日をなんとか生きるために強力な薬物に頼ることもありません。そして、ペットにもそうであってほしいものです。ありがたいことに、老化の生物学に関する現在の科学的知見は、情報を行動に移して適切な対策を講じることで、**犬の健康寿命を3～4年延ばすことができる**ほど進んでいると考えられるのです。3～4年は、犬にしたらかなりの年数です。保証はできませんが、自信をもって言えます。効果が実証された戦略を実行に移せば、ボーナスともいえるこの数年を、あなたの愛犬が手にする可能性を引き上げることができます。

「曲線を直角に」（「死亡曲線を直角に」）とは、寿命を延ばす1つの捉え方です。この場合、罹患リスク（死亡する可能性）は、年齢を重ねても低いままであることを示しています。年齢に伴い弱っていくというより、健康な状態が死ぬ直前まで続くのです。こうしたいわゆる「ピンピンコロリ」という生き方（そして死に方）は私たちにとって好ましいものである一方、私たちが「こうなる」と思い込むよう条件づけられてきたこと（次ページの図の中に点線で示された下降線）とはかなり対照的です。中年期、あるいは間違いなく定年退職するころまでには、さまざまな身体的症状が出てきて、体の動きや脳の機能に影響します。また、ガタが出てきた体をなんとか保つための処方薬は日々増えていくでしょう。そして、がんかアルツハイマー病を発症するか、心臓発作、脳卒中、臓器不全に見舞

QOLのカーブを直角にする

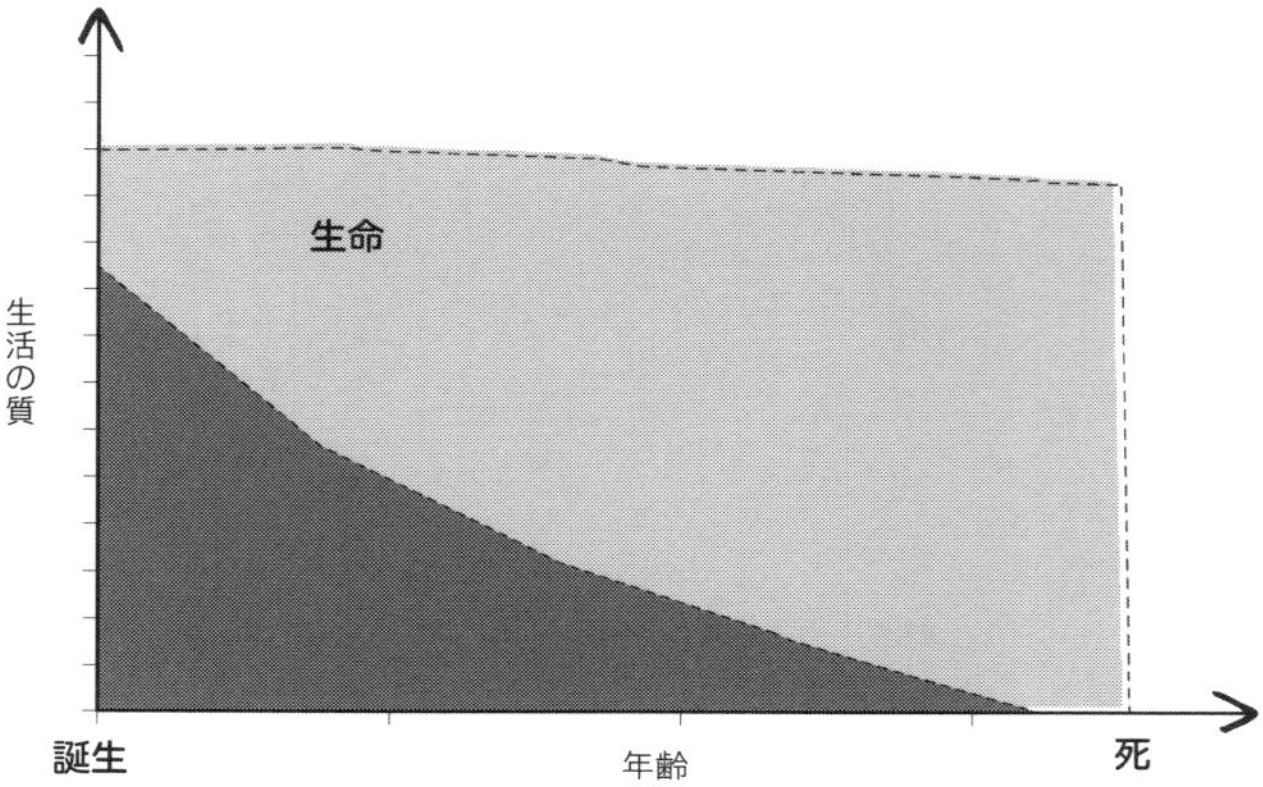

われてしばらくもがき、死に至るのです。ゾッとします。科学によると、どのような生活習慣を選ぶかで、この2つのシナリオのどちらが現実となるかに、かなり影響を与えられます。では、飼い犬はどうでしょうか？　私たちの管理下にいるため、愛犬は自分で最善の選択をすることはできません。そして現在のところ、愛犬が幸せに長生きするための青写真は存在しません。だからこそ、私たちはこの仕事にとても情熱を持っているのです。

世界最高齢の犬に関する研究から集めた英知を、最新の長寿研究や、新興のトランスレーショナル・サイエンス〔橋渡し科学。基礎研究で得られた有望な結果を、新しい医療としての実用へつなげていくこと〕と組み合わせることで、愛犬のために賢明な決断を下すのに必要な知識を、みなさんに与えられればと私たちは思っています。愛犬のために、充分な情報をもとに一貫した生活習慣を選ぶことで、リスクの高い要因や早すぎる衰えを避ける方向に進むようになります。統計的に、これにより健康寿命が延びます。

フォーエバードッグの一生

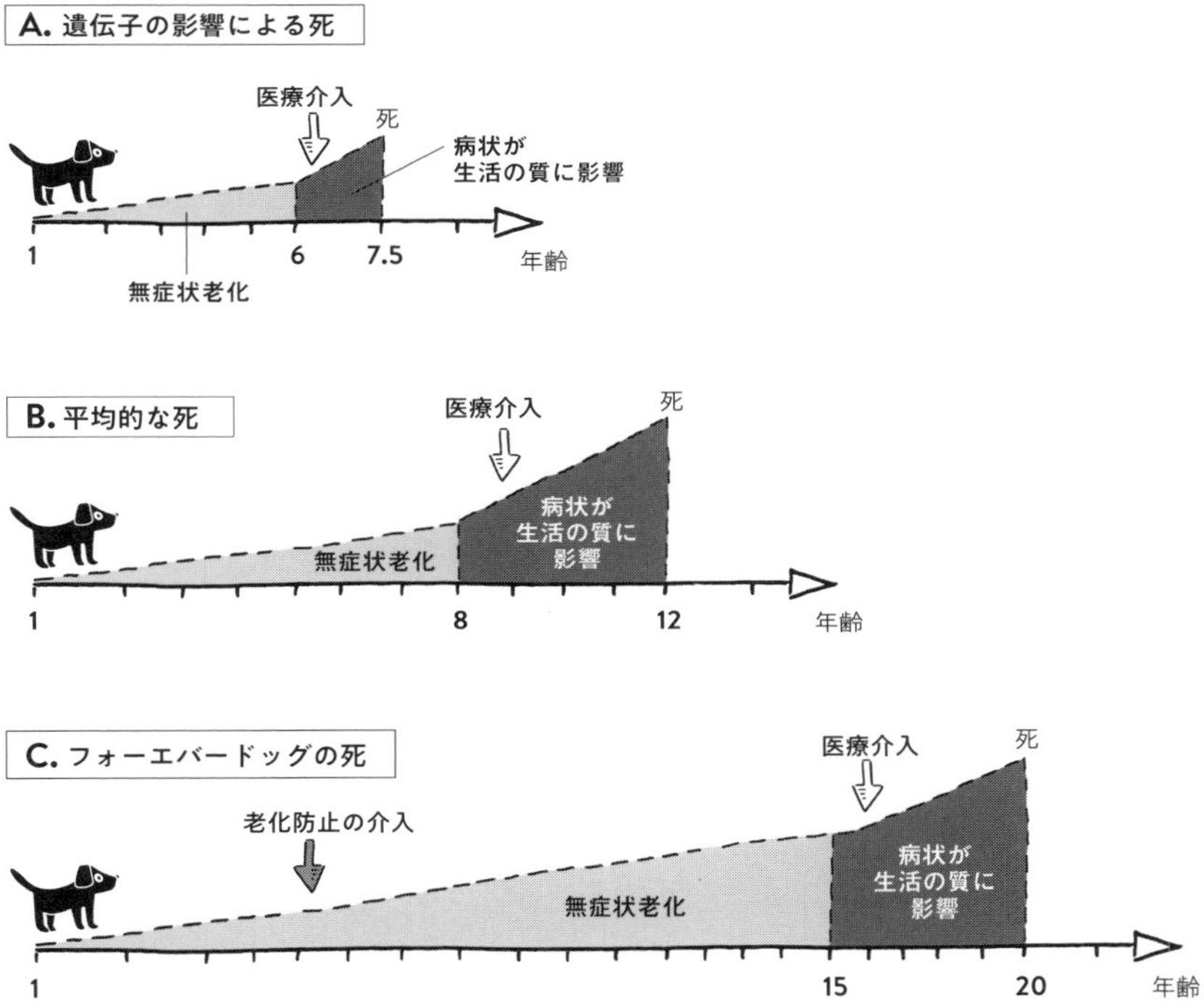

当然ながら、人間の長寿に関する要因のなかには、犬に当てはまらないものもあります――犬は学位を取得しなければ、喫煙もしないし、結婚もしません。

さらに、後述するとおり一部の犬は、長寿の方程式に遺伝子がほかの犬より少し大きく影響する可能性があります。とはいえ、遺伝子の部分は少し脇へ置いておきましょう。というのも、環境による影響力は、単なる遺伝子による影響力を凌ぐからです。あとの章で取り上げるとおり、結局のところ遺伝子は、その環境という枠のなかで動くものであり、そこには、やってみる価値のある思考実験があります。

確かに犬には、人間との共通点がたくさんあります。私たちの家に住み、私たちの空気（や副流煙）を吸い、私たちの水を飲み、私たちの指示に従い、私たちの感情を感じ取り、私たちの食べ物を食べ、ときには私たちのベッドで寝るのです。犬以上に人間の環境を共有している動物は、ほかになかなかいません。誰かに愛されるペットでいて、相手の意のままでいる（でもそれを嬉しいと思う）というのはどういう感じなのか、自分がそうなったところを想像してみるといいかもしれません。

あなたは、規則的な間隔で食べ物を与えられ、散歩に連れて行かれます。お風呂に入れてもらったり、ブラッシング、キス、抱っこをしてもらったりします。お昼寝するお気に入りの場所があり、お気に入りのおもちゃがあり、においを嗅いだりうんちしたりするお気に入りの場所もあります。公園には友達がおり、犬の仲間や飼い主と一緒に遊ぶのも大好きです。特に外で泥んこになったり、知らない場所を探索したり、別の犬のお尻のにおいを嗅いだり、誰かと新しいやり取りをしたりするのが大好きです。

このようなイメージは、子どものころを思い出すかもしれません。世話をしてもらったり、いろいろな意味できれいにしてもらったり、身の安全を確保してもらったりするために、大人に完全に依存していたころです。ある程度の抵抗はできたかもしれませんが、何を食べるか、いつお風呂に入るか、公園や遊び場に何回連れて行ってもらえるかについて、意見などほぼ言えなかったでしょう。でも、従うことしか知らないので従いました。本能的に、自分の親または保護者に対し、生まれながらの信頼をほぼ間違いなく寄せていたのです。そしてその育てられ方によって形成された習慣とともに、あなたは育ちました。大人になった今、自分の健康（あるいは不健康）の大部分が、毎日の習慣（長寿を支えるものか、慢性病へと駆り立てるものかにせよ）に起因しているのではないでしょうか。

ほとんどの人は、成長するに伴い自立し、年齢を重ねるごとに自分のニーズや好みに合わせて習慣を変えられるようになります。でも犬は、生涯ずっと私たちに依存します。生涯を通じて、私たちは犬にほとんど選択肢を与えません。そして病気にかかると、「何が悪かったんだろう？」と考えます。

人間はいわゆる文明病と呼ばれる、糖尿病、心臓病、認知症など、生活習慣（栄養価の低い食生活や運動不足など）によってもたらされる病気にかかることが増えてきたのは、よく知られています。何年あるいは何十年もかけて津波がゆっくりと押し寄せ、ある日、生物学的な意味での海岸線へと到達します。主に、栄養や衛生状態の改善や薬の発展のおかげで、私たちは１００年前の人より長生きかもしれませんが、果たしてより健康に長生きできているのでしょうか？

世界保健機関（ＷＨＯ）によると、１９００年の世界の平均寿命は、わずか31歳でした。もっとも裕福な国々でさえ、50歳に満たなかったのです（アメリカは約47歳）。とはいえ、こうした数字はそこまで重要ではありません。なぜなら、20世紀初頭の「平均」寿命は、感染症で早死にした犠牲者によって、子どもを中心に下がっているからです。抗生物質が広く利用されるようになり、多くの病気の治療法がわかるようになると、平均寿命は著しく延びました。21世紀になるころまでには、死亡と障害の主な原因は、感染症や乳児死亡から、成人時の非感染症（あるいは慢性病）へとシフトしました。

新型コロナウイルス感染症のパンデミックによって数字が歪んでしまう前の2019年までには、アメリカの平均寿命は79歳に迫っており、日本では84・5歳に達していました。でも、ちょっと聞いてください。アメリカに現在住んでいる人のうち、80歳以上まで生きられるのは50%に満たないのです。3分の2はがんか心臓病で亡くなり、80歳を超えて生きながらえる「半数のラッキーな人たち」の多くが、サルコペニア（加齢に伴う筋肉組織の減少）、認知症、パーキンソン病にかかります。さらに近年、せっかく延びた寿命は新型コロナのパンデミックの影響以上に短縮しており、数字から判断するに、健康寿命を長引かせる能力は減速（見方によっては、完全に停止）していることが見て取れます。20世紀、寿命は大きく延びました。しかし健康寿命の引き延ばしに関しては、主に私たち自らが課した原因により、取り組みのハードルは以前よりも上がっています。年齢のせいで体にガタが来るのは避けられません。ところが、本来なら避けられる可能性が高い、最終的に難治性の慢性病となるような病気に屈してしまうことが増えています。

でも、必ずしもこうである必要はありません。がん、心臓病、代謝機能不全（インスリン抵抗性や糖尿病）、パーキンソン病やアルツハイマー病といった神経変性疾患は、近代化された国々の狭い地域さえも含む世界の多くの場所で、現在も珍しい病気となっています。「ブルーゾーン」として知られる「長寿地域」では、100歳を超える人の数はアメリカ人の3倍に達し、私たちよりずっと長く記憶力や健康を維持します（＊註1）。もっとも権威ある医学誌の1つである『ランセット』は2019年、世界の死亡数の5件に1件が、不健康な食生活によるものであるという憂慮すべき研究を掲載しました。人々は糖分、精製食品、加工肉を取りすぎており、近代文明病の要因となっています。そしてこれは、原材料だけの話ではなく、量も問題です。現代の食品は多くの場合、過剰消費に向けてつくられており、前述のとおり、私たちは過食でありながら栄養不足になっているのです。同じことがいかに多くの犬にもいえるかを、後ほど見ていきます。初めての健康診断で獣医を訪れた犬3884匹を対象にイングランドで行われた実験では、健康障害が1つ以上あると診断された犬は、75・8％に達しました。

ご存知のとおり、肥満は裕福な先進国を中心に、世界のほとんどの地域で主要な問題となっています。私たちは本書で、肥満という言葉を慎重に、かつ善意で使っています。気づくことで、行動を起こせるからです。製薬の研究開発に何兆ドルと費やしているにもかかわらず、がん、心血管疾患、神経変性疾患にかかってしまうリスクは高まり続けていること、そしてそれは危険な体重過多に関係していることがわかっています。では、犬はどうでしょうか？　飼い犬もまた、体重が増えています。アメリカのペットの半数以上は、体重過多か肥満です。ペットが太っている原因はたくさんありますが、ペットフード産業がいかにして、ファストフードのような勢いでわずか60年足らずで600億ドル規模に成長したかを理解すれば、問題の大部分のヒントが見えてきます。

体重過多（肥満を含む）の犬の研究は長くされてきており、深刻な窮状の最大の原因は、①犬にどんな食べ物をどう与えているか、②犬がどのくらい運動しているか、の2つのようです。興味深いことに、犬の飼い主2300人強を対象に2020年にオランダで行われた研究から、「消極的飼育」が、体重過多の犬や太りすぎの犬につながることがわかりました。ちょうど、人間の消極的子育てが体重過多の（うえ問題行動の多い）子どもと関係があるのと同じです。この研究では、体重過多の犬の飼い主は、犬を「赤ちゃん」と見て人間のベッドで寝ることを許しつつ、その一方で食事制限や運動を優先させない傾向にありました。こうした体重過多の犬にはまた、知らない人に吠える、唸る、攻撃的になる、屋外にいるのを怖がる、命令を無視するといった「数多くの問題行動」の傾向が見られました。

一般的に考えられていることとは裏腹に、**犬は炭水化物を取る必要がありません。一方で穀物をベースにした平均的な食べ物はたいてい、1袋の50%以上が炭水化物です。そしてその炭水化物は主に、インスリンが上がるトウモロコシやじゃがいもからできています。**これではまるで、フードボウル1杯のカリカリには、糖尿病と「剤」(つまり殺虫剤、除草剤、防カビ剤)が入っているようなものです。トウモロコシは炭水化物が豊富なことに加え、犬の血糖値を急速に上げるうえ、かなりの農薬が使われています。アメリカ全土で使用されている農薬の30%が、トウモロコシに使われているのです。穀物が入っていないという意味の「グレインフリー」のドッグフードも似たようなもので、平均で約40%が糖質やでんぷんです。「健康」だとアピールしているように見える「グレインフリー」というラベルに騙されないでください。グレインフリーのカリカリのなかには、ほかのどのペットフードよりも多くのでんぷんが入っているものもあります。のちに詳しく説明しますが、ペットフード業界におけるラベルづけの手法は、人間の食料品店で目にするごまかしに匹敵します。でんぷんが大量に含まれた食べ物は、さまざまな変性疾患の土台づくりをします。しかしそうした疾患は、代謝にそこまで負担をかけない食べ物を選べば避けられるのです。

私たちは、加工を最小限に抑えた、新鮮で可能な限り自然な形の食べ物を、バラエティ豊かに食べることがいいと考えています(これが何を意味するかはあとで定義します)。あなた自身だって、そういう食べ物を食べたいはずです。**愛犬が毎日食べる加工ペットフード（カリカリ）のうちわずか10％を新鮮な食べ物に置き換えるだけで、体にポジティブな変化をもたらします。**つまり、愛犬の健康の改善に関しては、「オール・オア・ナッシング」の考え方ではないのです。この10％の置き換えは、単にごほうびの種類を変えるだけで達成できます。自分であえて食べたいとは思わない市販の犬用ごほうびをやめて、例えば一握りのブルーベリーや、一口サイズの生ニンジンなど、自分も実際に口にする何かに変えればいいのです。小さな一歩一歩が、健康面全体の大きなメリットになる可能性を秘めています。本書での提案は、実践的で経済的、時間的にも無理のないものになっています。いったん食べ物が持つパワーを理解すれば、自分のそれまでのやり方を変えようというモチベーションが生まれるでしょう。本書ではその後、段階を追って実践できるアドバイスをたくさんしています。

食べ物は、愛犬（そして私たち自身）の健康を増進あるいは破壊する、もっとも強力な手段の1つです。癒やすこともできれば、害することもできます。また、質の悪い食べ物をサプリメントで埋め合わせることはできません。それではまるで、栄養のないファストフードを毎日食べながら、マルチビタミン剤を飲んでいるようなものです。砂糖の入った炭酸飲料への依存症を、ジュース・クレンズ〔固形物の代わりに野菜や果物をジュースにしたものを飲んでデトックスする〕で治せるわけがありません。

ほとんどの医学生同様、獣医学生は栄養学について、カリキュラムのなかで詳しく教わっていません。とはいえ獣医の多くは、「がんを患っている犬には、食べてさえくれれば何をあげても構わない」という考え方から、食べ物が免疫反応や病気の回復に大きな役割を果たす事実を認める方向に変わってきています。栄養素と遺伝子とのやり取りに関する学問であるニュートリゲノミクスは、とりわけ病気の予防と治療に関して、すべての犬にとって健康へのカギとなります。愛犬の運命をガラリと変える可能性を与えてくれるのです。私たち2人が出会ったきっかけは実は、ペットの栄養というテーマに関連しています。ロドニーのシェパード、サムは、1歳の誕生日を待たずして命を落とすところでした。「関節をサポートし、免疫機能を促進し、皮膚や被毛に効果的」だと約束するジャーキーのごほうびが汚染されていたせいで、サムの腎臓はボロボロになっていたのです。安楽死させる前のセカンドオピニオンのおかげで、サムは命拾いしました。サムはその後、腎臓を救うための手づくりの特別食に切り替えました。この経験は、食べ物が薬としてのパワーを持っている証拠であり続けています。数年後、サムが受けたがんの診断が最終的に、私たち2人を引き合わせました。そして私たちは、食習慣やペットの栄養と長寿の関係を通じて、ペットにとって最適な健康状態を実現するヒントを探し求める2人組として、活動することになったのです。そこから、腕まくりをして本気で取り組むようになりました。医学誌や獣医学誌に掲載されているあらゆる科学的知識を掘り起こし、世に向けて分かち合うときがきたのでした。

本書ができるまでの裏話

私（ロドニー）がサムを飼うことにしたのは、長年の夢が破れた激動の時期に、自分を慰めるためでした。レバノンからのカナダ移民1世として、家具にはビニールをかけ、ペットなんてとんでもない、という伝統的な家庭で私は育ちました。貧乏学生ではあったものの、フットボールではカナダ代表チームに選ばれるほど活躍し、いつの日かカナディアン・フットボール・リーグでプレイすることを夢見ていました――膝をケガするまでは。そのとき、人生が変わる出来事が2つありました。フットボールの夢を諦めたこと。そしてケガからの回復期間に、映画「アイ・アム・レジェンド」を見たこと。映画でウィル・スミスは、世界が滅亡したあとの孤独を、なんとか生き抜こうともがく男性を演じています。常にその横にいて守ってくれる唯一の友人が、サムという名のシェパードでした。男性と犬との関係は、深く、極めて重要で象徴的なものとなっています。映画は、私の心の琴線に触れました。それまでの私にとって「人間と動物の絆」は、単なる言葉でしかありませんでした。でもそのとき、自分は手にしていない、ものすごいつながりの世界があるのだと感じたのです。人間と動物との間に存在するかもしれない、人生を豊かにしてくれる関係の可能性です。膝の傷が癒え、フットボールの夢は色が褪せていくなか、私は唯一、合理的だと思える行動を起こしました。自分のシェパードを手に入れたのです。名前は当然ながら、サム。そして彼女が来た2008年、すべてが変わりました。

私（ベッカー博士）の場合、動物への愛情は物心ついたときにまで遡ります。動物を助けたいという私の思いが真剣なものだと両親が初めて気づいたのは、1973年ごろ、オハイオ州コロンバスでのある雨の日でした。当時3歳だった私は、自宅近くの歩道で「立ち往生した」イモムシを助けるのを手伝ってほしいと、母に必死にお願いしたのです（母はお願いを聞いてくれました）。両親はその日以来、すべての動物に対する私の情熱を育んでくれました。ただし、「自宅に連れ帰るのは、玄関を通れる動物のみ」という厳格な条件つきです。自分の生きがいを見つけるまでに、時間はかかりませんでした。13歳になる前に地元の動物愛護団体でボランティアを始め、16歳のときに、連邦政府から許可された野生動物リハビリテーターになりました。その数年後、情熱を職業にするべく、獣医学生になりました。私の信念や関心、性格には、動物の世話に対する積極的で総合的なアプローチが合っていました。治療の際には、もっとも毒性が弱く、もっとも体に負担のかからない低侵襲治療から始めるのが、私にとっては当たり前でした。そもそも体を壊さないように予防する方が、さらに合理的でした。その後数年、私はリハビリテーション療法（理学療法）と動物鍼療法の資格を取り、ペット向けの料理本を執筆し、やがて、中西部初となるプロアクティブ（予防的）治療を行う動物病院を開業しました。

キャリアを積み始めてからもずっと、家族で飼っていたペットから学んだことが、私の職業人生における一番大切な教訓であり続けました。例えば、家族で飼っていた犬のスーティは19歳まで生き、生活習慣が本当に重要な要素であることを証明してくれました。経済的な理由から、スーティは基本的にカリカリを食べていました。とはいえ、それ以外の数々の生活習慣については、スーティの生涯を通じてすばらしい選択肢を選んだことが、明らかに大きな違いをつくりました。私が大学1年生のときに引き取ったジェミニという名のロットワイラーの保護犬は、食べ物が非常に大切であることを教えてくれました。実は、私の手づくりのごはんが、ジェミニを死の淵から救ったのです。ジェミニは私にとって最初のフォーエバードッグで、予測された余命をはるかに超えて長生きしました。ある意味それは、ジェミニを迎えてすぐに始めた、予防的な戦略のおかげでもありました。こんにちに至るまで——これまで、28匹ものペット（数多くの両生類や爬虫類、鳥を含む）を同時期に飼った経験があるにもかかわらず——ジェミニは今でも、病気と健康の長い道のりを通じ、私に一番多くを教えてくれた患者です。

ペットの健康は、私たち人間が与える食べ物をはるかに超えたところにあります。良薬になるのは、食べ物だけではありません。犬は、人間と同じ汚染物質や発がん性物質にさらされているという点は、繰り返しお伝えする価値があります。重要なのは、人間の長生きにつながる健康に関する選択は概して、犬についても同じことが言える点です。

ここで2つ、質問です。現代の犬は、彼らの祖先よりも長生きでしょうか？　良い犬生を生きているでしょうか？

標準体重なら1〜2年長生きできる、と聞いても、たいして長生きできるわけでもないように感じるかもしれません。でも犬の年齢で考えると、大きな違いです。人間の寿命の延びとともに、犬の寿命も延びたのは間違いありません。人間が祖先の寿命を凌ぐようになったのと同じように、犬もまた、祖先のオオカミから進化したときと比べて寿命が延びています。とはいえ、この寿命の延びは逆行しはじめている可能性があり、健康寿命については間違いなく短縮しています。犬の生涯は、かつてほど幸せではなくなっているのです。私たちが生きているこの間で、犬の全体的な寿命が近年短縮したことを科学的に示す長期的な証拠はまだないものの、事例証拠は豊富にあり、警戒すべき新しい傾向

犬種と体重、寿命の関係

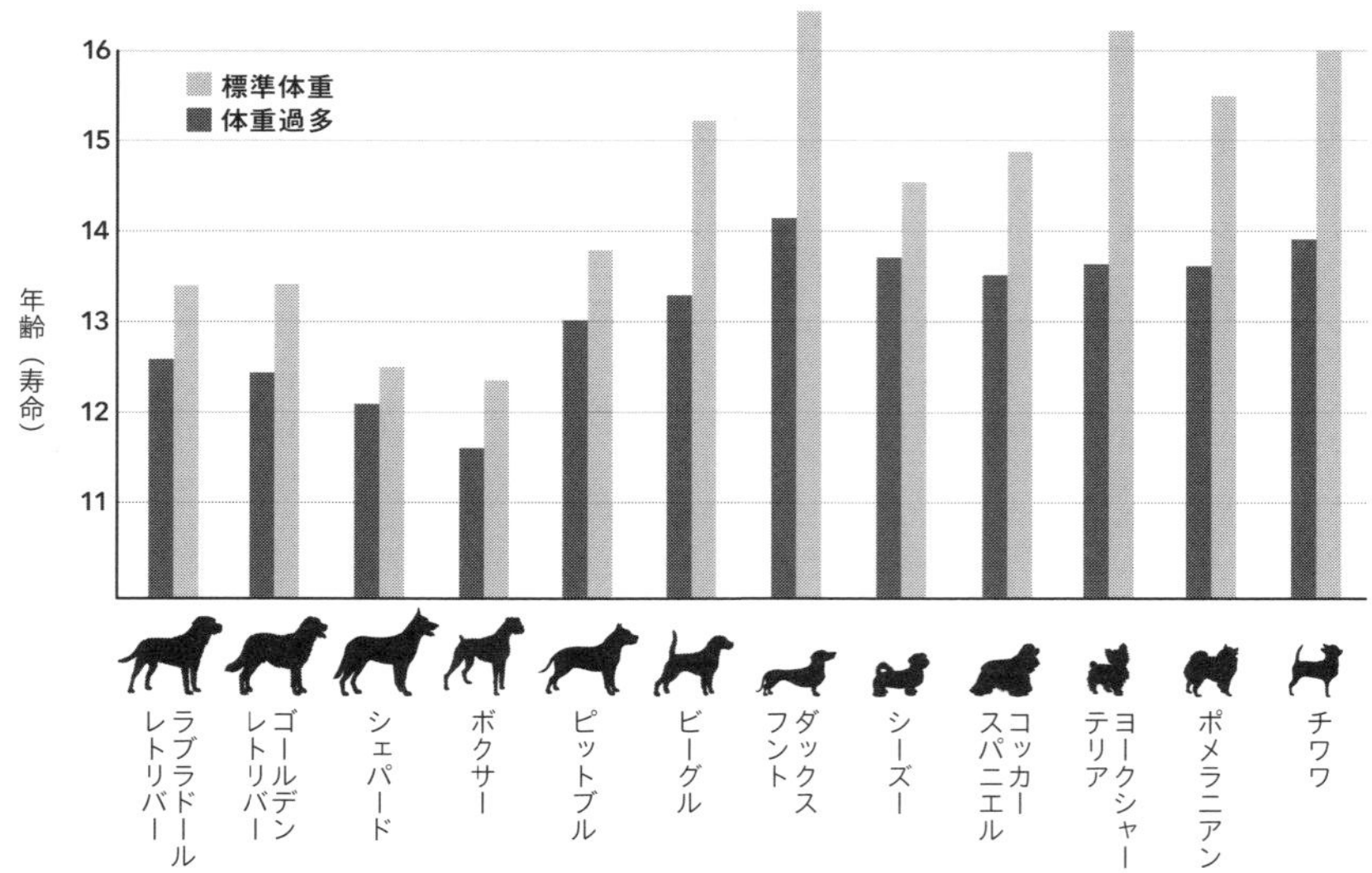

を説得力をもって指し示す研究結果も増えています。例えばイギリスでは、純血種の犬を対象にした2014年の研究により、それまでの10年間で寿命が大幅に短縮したことが明らかになりました。スタッフォードシャー・ブル・テリアは、平均で丸3年も寿命が縮んだのです。イギリスの純血種犬の寿命中央値は、わずか10年でなんと11%も短くなりました。アメリカのカリフォルニア大学デービス校で、獣医での症例を対象に5年にわたり行われた研究では、遺伝性疾患に関していえば、ミックス犬種が無条件で有利になるわけではないことが示されました。調査した9万件の記録のうち、さまざまな種類のがん、心臓病、内分泌系機能障害、形態異常、アレルギー、鼓脹症、白内障、眼球の水晶体の問題、てんかん、肝疾患など、24種類の遺伝性疾患のうち少なくとも1種類を持つ犬が、2万7254件に上ったのです。この研究によると、24種類の遺伝性疾患のうち13種類の有病

率についてては、純血種もミックス種もほぼ同じでした（ちなみに、一般的にミックス犬の方が長生きすると思われていますが、必ずしもそうでもありません）。

犬と人間はどうやら、よく言われる「存在することへの壁」に直面したようです。専門家のなかには狭量にも、犬の寿命が変化した原因が、遺伝子プールが閉じていること、人気のオス親症候群、健康よりも見た目（外見）を優先するといったことだけにあると責める人がいますが、科学による判断では、そうではありません。生涯ずっとファストフードを食べ続けるといった環境による影響や、身体的・感情的・化学的なストレス要因の重なり合いが、寿命に対する重大な役割を果たします（この点はかなり以前から理解されてきました）。どんな人間であれ、多くの要因が早死のリスクになるものの、人間は比較的、一枚岩のように同質な生き物です。つまり根本的に、私たち人間はみんなとても似通っているのです。それとは対照的に、犬は犬種や大きさがかなり多岐にわたっており、その結果、健康リスクの統計データを抜き出して理解するには、あまりにも複雑です。また、長く健康的な良い犬生と、長いけれど病気がちの惨めな犬生との違いも、見落としてはいけません。

イギリスに住んでいたメスのコリーで、ブルーマールという毛色をしたブランブルという名の犬はかつて、25歳で世界最長寿の犬としてギネス世界記録を保持していました。人間で言ったら、１００歳を優に超える年齢です。ブランブルは、健康的で質の高い手づくりごはんを食べ、非常に活発でストレスの少ない暮らしをしていました。長寿の秘訣を本にしたブランブルの飼い主は、「犬は訓練するより、教育する方がいいんです。（略）犬とのコミュニケーション法を学ぶことが、大切な最初の一歩」としています。まったく同感です。盤石な関係は、信頼と双方向での優れたコミュニケーション、そして相互理解の上に成り立ちます（どんな関係にも言えます）。そこで、次のような疑問が生まれます。私たちは一体どれだけ、愛犬の声に耳を傾けているでしょうか？　ブランブルの飼い主はまた、次のような鋭い指摘をしています。「たとえ善意に溢れた最高にやさしい飼い主のもとであっても、ペットは私たち人間の指示によって私たち人間の家に住んでおり、彼らに選択肢はありません」。

平均寿命とは異なり、平均的な健康寿命の長さを示す統計値はありません。WHOはこの問題に対処するため、HALE（healthy life expectancy、つまり健康的な平均余命の略称で、ヘイリーと発音します）と呼ばれる指標をつくりました。この数値は、体が動かなくなるような病気やケガを除外して、体調がいい「まったく健康」な状態で、新生児が実際に何年生きると予測されるかを算出したものです。言い換えれば、この計算の狙いは、病気や障害が人の生活の質を奪い始める前に、平均でどのくらい、人は健康的に生きるのかを示すことです。

この複雑な方程式の詳細は置いておいて（統計の専門家や人口統計学者に任せましょう）、HALEが前回算出された2015年の数値（男女合わせた世界平均）は、63・1歳だった——誕生時点での平均余命より8・3年短い——とだけお伝えしておきます。つまり不健康だと、健康な生活を送る時間が約8年も奪われてしまうのです。言い換えれば、世界の人たちは平均して、人生の最大2割の時間を不健康な状態で生きていることになります。これはかなり長い期間です。逆に、健康的な人生が2割増しになると考えてみてください。次に犬に関しては、こう考えてみてください。病気が通常、犬が8歳くらいのときに発病するなら、犬の平均寿命は11年なので、犬は生涯の27％を不健康な状態で生きることになります。あえて考えるなら、寿命が11年を超える犬種の場合、この割合は30％に近くなるでしょう。

「現代」の獣医学は、人間を治療する医学の学生に教えられるのと同じ、問題が起きてから対処する「反応的治療」のアプローチに沿っています。つまり、ペットの変性疾患は避けられず、中年になるころまでには発病するものであり、ペットが歳を重ねれば予後が不良な診断結果に至る、という考え方です。獣医は、病気の症状が出てから薬を処方するという治療手順を学びますが、私（ベッカー博士）が獣医になるための訓練をした数年間のうち、体重管理を除くと、予防的な手法は何一つ、教えてもらえませんでした。獣医学校でウェルネス医学のローテーション（医師になる研修の一環として行う）をしたとき私たち学生は、健康な子犬や子猫用のワクチン手順を計画しました。しかし、中年期に関節炎や筋萎縮を予防するにはどうすべきか、ペットが歳を取るなかで器官系の健康をどう維持するか、認知力の低下やがんが実際に起こる前にその可能性をどう下げるか、といったことについては、ディスカッションはおろかカリキュラムもありませんでした。

ハーバード大学のデビッド・シンクレア博士は、遺伝子や老化生物学を研究しており、健康的な長寿の秘訣について幅広く執筆しています。シンクレア博士は、老化そのものを病気だと考えていると話してくれました。老化をこのように捉えることで、老化を「治す」――あるいは少なくともコントロールする――ために取り組むことができます。博士の考えでは、老化の治療は、がんや心臓病の治療よりも容易かもしれません。博士の見事な視点と野心は、アンチエイジング研究を促進する力となってきました。老化そのものは、自然かつ避けることのできない、人生の美しい一部分です。ただし、例えば喫煙経験のない40歳の人が突然、肺がんの診断をされるとか、5歳のボクサー犬が先天性の心臓欠陥で急死するなど、病気のせいで変性が信じられないほど加速さえしなければ、です。老化は、あなたがどんな動物であれ、人生の一部です。とはいえ、通常より早い老化や早死などは、21世紀において人生の一部であるべきではないし、そうである必要もありません。

幸せのテスト

犬の飼い主を対象にした事例調査によると、もし飼い犬が言葉を話せたら一番聞いてみたい質問は、「あなたは幸せ?」です。たいていこのあと、「もっと幸せになるには、どうしてほしい?」が続きます。こうしたすばらしい質問から、3つめの問いが導かれます。

「ペットの健康は、人間の健康状態を映し出しているのだろうか?」

私たちはよく、飼い主と同じ健康上の問題を抱えるペットや、人間の健康問題の「歩哨」〔「見張り」の意味で、歩哨動物は有害物質をいち早く検出する役目を担う〕のような存在となっているペットをよく見ます。

愛犬が不安を抱えているのなら、あなた自身もそうではありませんか? 愛犬が太りすぎで体調不良なら、あなた自身もそうではありませんか? 愛犬がアレルギー持ちなら、あなた自身もそうではありませんか? ペットの健康は、私たち自身の健康を映し出していることがよくあります。不安、肥満、アレルギー、胃腸感染症、さらには不眠症はすべて、ペットと飼い主の両方に存在する可能性があるのです。

ペットと飼い主というペアに対する研究は、研究調査の分野では比較的新しいのですが、初期のものである既存の研究では、興味深い結果が浮かび上がっています。オランダでは、体重過多の犬の飼い主は、体重過多である傾向がわかりました（これは驚きではありません。子どもと親にも、同じ傾向があります）。研究者は、人間とペットのペアがどれだけ散歩に時間を費やすかは、そのペアが体重過多か否かを予測するもっとも有効な因子だとしています。ドイツで行われた別の研究では、間食のパターンや、食事の量や加工食品に対する考え方を、人はペットにも押しつけがちであることが示されました。これは、１日のカロリー摂取量に影響します。

フィンランドでは、２０１８年に行われた注目すべき研究で、とりわけアレルギーに注目し、犬と人間のペアにパターンがあるかを調べました。驚いたことに、自然やほかの動物と切り離されて都市環境に暮らす人とその犬は、農場に住むペアや、多くの動物や子どもと一緒に暮らすペア、あるいは定期的に森林を散歩しているペアと比べ、アレルギーのリスクが高いことがわかりました。犬のアレルギーは、人間の皮膚炎に似た「犬アトピー性皮膚炎」と診断されることが多く、犬が動物病院を訪れる理由として常によく見られます。この研究と研究者が一部重複するフィンランドの別の研究では、犬のアレルギーについて、別の深刻なリスク要因を取り上げています。炭水化物ベースの超加工フードの摂取です。２０２０年に科学雑誌『プロスワン（ＰＬＯＳ ＯＮＥ）』に掲載された論文でこの研究チームは、幼少のころから、未加工かつ新鮮な肉ベースの食べ物を与えることが、犬アトピー性皮膚炎を予防する一方で、炭水化物たっぷりの超加工フードはリスク要因であると結論づけました。チームはまた、犬アトピー性皮膚炎のリスクが著しく低くなる、別の重要な要素も特定しました。「妊娠中の母親犬の駆虫、生後間もない時期の日光照射、生後間もない時期の標準的なボディ・コンディション・スコア〔ＢＣＳと呼ばれる、肥満度を示す指標。人間でいうＢＭＩ〕、子犬は生まれた家族のもとにとどまる、生後2～6カ月は地表面が土または草の場所で過ごす」というものです。**重**

要なのは、加工された炭水化物を減らし、土に触れる時間を増やすことです。

この現象――農業的なライフスタイルや、そうした暮らしに固有の土に触れることによるアレルギーからの保護――は、「農場効果」と呼ばれることもあります。確かに、ときに泥んこになって損はありません。ちなみに土泥は、自然環境にいるときに私たちの足元にある以上の存在です。土泥におけるスター選手は、農耕地域や自然環境に見られる微生物群落。病原体からの保護、新陳代謝の支援、さらにはアレルゲンへの過敏性をもたせないという免疫系の教育において、重要な役割を果たします。土泥は、「友人」と「潜在的な敵」の見分け方を体に教えてくれるのです。ありがたいことに、この点について、ありとあらゆる新興研究プロジェクトが行われています。その1つである「犬の健康土壌プロジェクト」は、生物多様性の仮説の検証にフォーカスしています。その仮説とは、子犬が早期に健康的な土壌微生物に触れることで、犬が祖先から受け継いできた体内や体表の微生物群落を構築し直し、その後総体的な健康寿命を延ばしていくために極めて有益であるというものです。

あとの章で、この現象をさらに詳しく取り上げます。というのも、私たちの身の回りにある友好的な微生物（とその代謝作用によって形成される代謝産物）が、いかにして私たちの――そして愛犬の――生理機能や健康に貢献しているかが明らかになるにつれ、科学界に革命を起こしている現象だからなのです。世界中の免疫学者は、マイクロバイオーム――私たちの体の内外に、通常は共生的関係として生息している全マイクロバイオータ（微生物叢）の集合体（主に細菌）――の秘密を解明しようと競い合っています。こうした共生生物は、数百万年にもわたり人間の生存に貢献し続け、私たちとともに進化してきました。

犬を含む私たち誰もが、体じゅうの細胞組織や体液にその人ならではのマイクロバイオームを持っており、それは胃腸管、口、生殖器と体液、肺、目、耳、肌など、どこにでも存在しています。人であれ犬であれ、その体にある生態系は、微生物以外の何ものでもありません。研究者はすでに、アレルギーに苦しむ犬と人間と、健康でアレルギーを持たない犬と人間のマイクロバイオームにおける膨大な違いを記録していますが、それも驚きではありません。また、健康的な犬のうち、慢性腸炎と急性腸炎、それぞれに悩まされている犬の腸内マイクロバイオームの著しい違いも記録されています。**犬のマイクロバイオームの健康と消化器疾患のリスクには、強い結びつきがあります。**なかには、ヒトのマイクロバイオームと、一緒に暮らす愛犬のマイクロバイオームとの関係性を示し始めている研究もあります。例えば２０２０年、やはりフィンランドの研究ですが、今度は別の科学者チーム（前述の研究に携わった科学者も一部含まれています）が、犬とその飼い主が、都市環境や、有益な環境微生物に触れる機会が限定的なときに、同時にアレルギー症状に苦しむ可能性が高いことを発見しました。興味深いことに、このチームはさらに、皮膚の健康に大きく関係する肌のマイクロバイオームは、犬と人間どちらにとっても、生活環境によって形づくられる傾向にあることを明らかにしました。後述するとおり、このマイクロバイオームは、「環境暴露」から「食べ物」に至る、体に入ってくるさまざまな要素をもとに発展し、成長していきます。あなたと愛犬が何を食べるかが、両者のマイクロバイオームの強さ、機能、発展の大きな要因となります。そして今度はマイクロバイオームが、病気や不調のリスクに対し、体の内外から影響を及ぼすのです。

世界一流の科学誌『ネイチャー』に２０１９年に掲載されたとおり、ペットの感情面（やはりマイクロバイオームの影響を受けています）は、私たち人間の感情を驚くほど映し出している可能性があります。犬を飼っている人なら誰でも、犬と人間が互いを非常に正確に読み取り合っていることを知っているでしょう。この能力はどうやら、犬の家畜化の過程において、犬と人間という社会的な哺乳動物同士のつながりが長きにわたったことに関係しているようです。犬と人間が分かち合う感情は、互いを結びつける「社会的な接着剤」として機能し、強く永続的な社会的絆の発展や維持に役立ちます。2019年に『ネイチャー』に掲載されたある論文について私たちは、研究チームを率いたリナ・ロス博士にインタビューしました。その際に博士は、犬と人間のペアにおける毛髪のコルチゾール値（慢性的ストレスの指標）に触れ、犬と人間との間には、強力な「異種間同調」があると指摘しました。一般的にこの「感情感染」は、人間から飼い犬へと感染するもので、逆はないようです。このような発見のおかげで、自分のストレスが、たいていは気づかないうちに愛犬に悪影響をもたらしている可能性がある、という考えの信ぴょう性が高まります。もし犬が人間の感情や心の状態を理解できるなら、私たちが慢性的なストレスや深刻なトラウマ、あるいは極度の不安を抱えていたら、一体どんなことになるでしょうか？　愛犬は私たちとともに、とめどなく深く苦しんでいるかもしれません。国際的な研究チームが行ったとりわけ気がかりな研究では、自分の感情から逃げる傾向のある人（「回避型愛着スタイル」と呼ばれます）は、飼い犬もまた、社会的ストレス要因に直面したとき、飼い主と物理的にも感情的にも距離を置こうとしがちであることが明らかになりました。

　イタリアのフェデリコ2世ナポリ大学で、人間が幸せなときと恐怖を感じているときにそれぞれ採取された汗の検体を、犬が1秒以内に反応してどちらか識別する様子を、私たちは目にしました。ビアジオ・ダニエロ博士によると、彼の研究でもっとも驚くべき点は、犬が鼻の化学受容体を通じて人間の感情を識別できるところではありません。この作業により、犬自身の生化学的マーカーが影響される点です。犬と人間は、感情面で絡み合っており、感情の状態が互いの生理機能に影響します。会社で熱い議論をすると、血圧が上がってホルモンの化学的性質が変わり、検出可能な程度のストレスホルモンの痕跡が、文字どおり毛穴から漏れ出てきます。あなたが帰宅すると、そうしたストレスホルモンを愛犬が特定し（そして反応し）ます。どこかから帰ってきたとき、愛犬があなたのにおいを嗅ぐのに気づいたことはありませんか？　どうやら、愛犬はあなたがどんな1日を過ごしたのか、あなたが元気か、においで知ろうとしているのです。

人間のカオスのような暮らしに犬がうまく耐えられるよう、何かできることはないか、ダニエロ博士に尋ねたところ、その答えに私たちは考えさせられてしまいました。「仕事から帰ったら、シャワーを浴びてください。すぐにです」。微かにニヤリと笑いながら、そう言いました。博士によると、もっと現実的な方法は、毎日実践できるストレス解消の習慣やツールをつくることです。**つまり、エクササイズやヨガ、瞑想など何であれ、心の底から力を抜いて、バランスの取れた恒常性の状態に戻れるセルフケアは、あなたの心、体、魂……そして愛犬にとっての贈り物なのです。**

犬も人間同様に、社会的な生き物です。このあと詳しく説明するとおり、犬は大昔、この惑星で私たち人間とともに生き、可能な限り楽しく暮らすために、美しく舞うように人間に近づいてきました。習慣やストレス・レベルに始まり、マイクロバイオームに至るまで、暮らしのさまざまな面が、人と犬の関係を形づくっているのも不思議ではありません。犬との共進化はとても心温まる物語で、笑顔にさせてくれます。レジー、サム、ジェミニ、そして天国へと旅立ったほかのすべての犬たちも、私たちと一緒に微笑んでいるのが目に浮かびます。

長寿マニア、本章での学び

▼愛犬の犬種や基礎となる遺伝的特徴にかかわらず、健康寿命で目指すところは同じです。質の高い犬生を、可能な限り長く生きること。それこそが、フォーエバードッグなのです。

▼膨大な量の研究により、犬の環境を変えることで、遺伝子の発現にポジティブな影響を与え、コントロールできることが示されています。これは、エピジェネティクスと呼ばれています。

▼長寿の薬として屈指のパワーを誇るのは、食べ物です。愛犬の体にポジティブな変化をもたらすために、愛犬が毎日食べている加工ペットフード（ドライフードやごほうび）のうち、わずか10％でいいので、新鮮なものに変えましょう。手始めとしておすすめは、未加工で新鮮なごほうびに切り替えることです。

▼人間の長寿を損なってきた要因は、愛犬が健康の障壁に直面する原因にもなっています。その要因とは、加工を最小限に抑えた多様な食習慣の欠如、過食、運動不足、さらには化学的毒素への環境暴露と慢性的ストレスです。

▼愛犬は飼い主のストレスを感じ取ります。私たちが自分の生活でストレスを減らしたり、感情が健やかになったりするような健康的なアクティビティや習慣に取り組むことが、愛犬に良い影響をもたらします。

＊註1

「ブルーゾーン」という言葉が最初に使われたのは、2005年11月号の『ナショナル・ジオグラフィック』の特集記事、ダン・ビュートナーが書いた「長寿の極意」でした。このコンセプトは、前年に老年学に関する専門誌『エクスペリメンタル・ジェロントロジー』に概要が掲載された、人口統計学者ジャンニ・ペスとミシェル・プーランによる人口動態調査から生まれたものです。ペスとプーランは、イタリアのサルデーニャ島にある都市ヌオロを、男性のセンテナリアン（100歳以上の人たち）の割合がもっとも高い地域として特定しました。2人は、長寿がもっとも多い集落に焦点を定める際に、地図上に青で円を描き、円内の地域を「ブルーゾーン」と呼ぶようになりました。ビュートナーはその後、ペスとプーランとともに、ギリシャのイカリア島、日本の沖縄、アメリカのカリフォルニア州にあるロマリンダ、コスタリカのニコヤ半島など、世界中で長寿の「ホットスポット」を見つけ、この言葉をこうした地域に広げて使うようになりました。

2

犬との共進化

野生のオオカミから強い意志を持ったペットへ

すべての人間は、その飼い犬にとってナポレオンである。ゆえに、常に犬から愛される。

――オルダス・ハクスリー〔イギリス生まれの作家〕

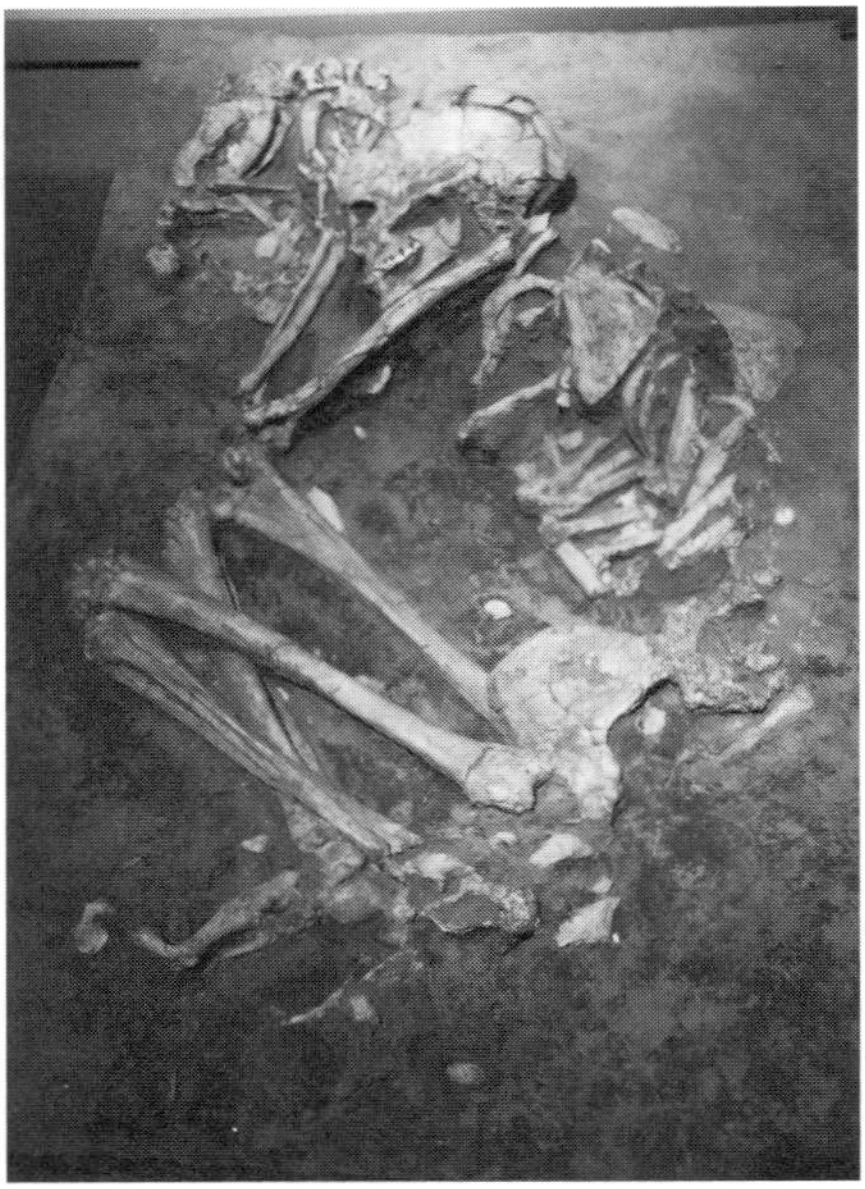

上記の写真には、胎児のように体を丸めて横たわる女性の遺骨が写っています。その手は愛情深く、子犬の頭を抱えているのがわかります。遺骨は1970年代末、イスラエルのガリラヤ湖の北26キロ弱、フラ湖のほとりにある1万2000年前の墓穴で発見されました。ここにはかつて、小さな狩猟採集社会が存在していました。人間が簡素な石器をつくり、石の壁とわらぶき屋根でできた定住用の竪穴式住居に暮らしていた時代を捉えた

この写真は、記録に残るもっとも初期の時代の、人間と犬との深いつながりをはっきりと表しています。

もっと最近では2016年、2万6000年前の犬の足跡が、年齢8〜10歳、身長137センチほどの人間の子どもの足跡とともに発掘されました。南フランスにある旧石器時代の遺跡「ショーヴェ洞窟」のなかで見つかったものです。子どもは裸足で、恐らく走っていたのではなく歩いていたのだろうと仮説が立てられており、柔らかい粘土状の地面で滑ったような跡も1か所みられます。また、木炭の汚れが残っていることから、この子がたいまつを持っており、ある場所で立ち止まってたいまつの汚れを落としたこともわかっています。世界最古の壁画がいくつか残るこの古代洞窟で、旧石器時代に子どもがペットの犬を従えて探検していたと考えると、驚くばかりです。この洞窟では、3万2000年前（石器時代）に400点以上の動物の絵が描かれていました。

足跡の発見は、犬の家畜化がわずか1万2500〜1万5000年前とされた、すでに確立されていた概念を打ち砕きました。もっと重要なのは、この新しい時代解釈は、犬がいかにして人類の最良の友となったかという問いへの答えを、根本から変える点です。研究者のなかには、犬が人間と混じり合うようになったのは、人間の祖先が農耕集落をつくるよりもっとずっと前、13万年前にまで遡ると考える人もいます。とはいえこれは現在も激しく議論されており、未来の研究が答えを出すしかありません（そんなことを書いているそばから、こんな見出しのニュースがありました。「氷河期の冬に肉があり余ったことが犬誕生の始まり」。つまり、犬の家畜化の起源に関する議論は、今後も続きます）。そもそも、「家畜化」という言葉を定義するのも難しいですし、家畜化という現象が果たして、アジアとヨーロッパ全域で1回、2回、あるいはそれ以上の回数であったのかを判断するのも難しいものです。どの学説（あるいは学説の組み合わせ）が正しいにせよ、「犬の家畜化により人間と犬は繁栄し、おかげで犬は地上最多の肉食動物になった」という事実に議論の余地はありません。この言葉は、2021年にネイチャーに掲載された、フィンランドの研究者らの論文に書かれたものです。

また、人間の進化の物語も、いまだに謎に包まれているのも忘れてはいけません。人間がどのような時系列をたどったか、世界をどう移動してきたかということについては、（まだ）完璧に立証されているわけではない可能性を示す、新たな証拠が出てきているのです。興味深いことに、私たち人間のDNAは、犬のゲノムのように先史時代を必ずしも明らかにしてくれるわけではありません。イギリスのロンドンにあるフランシス・クリック研究所の集団遺伝学者で、2020年発表の犬の進化に関する研究を共同で指揮したポンタス・スコグランドによると、「犬は人間の歴史を追跡するための、独立した追跡用色素」です。確かに、人類の過去や世界を移動してきたルートの詳細を明らかにするには、犬のゲノムをもっと掘り起こす必要があるでしょう。

それがどの犬種――ラブラドゥードル、グレートデーン、あるいはチワワ――であれ、共通点が1つあります。「オオカミ」、学名 *Canis lupus* です。

これら外見がまったく異なる犬たちに、（被毛、4本の脚、吠えるといった共通点以外の）類似点を見つけるのは難しいかもしれませんが、地上にいるすべての犬――400種類以上に上る公認犬種すべて――は、ハイイロオオカミと同じ系統である、絶滅種のオオカミにまで遡ります。これは、遺伝子研究をもって証明できます。とはいえ念のためお伝えすると、犬はオオカミではありません。そして私たち人間と犬とのパートナーシップも、同じくらい古くから続いています。犬は、人間と深い結びつきを築いた最初の種なのです（人間は、羊や山羊、牛を家畜化した数万年前よりももっと前から、動物を仲間として飼っていました。対照的に、馬がユーラシアで飼い慣らされたのは、わずか6000年ほど前。家で飼うペットというわけではなかったものの、馬は飼い主の情熱を刺激する存在でした）。

人類最古といえるペット犬は、紀元前3000年代初期にエジプトのファラオが所有していたアブティウ（アブウティユウと表記されることもあります）という名の犬だったことがわかっています。立ち耳と巻き尾の、グレーハウンドに似た華奢な視覚ハウンド〔優れた視覚によって狩りを行う猟犬〕だったとされています。アブティウの死後、悲しみに打ちひしがれた飼い主は、王室のメンバーとしてアブティウを埋葬しました。ライムストーンの墓石には、次のような言葉が刻まれています――「偉大なる神アヌビスの御前で彼（アブティウ）が称えられるように、との国王陛下のご配慮によりここに埋葬」。

人為選択の起源もまた、科学的にははっきりしていません。特定の犬種がいつどこで始まったかについては、なおさらです。例えば、アメリカ国立衛生研究所の研究者らは、さまざまな種類の牧畜犬を調べたところ、驚くことを発見しました。牧畜犬としてよく知られているいくつかの犬種の遺伝的特徴を比較したところ、ある犬種グループはイギリスに、また別のグループは北ヨーロッパに、さらにまた別のグループは南ヨーロッパに、それぞれ起源を持っていたのです。研究チームは、これらの犬種グループは密接に関係があると考えていたのですが、2017年発表の研究結果では、そうではありませんでした。そして詳しく調べてみると、それぞれの犬種グループは、家畜の群れをまとめる際に異なる戦略を使っており、その戦略が、遺伝子データに裏づけられるパターンであることに、研究者らは気づきました。このことは、複数の人間集団が互いとは関係ないところで、それぞれ目的をもって犬を繁殖させたという理論の高まりを下支えしています。

今の私たちが認識している犬種のほとんどは、主に「ビクトリア時代の激増」と呼ばれるものがきっかけとなり、ここ150年ほどでつくられました。イギリスではこの時代、科学的な趣味やスポーツの一環として犬の繁殖熱が高まり、広がりました。その結果、現在はっきりと公認されている犬種は400種類以上に上ります（備考……犬の繁殖は世界中に広まって流行したため、現存する犬種のすべてがイギリスでつくられたわけではありません）。そして犬の外見重視へのシフトは、健康面での破壊的な影響を伴いました。ダーウィンの革新的な研究と著作は、そんなときに全盛期を迎えていました。ダーウィン自身も犬の繁殖に夢中になり、国内屈指の愛犬家と親交を深めました。とはいえ、19世紀の犬種の写真を見て、現在の同じ犬種と比べると、劇的な変化が起きたことがわかるでしょう。20世紀に、特定の身体的特徴を求めた激しい人為選択が行われたせいで、ダックスフントは脚が短くなり、シェパードはがっしりした体格で背中が傾斜したものとなり、ブルドッグは顔のしわが目立ち、太くずんぐりした体格になりました（実は、ブルドッグほど繁殖によって人工的に体型がつくられた犬種はほかにあまりいません）。このような変化は、マイナス面や健康面での損失なくして起こりません。遺伝的多様性の大損失と、好ましくない遺伝性疾患の取得という、ダブルパンチを受けているのです。

「雑種犬」の方が、純血犬種よりも健康的だと考える人は多くいますが、前述のとおり、必ずしもそうとは限りません。獣医疫学者であり、現在は非営利団体インターナショナル・パートナーシップ・フォー・ドッグスの最高経営責任者（CEO）でもあるブレンダ・ボネット博士によると、「多くの遺伝性疾患は、古代に起きた突然変異の結果であり、あらゆる犬にかなり広まっています。新しい犬種をつくるために近親交配をした結果、頻度が増えた遺伝性疾患もありますが、犬種によって、さまざまな病気がさまざまなレベルで表れる可能性があります」。博士は、この点を次の例を使って説明します。もっとも健康で病気がなく、遺伝子的にも丈夫なプードルと、同じように完璧なラブラドール・レトリバーを使って異種交配した場合、健康的な子どもができる可能性は大いにあります（保証はありませんが）。とはいえ、「どんな犬でも2匹を交配させれば、より健康なミックス犬が生まれる」と推定することはできません（生まれるという思い込みがあるために、健康上の保証もなく「デザイナーミックス犬」をつくるパピーミルや、適切な施設をもたずに繁殖を行うブリーダーの問題が存在します）。これは、どこにでもある、古代からの病気の突然変異にとりわけ当てはまります。では、愛犬にどんな遺伝性疾患が潜んでいそうかを知るために、犬にDNA検査を受けさせることにどの程度の価値があるかをボネット博士に尋ねたところ、**遺伝子検査にはメリットがあるものの、犬にとって一般的かつ重要な疾患の多くは、今のところ、遺伝子検査では検知されない**とのことでした。

遺伝子検査は、犬の世界にも急速に広がっています。北米において現在、愛犬の犬種、祖先、疾病マーカーについてもっと知りたいという飼い主が買い求める、もっとも人気の犬種鑑定キットは、エンバークとウィズダムのＤＮＡ検査です。こうした検査の利点は、特定の遺伝病のマーカーを使い、犬の遺伝性疾患として認識されている190種類以上の疾患を検査できる点です。そのため優れたブリーダーにとって、良種で健康的な犬の繁殖を確実にするために、こうした検査は必須事項となります。また、犬の健康の改善に真摯に取り組み、犬種を維持しようというブリーダーやきちんと機能しているブリーダーによって適切に繁殖された犬と、（工場式の繁殖場やパピーミルで）大量生産された純血種とを区別するのにも役立ちます。すべての純血種犬が適切に繁殖されているわけではないため、もしお金を払って子犬を買おうと考えているのであれば、しっかりと調査しましょう。そのうえで、じっくり考慮した遺伝子の組み合わせを通じ、健康寿命を延ばすことに真摯に取り組むブリーダーと手を組むことが、絶対に不可欠です。レジーとサムの場合、この非常に重要なステップがありませんでした。彼らのブリーダーは、遺伝子的な健全さや相性を見極めずに子犬を産ませていたので、本来の寿命を全うできない子たちになっていました。

もし飼い主が、ミックスの保護犬（雑種犬）やペットショップ（パピーミル）で購入した犬に遺伝子検査を行い、その犬がなんらかの疾患に関係した遺伝的バリアント〔生物のＤＮＡ配列における個別の違い、バリエーション〕を持っているという陽性の結果が出たとしても、こうした遺伝子が必ず発現して犬がその病気にかかるわけではない、と覚えておくことは非常に大切です。自分の飼い犬に「悪いＤＮＡ」があると知り、たった1枚の紙切れをもとにとんでもない決断を下すクライアントのホラー話は、私たちが知っている獣医なら誰もが経験しています。獣医は、ペットの飼い主が遺伝病の検査をすることに消極的なことがよくあります。というのも、犬が実際にその病気になるか否かは、検査結果から何もわからないからです。

知りたくないから検査をしないという人もいます。検査をして、飼い犬が遺伝性疾患のキャリアだと知ると、こうした遺伝子が必ず発現するわけではないことを忘れてしまう人もいます。その人たちはその後、実現しないかもしれないことを不安に思いながら過ごします。もしあなたが検査をして、愛犬が既知の健康リスクの遺伝子バリアントを持っている、または病気のキャリアであるという結果が出ても、慌てないでください。理想的には、病気にかかりやすくなるＤＮＡの変異が愛犬にあるとわかったら、愛犬のエピジェネティクスを前向きに調整するゴールに向けて、治癒力のある栄養摂取や、生活習慣の改善を先回りして始めるチャンスだと捉えることです。

ＤＮＡは、実質的に私たちのすべてをコントロールしています。そのため、体内の遺伝病のマーカーを特定することで、自分の生活習慣の改善に積極的に取り組めるようになります。ただしそれは、自分のＤＮＡを知ることが、健康や寿命をいかに改善できるかの始まりにすぎません。実際には、私たちは誰もが完璧とは言い難いＤＮＡを持っており、まさにそこが、エピジェネティクス（後述します）とニュートリゲノミクスが効果を発揮するところなのです。**あなた自身に起きることと同様に、愛犬が食べるフード、触れる発がん性物質、あなたが愛犬にさせる生活習慣が、遺伝性疾患を発症する可能性を上げることも、下げることもできます。**私たちが本書を書いたのは、あなたの愛犬がどのような遺伝子を持っているにせよ、愛犬の健康寿命を最大限に延ばし、究極的には寿命自体を延ばすべく、あなたが愛犬の生活習慣に潜む健康の障壁に気づき、それを低減するためのお手伝いをするためです。

がんや心臓病、肥満など、私たち人間に巣食うのと同じ病気のいくつかを、犬も自然と発病するようになるのはなぜか、詳しく見ていきます。人間の進化で起きたことを詳しく知ればわかります。人間は、洞窟で過ごしていた日々以降、暮らしやすい環境をつくるのがうまくなりましたが、ある程度の犠牲を払いました。本書ではこの犠牲も率直に取り上げます。でも心配しないでください。どうすればその犠牲に対抗できるかも、パート2と3で直接取り上げています。

集団移動と農耕

減量のためであれ、病気を抑えるためや治すためであれ、あるいは単に全体的に健康的になりたいからであれ、何らかの食事制限《ダイエット》——低脂質、パレオ、ケト、ヴィーガン、肉食、ペスカタリアンなど——を試したことがある人は、手を挙げてください。私たちは2人とも、さまざまな食事制限を楽しんできましたが、現在は断続的断食をしつつ、主に肉を食べないライフスタイルを楽しんでいます。**食習慣は病気の元であり、逆に言えば健康の元でもあります**。「人は食べるものからできている」という古い言い習わしは、本当です。では、犬はどうでしょうか？　犬にとってのベストは何でしょうか？　毎日同じカリカリを与えるのは、理想的なのでしょうか？（ちょっと考えてみてください。あなたなら、空腹でお腹が痛くなるたびに、まったく同じものを食べたいと思うでしょうか？　これを言うと、そんな考えは犬を擬人化しているだけであり、実際の犬はそんなこと気にしない、と言われます。でも、3つのフードボウルにそれぞれ違う食べ物を入れて、愛犬に出してみてください。愛犬は、同じボウルに何度も戻ることはしないはずです。パブロフの犬でさえ、バラエティが必要でした）パート2で詳しく触れますが、ここでは、この対話の下地づくりとして、人間は遠い昔から食べ物でどう変わり、どう形づくられてきたかについて、農業の発展を中心に説明します。

約1万2000年前、私たちが「破壊的技術」と呼ぶものが文字どおり根づきました。人間は狩猟採集の暮らしを捨て去り、農耕を基本としたライフスタイルへ向かうようになると、人々を集め、組織をつくり、地域社会に根を下ろすようになりました。この変化により人口は増加し、食習慣の質は下がりました。農耕を学び、農作物とりわけトウモロコシや小麦といった穀物を育てて蓄えることを学ぶと、人間は必要以上のカロリーを口にするようになります。少ない種類の食べ物にフォーカスしたことで、人間の食習慣の多様性も損なわれました。農耕が人間社会に及ぼした影響について研究する学者によると、こうした暮らしに利点はあったものの、ネガティブな結果ももたらし、農業がさらに発展し洗練されるとそれは悪化する一方でした。のちに、栽培された小麦やトウモロコシは加工度の高い食べ物――白パン、ホットドッグ、そして世界中のジャンクフード――となりました。そしてそのせいで私たちは、現代の農業に使用されている（そして一部は発がん性物質であることが証明されている）化学物質に触れるようにもなったのです。

ジャレド・ダイアモンドは、世界屈指の歴史家であり、人類学者であり、地理学者でもあります。カリフォルニア大学ロサンゼルス校（UCLA）の教授で、ピュリッツァー賞受賞経験のある著者でもあり（『銃・病原菌・鉄』草思社文庫）、農業が人間の健康に与えた影響について広く執筆していま す。ダイアモンドは長年にわたり大胆な発言を続けており、農業を「人類史上最悪の過ち」とまで言っています。栄養のほとんどを、炭水化物をベースとしたわずか数種類の作物からしか取っていなかった初期の農民と比べ、狩猟採集民は、非常にバラエティ豊かな食生活をしていた、とダイアモンドは述べています。また、農業革命によって育まれた交易は、寄生生物や感染症の拡大につながった可能性があるとも指摘しています。農業の採用は「多くの意味で、人類が回復できない大惨事」だったというのです。同じく歴史家のユヴァル・ノア・ハラリもまた、ベストセラー本『サピエンス全史』（河出書房新社）のなかで、こう述べています。「農業革命は間違いなく、人類が好きに使える食物の総量を拡大したが、だからといって、食生活が改善されたり余暇時間が増えたりはしなかった。（中略）農業革命は、史上最大の詐欺だったのだ」。あなたはもしかしたら、こうした歴史家に同意はしないかもしれませんが、明白な事実が1つあります。農業革命は、人類最良の友にも多大な影響を及ぼしたことです。

私たちは食べ物を選ぶとき、自分の身体にどんな情報を与えるかを選んでいます。そうなのです。**食べ物とは、細胞から組織、さらにその分子構造に至るところまでに与える情報なのです。**これは人間であれ、マルハナバチであれ、カバノキであれ、ビーグル犬であれ同じです。デビッド・シンクレア博士も、老化の要因の1つは「体内での情報の喪失」だと言ってこれに同意しています。

食べ物をこんなふうに捉えたことがないのなら、こう考えてみてください。食べ物は、単なるエネルギー以上の存在です。摂取する栄養素は、私たちの周りにある環境から、私たちの生命の記号であるＤＮＡへとシグナルを送ります。こうしたシグナルには、遺伝子がどうふるまうかや、ＤＮＡがどのようなメッセージになるか（体の機能に作用します）、に影響するパワーがあります。つまり、あなたは自分のＤＮＡの活動を良くも悪くも変える力を持っているのです。外からの影響によるこうした変化は、「エピジェネティクス」と呼ばれる研究分野に関連しています。ありがたいことに、どの遺伝子のスイッチをオンまたはオフにするかは、自分自身が積極的な役割を担っています。人間と犬、どちらにも当てはまる簡単な例を1つ挙げましょう。精製炭水化物が多い炎症誘発性の食事は、

「脳由来神経栄養因子」略してＢＤＮＦと呼ばれる、脳の健康に非常に重要な遺伝子の活動を低下させます。この遺伝子は、同じくＢＤＮＦと呼ばれる、脳細胞の成長や栄養を与える役割を担うタンパク質をコードして（タンパク質の構造を決定して）います。私たちはＢＤＮＦを、脳の肥料だと考えています。ＢＤＮＦのサプリメントはなく、食物から得ることもできません。とはいえ、年齢を重ねても愛犬の体がＢＤＮＦを生成するよう、私たちにできることはいくつかあります。また、適切な食べ物は、体が持つＢＤＮＦ生成のパワーをサポートすることができます。農耕が始まる前の人間の祖先（とそのお供である犬）にとっては一般的な食生活だった健康にいい脂質やタンパク質を食べると、遺伝子経路の活動によってＢＤＮＦ生成が高まります。要するに、脳の健康を自力でサポートすることになるのです。運動もまた、ＢＤＮＦの生成を促します。ストレス・レベルと睡眠も、ＢＤＮＦ生成の要因となります。実のところ、ＢＤＮＦ値の低下は不眠症と関連することが今ではわかっており、ストレスの高まりがＢＤＮＦの生成を損ない、それが今度は安眠を妨げるという悪循環になりかねないことが、研究により明らかになっています。研究ではさらに、認知力低下や神経変性疾患を患っている人はＢＤＮＦ値が低く、一方で、高いＢＤＮＦ値を維持している人は、学習能力や記憶力が向上し続け、脳の病気にもかからないことが示されています。

特定の生活習慣が、ＢＤＮＦや認知能力を高める効果があることを示すのに、犬は最高のモデルとなっています。２０１２年にカナダのオンタリオ州にあるマクマスター大学で行われた研究では、「環境エンリッチメント」〔飼育動物が心身ともに健やかな生活ができるよう環境を整えること〕と抗酸化物質強化食の組み合わせにより、老犬は物理的に脳の時計の針を戻せることが示されました。環境エンリッチメントのやり方には、定期的に犬同士を交流させる、運動させる、さらには、犬が考えてタスクを行えるよう認知面で負担をかける、といったものがありました。研究者らは、これらの老犬のBDNFが、若い犬の脳に見られる水準に近づき、目に見えて増加した様子を実証しました。言い換えれば、シンプルな生活習慣の戦略が、犬の老化を食い止めたのです。

炭水化物は主に3つに分類できます……

糖質……グルコース（ブドウ糖）、フルクトース（果糖）、スクロース（ショ糖）（犬は「糖新生」と呼ばれるプロセスを通じて、タンパク質からグルコースをつくることができるため、食事で糖質を与える必要はありません）

でんぷん……グルコース分子の鎖（消化器官で糖質に変わります）

繊維……犬は吸収できないものの、腸内細菌が健康的なマイクロバイオームをつくるのに欠かせない食物繊維

炭水化物は、植物（例……穀物、果物、ハーブ、野菜）に由来します。こうした植物は、さまざまな量の糖質（「グリセミック指数」「GI値」といいます）や、さまざまな種類の繊維（腸内マイクロバイオームを培い、育てるのに極めて重要）、さらには、食物連鎖によってほかの生物へ移動が可能な、健康にいいファイトケミカルを含んでいます。犬が最大限の寿命と健康寿命を実現するには、食物繊維とファイトケミカルが必要です。大量の糖質やでんぷんは

必要ありません。**目指すべきは、愛犬の腸と免疫系の栄養になり、GI値が低くて食物繊維が豊富な「良質な炭水化物」を与えつつ、過剰な糖質になり代謝の負担となるような、GI値が高くて精製された「悪質な炭水化物」を与えないようにすることです。**愛犬のフードに含まれる「悪質な炭水化物」（糖質）の値を算出する方法は、第9章でお伝えします。これは、愛犬のフードの長期的な代謝ストレスを評価する方法の1つです。

加工された炭水化物などは最小限に抑え、健康的な食材の体にいい脂質やタンパク質を最大限に取ることを目指す、人気のダイエット法の根底にあるのは、古代あるいは昔ながらの食習慣が人のDNAにとって一番いいという考え方です。人と犬が地上に存在してきた時間の99％以上で私たちが口にしてきたのは、精製炭水化物がもっとずっと少なく、健康にいい脂質や食物繊維が豊富な食べ物でした。そして同じくらい重要な点に、食事内容も今よりもっと多様だったことがあります。また、人間は本来、典型的な現代人よりもずっと少ない頻度の食事で済むように進化してきました。現代のほとんどの人――そして多くの犬――は、ほしいときにはいつでも、食べ物を手にできる状態にあります。おやつやごほうび、24時間営業のドライブスルー、さらには指先でサッとスワイプすれば、数分以内に食べ物を玄関先まで配達してくれるデリバリー・アプリが私たちは大好きです。とはいえ、現代のこうした便利な欧米式の食生活は、健康や長寿を守るDNAの能力にマイナスに働きます。すばらしいテクノロジーを持っているにもかかわらず、私たちは、21世紀におけるこのミスマッチが引き起こす結果を経験します。人間の仲間である犬も同じです。農業革命が起きたとき、人間は犬と穀物を分かち合い、それが犬のゲノムを変えました。犬は、オオカミよりも多くの膵アミラーゼ（炭水化物を分解する酵素）をつくり出すことが、科学によってわかっています。

農耕が人類の軌跡を変えたと思う人は、次のフェーズ――大規模農業――が人間に何をしたか、考えてみてください。大規模農業とは、企業が手掛ける農業で、たいていは超加工食品の大量生産につながります。念のためお伝えすると、超加工食品は遺伝子組み換え食品とは異なります。ブラジルのサンパウロ大学の栄養学者と疫学者のグループは、超加工食品をもっともうまく説明するのは、次のような定義だとしています。「主に安価な工業原料を使い、食事エネルギーと栄養素、さらには添加物を、いくつもの加工を施して（そのため「超加工」）調合したもの。全体的に、不健康な種類の脂質、精製でんぷん、遊離糖類、塩分を多く含み、タンパク質、食物繊維、微量栄養素をほとんど含まない。超加工製品は、過度に風味がよく魅力的で、長期保存でき、いつでもどこでも食べられるようにつくられている。その調合、見せ方、売り方は、過剰摂取を促すことが多い」。愛犬の食べ物の加工程度を見極める方法については、パート3で詳しく取り上げます。

人間が加工食品を多用する食習慣へと移行したのと同様に、犬もまた、非常に加工された食べ物でお腹を満たすようになりました。20世紀、モダンな社会に暮らす犬は完全に、加工フードしか食べなくなりました。現在、加工されていない自然な食べ物か、最低限の加工だけを施した食べ物を口にできる犬はほとんどいません。獣医学生は、ペットや食料生産動物などにとっては、これが理想的だと教えられます。調合され、粒状にされ、栄養分を強化されたフードを、工場形式で飼育している動物（集中家畜飼育作業、略してCAFO）やペットに生涯ずっと与えるのが、当たり前のことになってきました。動物（子どもも含め）の多くは、それと識別できる、本物の自然な食物からつくられた食べ物を口にすることはなくなりました。ほとんどが、精製され、混ぜられ、一口大の球状にパッケージされたモノです。そして私たちはそれを、病気にならないように最低限の栄養価が含まれていたらそれでいいと思っています。

加工食品は、賞味期間を延ばすために糖質（でんぷん）、脂質、塩分といった原材料を盛り込んだ食品です。超加工食品はたいてい工場でつくられており、食べ物を丸ごとの状態、または新鮮な状態からバラバラにし、増粘剤、着色料、光沢剤、パラタント（「風味がいい」という意味の英単語palatableから来た言葉で、病みつきになるような風味を食品につける材料）、さらには保存期間を延ばすための添加物で処理されています。人間用の場合、缶詰や包装紙に入れてパッケージする前に、油で揚げることもあります。ペット用の場合、押出成形します。つまり、カリカリ感を出すために、高温高圧で押し出して調理するのです。どちらも、タンパク質分離物あるいはエステル交換油（現在は使用が広く禁止されているトランス脂肪酸の代替品として開発されたもの）を含んでいる可能性があり、カリカリの場合は多くのメーカーが、レストランで使用済みの調理油を吹きつけています。栄養価という意味で、「スノーセージズ」（犬用のおやつ）とチートス（人間用のスナック菓子）がどれだけ似ているか知ったら、みなさんは驚くと思いますよ！

ジャンクフードは単に体に悪いだけでなく、ビタミンやミネラルが多く含まれるわけでもないのに、食べすぎてしまい体重増加につながることが、相次ぐ研究で明らかになっています。がんの罹患率の高さや早死との関係も指摘されています。この情報を知る人は増えてきましたが、犬にはまだ伝えきれていません。

犬には生涯にわたり「ペットフード」を与えなさい、という獣医は、ジャンクフードは明らかに必要な栄養素を満たさないのに、ペットフードは必要な栄養素をすべて満たすようにつくられていると主張します。人間用の超加工食品で、「オールインワン」の完全栄養食とラベルづけされたものはいくつかあります。「トータル」というシリアル・ブランドや、「エンシュア」や「ソイレント」といった一部のドリンクは、人間のビタミンおよびミネラルの1日当たりの推奨摂取量を100％含んでいるとしています。こうした商品は、ペットに生涯ずっと与えるべきだとされる、「必要なすべて」が入るよう科学的に調合された、粒状の食べ物との比較対象にぴったりです。確かに、生涯の始めと終わりに、「オールインワン」のドリンクを口にする人は多いですし、忙しいときや入院中に、そうしたものを口にすることもあります。しかし、こうした「完全栄養食」を生涯にわたって唯一の栄養源とするよう推奨している栄養士はいません。毎年世界中の何百万人という赤ちゃんに栄養を与えている、「科学的に調合された」乳児用ミルクでさえ、数カ月後には加工が少なく多様性に富んだ本物の食べ物に切り替えられます。家族のなかで超加工食品を生涯にわたり食べ続けているのは唯一、ペットだけなのです。

なかには、市販のドッグフードを、人間の加工食品と同じ程度の「加工」とは考えない人もいます。とはいえいろいろな意味で、**ドッグフードは人間用のどの食べ物よりもさらに多くの加工が施されています**。この点は、第9章で詳しく説明します。カリカリがどのようにつくられるかを知れば、違いがわかるようになるはずです。人間の食品業界にもドッグフード業界にも、加工度の高い新たな食品が、毎週のように登場しています。便利で手軽なこうした食べ物は、そこにたどり着く前にすでに長い加工の物語を経てきた原材料をいくつも使ってつくられています。大きく姿を変えたこれらバルク原料〔大量にまとめて取り扱われる原材料のこと〕はどれも、もとの農作物や一次産品とは似ても似つきません。同様に、超加工されたペットフードに入っているものはどれも、「新鮮」な原材料とは似ても似つきません。市販のペットフードに使われているバルク原料は、最終目的地であるドライ・ペットフードに到達する前に、すでにかなり加工されています（例えば、肉粉、骨粉、獣脂、コーン・グルテン・ミール、米ぬかなど）。そして、完成品は1年以上、常温（通常の室温）で保存できるとされているのは言うまでもありません（開封したペットフードは、いつまで犬に与えても安全かという調査を公表しているメーカーはありません）。人間用であれペット用であれ、高度に加工された食品が新鮮などということは、どこを取っても決してありません。

ペットフードの加工はまた、製造過程で多くのビタミンが失われるため、提供されるビタミンの質にも影響します。ただでさえ不健康なこの事態にさらに追い打ちをかけるのが、除草剤のグリホサートを含む作物残渣《ざんさ》（残りかす）の、市販ペットフードからの検知です。グリホサートとは、除草剤「ラウンドアップ」の主要成分であり、ほぼ確実に発がん性物質です。残念ながら、標準的な農業では広く使用されており、そのため市販品としてつくられる犬用の食べ物に比較的入り込みやすくなっています。２０１８年に発表された気がかりな研究では、コーネル大学の研究者らが市販のドッグフードおよびキャットフード18種類（遺伝子組み換え作物を使用していない商品を１つ含む）を調べたところ、すべてから、グリホサートが検出されました。研究者らは、「食物摂取によるグリホサートへの暴露は、人間よりペットの方が高いと思われる」と結論づけています。ペットのグリホサートへの暴露を研究者らが計算したところ、体重１キロあたりに換算すると、人間より4倍から12倍も高い数値になるとのことでした。

もう1つ、多くの市販ドライドッグフードに意図せず混入してしまう物質に、マイコトキシンがあります。マイコトキシンとは、多くの穀物につく真菌が自然に産生する有毒な化学物質で、真菌がつく穀物には、ペットフードに使われるものも含みます。ペットフードがリコールされる理由として、マイコトキシンはよくあります。２０２０年12月にアメリカでリコールされたカリカリには、アフラトキシン（マイコトキシンの1種）が含まれており、犬70匹が命を落とし、数百匹が深刻な体調不良に陥りました。マイコトキシンは、臓器疾患や免疫抑制、がんなどを引き起こして愛犬の体をめちゃくちゃにします。マイコトキシンからの影響は、しっかりと科学で裏づけされています。にもかかわらず、ペットフード・メーカーは、完成品におけるマイコトキシンの含有値の検査を求められていません。アメリカで行われたある研究では、ドッグフード12種類のうち9種類で、少なくとも1種類のマイコトキシンが陽性となりました。オーストリア、イタリア、ブラジルでの結果も同じでした。もし穀物からつくられたカリカリを愛犬に与えているのなら、間違いなく、マイコトキシンを食べさせているはずです。唯一不明なのは、与えているのがどのくらいの量で、どのくらいの影響があるかです。でも慌てないでください。本書では、マイコトキシンを軽減する手段もお教えしています。

1種類の超加工フードと、加工度の低いさまざまな種類のフードを、それぞれ生まれてから死ぬまで食べ続けた犬を生涯にわたり比較した研究は存在しません。それでも常識的に考えて、ペットフード業界が私たち消費者に描いて見せた栄養の絵は、何かが間違っていることがわかります。アメリカでは、**人間は毎日のカロリーのうち約50％を、そして多くのペットは少なくとも85％を、それぞれ超加工食品から摂取している**と推測されています。

超加工食品の摂取割合

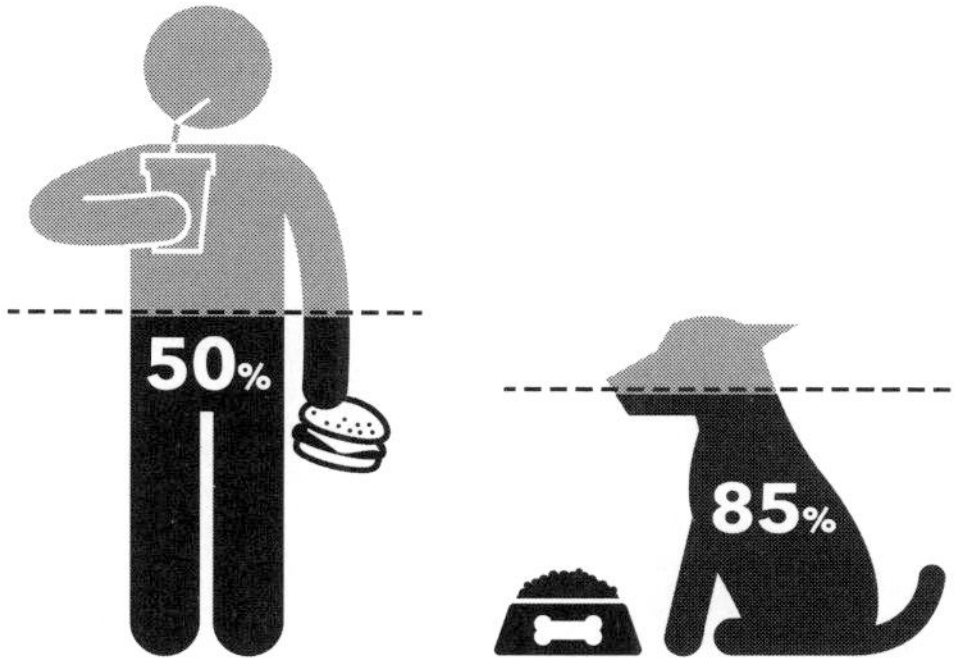

大切なことなので繰り返します。ペットは、自分が食べるものを選べません。小さな子どもと同じように、ペットは私たちが出したものを食べます。ところが私たちは一般的に、食べ物を過剰に与えすぎる一方で栄養は充分与えていません。こうしたことが、数えきれないほどの健康面・行動面での潜在的な問題へとつながります。人間の食事について栄養士は、加工の少ない食べ物を食べるようすすめますが、ほとんどの獣医はいまだに、加工食品のみをすすめます。この違いはなぜでしょうか？

加工食品とほぼ新鮮、あるいは最小限の加工しかしていない食べ物との強烈な違いを納得してもらうために、最近行われた研究から、この点を証明するすごい例をお教えしましょう。２０１９年、スイスとシンガポールの研究チームが健康なビーグル犬を16匹使い、２種類の食事法をテストしました。条件を平等にするため、すべての犬に同じ市販のドライフードを３カ月間与えた後、基準値として犬の血中脂質量をそれぞれ測定して記録。その後、16匹を無作為に２つのグループに分けました。１つのグループには、最初の３カ月に与えたものと同様の市販のフードを与え、もう１つのグループには、栄養面で完全な、手づくりのごはんに亜麻仁油とサーモンオイルを加えたものを与えました。どちらのグループの方が、実験後の血中脂質量の数値がよかったと思いますか？　加工ドッグフードではなく、健康的なオイルのオメガ3系脂肪酸を加えた新鮮な食べ物を与えられたビーグル犬の方が、こうした良質の脂質をよく吸収していたのです。

血液検査は、新鮮な食べ物を食べたビーグル犬の方が、市販のドッグフードを与えられたビーグル犬よりオメガ3系脂肪酸がずっと豊富で、不飽和脂肪や一価不飽和脂肪は少ないという結果でした。このような研究から、食べ物の実際の配合と材料の出どころが、健康面での違いになりえることがわかります。これはとりわけ、免疫系のバランスの崩れに起因する、皮膚や耳の病気が何度もぶり返す犬にとっては重要です。ここでもまた、加工食品よりも本物の食べ物の勝ちという結果になりました。

箱入り

1900年には、都会人1人に対し、農村部に住んでいる人は約7倍いました。現在は、世界人口の半分は都心に住んでおり、2050年までには、70%近い人が都会に住むようになると予測されています。そして人は、90%以上の時間を屋内で過ごします。ただ生き延びるためだけに、体を動かし、食べ物を探し回る必要はありません。必要なものはほとんど、クリックかスワイプで手に入ります。現代社会とのコミュニケーションはほぼすべてが、何らかの壁に囲まれ、コントロールされた環境と人工の照明の下で行われています。こうした環境のせいで、自然な概日リズムが惑わされてしまい、体――そしてDNA――が期待して要求してくる活動を、私たちはできなくなってしまいます。屋外との関わりは主に、窓、バーチャルなオンラインでの経験、そして運が良ければたまの散歩くらいです。これはつまり、愛犬は建物という閉鎖されたなかに住み、自然にあまり触れられなくなってきているということです（待ちに待った散歩の時間を除き）。カーテンを閉じた室内で留守番をさせられているのなら、自然の太陽光を1日中浴びることすらないかもしれません。飼っている小型犬を土に触れさせたことがない、と告白する飼い主を、私たちは数えきれないほど知っています。この子たちは、青々とした草を楽しんだこともなければ、強風を体で受けとめたこともなく、土の上でうんちをしたこともなければ、落ち葉のにおいを嗅いだこともないのです。そんなばかなと思うかもしれませんが、裏庭のない、コンクリートの歩道に囲まれた都会の高層ビルに住んでいれば、ありえない話ではありません。

また、科学が伝えてくることも、私たちは理解しています。田舎の犬と比べ、生涯のほとんどを屋内で過ごす都会の犬は、強い不安を抱く可能性が高く、血液検査の数値には生物学な面でのストレスの高さが表れており（つまり、炎症や酸化ストレスの数値が高い）、きちんとした運動が充分でなく、さらには社会的な機能不全にさえも陥ります（犬仲間やほかの人間と自由に遊ぶことがまったくないため）。犬はますます孤立しています。自宅や狭い部屋、あるいはクレート（ペットを運ぶためのケージ）に閉じこめられ、なかには室内でトイレをすべて済ませるようトレーニングされた子もおり、屋外に出るときは常にリードにつながれています。田舎の広大な私有地や、そこまででなくても裏庭をパトロールする代わりに、狭い空間に閉じ込められ、自然の荒々しさを味わえない状態です。さらに、人間が気にかけないようなものに対して、犬は敏感であることも忘れてはいけません。例えば犬は、電磁場（ＥＭＦ）にずっと敏感であり、ＷｉＦｉがますます強力になり普及している私たちの高度ネットワーク社会において、先行きが明るいとはいえません。私たち2人は、アルミホイルの帽子をかぶった陰謀論者ではありませんが、犬についてはよく知っています。そして、自分の飼い犬数匹を含め、犬が5Gルーターのそばにいたがらないことも知っています。それはつまり、犬の好みや非常に鋭い感覚を尊重すべきであることを物語っているのです。磁気を察知する感覚や、地球磁場を活用しての優れた帰巣本能以外に、犬は耳や鼻にも、人間の能力を多くの面で凌ぐ鋭い感覚を持っています。何年も前、私（ベッカー博士）が子どものころに飼っていた犬スーティ・ベッカーが逃げ出したことがありました。新居への引っ越しでバタバタしていたところ、開けっ放しになっていた車庫の扉から出て行ってしまったのです。翌朝、スーティは新居から16キロ以上離れた彼が生まれ育った家の正面玄関にいました。でも16キロなんて、たいした距離ではありません。

黒のラブラドール・レトリバーのバッキーが、800キロメートル以上を歩いた話を聞いたことがあるでしょうか。飼い主がバージニア州の実家にバッキーを預けてサウスカロライナ州に戻ったところ、サウスカロライナ州まで戻って来てしまったのです。バッキーは慣れ親しんだ場所の方がよかったのでしょう。犬には、腸の磁性細菌と関係している可能性のある「第六感」があります。これらの細菌は、地球磁場の磁力線に沿う動きをします。そう考えると、犬がうっかり口にしたり吸い込んだりするあらゆる化学物質の影響は言うまでもなく、腸の問題や腸内毒素症を抱えているかわいそうな犬は、一体どうなるのだろうと思います。腸内毒素症（英語名でdysbiosisという文字どおり、「異常」（dys）な「生命」（biosys）の状態）とは、体内、とりわけ腸内に自然にあるミクロフローラ（微生物叢）の有機体の種類が不健康なほどにバランスを欠いた状態のことです。鋭い嗅覚（さらには、鼻を使って遠くから熱を感じ取る驚くべき能力）やレーダーのような聴力を考えると、「都市環境のどの不快物質が、愛犬にとって有害なのだろうか？」との疑問を抱かずにはいられません。というのも、多くの人や犬にとって、都市環境の不快物質に囲まれた暮らしが現実だからです。どうすれば、まるで有刺鉄線のようなこうした物質をうまくコントロールできるでしょうか？

「人工環境」での暮らしが、人間――そして愛犬――にどのような影響をもたらすのか、私たちはようやく理解し始めたところです（「人工環境」とは、暮らし、働き、遊ぶために人間の手によってつくられた人工的な空間を指し、高層ビルから住宅、道路、公園に至るあらゆるものが含まれます）。メイヨー・クリニックは２０１４年、建物（およびそのなかにあるもの）が人間の健康や心身の健やかさにどう影響するかに関するデータを集めるため、ウェルネス企業であるデロスと共同で、ウェル・リビング・ラボと呼ばれる大型プロジェクトを立ち上げました。両者の関連性を示す証拠が、すでに膨大に集まっています。例えば、比較的菌が少ない現代社会に生まれた子どもは、過去数世紀に生まれた子どもと比べ、喘息、自己免疫疾患、食物アレルギーなどの病気を発症するリスクが高い傾向にあります。「衛生仮説」または「マイクロバイオーム仮説」は、欧米化した国々におけるこうした疾患の増加の要因が、一部には、自然やそこにある微生物との接触の欠如にある可能性がある、としています。これなら、犬のアレルギー（特に犬アトピー性皮膚炎）に関する研究でもなぜ、非常に清潔な家屋での暮らしと、アレルギーのリスクの高まりとに相関関係があるのかの説明がつきます。

アメリカの活動団体である環境ワーキンググループ（ＥＷＧ）は、ペットが自宅や屋外環境で汚染物質にどの程度触れているか、いち早く調査に着手した組織の1つでした。そこで、驚きの事実がわかりました。アメリカのペットは、これまで同団体が新生児を含む人間を対象に調べてきた工業用化学合成物質の多くに、より高レベルで汚染されているのです。

この結果から、アメリカのペットは不本意ながら、まん延している化学物質による汚染の歩哨動物〔ウイルスや有害物質などを検出するために使われる動物。おとり動物とも呼ばれる〕の役目を担っていることがわかります。こうした化学物質による汚染と、野生動物、家畜やペット、人間など幅広い種類の動物の間で増えているさまざまな健康上の問題との関連性が指摘されることが、近年増えています。

ＥＷＧは２００８年、バージニア州の動物病院で集めた、犬20匹、猫37匹から採取した血液と尿のプール検体を使い、プラスチックと食品包装用の化学物質、重金属、難燃剤、防汚剤を調べるという、画期的な研究を行いました。その結果、検査をした70種類の工業化学物質のうち、犬と猫が汚染されているのは48種類に上ることが明らかになり、うち43種類については、人間に通常見られるより高い数値でした。多くの化学物質について、平均値は一般的な人間よりもペットの方がかなり高く、アメリカ疾病予防管理センター（ＣＤＣ）とＥＷＧが人間を対象に行った全国調査での平均値と比べると、防汚や耐油のコーティング剤（パーフルオロ化合物）は犬が２・４倍、難燃剤（ポリ臭化ジフェニルエーテル、ＰＢＤＥ）は猫が23倍、水銀は5倍以上という結果になりました。パーフルオロ化合物（ＰＦＣ）は、ほとんどの人が思うよりずっとまん延しています。梱包用の紙や厚紙、カーペット、革製品、布地など、撥水性、撥油性、防汚性のある製品の表面コーティングや保護剤として使われているほか、消火剤の泡にも使われています。

人間が購入する製品に継続的に触れることで、犬がＰＦＣなどの化学物質を吸収し、体内に持ち続けてしまうのは、驚きではありません。前述のＥＷＧの研究では、特に血液や尿の検体には、生殖器系に有害な化学物質である発がん性物質と神経毒が含まれていました。犬は、いろいろな種類のがんの罹患率が人間よりずっと高く、皮膚がんが35倍、乳腺腫瘍が5倍、骨肉腫が8倍、白血病発生率が2倍などとなっていることから、発がん性物質はとりわけ懸念材料です。本書では後ほど、フタル酸エステル類（プラスチックによく使われる材料）や芝生用の製品が、ペットに与える影響について調べた、より新しい研究から集めた知見を取り上げます。こうした化学物質は、私たちが気づくか気づかないかにかかわらず、環境のどこにでも存在し、私たちの健康に影響を及ぼしています。

先進工業国に住んでいる人やペットは、体内に数百もの合成化学物質を蓄積しています。食べ物や水、空気、さらに忘れてはいけないのが、汚染された粉塵や化学的に処理された芝生から取り入れられたものです。これら化学物質の大部分は、健康面への影響について充分に検査されていません。ほとんどの人は、食品のパッケージから家具、犬用ベッド、家財道具、衣類、化粧品、トイレタリーに至るまでの日常的な品物が、有害物質を含んでいる可能性があるなんて気づいていません。こうした有害物質には、殺虫剤、除草剤、難燃剤といった常習犯のほか、プラスチックを柔らかくするために使われるフタル酸エステル類、防腐剤の役目を果たすパラベン、多くの電気機器や冷却機器に広く使われているためいまだに環境のなかで見つかっているポリ塩化ビフェニル（ＰＣＢ）、さらにはフードボウルや水用のボウル、犬用おもちゃを含む多種多様なプラスチック製品に幅広く使われているビスフェノールなどがあります。もっともひどい化学物質のなかには、ホルモンを模倣したり妨害したりして、極めて重要な生体機能を混乱させる可能性があるものもあります。そのためそうした物質は、「内分泌かく乱化学物質」（ＥＤＣｓ）と呼ばれています。

ビスフェノールＡ（ＢＰＡ）は、多くのプラスチック製品の材料であり、ボトルからおもちゃ、缶詰の内面塗装に至るあらゆるものに使われています。幼少期からのＢＰＡへの暴露は、多動、不安症、うつ、攻撃性といった神経発達上の問題や喘息と関連があるとされています。大人の場合、ＢＰＡへの暴露は、肥満や2型糖尿病、心臓病、生殖能力の低下、前立腺がんとの関連が指摘されています。ＢＰＡは、ビスフェノールＳ（ＢＰＳ）やビスフェノールＦ（ＢＰＦ）に置き換えられることが多いものの、これらはＢＰＡと比べると研究が浅く、ホルモンを破壊する似たような作用がある可能性は充分あります。出生前や幼児期のフタル酸エステル類への暴露は、喘息、アレルギー、さらには認知面や行動面での問題と関連づけられています。さらに、人間でも犬でも、男性またはオスの生殖機能の発達に影響を及ぼす可能性もあります。人間と犬のどちらにおいても、フタル酸エステル類は生殖能力の低下と関係があるとされているのです。実のところ、不妊・去勢された犬の生殖腺からは、ＰＣＢやその他の環境化学物質が見つかっています。当然ながら、このような犬にとって繁殖はもはや選択肢にありませんが、測定可能な量の環境化学物質が多くの犬の臓器から見つかったなんて、誰にだって簡単に受け入れられるものではないはずです。

皮肉なことに、人間の健康に関する情報を提供してくれる研究のなかには、ペットを調べた結果からもたらされたものもあります。ペットは、自宅での有害化学物質への暴露を早期に警告してくれるシステムになりえます。その代表例は、スウェーデンのストックホルム大学のウーケ・ベルクマン教授によるもの。幼児の血中におけるさまざまな化学物質の濃度を測定するために、その家のペットに目を向けるという斬新なアプローチを取りました。子どもの血液検査をしていいかと親に許可を求める代わりに、幼児の家で飼われている猫（幼児や子どもと非常に似た環境のなか、ほとんどの時間を床で過ごしています）から検体を採取したのです。子どもたちがハイハイしたり遊んだりしているとき、ペットは同じ床を這いまわり、空気を吸っています。ベルクマン教授のチームは、家の埃と飼い猫の血液からそれぞれ測定した残留性有機汚染物質の値には、密接な結びつきがあることを発見しました。

２０２０年には、ノースカロライナ州立大学とデューク大学の研究チームが、先進的な技術を使い、人間と犬に共通する化学物質の負荷を示しました。このチームは、論文のタイトル「飼い犬は、人間の健康を支えるための歩哨動物」で、現実を厳しく指摘しています。研究チームは、環境に存在する化学物質への暴露を測定するためにつくられた、ハイテクでありながら安価なシリコーン製リストバンドと首輪を使い、犬と飼い主にかかっている化学物質の負荷が非常に似ていることを発見しました。例えば、人間のリストバンドでは87％、犬の首輪につけたタグでは97％から、ある種類のＰＣＢが見つかりました。アメリカ政府は、ＰＣＢの使用をかなり昔の１９７９年に禁止していることを考えると、これは驚きです。とはいえどうやらＰＣＢは何十年も残存する可能性があり、また、たいていは目に見えない、長期にわたる影響を及ぼす可能性もあります。このような研究は、馬や猫などほかの動物を対象にした、過去の研究を足場としています。研究で使用されたリストバンドの技術開発に協力したオレゴン州立大学の環境毒物学者、キム・アンダーソンは２０１９年、猫の甲状腺機能亢進症として知られる、ここ40年で急増している内分泌疾患と難燃剤との関連性を発見しました。それはもしかしたら、猫は（私たちと一緒に）布張りのソファで休むのが好きだからかもしれません。そうした家具は、難燃剤を含むことがよくあります。思い出してください。ＥＷＧの研究では、何十種類もの環境化学物質が、人間よりもペットの血清から高い数値で見つかりました。私たちは、犬用ベッドにスプレーされた化学物質による影響についても、類似の研究がなされるのを期待しています。

とはいえ、こうした化学物質からの影響に抗うことは、思うほど難しくはありません。家具や室内装飾品は今すぐに、有機認証を受けたものにすべて買い替えてください……などとは言いません。今あるものを使って、常識的な手を打つことができます。例えば、ペット用ベッドの上に、綿でできた古いシーツや天然繊維の薄いブランケットをかけるとか、化学物質を使用していない食器で飲食させるなどです。

ウェル・リビング・ラボは犬だけを対象に研究しているわけではありませんが、似たような結論を引き出すことができるのではないでしょうか。というのも、犬も同じ環境で暮らしているからです。私たちと同じ汚染物質にさらされ、その度合いは、工業化学物質への規範的な暴露を越えています。また、騒音や、夜間に画面から発する光も汚染となりえます。これらはすべて、健康的な生体を傷つけます。そこには、マイクロバイオームの構成や生態も含まれます。これが今度は、私たちのすべて――新陳代謝、免疫機能、そして究極的には健康と幸せ――に影響します。愛犬にも、同じことが言えます。私たちは誰もが、独自のマイクロバイオームを体内に持っていますが、共生している何かしらの生き物（つまり人間とペット）に目をやると、共通のパターンが見えてきます。実際に、自分のマイクロバイオームの特徴を、犬と共有しているかもしれないし、その逆もありえます。気持ちのいい現実には思えないかもしれませんが、人間と犬のどちらにとっても、これが心身のより良い健康につながっているかもしれないのです。

このようなすばらしい双方向的な関係は、人間と犬が共通して持つ、多くの側面の特徴となっています。そしてほかに類を見ない人間と犬の組み合わせは、老化のプロセスにおいても、同じ道を共有しています。では次は、その道に行ってみましょう。

長寿マニア、本章での学び

▼犬と人間は、何世紀にもわたり共存し、交じり合ってきました。人類最良の友である犬がいつ家畜化されたかの厳密な時期は現在も議論が続いていますが、すべての犬は、ハイイロオオカミから進化しており、人間との特別な絆を楽しんできました。犬と人間はお互いに頼るようになり、また健康に関して言えば、多くの共通点があります。

▼私たちは20世紀、特定の特徴を求めて犬を積極的に交配させましたが、そのせいで遺伝的に弱い犬を生むことになりました。とはいえ、犬の健康の運命は、必ずしも遺伝的特徴だけで決まるわけではありません。人間の健康と同様に、食事、運動、有害物質への暴露といった環境要因が、健康をはじき出す方程式にかなり影響します。

▼多くの市販ペットフードに使われている主要原材料からはまったくそうは思えませんが、犬は糖類やでんぷんをそこまで必要としていません。また、加工された精製炭水化物と、食物繊維が豊富でGI値の低い炭水化物は大きく異なり、後者は、マイクロバイオーム（新陳代

謝や気分、免疫に関わる腸内微生物）の健康にも役立ちます。

▼犬はますます孤立しており、有害な空間である可能性のある屋内に閉じ込められています。究極的には健康を増進することになる、運動、新鮮な空気、微生物が豊富な土壌、自然の荒々しさに触れられる、屋外に出る機会を奪われているのです。

3

老化の科学

犬と病気の危険因子に関する驚きの真実

犬に骨を与えるのは、慈善活動ではない。慈善活動とは、自分も犬と同じくらい飢えているときに、骨を犬と分け合うことだ。

――ジャック・ロンドン

「うちの犬、本当のところ何歳なんですか？」

こんな質問をよく受けます。そして、何を聞きたいのかもわかります。現時点までの、愛犬の遺伝的脆弱性と全体的な健康状態を織り込んだとき、この質問をしてきた人たちの愛犬は、あとどのくらい生きる可能性があるのでしょうか？　愛犬は、実年齢よりも老けているのでしょうか、それとも若いのでしょうか？　ちょうど人間と同じです。実年齢よりも若い、あるいは老けた外見（と行動）の人が、誰の周りにもいるでしょう。年齢に逆らっているかのように見える人もいれば、外見も内面も衰えが加速している様子が見て取れる人もいます。

これは、16歳のメス犬のオーギーが、プールに飛び込んでいる写真です。プールに飛び込むのは、オーギーの日課でした。オーギーのパパであるスティーヴによると、オーギーはこの年齢になっても、ほかの犬がみんな疲れてしまった後もなお、プールに飛び込んでボールを取って来る遊びを続けたがることがよくあったそうです。ゴールデン・レトリバーは10歳くらいで死んでしまうケースが多く、その前に体の衰え、筋萎縮、サルコペニア（体の強度や機能が低下）が始まります。オーギーは明らかに、平均的なゴールデン・レトリバーの犬生の道のりに沿っていませんでした。20歳と11カ月まで生き、２０２１年の春に息を引き取りました。彼女は現在、長寿犬として19位、判明しているゴールデン・レトリバーとしては世界最長寿になって

います。

老化という概念は、それ自体が並外れたものであり、人文科学研究の糧《かて》であり、科学的議論の中心でもあり、さらには何世紀にもわたって議論されてきたテーマでもあります。年齢とは数字であり、プロセスであり、心のあり方であり、生命現象であり、状態であり、現実であり、不可避なものであり、責任であり、特権でもあります。非常に多くのものでありながら、それを直接触ることも感じることもできません。老化に関する理論は、多く存在します。どんな意味があるのか、どう作用するのか、どこから始まるのか、どう展開するのか……そして究極的に、どう終わるのか。染色体の強さや長さ（とりわけ、まるで靴紐の先端についているキャップのように、命を結びつけているテロメア）や細胞の再生プロセスの完全性について話す人がいる一方で、他方では、例えば変異に追いついてがんを予防するための、ＤＮＡの安定性や修復メカニズムに焦点を当てる人もいます。タンパク質の安定性――構造、ホルモン、全体的な信号伝達を通じて、体内のほぼすべてを直接的・間接的にコントロールする複雑な分子――もまた、老化研究の分野で注目されています。プロテオスタシス（体のタンパク質とそれに関連した細胞経路の「品質管理」という意味）が失われると、問題が姿を現します。「プロテオスタシス」（タンパク質恒常性）という言葉は、「タンパク質」（細胞が機械あるいは足場として使う分子）と「静止状態」（同じ状態の維持）を組み合わせた言葉です。

犬であれ人間であれ、体はコントロールを維持するために、静止した状態――平衡、安定、来る日も来る日も同じ状態――が大好きです。ハーバード大学医学大学院のデビッド・シンクレア教授が行っている、サーチュインと呼ばれる特定のタンパク質群の研究は、この点をとりわけよく表しています。サーチュインは、細胞の健康のコントロールを支援するうえ、細胞がバランスを維持して（恒常性）、ストレスを処理できるようにする際に主役級の役目を果たします。粗食や運動が心臓代謝面で恩恵があるのは、大部分においてサーチュインが原因だと考えられています。また活性化されると、老化の重要な側面を遅らせることができます。とはいえ、サーチュインの活動は、ビタミンＢの一種であるニコチンアミドアデニンジヌクレオチド（ＮＡＤ）など、ほかの重要な生体分子に依存します。サーチュインの恩恵を受けるには、体がきちんと整っている必要があります。さもなければ、物事がうまく動かなくなり、長寿の方程式が成り立たなくなってしまいます。

さらに、炎症（炎症老化）、免疫およびミトコンドリアの機能不全、幹細胞の枯渇、フリーラジカルと酸化（体のサビ）、細胞間のミスコミュニケーション、中枢神経系の機能低下など、リストはどこまでも続きます。例えばミトコンドリアは、細胞内に存在する小さいながらも重要な構造で、エネルギーをつくります。幹細胞は、ちょうど細胞の赤ちゃんのように、どの種類の細胞にも成長できます。そのため、細胞の更新や組織の再生に必要不可欠です。フリーラジカル（活性酸素種と呼ばれることもあります）は、電子を失った不安定な分子です。フリーラジカルの消去剤だとうたう、健康・ウェルネス業界の広告を聞いたことがあるのではないでしょうか。フリーラジカルは、体内の問題児です。電子は通常ペアになっていますが、ストレスや汚染、化学物質、有毒な食物による誘因、太陽光の紫外線、さらには一般的な身体活動といった力のせいで、分子から電子が「解放」（フリー）されてしまい、無作法な動きをして、ほかの分子から電子を盗もうとするようになります。この混乱こそが、より多くのフリーラジカルをつくり、炎症を起こさせる一連の動きである、酸化プロセスそのものなのです。酸化した組織と細胞は通常の機能を行えなくなるため、このプロセスのせいで健康上

酸化ストレスによる老化&病気

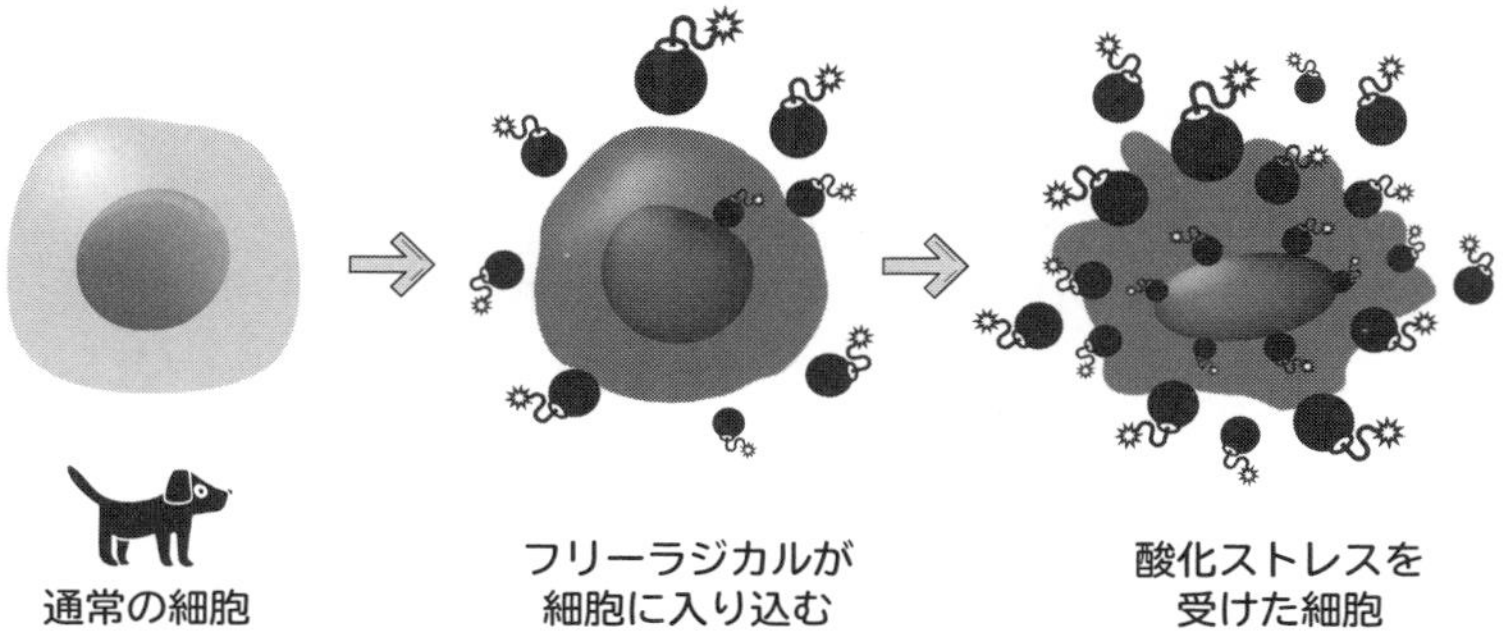

の多くの問題に対して脆弱になってしまいます。酸化値（酸化ストレス）の高さは、炎症値の高さを反映していることがよくありますが、酸化値が高い人は、健康上のさまざまな課題を抱えているのが理解できます。

このような抽象的概念を覚える必要はありません。ただ、健康とバイタリティを最大限に引き出すべく日常生活のなかで適切な判断を下すために、なぜ・どのようにして老化が起きるのかと、人間の老化は犬の老化と同じという点を、ざっくりと理解してください。

どんな生き物であれ、生命とは、破壊と創生の継続的なサイクルです。こうした生命のプロセスは、新しい化合物をつくるために分子が引き離され再編成されるもっともシンプルな化学から、細胞の形成、成長、維持、複製までを網羅しています。単細胞も多細胞生物も、酵母菌から犬、そして人間の体にいたるまで、すべてをコントロールしているのです。このプロセスのいずれかの機能――破壊と創生――を過度に阻害すると、生命のプロセスは機能不全になり、是正されなければ、最終的には終わってしまいます。

ご想像のとおり、年齢は病気にかかる最大のリスク要因（健康寿命の最大の予測因子）です。歳を重ねれば重ねるほど、病気にかかるリスクや変性疾患が進行するリスクは高まります。同じことは、人間の約6～7倍の速さで歳を取る犬にも言えます（「犬の年齢」を計算する際に、よく7を掛けるのはそのためです。ただし、この計算が不正確な点については後述します）。犬は人間よりずっと速く生き、死んでいくことから、老化のプロセスの速さを見落としてしまいがちです。

犬の平均寿命は人間のものよりも6～12倍短いですが、それでも人間同様に、犬のデモグラフィック属性（例……生活環境）は、加齢によって著しく変わる可能性があります。**犬は、人間と同じように、**子犬期（誕生から6カ月または青年期前まで）、青年期（6カ月から1歳半）、成犬期（1から3歳またはシニア期前まで）、シニア期（6から10歳または老犬期前まで）、老犬期（7から11歳）などの**発達段階があります。**さらに、犬の必要栄養量は人間と同じように年齢によって変わり、犬の活動レベルに依存します。この点を長々と説明するつもりはありませんが、犬の肥満の増加（2007年以降約20％増）が人間の肥満の増加を反映していることは、驚きではありません。認知異常のある犬は想像しにくいですが、思う以上によくいます。11～12歳の犬の3匹に1匹近く、そして15～16歳の70％は、人間でいう老人性認知症に相当する症状の認知障害が見られます。つまり、空間識失調、社会的行動障害（例……家族を認識できない）、反復（常同）行動、無気力、興奮しやすい、睡眠障害、失禁、タスク遂行能力の低下などです。ひっくるめるとこれらの症状は、典型的な、加齢に伴う進行性の犬の認知能力の低下であり、一般的には犬の認知機能障害症候群、つまりは犬の認知症と呼ばれています。

犬は、老化に伴う変化や病気を私たち人間と同じように発症させるという事実から、健康寿命を調べるにあたり、とりわけ優れたモデル種となります。しかも、聞いてください。人間と同じ祖先ゲノム配列の数は、齧歯類よりも犬の方が多いのです。そしてここから、犬の早死の原因は多くの場合、人間と同じであることがわかります。つまり、遺伝子と環境からのプレッシャーの重なり合いです。私たちがインタビューした多くの科学者が、人間の老化に犬のモデルを使っている理由の1つは、これでした。犬は歩哨動物であり、将来を予測する存在であり、人間の健康を促進する存在でもあるのです。遺伝子や環境からのプレッシャーを引き続き詳しく見ていき、これらが組み合わさることによっていかに犬の生涯が決まり、うっとりするほど長く活気に溢れた日々を生きるチャンスが決まるのかを説明します。

人間の家庭に暮らす犬の平均寿命は、5年半から14年半（おおよそ）と、犬種によって大きく異なります。個々の犬の老化率は、その個体の遺伝子構造と関係しており、環境やトラウマを含む過去の経験に影響されます。老化、つまり加齢に伴う衰えが始まる年齢は、犬種、サイズ、体重（サイズが大きく重い犬種ほど、老化が始まる年齢は低くなります）や、遺伝性疾患の広がりによって異なります。「老化」と言う言葉は、細胞の老化か、あるいはその生命体そのものの老化のどちらでもありえます（老化を意味する英単語であるsenescenceの語源は、「老衰の」を意味するsenileや、「シニア」を意味するseniorと同じ語源である、ラテン語で「古い」を意味するsenex）。近年の医学文献には、老化細胞である、いわゆる「ゾンビ細胞」に焦点を当てたものが溢れています。ゾンビ細胞は、普通の細胞として生まれますが、ＤＮＡの損傷やウイルス感染といったストレス要因と出会います。この時点では、細胞は死ぬか、「ゾンビ」となり基本的に仮死状態に入るかを選ぶことができます。後者

ゾンビ細胞ができるまで

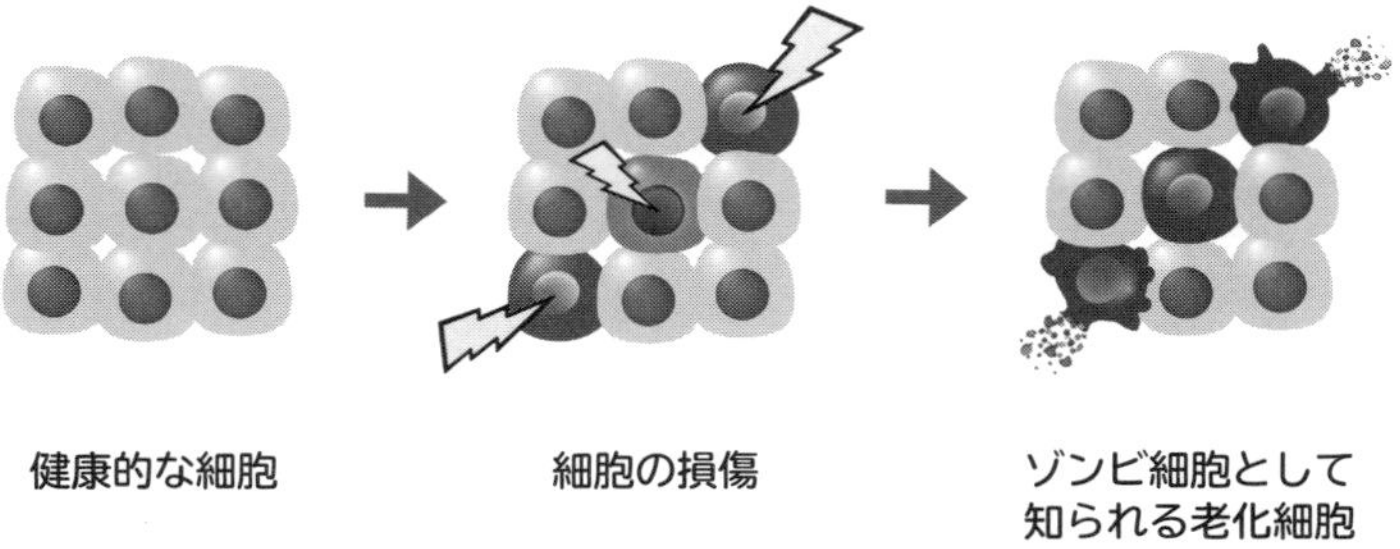

は、体にとって役に立たず、まるで不機嫌で問題ばかり起こす放浪者のようにウロウロしています。

問題は、ゾンビ細胞は近くにある通常の細胞を損なう可能性がある化学物質を発することです。ここから、面倒なことが始まります。

マウスを使った実験では、ゾンビ細胞を取り除く薬が、驚くほどさまざまな病気を改善することが示されました。白内障、糖尿病、骨粗しょう症、アルツハイマー病、心臓肥大、腎障害、動脈血栓、加齢に伴う筋肉組織の減少（サルコペニア）などです。また、特定の栄養素を与えることで、ゾンビ細胞を狙うことができます。これは第8章で詳しく取り上げます。この将来性から、デビッド・シンクレア博士が取り組む、年老いたマウスを健康で若々しい行動を取るマウスにする研究がなぜ、バイオ技術の先駆者たちをそこまで魅了しているかがわかります。

健康的な細胞が病気になったり損傷を受けたりすると、分裂をやめ、老化した「ゾンビ」細胞になる可能性があります。こうした細胞は炎症分子を吐き出し、炎症を引き起こします。こうしたゾンビ細胞が蓄積していくと、近くにある細胞もまたゾンビとなり、老化プロセス全体のスピードが速まります。

動物実験でも、ゾンビ細胞と老化のより直接的な関係が示されています。高齢のマウスに、ゾンビ細胞を狙う薬物を与えると、マウスの歩くスピード、握力、トレッドミルでの継続時間が改善――すべて若さの印――しました。この処置が、人間の75〜90歳に相当する非常に高齢のマウスに施されたときでさえ、寿命が平均36％も伸びたのです！　また、ゾンビ細胞を若いマウスに移植すると、歳を取ったかのような行動を取ることが示されました。最大歩行速度、筋力、持久力が下がった――すべて老化に伴う衰えの印――のです。移植された細胞が、ほかの細胞もゾンビ細胞に変えたことがテストで明らかになりました。

もっとも簡単な言い方をすれば、細胞の老化とは、古い細胞が死なない現象です。物語に出てくるゾンビのように、動くことはできますが、合理的な思考を持たず、周囲に対して適切に反応しません。すべての細胞は、どこかの時点で分裂をやめて死ぬはずです。そうすれば、体の組織全体を散らかしたり、健康的な細胞を追い出したりすることはありません。分裂をやめたのに死なないと、組織、臓器、体全体の働きが問題を抱える下地をつくることになります。このせいで、生体が持つ抑制と均衡の働きが軌道を逸し、その結果、機能不全や病気の新たなリスク要因が次々と出てきます。例えば、幹細胞の喪失と細胞の老化の組み合わせは、神経系機能低下の要因とされています。免疫系は、細胞同士のミスコミュニケーションによってかなり影響を受ける可能性があり、これもまた、「炎症老化」（インフラメイジング）と呼ばれる、体内の炎症増加につながる可能性もあります。炎症レベルの高

老化の要因となる要素

まりはまた、老化細胞数の増加が原因である可能性があります。

「フィセチン」と呼ばれる天然の植物化合物は、体内にあるこうした損傷したゾンビ細胞を減らすことがわかりました。高齢のマウスにフィセチンを投与すると、健康と寿命が著しく改善しました。フィセチンは、いちご、リンゴ、柿、きゅうりなど、多くの果物や野菜に含まれています。また、農作物の鮮やかな色もフィセチンによるものです。パート3では、アンチエイジングの実践法として、フィセチンが豊富に含まれる新鮮な食べ物をフードに加えるトッピングやごほうびとして愛犬に与えるようおすすめしています。おやつの時間には、フィセチンが豊富ないちごやリンゴを少しあげるようにしましょう。愛犬はおいしいおやつを味わうだけでなく、強力な長寿分子であり腸にやさしい食物繊維も摂取できます。

老化の兆候

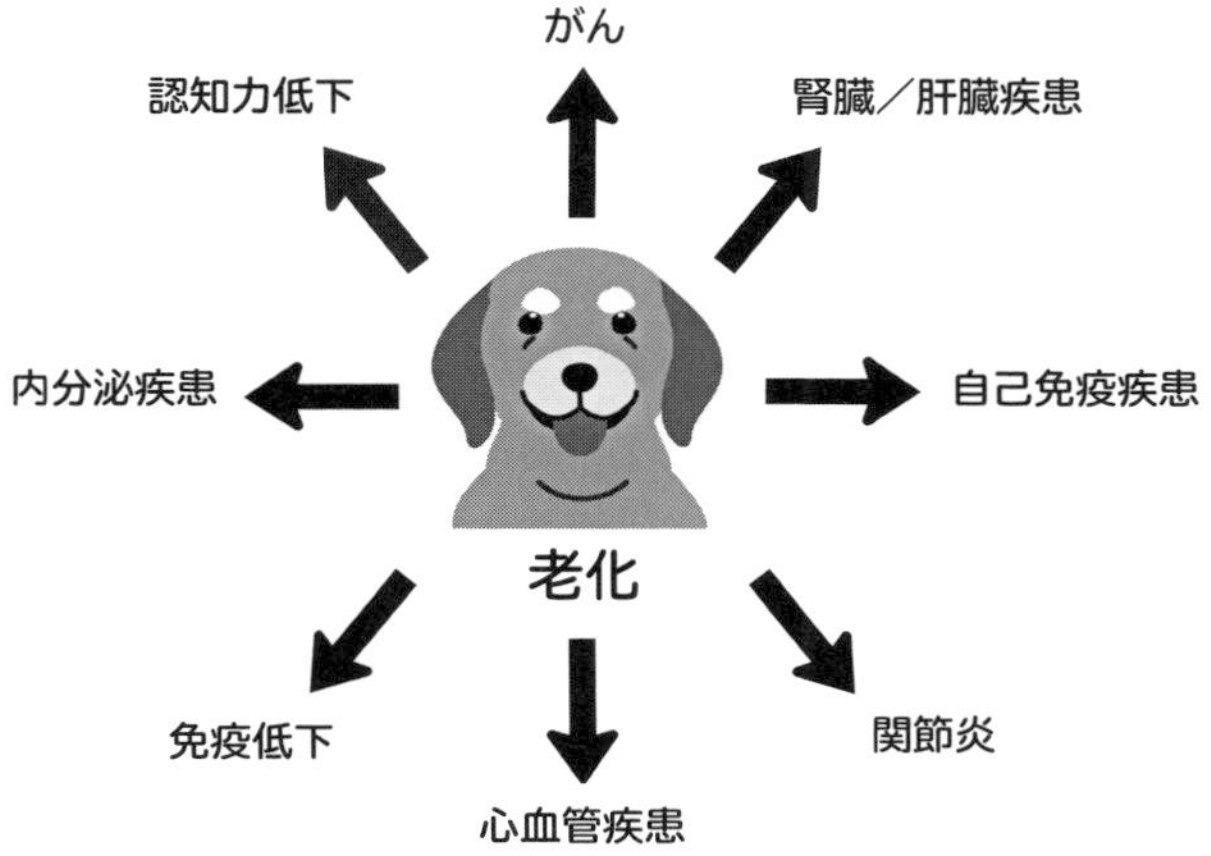

ということで、老化のプロセスとは非常に複雑であり、その要因である要素はことのほか互いに関係し合っている（上の図解に示されています）ことがおわかりいただけるでしょう。進路は1つだけではありません。複数の情報が、老化プロセスやそのスピードの速さ・遅さの一因となります。

愛犬の老化の兆候に気づくのに、科学者である必要はありません。私たちは一般的に、愛犬の生涯の後半部分は、こうした兆候を診断して手当することに費やします。誕生の瞬間から老化は始まっている、と主張する人もいるかもしれませんが、人間の場合25歳ごろ（犬なら3歳ごろ）に、老化プロセスにおいて特に顕著な、いうなれば「ピーク」を迎えると広く考えられています。このとき、生物学的なある出来事が起こり、体は、避けることのできない（そして当初は気づくこともできない）人生の下り坂に入っていきます。そして前述した老化の特徴が起きやすくなり、目立つようにもなります。人間では、細胞プロセスが変化し、成長ホルモンが変わり、新陳代謝が一段階下がり、脳の構造は成熟し、筋肉量と骨量はピークを迎えます。40代、あるいは運が良ければ50代になるまで、こうしたことを感じたり、体の変化に気づいたりしないかもしれませんが、老化は20代で始まっています。犬も犬なりの自然な衰えがあり、どの速さで起こるかは、さまざまな要素によって決まります。さらに、犬の老化プロセスはわかりにくいものです。というのも、体内で何が起きているかにかかわらず、犬は元気たっぷりで超健康的に見えることが常だからです。

研究によると、寿命を予測できるのは体高や犬種、犬種グループよりも体重であり、大型の犬種ほど小型犬より速く歳を取ります。これは、哺乳類の世界でほかの動物に起きることとは矛盾します。大型の動物は、捕食される危険が少ないため、長生きする傾向にあります（例えば、クジラや象が時間をかけて成長できる理由は、誰からも攻撃されないからです。長生きできるように進化してきており、がんを回避することさえ可能です。この点はあとで詳しく取り上げます）。

しかし犬の世界では、大きければいいというわけでは必ずしもありません。体重70キロ弱あるアイリッシュ・ウルフハウンドなどの大型犬は、7歳まで生きられればいい方ですが、4キロほどのパピヨンのような小型犬は、それより10年長生きできる可能性があります。ほとんどの犬種は、つくられてから200～300年も経っていないものばかりです。そのため、進化圧〔自然選択を促す圧力〕がまだ働いていないのは明らかです。代わりに、犬を大型にするインスリン様成長因子1（IGF—1）などのホルモンが、寿命の面で役割を果たす可能性があります。IGF—1遺伝子は、犬の体の大きさにおいてもっとも重要な決定要因です。研究者らは、さまざまな動物の種において、寿命の短さはタンパク質と関係しているとしていますが、その仕組みはよくわかっていません。

テキサス州にある犬行動研究センターの遺伝学者であり、プレイリー・ビューＡ＆Ｍ大学で教鞭をとる愛犬家のキンバリー・グリアー博士は10年以上前に、家庭で飼われている犬の血清ＩＧＦ―１、体のサイズ、年齢を結びつけた最初の科学者の１人でした。私たちがインタビューした際にグリアー博士は、犬においては「サイズは重要」だと強調しました。大型犬は、早死にする傾向にあるのです。長寿競争に勝つには、ＩＧＦ―１をコントロールする必要があります。

興味深いことに、ＩＧＦ―１経路に変異があると、寿命が延びる結果となり（変異が利点として働く稀なケースです）、簡潔にいえば、ＩＧＦ―１値の低さはつまり寿命の長さであると言えます。科学者は長きにわたり、この現象をマウス、ハエ、線虫、さらには人間についても調べてきました。しかし、哺乳類における代償は低身長症として出ることが多く、その理由は、体の成長ホルモンの使い方にこの変異が影響するためです。もっとも目を引くのは、世界中にあるＩＧＦ―１変異を持つ特定のコミュニティの人たちは、非常に背が低い（５フィート、約１５２・４センチ未満）ものの、がんや糖尿病からは守られていることです。この症状は、１９６６年に初めて記録したイスラエルの小児内分泌学者ズヴィ・ラロンにちなみ、ラロン症候群として知られています。世界で３００～５００人ほどが、この風変わりな病気を抱えており、引き続き研究されています。

複数のトイ犬種――チワワ、ペキニーズ、ポメラニアン、トイプードル――が、ほかの犬種よりがんで死ぬ確率が低いのは、これが理由かもしれません。ＩＧＦ―１遺伝子にたった１つ変異があるために、小さなサイズになっている数多くの動物の種（例……ミニチュアサイズやティーカップサイズの犬、猫、豚）はまた、通常サイズの彼らの祖先と比べ、驚くほど長生きします。遺伝子の突然変異が、有益な下流効果をもたらす例の1つです。

また体重も、がんのような老化に伴う病気が発症するタイミングに影響することもわかっており、それは犬や人間にも当てはまります。大型犬は、成長が早い傾向にもあり、「犬の老化プロジェクト」の科学者が「ずさんなつくりの体」と呼ぶ、病気や合併症になりやすい体になる可能性があります。健康寿命や寿命そのものに影響するものはほかにも、思春期前の去勢や、別のホルモンによるものがあります。

ちょっとここで、不妊手術の問題に触れたいと思います。もしあなたが思春期になる前に、ホルモン産生臓器（卵巣または睾丸）をすべて取り除かれてしまったら、当然ながら、健康への長期的な影響や、病気のリスクを心配するでしょう。例えば、健康上の理由から子宮を摘出した女性の多くは、(可能であれば）卵巣は温存することを選びます。そうすれば、卵巣で生成される重要なホルモンの恩恵を受け続けられるからです。同じ理論が犬にも当てはまります。犬の典型的な無性化（不妊手術）は、今や研究者が犬の健康全体に非常に重要だと考えている臓器を、摘出することでなされます。研究ではまた、子犬の避妊・去勢が早い時期であればあるほど、骨の成長異常や骨肉腫に始まり、ワクチンへの副反応の増加から、恐怖や攻撃性といった問題行動に至るまで、健康上の問題が後年に出てくる可能性が高くなることがわかっています。愛犬にまだ不妊手術を受けさせていない飼い主さんへの私（ベッカー博士）からのアドバイスは、子宮摘出手術か精管切除手術を考えてほしいということです。これらは、同じ最終結果（不妊化）をもたらしつつ、生理面でのネガティブな副作用はありません。

健康を導き出す方程式においては、ホルモン要因のほかに、サイズもまた重要であるようです。大型犬は、小型犬よりも健康上の問題が出やすい傾向にあります。例えば、シェパードは股関節形成不全になりやすく、シベリアン・ハスキーは自己免疫疾患に悩まされます。とはいえこうした問題の一部は、後述するとおり、近親交配やエピジェネティクスに影響を及ぼす要因によるものである可能性もあります。

「犬の老化プロジェクト」とは、遺伝子、ライフスタイル、環境が老化にどう影響するかの理解を目指す、数多くあるイニシアチブの１つです。同プロジェクトの活動の中心は、ビッグデータを収集・分析して、犬の老化を理解することにあります。世界最高峰の研究機関から集まった研究者の共同体が指揮する、ワシントン大学とテキサスＡ＆Ｍ大学に拠点を置く長期的な生物学プロジェクトです。私たちは個人的に、舞台裏からこのプロジェクトの詳細を知るという幸運に恵まれました。プロジェクトは、収集した情報を使い、ペット——そして読者のみなさんや私たちのような人々——の健康寿命を延ばすことを目指しています。これもまた、散歩紐《リード》が双方向に作用するという事例です。

さらに、このプロジェクトのごく一部では、犬の寿命を延ばす可能性のある薬剤の使用について研究しています。プロジェクトは、犬の老化に関する史上最大の研究で、アメリカ国立衛生研究所から資金提供を受けています。また、研究用に一般の人たちに飼い犬を登録してもらっています。

ＭＩＴ・ハーバード大学ブロード研究所の脊椎動物ゲノミクス・グループでディレクターを務めるエリノア・カールソン博士は、科学者の１人として、自身が拠点としているマサチューセッツからこの研究に参加しています。カールソン博士が指揮するプロジェクト「ダーウィンの犬」でも、研究所で犬のＤＮＡと行動の関係性を捉えられるよう、犬の老化プロジェクト同様に市民科学者を募り、飼い犬の情報を共有してもらっています。私たちがボストン・オフィスを訪れた際にカールソン博士が説明してくれたとおり、研究チームは、がんから精神疾患、神経変性疾患に至る病気や不調のうち、犬の遺伝子に由来するものの原因を特定することを目指しています。そしてそこから得たヒントは、人間の同じ疾患の治療における大発見につながる可能性があるのです（必要なのは、登録してもらった犬の唾液サンプルと、基本的な質問への回答だけです）。

メリーランド州の国立ヒトゲノム研究所では、イレーヌ・オストランダー博士率いる犬ゲノム・プロジェクトが、国際的な科学者たちの協力のもと、犬の遺伝子とそれが健康面で何を意味するかを理解するためのデータベースを構築しています。これまでのところ、チームは網膜色素変性、てんかん、腎臓がん、悪性軟部腫瘍、扁平上皮細胞がんの遺伝子の発見に関与し、「ワンヘルス」〔人、動物、生態系の健康を１つとして捉える考え方〕という医学のコンセプトや、獣医学と人間医学のどちらの文献にもかなり貢献しています。どうしてでしょうか？　犬の病気の遺伝子は多くの場合、人間の病気を引き起こす遺伝子と同じか関連があるからです。犬の世界では、この犬ゲノム・プロジェクトによって、頭蓋骨の形、体のサイズ、脚の長さ、被毛の長さや色、カールしているか否かなどの違いに寄与する遺伝子が特定されました。その研究において科学者らは、哺乳類の発達に関するゲノムの用語をまとめています。今後もさらに展開していく、革新的な科学の分野です。

こうしたプロジェクトに関わっている科学者の多くは、データをシェアし合い、職業的に協力し合っています。全員で総力を挙げた取り組みなのです。現在、遺伝子配列決定は迅速かつ効率良く、比較的安価で行えるため、科学的発見のスピードは加速しています。例えば、人間と犬に共通する遺伝性疾患は360以上見つかっており、うち約46%は、わずか1、2種類の犬種にしか起こりません。人間と犬の間で記録された有名な相関関係の1つとして、科学者たちがナルコレプシー（睡眠障害の1つ）を引き起こす犬ゲノムの変異を突き止めたことがあります。この発見がきっかけになり、その人間版における変異についての研究が始まりました。犬の遺伝学が人間にも役立つ証拠です。

予想どおり、**犬にとって最大の死亡リスク要因は、年齢と犬種です。**年齢と、そしてその個体に与えられた遺伝子が、寿命を定める2つのパワーとなります。しかし、早死の危険性を変えるために、さまざまな力が手を組み、目立たないながらも大きな影響を与えていることは、あまり知られていません。その力には、概日リズム、新陳代謝やマイクロバイオームの状態、免疫システムの調子、さらにはゲノムに作用する環境からの影響、などが含まれます。

RAGE……老化に付着するもの

愛犬が食べているフードの原材料は、何回調理されたでしょうか？　1回？　2回？　数えきれないほど？　この重要な質問に対する答えは、愛犬のフードがどれだけ健全かを評価する方法の1つであり、詳しい方法はパート3で説明します。この質問がなぜ重要であるかの理由はこうです。

先ほど詳しく説明した、インスリン様成長因子1（IGF―1）は、重要なタンパク質です。このタンパク質の活動は、私たち誰もが持つ重要なホルモンである、成長ホルモンとインスリンと親密な関係があります。すでにご存知かもしれませんが、インスリンは犬であれ人間であれ、体内で最大の影響力を誇るホルモンの1つです。新陳代謝の主力選手であり、細胞が使えるように、エネルギーを食べ物から細胞に運ぶのを手伝います。細胞は、血流に乗って通りすぎていくグルコースを自動的に捕まえることができないため、膵臓でつくられ、運搬装置のような役目を果たすインスリンの手を借りる必要があるのです。

インスリンは、グルコースを血流から筋肉、脂肪、肝臓細胞へと運び、そこで燃料として使えるようにします。正常で健康な細胞は、インスリン受容体が豊富にあるため、問題なくインスリンに反応できます。しかしグルコースが常に存在し続ける結果（よくあるのは、加工食品からの精糖や単純炭水化物の取りすぎ）として、細胞が大量のインスリンに容赦なくさらされると、細胞は、インスリン受容体を減らすことで適応します。このせいで細胞はインスリンに対して鈍感になる、つまり「耐性」を持つようになり、究極的にはインスリン抵抗性、さらには生活習慣による糖尿病（生まれつき膵臓に不具合があるわけではないという意味）である2型糖尿病になります。

糖尿病を患っているほとんどの犬もまた、完璧に機能する膵臓を持って生まれます（さもなければ、生まれてすぐ子犬のときに糖尿病だと診断されるでしょう）。時間と損傷によって、膵臓は充分なインスリンを生成しなくなり、インスリンをつくる細胞がいったん消耗してしまうと、それでおしまいです。最終的に、血糖が細胞内でエネルギーをつくる代わりに、細胞の外側にありすぎる状態になります。もし過剰な糖類（グルコース）が血流に残り続ければ、その糖類は、終末糖化産物（AGE というまい名称がついています）の生成を含む、多くのダメージを引き起こします。終末糖化産物は、「ベタベタ」したグルコース分子が（ちょうど血管の内側をつくっているような）タンパク質に付着し、機能不全を引き起こします。終末糖化産物の受容体として知られているAGEの主な受容体は、RAGE〔激怒という意味を持つ単語と同じ綴り〕といううまい名前で呼ばれています！

糖化（AGEのプロセスはこう呼ばれます）は、熱、グルコース、タンパク質が一緒にあれば、いつでも起きます。これは、体の内外どちらでも起きる化学反応です。犬や人間の体内で起きると、早すぎる老化を招いたり炎症を引き起こしたりします。これについては、のちにさらに詳しく説明します。というのも、AGEは体でつくられるものに加え、加熱処理された食べ物にも入っているからです。本書は、今後みなさんが愛犬のフードを選ぶときによく考えてほしい要素をいくつかお伝えしますが、これもその1つです。**食品加工で糖化が起きた場合はメイラード反応と呼ばれ、最終的にはメイラード反応産物（MRP）が形成されます。**MRPが含まれる食べ物を口にしたり与えたりすると、こうした有毒な物質に対処しなければならない負担をつくり出します。でも私たちはそれを食べているし、しかも体内でもつくっています。もっと悪いことに、食物脂肪がタンパク質と一緒に加熱されると、別のタイプのMRPが発生し、脂質過酸化反応をもたらし、「脂質過酸化最終産物」（ALE）という有毒物質を生成します。これもまた、同じ受容体と結びつき、さらなるRAGEを誘発します。

私たちは、脂質を恐れるようになりました。脂質は悪だと。とはいえ、炭水化物と同様に、脂質にも良いものと悪いものがあります。間違いなく、酸敗、酸化、加熱した脂質は健康に大打撃を与え、細胞毒性があり細胞に損傷を与える化合物をつくります。それが、膵炎から肝機能障害、免疫調整異常に至る、機能面でのさまざまな影響を体内に引き起こします。犬の生存や成長には、純粋で混じりけのない脂質と脂肪酸が必要であり、病気を回避し健康を維持するためには、充分な量を摂取する必要があります。犬は、健康的な脳内化学物質を維持するためや、皮膚と被毛の状態を最適に保つため、特定の栄養素を吸収するため、そして重要なホルモンを生成するため、その他多くの機能のために、油脂が必要なのです。精製され、酸化し、高温処理されたペットフードの脂質を摂取するとはつまり、犬は膨大な量の有害なＡＬＥを摂取しているということです。

２０１８年のオランダでの研究で、犬は最大で人間の１２２倍のＡＧＥを食べ物から摂取していることが明らかになりました。それを知り、私（ベッカー博士）のなかにいるプロアクティブ（予防的）な取り組みを信条とする獣医は、動揺して眠れなくなってしまったほどでした。認定獣医栄養士であるドナ・ラディティック博士に連絡を取り、もっとも人気のあるペットフードのカテゴリーすべて――生食、缶詰、ドライフード――を対象に、ＡＧＥを評価する研究を一緒に設計して資金を投じることはできないかと相談しました。ということで、ラディティック博士と私は、コンパニオン・アニマル（伴侶としての動物。ペット）の栄養について、大学を拠点にした偏りのない研究の実施を目的とした、非営利団体のコンパニオン・アニマル栄養ウェルネス研究所を共同で設立しました。というのも、こうしたものが基本的にまったく存在しなかったからです。「ビッグ５」と呼ばれるペットフード・メーカーは、一般人が知ることのない社内的な研究を行ってはいますが、政府出資のアメリカ国立衛生研究所に相当するものが、ペットにはありません。食べ物が健康や病気にどう影響するのか、あるいは、超加工が施された「ファストフード」を何十年もペットに与え続け、「健康的だし、可能な限り最高の選択肢だ」と主張するような、非科学的で恣意的なペットフードの与え方の傾向について、どのような影響あるいは恩恵があるのかを、獣医が知ることができる、非常に重要で基本的な栄養研究に、誰も資金提供していないのです。

犬をグループ分けして、生まれてからずっと未加工の食べ物を食べ続けてきたグループと、生まれてからずっと超加工フードを食べてきたグループとを比較した研究は1つもないため、それが健康的かどうかなんてわかりません。多くの飼い主が抱く、常識的な疑問に答える基礎研究が皆無なのです。そしてある意味それは、ペットフード業界の思惑によるものではないかと、私たちは考えています。もしペットフードのAGE、マイコトキシン、グリホサート、重金属の値を測定し、人間にとって安全とされる水準をはるかに越えていたら、どうなるでしょうか？　なかには、小規模でこうした研究を行い、一握りの人気ブランドについて汚染状況をテストした権利団体があり、その結果としてペットフードがリコールになるという恐ろしいこともありました。

フード・ファイト

114ページのグラフを見てみてください。2012年から2019年までのペットフードのリコールを示したものです。

リコールされたペットフードの総量のうち、カリカリとごほうびが約80％を占めています。リコール原因の上位（重さベース）4つは、細菌汚染（サルモネラ菌）、有害なほどの量が含まれた合成ビタミン、未承認の抗生物質、ペントバルビタール（動物の安楽死に使用される薬）による汚染でした。「その他」のカテゴリーには、フリーズドライ、調理済み、冷凍のフードやトッピングが含まれます。しかしリコールされているのは、もっとも一般的なところで、合成ビタミンまたはミネラルの過剰含有や、病原性の可能性がある細菌など、認められた一握りの問題について検査した商品だけなのです。FDA（アメリカ食品医薬品局）はその他の食物経由の毒素について企業に検査を求めていないため、ショッキングな量のグリホサート（ラウンドアップ）やAGEが原因で、ペットフードがリコールされることはありません。

加工が少ない食べ物ほど愛犬にとって健康的なのは、火を見るよりも明らかです。

ドッグフードのカテゴリーごとにAGEのレベルを比較したところ、もっとも高かったのは缶詰で、次にドライフードでした。AGEがもっとも少なかったのは加工を最小限に抑えた生食だったのは、当然の結果でしょう。MRP（AGE）を多く摂取することによる健康への悪影響を受けて行われたこの研究の結果は、否定できません。そのため、愛犬に与える食べ物を選ぶ際に、ペットフードの原材料が何回、加熱によって品質が落とされているかを見極めることが重要です。

人間の食べ物で「オールインワン」の食べ物として最適な例に、母乳の代替品である乳児用粉ミルクがあります。理論的には、ペットフードも粉ミルクも「完全栄養食」です。ネスレ（ピュリナの親会社でもあります）は１９７０年代、ネスレの粉ミルクは母乳よりも健康的で赤ちゃんにも良いと断言し、数百万人という女性が、母乳をネスレの粉ミルクに切り替えました。多くの女性がネスレの提言に従い、自分自身の母乳をやめて、代わりにオールインワンの粉ミルクを使うようになったのです。しかしこの販促キャンペーンにより、世界中の健康活動団体が激しく怒りました。そしてそれが、一般市民からの抗議や不買運動、複数の訴訟、さらには人間の母乳がいかに健康であるかに関する世界規模での啓発活動へと発展しました。同じ改革が今、ペットフード業界で起きています。動物の権利団体は、食物からつくられたパウダーを合成ビタミンとミネラルに混ぜ合わせた粒状の栄養ではなく、自然な形の本物の食べ物を求めているのです。

オールインワンのペットフードというコンセプトは、今のように常に人気だったわけではありません。それどころか、ペットフードが市場に登場したのは、非常に意欲的なある起業家によるもので、比較的最近のことです。

犬用ケーキとミルクボーン

昔々、ビスケットやミルクボーンなどという犬用のおやつは、存在していませんでした。誰かが発明しなければいけなかったわけですが、１８６０年に、乾燥した犬用ビスケットを初めて製造したのが、ジェームズ・スプラットでした。オハイオ在住の電気技師であり、避雷針の営業をしていた彼のドッグフードづくりの資格は、よく言っても「怪しい」ところでした。とはいえ、たまたま見かけたものから生まれたアイデアを、まずは上流階級の人たちにアピールして大金を巧妙につくり上げる、

2012～2019年にリコールされたペットフードの重量

FDA 製品回収レポートのデータ

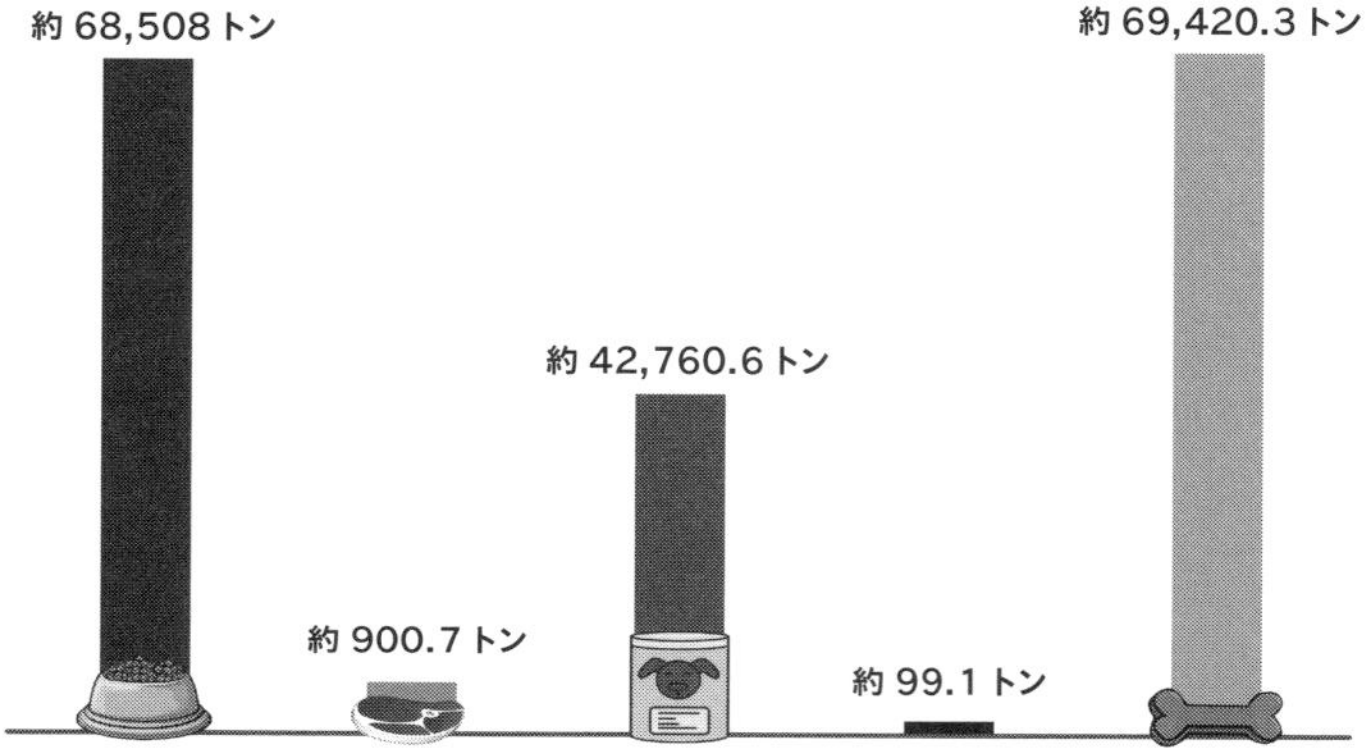

抜け目ない営業スキルを彼は持ち合わせていました。イングランドへの出張の際、スプラットは数匹の犬が道ばたで、船用の乾パンを食べているのを目にします。加工穀物からつくったクラッカーのような腐敗しにくい食べ物で、長丁場になる船旅で船員が食べていました（そして多くの場合は虫がたかっており、南北戦争のとき兵士の間では「線虫の城」と呼ばれていました）。

こうして、市販のドッグフードのアイデアが生まれました。スプラットは、最初のビスケットを「Patented Meat Fibrine Dog Cake」（特許取得済みミート・フィブリン・ドッグ・ケーキ）と名づけました。大麦、ビートルート、その他さまざまな野菜など多種多様な原材料を使い、牛の血液をつなぎにして混ぜ、焼き固めたものです。当時のビスケットは、「塩分無添加で乾燥させた、ビーフのゼラチン質の部位」が含まれるとされていましたが、実際には何が入っていたのか、今となっては知りようがありません。興味深いことにスプラットは、具体的にどこの肉をビスケットに使っていたのか、決して明かさないことで有名でした。

このビスケットは高価で、22キロ強になる1袋の値段は、熟練した職人の1日の日当相当だったのですが、賢明なスプラットは、高い小売価格でも払える「イギリス人紳士」をターゲットにしました。彼の会社は１８７０年代にアメリカでも事業展開を開始。健康志向の飼い主やドッグショー出場者をターゲットにして、アメリカンケネルクラブの会報第1号となる１８８９年1月号の表紙一面に広告を掲載しました。アメリカ人は夢中になり、それまでは人間の食べ残しを愛犬に与えていたところ、さっそくスプラットのビスケットに切り替えました。またスプラットについて特筆すべきは、「動物のライフステージ」というコンセプトを生み出し、各ステージに合った食べ物があるとしたことです。現在ではおなじみのコンセプトです。スプラットは、マーケティングのノウハウ（ロンドン初の屋外広告板を立てたのは彼の会社でした）や購買者の虚栄心をくすぐる手法（販促のために、金持ちの旧友数人に依頼し、消費者の声としてスプラットのドッグケーキを絶賛してもらいました）をうまく使ったことで、ポイントを稼いだのです。

スプラットが１８８０年に亡くなったあとに会社は上場し、スプラッツ・パテント・リミテッドとスプラッツ・パテント（アメリカ）・リミテッドとして知られるようになりました。スプラットが亡くなったからといって、会社組織は死ぬどころかその逆で、スプラッツは20世紀初頭において非常によく売れたブランドの1つとなりました。ロゴの掲示や特定のライフスタイルを前面に押し出した広告で商品の知名度を上げ、さらにはシガレット・カード〔当時、たばこのパッケージの補強として入っていたカードで、広告やトレーディング・カードとして使われた〕などで認知度を下支えしました。1950年代には、ゼネラル・ミルズがスプラッツのアメリカ事業を取得しました。ジェームズ・スプラットの物語は、アメリカの典型的な起業家精神の1つと言えます。健康志向の飼い主に、質の高い犬用ごほうびをつくってくれた人として、ある意味、ヒーローと受け取る人もいるでしょう。でも騙されてはいけません。スプラットは基本的に、適切なときに適切な場所にたまたま居合わせた、非常に抜け目のない、金儲け主義のセールスマンだったのです。手軽で便利なペットフードが存在しない環境でチャンスを見つけ、それを活用したのです。彼のアイデアはやがて、数十億ドル規模のペットフード産業へと成長しました。100年以上も前に大々的に使われたマーケティングの謳い文句は、現在でも（効果的に）使われています。実際に、さらに便利なペットフードをさまざまに取り合わせて消費者に提供するべく、競合他社がスプラットの戦略を使い、飼い主のペットへの愛と献身の証として売り込まれ、そして買われるようになるまでに、時間はかかりませんでした。

1948年には、獣医のマーク・モリス博士がヒル・レンダリング・ワークスと提携し、ペットフード初の「療法食」（処方食）を生み出しました。現在でも、「療法食」という言い方は誤解を与える表現です。こうしたフードには、薬や特殊な物質は一切含まれていません。「療法」（処方）と呼ばれているのは、獣医だけが販売できるからです。人気の食事法ですが、常に人気だったわけではありません。実はヒルズのサイエンス・ダイエットは1970年代、利益を上げられずに悪戦苦闘していました。しかしそれも、歯磨き粉で有名なコルゲート・パーモリーブがヒルズを買収し、専門家ブランド・アンバサダーのマーケティング戦略を使い、消費者にアピールすることで変わります。コルゲート・パーモリーブは、歯科医師が歯磨き粉を手にし、にっこり笑いながら「もっとも多くの歯科医がすすめるブランド」と宣言したマーケティングで、大儲けしました。同社の販売促進チームがこの斬新なマーケティング手法を試したところ、コルゲートの歯磨き粉は即座に大ヒット商品となったのです。同社は今や、どうすれば大儲けできるかわかっていました。歯医者と歯磨き粉でうまくいったのなら、獣医とドッグフードでうまくいかないわけがありません。

サイエンス・ダイエットは間もなく、歯科大学で行った取り決めを獣医の世界でも再現します。獣医大学と契約を結び、栄養学の教授職への資金提供までしたのです。現在、すべての獣医大学が、大手ペットフード・ブランド5つのどれかと提携しています。ここで、疑問がいくつか湧いてきます。医科大学や獣医大学が、製薬会社や食品メーカーと排他的提携を結んだら、どうなるでしょうか？　明らかな利益相反ではないでしょうか？　こうした提携は、大学の研究や学生への教育に、先入観を植えつけないのでしょうか？

ペットの栄養研究は、人間の栄養研究とは多くの面で異なります。ペットにとって最低限必要な栄養量のデータが最初に公開されたのは、全米研究評議会（ＮＲＣ）が１９７４年に刊行した書籍『*Nutrient Requirements for Dogs and Cats*』（「犬と猫の栄養所要量」、未邦訳）でした。このデータは、ペットフード研究すべての総決算でした。実験室で飼育していた研究用の子犬と子猫を数匹使い、20世紀半ば当時につくられたカリカリを与えて行われた研究で、現在であればどこの大学倫理委員会でも許可されないような内容でした。この本は、今でももっとも信頼された手引書となっており、アメリカ飼料検査官協会（ＡＡＦＣＯ）がペットフード・メーカー向けの栄養指針を決める際にも活用しています。２００６年に1度だけ改訂されています。

ペットフード業界が１００年ちょっと前に生まれて以来、あらゆる形の企業合併・分社化が繰り返されてきました。ネスレは２００１年にピュリナを買収し、現在はアルポ、ベネフル、ドッグ・チャウ、キャスター&ポルックスなど、20種類以上の消費者ブランドを展開しています。市場最大手は依然としてマースペットケア（そう、ハロウィーン用のお菓子をたくさんつくっている企業と同じです）であり、同社は療法食のロイヤルカナンを所有しているほか、大衆市場向けにペディグリー、アイムス、ユーカヌバなど28ものペットフード・ブランドを所有しています。その後にミルクボーン、スノーセージズ、パップ・ペローニのメーカー、ＪＭスマッカーとヒルズ・ペット・ニュートリションがほぼ横並びで続きます。ペットフードは一大産業であり、利益追求型の多国籍企業にとって魅力的な商品であるため、本書が印刷されるころまでにはさらに変化しているでしょう。

ペットフード業界の隆盛

アメリカのペットフード企業年間収益トップ 10（2019年）

＊1 ドル ＝150 円で計算

1. マースペットケア
US$18,085,000,000（約 2713 億円）
ブランド：ペディグリー、アイムス、ウィスカス、ロイヤルカナン、バンフィールド・ペット・ホスピタル、シーザー、ユーカヌバ、シーバ、テンプテーションズ

2. ネスレ・ピュリナ・ペットケア
US$13,955,000,000（約 2093 億円）
ブランド：アルポ、ベイカーズ、ベギン、ベネフル、ビヨンド、ビジー、キャット・チャウ、チェフ・マイケルズ・ケーナイン・クリエーションズ、デリ・キャット、ドッグ・チャウ、ファンシー・フィースト、フィリックス、フリスキー、フロスティー・ポーズ、グルメ、ジャスト・ライト、キット&カブードル、マイティ・ドッグ、モイスト&ミーティ、ミューズ、ピュリナ、ピュリナ・ワン、ピュリナ・プロプラン、プロプラン・ベテリナリー・ダイエット、セカンド・ネイチャー、T ボンズ・アンド・ワギン・トレイン、ズークス、キャスター&ポルックス

3.JMスマッカー
US$2,822,000,000（約 423 億円）
ブランド：ミャオ・ミックス、キブルズ・ン・ビッツ、ミルク・ボーン、9ライブス、ナチュラル・バランス、パップ・ペローニ、グレービー・トレイン、ネイチャーズ・レシピ、ケーナイン・キャリー・アウツ、マイロズ・キッチン、スノーセージズ、レイチェル・レイのナトリッシュ、ダッズ

4. ヒルズ・ペット・ニュートリション
US$2,388,000,000（約 358 億円）
ブランド：サイエンス・ダイエット、プレスクリプション・ダイエット、バイオアクティブ・レシピ、ヘルシー・アドバンテージ

5. ダイヤモンド・ペット・フーズ
US$1,500,000,000（約 225 億円）
ブランド：ダイヤモンド、ダイヤモンド・ナチュラルズ、ダイヤモンド・ナチュラルズ・グレインフリー、ダイヤモンド・ケア、ナチュラ・ゴールド、ナチュラ・ゴールド・グレインフリー、ナチュラ・ナゲッツ・グローバル、ナチュラ・ナゲッツ・US、プレミアム・エッジ、プロフェッショナル・アンド・テイスト・オブ・ザ・ワイルド、おやつのブライト・バイツ

6. ゼネラル・ミルズ
US$1,430,000,000（約 215 億円）
ブランド：ベーシックス、ウィルダネス、フリーダム、ライフ・プロテクション・フォーミュラ、ナチュラル・ベテリナリー・ダイエット

7. スペクトラム・ブランズ / ユナイテッド・ペットグループ
US$870,200,000（約 131 億円）
ブランド：アイムス（ヨーロッパ）、ユーカヌバ（ヨーロッパ）、テトラ、ディンゴ、ワイルド・ハーベスト、ワン・アース、エコトリション、ヘルシー・ハイド

8. シモンズペットフード
US$700,000,000（約 105 億円）
ブランド：3500のSKU（最小品目数）、主にウェットフード

9. ウェルペット
US$700,000,000（約 105 億円）
ブランド：ソージョース、ウェルネス・ナチュラル・ペット・フード、ホリスティック・セレクト、オールド・マザー・ハバード・ナチュラル・ドッグ・スナックス、イーグル・パック・ナチュラル・ペット・フード、ウィムズィーズ・デンタル・チューズ

10. メリック・ペット・ケア
US$485,000,000（約 73 億円）
ブランド：メリック・グレイン・フリー、メリック・バックカントリー、メリック・クラシック、メリック・フレッシュ・キシズ・オールナチュラル・デンタル・トリーツ、メリック・リミテッド・イングリーディエント・ダイエット、メリック・パーフェクト・ビストロ、キャスター&ポルックス・オーガニクス、キャスター&ポルックス・プリスティーン、キャスター&ポルックス・グッド・バディ、ホール・アース・ファームズ、ズークス

上記は、ドッグフードやキャットフードの情報提供組織 Petfood Industry がまとめた Top Pet Food Companies Current Data（トップ・ペットフード企業最新データ）による、2019 年の年間収益でアメリカ国内に拠点を置く企業のうち上位 10 位。

興味深いことに、栄養がいかに大切かを擁護する多くの人たちは、オールインワンのペットフードに対して、母乳の啓発活動のときと同じような激しい抗議や啓発活動を長年行っています。そして近年は、新鮮なペットフードのパイオニアが登場しています。例えば、ジュリエット・デ・バイラクリ・レヴィ、イアン・ビリングハースト博士、スティーヴ・ブラウンなどで、彼らは、粒状のドライフードは、犬の進化に基づいた食べ物の代わりになど絶対にならない、と断言しています。ペットフード産業のなかでも急成長をしている領域である「新鮮なペットフード」というムーブメントの高まりの背後にあるのが、この考え方です。新鮮なペットフードの提唱者は、ペットフード産業がつくり出したオールインワンの超加工フードには、左記を含め、数えきれないほどの「問題」があるとしています……

▼ペットフードのパッケージには、人間用の食べ物についている栄養成分表示ラベルのような、糖質（あるいはでんぷん）などそのフードに含まれる栄養価の表示がない。

▼ペットフードに記載されている原材料の定義を所有しているのは、AAFCOである。AAFCOによる「チキン」の定義を知るには、同団体の公式刊行物を250ドルで購入する必要がある（ネタバレ注意。ペットフードのチキンとは、食料品店で購入するチキンとは意味が異なる）。

▼消化性に関する研究は任意。

▼栄養価の妥当性、汚染、有毒性を調べるバッチテストは求められていない。

▼アメリカにおいて、ペットフードが総合栄養食とされるための最低要件はAAFCOが定めているが、最大閾値が設定されているのはわずかな栄養素のみ。つまり、それ以外の栄養素については、臓器を損傷しかねないほど過剰に含まれるペットフードの生産が許されている。

▼多くのペットフードは正確にラベルづけされておらず、高価な原材料やタンパク質が、ラベルに記載されていない安価な原材料に置き換えられていることが、複数の研究によって立証されている。

超加工フードがなぜこれほどまで人気なのかは、はっきりしています。人間のファストフードと同じように、便利だからです。でも私たちは、自問しなければなりません。私たちはこれまで、便利さのために、健康をどれだけ犠牲にしてきたでしょうか？　人間にとって、より自然に近い、加工を最低限に抑えた食べ物が求められるようになったように、今や犬に対しても、未加工の食べ物が持つパワーを活用しようという大きな波が生まれています。栄養が、老化プロセスにどれだけ大きく関与しているかを示す科学的根拠を考慮すればなおさらです。優れた栄養価は、体にかかる負担の低減につながり、体にかかる負担の低減は、長寿につながります。

老化と衰えの３つの力

地球上に住むあらゆる生き物は常に、最終的には老化につながるプレッシャーにさらされています。誰であれどう老化するかは明らかに、特に大きな３つの力によるものです。①生みの親から引き継いだＤＮＡからの直接的な遺伝的影響、②本章の冒頭で述べたとおり、ＤＮＡが実際にどうふるまうかという、間接的な遺伝的影響、③環境からの直接的・間接的影響（食事、運動、化学物質への暴露、睡眠など）。これらの影響は複雑で、相互作用的、動的です。すべてを合わせると、あなた個人の健康がなぜ今そのような状態であるかや、あなたが１００歳まで生きるか否かがわかります。あなたのＤＮＡやＤＮＡのふるまい、そして周囲の環境にどれだけ触れるかといったことは、あなたに特有であり、同じ人はいません。同じことが、あなたの愛犬にも言えます。

本章で前述したとおり、DNAとそのふるまいは、環境からの影響に常に翻弄されています。これを理解する簡単な方法は、自宅に保護犬を受け入れたところを想像してみることです。ボロボロに痩せ衰え、道ばたに捨てられたために怯えきっています。もとの健康な状態に戻るよう必死に看病すると、犬は数カ月のうちに、遊び好きで健康で自信に溢れた、絵に描いたような元気な子に回復しました。根本となるDNAに変わりはありませんが、環境が劇的に変わったことで、遺伝子は明らかにこれまでとはまったく違う発現をしています。きちんとごはんをくれ、愛してくれる家を見つけたのです。これは、双方向に作用します。動物（犬であれ人間であれ）は、特定の病気へのリスク要因を持っていなくても、日々の習慣が原因で病気を発症する可能性があります。例えば、家族に糖尿病やがんの病歴がないのに、それでもそうした病気にかかってしまった人を、誰でも知っているでしょう。犬もまた、遺伝的な系統にはない健康上の問題が出てしまう可能性があります。

エピジェネティクスの力が効果を発揮するのは、このときです。

現代において非常に心惹かれる研究分野の1つは、エピジェネティクスです。エピジェネティクスとは、いつ、どの程度の強さで発現するかを遺伝子に伝える、DNAあるいはゲノムの特定の部分に関する研究です。非常に重要なこの部分は、ゲノムにとっての信号機だと考えるとわかりやすいでしょう。DNAに「止まれ」「進め」の信号を出す一方で、健康や長寿のみならず、子孫に遺伝子をどう伝えていくかを決めるリモコンも手にしています。私たちが毎日判断を下している生活習慣の選択肢は、遺伝子の活動に計り知れない影響を及ぼします。何を食べるか、ストレスを受けるか避けるか、運動をするかサボるか、睡眠の質、さらにはどんな人間関係を選ぶかさえも、遺伝子がどの程度

「オン」になるか「オフ」になるかを大きく左右することが、現在わかっています。もっとも興味深いのは、**健康や長寿に直接影響する多くの遺伝子の発現は、変えられる**という点です。ほとんどの犬にも同じことが言えますが、1つだけ注意点があります。「犬のために賢明な選択肢を選ぶのは、私たち人間だ」という点です。もしあなたが私たちと同じタイプの人なら、これはものすごいプレッシャーに感じるでしょう。医師も獣医も、個々人の体に合わせて健康管理の手順を計画できるような、積極的に健康を追求するコーチとなるためのトレーニングを受けていないので、なおさらです。医療のパラダイムシフトが起きるまで、自分の体やペットの体のために賢い選択を下せるだけの知識を身につける責任は、私たち自身にあります。

細胞危険反応……細胞の傷が若い犬の老化をいかに加速させるか

環境化学物質への暴露や感染症、身体的な外傷など、ある程度のダメージを受けずに人生を送ることはできません。デビッド・シンクレア博士は、「ダメージは老化を加速する」とよく言います。でも、どうやって？　ダメージを受けたとき、傷んだ細胞は「細胞危険反応」（CDR）と呼ばれる、治癒に向けた3つの段階をたどります。犬が高齢になるにつれ、このプロセスの効率は下がりますが、治癒が不完全だと細胞は老化し、加齢が加速します。そのため科学は現在、生涯の早い段階で、治癒が分子レベルで中断されることが、老化の加速や慢性病につながる根本原因である可能性があるという見方になっています。

回復に向けたこの3段階は、細胞のミトコンドリアがコントロールしています。そして細胞がストレスや化学物質、あるいはケガを負ったあとに、3段階がきちんと完遂される必要があります。さもないと、細胞の機能不全は最終的に、臓器系の機能不全へとつながってしまいます。言い換えれば、ケガを重ねたあとの細胞の治癒が不完全だと、より深刻な疾患になるということです。慢性病は、繰り返しのケガのあと、細胞が不完全な回復のループにはまり、完全に治癒できないときに生まれます。犬についての統計はまだありませんが、細胞の回復が不完全なとき、慢性アレルギー、臓器疾患、筋骨格系の変性、免疫系のバランスの崩れ（慢性感染症からがんに至るまで）といった全身性の疾患が起きるため、飼い主はその症状に気づくはずです。これは、愛犬が若くて外見的には健康に見えても、細胞内疾患が小さなところでいつの間にか始まる、よくある一例です。

細胞スイッチ

老化や細胞分裂のスピードをコントロールする能力に関して、もう1つ注目すべきは、体内のシグナル伝達経路の評価です。栄養を感知する遺伝子の「スイッチ」で近年、研究者の間で注目を集めているのは、mTORです。mechanistic target of rapamycin（機構的ラパマイシン標的タンパク質。かつてはmammalian target of rapamycin、哺乳類ラパマイシン標的タンパク質と呼ばれました）の略語です。mTORはシンプルに、全細胞（血液細胞は除く）にとっての校長先生と考えることができます。ハンガリーのブダペストにあるエトヴェシュ・ロラーンド大学のシニア・ファミリー・ドッグ・プロジェクトの研究主宰者であるエニク・クビニ博士にインタビューした際、博士は、人間と犬の老化の遺伝経路を比較すると類似しており、mTORやAMPK（アデノシン一リン酸活性化プロテインキナーゼの略語）など、同じ生体分子が関わっている点を指摘しました。

AMPKは老化防止酵素で、これが活性化されると、「オートファジー」（自食作用）と呼ばれる重要な経路の制御を促進したり支援したりします。オートファジーは、いわば「細胞の家の掃除」を管理しており、これにより細胞がもっと若々しく動けるようになります。オートファジーは、体内でさまざまな役割をたくさん担っています。とはいえ基本的には、体はオートファジーの働きによって、役に立たないゾンビ細胞や病原菌を含む、損傷した危険な部分を取り除いたりリサイクルしたりしています。そのプロセスのなかで免疫系は弾みをつけるため、がんや心臓病、自己免疫疾患、神経疾患を発症するリスクが大幅に低減します。AMPKは、細胞のエネルギーバランスにとっても重要です。また、人が生まれながらにして持つ「抗酸化遺伝子」を活性化する可能性があることもわかっています。この遺伝子は、抗酸化物質の自然な産生に関与しています。後述するとおり、抗酸化サプリメントを取るより、体に備わっている抗酸化システムを活性化させた方がずっと得策です。

人間と同様に、犬のこの代謝経路は、成長や細胞分化（つまり、細胞が筋肉の一部になるか目の一部になるか）の合図を送ります。さらに、食習慣、食べるタイミング、運動といったライフスタイルの要素によって、照明の調光スイッチのように上げたり下げたりできます。例えば断食すると、mTORは抑制され、AMPKが家を掃除します。断食、あるいは犬でいう「時間制限食」（TRE。詳細は第4章を参照）が体にいいのは、これが理由でもあります。また、血糖をコントロールするためでもあります。というのも、インスリンやそのIGF―1値の低下は、mTORの抑制とオートファジーの活性化につながるからです。あなたが終日座って（あるいは休んで）、炎症を起こしやすい食べ物や超加工食品を食べていると、インスリンの流れや血糖値が乱れるのみならず、細胞内にごみが溜まり始めます。これはかなり簡素化した説明ですが、オートファジーは、老化プロセス（そして生命そのもの）において重要な役割を担っている立役者の1つなのです。誰の体にも、細胞を刷新し、細胞の働きを強化するこのテクノロジーが備わっていると知っておくと、役に立ちます。本書で紹介している戦略を実践することで、愛犬の体内に備わる、切れ味抜群のスイス・アーミー・ナイフを活性化させられるようになるのです。

ラパマイシン……未来の薬？

前述のとおり、mTORのRはラパマイシンのRですが、ラパマイシンは細菌によってつくられる化合物です。1970年代に初めてラパマイシンが発見された場所である、南米大陸から3200キロ以上の沖合に浮かぶイースター島、別名「ラパ・ヌイ」にちなんで名づけられました（現在はチリ領で世界遺産に登録されており、13～16世紀に島の先住民によってつくられた「モアイ」と呼ばれる900体近い巨石像などの遺跡で知られています）。

ラパマイシンは、抗生物質と似た働きをし、強力な抗菌性、抗真菌性、免疫抑制効果があります。ラパマイシンの研究は1980年代初頭に始まり、その後10年間で、酵母菌、ショウジョウバエ、回虫、真菌、植物、そして私たちにとってもっとも重要である哺乳類の細胞成長に対する効果を報告する学術論文が、次々と発表されました。そして1994年、メリーランド州ボルチモアにあるジョンズ・ホプキンス大学医学部と、ニューヨークにあるメモリアル・スローン・ケタリングがんセンターのデビッド・サバティーニ博士率いるチームのおかげで、mTORの哺乳類版（mTOR）がついに発見されました。mTORの機能を、細胞の指令室である細胞シグナル伝達システムの中心として考えるといいでしょう。20億年の進化を経てもなお残っているのには、理由があります。ラパマイシンは、細胞成長と代謝の主要な制御因子であり、細胞の代謝——生命——が細胞内でどのように繰り広げられているかという神秘の1つでもあるのです。

現在、ラパマイシンはFDAに承認されており、臓器移植患者の拒絶反応を抑えるために使われています。そして、研究が進む老化防止薬や抗がん剤のなかでも、高い注目を集めています。犬にラパマイシンを使用する野心的な研究はすでに始まっており、そこでの発見が犬の健康のみならず、人間の健康についても新たな知識を提供し、健康改善につながる日がくるのが非常に楽しみです。誤解のないようにお伝えすると、私たちは何もラパマイシンを読者のみなさんに「処方」しているわけではありません。ただ、この最新科学は言及すべき価値があるのです。

というのも今後、ラパマイシンについて主要メディアで目にするようになるのは間違いないからです。ありがたいことに、食習慣や生活習慣によって、mTORに働きかけることができます。

がんについて

がんの診断を受ける恐怖は、多くの人の心に重くのしかかっています。犬は、メラノーマ、リンパ腫、骨肉腫、軟部組織肉腫や、さらには前立腺、乳房、肺、結腸のがんなど、さまざまな種類のがんを発症します。約3匹に1匹が生涯にがんの診断を受け、10歳以上の犬の死因はがんが半数以上に上ります。犬のがんでわかっていることはほぼ、人間のがんについてわかっていることと一致します。

人間であれ犬であれ、がんは複雑な病気です。ある程度は遺伝ですが、がんになる変異がすべて遺伝によるというわけではありません。がんがどうできるかについては、例えばミトコンドリアの損傷によるがん化プロセスへの影響など、多くの理論があります。ここでは、遺伝子の面に焦点を当てましょう。犬の体の細胞内にあるDNAは、生涯ずっと、自発的に変化することができます。こうした遺伝子の変異は、長年かけて蓄積したり、重要な遺伝子のなかで起きたりする可能性があります。もし1つの細胞が充分な量の突然変異遺伝子を蓄積したり、重要遺伝子のなかで変異が起きたりした場合、この細胞は見境なく分裂を始め、増殖するかもしれません。細胞はその後、本来の機能を果たすことをやめ、それががんにつながる可能性があります。これは「体細胞突然変異説」と呼ばれています。ただし、がんがミトコンドリアの代謝疾患だと主張する腫瘍学の研究者は増えており、この仮説はここ10年で、そうした研究者によって疑問視されるようになりました。最近行われたがん研究では、がんにかかった細胞核を通常の細胞に移植した場合、この細胞に異常は起こらないことが示されました。ところが、がんにかかった細胞のミトコンドリアを通常の細胞に移植すると、細胞はがん化します。

ということは、がんの代謝理論とは、ミトコンドリアの健康や健やかさに働きかけるために打てる手があり、それががんのリスクや、必要であれば治療にも影響する、という考え方であると言えます。みなさんが信じるがんの理論が何であれ、最終結果は同じ――DNAの突然変異です。なかには、自力でこの変異プロセスを開始できる強力な遺伝子も特定されており、たいていは単純な突然変異で始まります。乳がんになりやすい遺伝子BRCA1とBRCA2は、このカテゴリーに入ります。遺伝子の欠損もまた、がんにかかりやすくなります。バーニーズ・マウンテン・ドッグとフラットコーテッド・レトリバーは、重要ながん抑制遺伝子であるCDKN2 A／B、RB1、PTENを欠失しがちな犬種で、そのため組織球肉腫にかかりやすくなります。最後に、環境要素もまた、がんの要因となります。人間の場合は喫煙と肺がん、犬の場合は芝生用の化学物質とリンパ腫などです。

根本原因が遺伝であれ、環境であれ、その両方の組み合わせであれ、がんは通常、コントロールできないほど細胞が増殖し、異常細胞が膨大な数になったときに診断されます。医師はこの異常細胞を「新形成」と呼びますが、通常は最終的に、腫瘤か腫瘍になります。原因は、一連の機能不全――細胞危険反応が治癒に対しうまく反応できなかったことに始まり、機能不全となったミトコンドリアと永続的な損傷を受けたDNAを抱えて混乱した細胞で終わる――が体内で次々と続いたためです。各細胞は、もともとの変異細胞から突然変異した遺伝子とまったく同じコピーを持っています。腫瘍細胞は、ほかの細胞へと移動し、そこで増殖できますが、これは「転移」と呼ばれています。たった1つ残った細胞でさえ、がんは再発の可能性があることから、がん治療の目的は、罹患者の体内にある腫瘍細胞すべてを殺すことです。放射線治療は、「局所療法」として用いられ、腫瘍部位そのものにある細胞を殺すことを目指しています。同様に、腫瘍の摘出に手術が用いられることもよくあります。化学療法は、腫瘍内部と、ほかの臓器へと転移した細胞、どちらにおいても急激に増殖している細胞を殺すことを目指す「全身療法」です。化学療法剤の問題は、急激に増殖している健康的な細胞さえも殺してしまうことです。

現在に至るまで、（がんを含む）ほとんどの病気の治療は、診断が下されてから過去に遡る「レトロスペクティブ」な形で行われます。犬の場合、具合が悪いことを人間に伝えられないため、診断が下されるのはたいてい、病気が進んだ段階です。遺伝子研究の進展により、治療へのこの取り組み方は改善されるはずです。ありがたいことに、北米では今やニューキュー・ベット・がんスクリーニング検査のように、簡単にできる診断方法があります。がん研究における可能性で非常にワクワクするのはまさに、大きな問題になる前に、ゲノミクスを使って変異を特定し、がんの診断を下せるという点です。究極的には、犬が体調を崩す前に、有害突然変異を特定するための遺伝子検査をつくりたいと私たちは思っています。そして科学者たちは、犬の繁殖業界と協力して、病気にかかりやすい遺伝子プロファイルをなくしたいと願っています。非営利団体であるインターナショナル・パートナーシップ・フォー・ドッグスのブレンダ・ボネット博士は、まさにその実現に取り組んでいます。

ハッピーでヘルシーな犬

健康寿命を延ばすとはつまるところ、認知面、身体面、感情面／精神面という3つのカテゴリーでの衰えを回避する（あるいは少なくとも遅らせる）ことです。3つめのカテゴリーは、軽視されたり無視されたりしがちであるため、強調してもしたりないくらいです。容赦ないストレスは健康に有害だと、誰もが知っています。でも、犬のストレス・レベルはどうでしょうか？　冗談でこんな話をしているわけではありません。フィンランドで行われた研究では、強迫行動、恐怖および恐怖症、攻撃性など、人間に特徴的とされがちな精神的な問題のなかでも、「不安」を何らかの形で示した犬は、72・5％に上りました。たいしたことないなんて、一瞬たりとも思ってはいけません。例えば、心に傷を受けた、あるいは幼少期に社会性を身につけられなかった犬に関する研究によると、そうした経験は、健康や長寿に深刻かつ長期的な影響を及ぼします。ここでもまた、人間を対象にした研究と同じ結果が出ているのです。トラウマや恐怖は、私たちの長期的な心と体の健康を蝕みます。これは、静かながら命取りとなる問題です。このような犬の多くが毎年シェルターに送られ、「問題行動」を理由に安楽死させられています。しかしこうした問題行動は、犬の幼少期にきちんと管理されなかった経験や出来事のせいで起きたものであり、不適切かつ多くは虐待的な「矯正」トレーニングによって悪化したものです。究極的には、心の傷にきちんと対処しないと、人間であれ犬であれ、元気いっぱいで喜びに満ちた日々が奪われてしまいます。

精神病の治療薬を投与されているペットは、多くいます。ある市場調査会社が行った２０１７年の全米調査によると、不安を抑えるため、落ち着かせるため、気分をコントロールするためにこの１年でペットに薬を与えたことがある飼い主の割合は、犬が８％、猫が６％でした。つまり、アメリカでは数百万という動物たちが、問題行動を理由に薬を与えられていることになります。イギリスで２０１９年に発表された、飼い主を対象にした調査では、飼い犬の行動で変えたいところが１つ以上あると回答した人の割合は、76％に達しました。先ほど紹介したフィンランドの研究では、不安に関連した特徴でもっともよくあるのが聴覚過敏で、犬２万３７００匹のうち、32％が当てはまりました。人間用の医薬品の規格違いで、特定のメンタルヘルスへの対処としてペットへの使用がＦＤＡから承認されているものもあります。例えば、犬の分離不安には抗うつ剤のクロミプラミン（薬品名クロミカルム）、騒音を嫌がる問題には鎮静剤のデクスメデトミジン（薬品名シレオ）などです。一番イライラしてしまうのが、行動修正薬を与えたからといって、落ち着きのある、バランスの取れた気質の犬にすっかり生まれ変わることなどないという点です。こうした薬を与えたからといって、愛犬が新たな性格を手に入れるわけではありません。愛犬のストレス反応を抑えるための行動的介入を考え、実行してあげなければいけないのです。

悲しいことに実際のところは、こうした犬の多くが、「精神面および環境面でのきちんとした刺激」「恐怖心を与えない、犬との関係性を重視したトレーニング」「社会的なつながり」が足りていません。これは倫理面における大ピンチです。患者が、私たちの言葉を使って本音を伝えることができず、行動が誤解されがちで、人間の期待を理解するためにはまったく異質な言語を学ばなければならない、という事実を考えればなおさらです。

この言葉を読むすべての犬のトレーナーや行動学者は同意してくれると思いますが、こんにちの犬が見せる問題行動の多くは、子犬時代に家庭で充分な社交性を身につけられなかったことや充分な運動を毎日できなかったこと、双方向コミュニケーション（飼い主が愛犬を理解する努力）がうまくいかないこと、さらには犬がやりたがる趣味や関心事（「犬の仕事」ともいうべき犬の本能的なもの）の不足が、必然的な結果として表れたものです。犬の訓練士や行動学者として名高く、１９７７年から動物と向き合ってきたスザンヌ・クロージアによると、「人間にとって、生涯でもっとも影響を受ける、人格を形成するような経験は、若くて感受性が豊かなときに起きるものです。これは犬にとっても同じです」。あなたが幼児期に経験したことは、安全で、予測可能で、楽しいものでしたか？それとも、恐ろしかったり、予測不可能だったり、孤独だったり、痛かったりしましたか？　どんな答えかは非常に重要です。

私（ベッカー博士）のクライアントには、機能不全に陥った家庭で育ったため、自分の子ども時代に受けた子育ての過ちを、繰り返したくなど絶対にないと話す人がたくさんいます。それなのにその人たちは、自分がされたように愛犬を育てていることに気づきます。体を乱暴に扱う、衝突したときの忍耐力の有無、行動面での問題、イライラしたときに怒鳴る、などの点についてはなおさらです。犬は、私たちが子どものころにそうだったように、自力では何もできず、人間に依存し、無力です。脆い存在で、自分が置かれた状況に抗うことができず、難解な言葉の壁に直面し、感情を効果的に伝えることができません。私たちが子どものころ、幼すぎて感情を伝えたり、言葉を使って考えを表現したりできなかったかもしれません。強烈な感情を抱いたのに、気づいてもらえなかったり、無視されたりしたこともあるでしょう。恐怖。不安。イライラ。混乱。あなたの愛犬もこうした同じ感情を持っているうえ、言語面や社会面で私たちとは大きく異なります。

犬が恐怖や脅威を感じたときに唸るのは、いたって正常です。犬はコミュニケーションを取っているのです。それなのに、人間は子犬が唸ると罰しがちです。あなたが愛犬に何を求めているのかを犬にわかってもらう方法として、訓練と指導はまったく異なります。訓練は、犬の感情的な経験を考慮しませんが、指導は生徒が学ぶための最善策を考えます。子どもはさまざまな方法で情報を学び処理しますが、犬も同じです。子どもが理解して反応できる方法で指導するのは、教師の務めです。想像してみてください。子どものあなたが、外国人に養子にもらわれたところを。そして、相手から何かを取り上げられそうになったので、自分の身を守ろうとしただけなのに、不思議な言葉で怒鳴られたり、体罰を与えられたりしているところを。飼い犬として、わけのわからない世界で成長するとは、こういうことなのです。まるで、完璧なマナーを身につけるためにマナースクールへ行き、品行方正で博士号まで取得した人間の子どものように、犬が行動してくれるものだと私たちは決めつけています。実際には、わんこ幼稚園でモンテッソーリ教育［子どもが自発的に成長する力を伸ばす教育法］を受けさせる努力さえもしていない、ましてやホームスクーリングや積極的傾聴の分野で、自分の役割を充分果たしていないにもかかわらずです。

世の中で必要なすべてを子どもに教えるために、週1時間の幼稚園を当てにすることはできません。親として、自宅で意識して日常的に教えないのであれば、子どもたちは親にどう耳を傾けるべきか、親とどうコミュニケーションを取るかなどを学ばないでしょう。同様に、犬のホームスクーリングに継続的かつ真剣に取り組まなければ、かわいい愛犬はこの先1、2年のうちに、自分の文化に応じた好き勝手なルールをつくり、人間の社会では受け入れられないふるまいをするようになるでしょう。犬としっかりした関係を築くには、時間、信頼、一貫性、そして優れた双方向コミュニケーションが必要です。しかし築けたときの報酬は計り知れません。ストレスの少ない、つまりは長生きする、お行儀の良い犬の誕生です。

順調なトレーニングの始め方については、後ほど詳しく取り上げます。ここではもう1つ、老化、具体的にいうと「年齢」そのものに関する俗説の誤りを暴きましょう。つまり、犬の1年は人間の7年に相当する、という俗説です。何にでも言えることですが、そんなにシンプルな話ではありません。

うちの愛犬は何歳？　新しい時計で時間を計る

これまで何世紀にもわたり、人は人間と犬の年齢を比較してきました。イギリスのロンドンにあるウェストミンスター寺院の床には、1268年に職人の手によって刻まれた、「最後の審判の日」を予言した言葉が記されています。「読む者が、書かれているすべてを賢明に考慮するならば、ここに地球の終わりを見るであろう。ハリネズミの寿命は3年、ここに犬、馬、人間、雄鹿、カラス、ワシ、巨大なクジラ、世界を加える。それぞれの寿命は、前の生き物の3倍」。この計算によると、人間の寿命は80歳、犬は9歳になります。幸運なことに、人間も犬も賢明に選択すれば、恐らくこれよりも長生きできます。

人間の7年が犬の1年という方程式は、人間が平均で約70年、犬は約10年それぞれ生きるという一般的な見解が出どころかもしれません。しかし専門家のなかには、犬は人間よりずっと早く歳を取るので、少なくとも年に1度は飼い犬を獣医に連れてくるようにと、飼い主に働きかける1つの手段だっただけかもしれない、と考える人もいます。それも確かにそうですが、人間と犬との年齢をより正確に比較するには、次の方法で算出します。中型犬の場合、生まれてからの1年は人間の約15年、2年目は約9年に等しく、それ以降は毎年、人間の5年に相当します。

犬の年齢を示す表のほとんどが、サイズも考慮しています。しかしそのような表は、常に異論が投げかけられ、新たにわかった科学的事実を反映して改訂されています。ほかの複数の研究では、1歳の犬は「人間の年齢」なら30歳ほどで、4歳になるころには人間のおよそ54歳に相当し、14歳には人間の70代半ばと同じ、とされています。ところが、まさにそこが問題です。「人間の年齢」とは、何をもとにしているのでしょうか（さらにもっと言うと、なぜ私たちは、犬の年齢を「人間の年齢」として勝手に決めつけたり、比較したりしたがるのでしょうか）？

犬の年齢、もっと言えば誰の年齢であれ計算する際は、実年齢と生物学的な年齢の区別もつけるべきです。一見したところ、実年齢にまったくそぐわない知人は、誰にでもいるはずです。外見も行動も実年齢より10歳も若い70歳の人。あるいは、外見も行動もまるで4歳のような9歳のジャーマン・ショートヘアード・ポインター。年齢の概念とは相対的——つまり、体がどう機能しているか、どれだけケアをしているか、社会のなかでどんな行動を取っているかに関係しています。「リアルエイジ」テストという特殊な計算式について、何年も前に聞いたことがある人もいるかもしれません。現在、クリーブランドクリニックのチーフ・ウェルネス・オフィサーであるマイケル・ロイゼン博士が手がけたものです。このテストは、運動量、喫煙の有無、食習慣、医療検査の数値（例……コレステロール値、血圧、体重）、さらには病歴などをもとに、（非科学的に）どれだけ長く生きられるかを予測することを目指しています。明らかに、テストで余命の予測など実際にはできませんが、こうしたテストのおかげで、自分の健康方程式のどこをもっと努力すればいいかがわかります。

科学者はこれまで、生物学的にみた正確な年齢を測定するための、データに基づいた新しい方法を模索しており、長年の間にさまざまな手法が生まれました。やはり完全に正確なテストは1つもないのですが、それでも、こうしたテストは非常に興味をそそられるうえ、調べてみる価値はあります。1つの例として、テロメアの長さは、どれだけうまく年齢を重ねてきたかを示すものだとされてきました。テロメアとは、染色体の末端についているDNAの保護キャップで、細胞を老化から守ってくれます。テロメアは時間とともに自然と短くなるため、若いうちにテロメアが短いのはよくない兆候とされています。さらに興味深い最先端の方法の1つに、エピジェネティック時計と呼ばれるものがあります。この方法は、老化プロセスにおける犬と人間との違いという、先ほどの話題にも関係します。エピジェネティック時計は、カリフォルニア大学ロサンゼルス校（ＵＣＬＡ）の遺伝学者スティーヴ・ホルバート博士が開発した手法で、化学修飾を受けたＤＮＡからなるエピゲノムによって決まります。修飾のパターンは生涯のうちに変化し、その個体の生物学的な年齢を刻んでいきますが、実年齢と比べると若かったり歳を取っていたりします。

こうしたエピジェネティックマーク〔ＤＮＡの化学修飾〕は、人の健康や長寿、さらにはその特質が未来の世代にどう受け継がれていくかという点で重要です。あなたが口にする食べ物、愛犬が吸い込む空気、そしてあなたと愛犬が経験するストレスが、どの遺伝子が発現するかを決定するソフトウェアといえるエピゲノムを通じて、ＤＮＡ（ハードドライブ）に影響します。

これは、遺伝子的には優等生といえる犬に大金をはたいて購入する人にとっては、非常に重要です。その犬が、エピゲノム面でネガティブな影響を及ぼす環境化学物質に普段からさらされていると、遺伝ではなく後天的（エピジェネティック）な誘因によって、健康が損なわれてしまう可能性があるのです。同様に、遺伝的変異あるいは病気にかかりやすい遺伝的な傾向を持つとされた犬が必ずしも、そのＤＮＡを発現させて病気になる、ということでもありません。エピゲノムに、劇的かつポジティブな影響を与えることができるのです。あなたの愛犬が遺伝的にボロボロでも、病気の兆候を一切見せないこともありえます。愛犬のライフスタイルのあらゆる側面や周囲環境が、愛犬のＤＮＡに囁きかけている、と心の底から納得するには、この証拠で充分でしょう。愛犬の周りの空間が、健康、活力、回復力《レジリエンス》という言葉だけを、愛犬のエピゲノムに語りかけてくれるようにするのは、私たち飼い主の役目です。

エピゲノムへの働きかけは、飼い主にとって強力な知識となります。愛犬がたとえ近親交配だったり、遺伝的に重大な欠陥を持っていたりしても、エピジェネティクスのおかげで、生活の質を徹底的に向上させれば、病気の進行を遅らせられるという大きな望みで、勇気が出ます。ともかく、既知のエピゲノムによる影響すべてに取り組むことが、老化を遅らせる唯一の方法です。そうすることで、例外的に長生きの動物をつくり上げる可能性が生まれるのです。特定の犬種に的を絞ってエピジェネティックな問題を取り上げるのは本書のテーマから外れますが、本書でおすすめしている手法を実践すれば、ポジティブなエピジェネティック遺伝子発現をうまくサポートできます（個別のアイデアに関する詳細は www.foreverdog.com を参照）。

エピゲノムにもっとも影響するもの

- ●食物の栄養価
- ●食物のポリフェノール含有量
- ●食物に含まれる化学物質
- ●運動量
- ●ストレス
- ●肥満
- ●殺虫剤などの農薬
- ●金属
- ●内分泌かく乱化学物質

●粒子状物質（受動喫煙）
●大気汚染物質

カリフォルニア大学サンディエゴ校（ＵＣＳＤ）の研究チームは２０１９年の研究で、時間の経過によって人間と犬のＤＮＡに表れる変化に基づいた、新しい時計を提案しました。犬種にかかわらずすべての犬は、生後10カ月ほどで思春期を迎え、20歳になる前に死ぬという、似たような発達の軌道を描きます。しかし研究チームは、老化に関連した遺伝因子をより見つけやすくするため、１つの犬種、ラブラドール・レトリバーだけに的を絞りました。

チームは、生後４週間から16歳までの１０４頭のゲノムについて、ＤＮＡメチル化のパターンを解析。そこから、犬（少なくともラブラドール・レトリバー）と人間は、確かに年齢に関連したメチル化のパターンがあることがわかりました。もっと重要なことに、発達に関係するある遺伝子群において、人間と犬で、老化の際のメチル化が似ていることがわかったのです。つまり、少なくともある側面において老化とは、ほかとは異なる過程というより、発達の続きであることを示唆しています。そして少なくともこうした変化の一部は、進化的に大きな変化をせずに哺乳類のなかで維持されています。

こうして研究チームは、犬の年齢を測定するための新たな時計をつくり出したのですが、そこから導き出された犬の年齢への変換方法は、「7をかける」よりも少し複雑です。この新しい計算式は１歳以上の犬に使えますが、その計算式によると、犬の年齢は、16×ＬＮ（犬の年齢）＋31で計算すると、人間の年齢とほぼ同じになります。あなたの愛犬が「人間で何歳」かはじき出すには、関数電卓でまず犬の年齢を入力し、次に「LN」（自然対数）を押します。そこで出た数字に16をかけ、最後に31を足します。

人間と犬のライフステージは、一致しています。例えば、生後7週間の子犬は、生後9カ月の人間の赤ちゃんとだいたい同じで、どちらもちょうど歯が生え始めるころです。この計算式はまた、ラブラドール・レトリバーの平均寿命（12歳）

犬の年齢と人間の年齢の比較

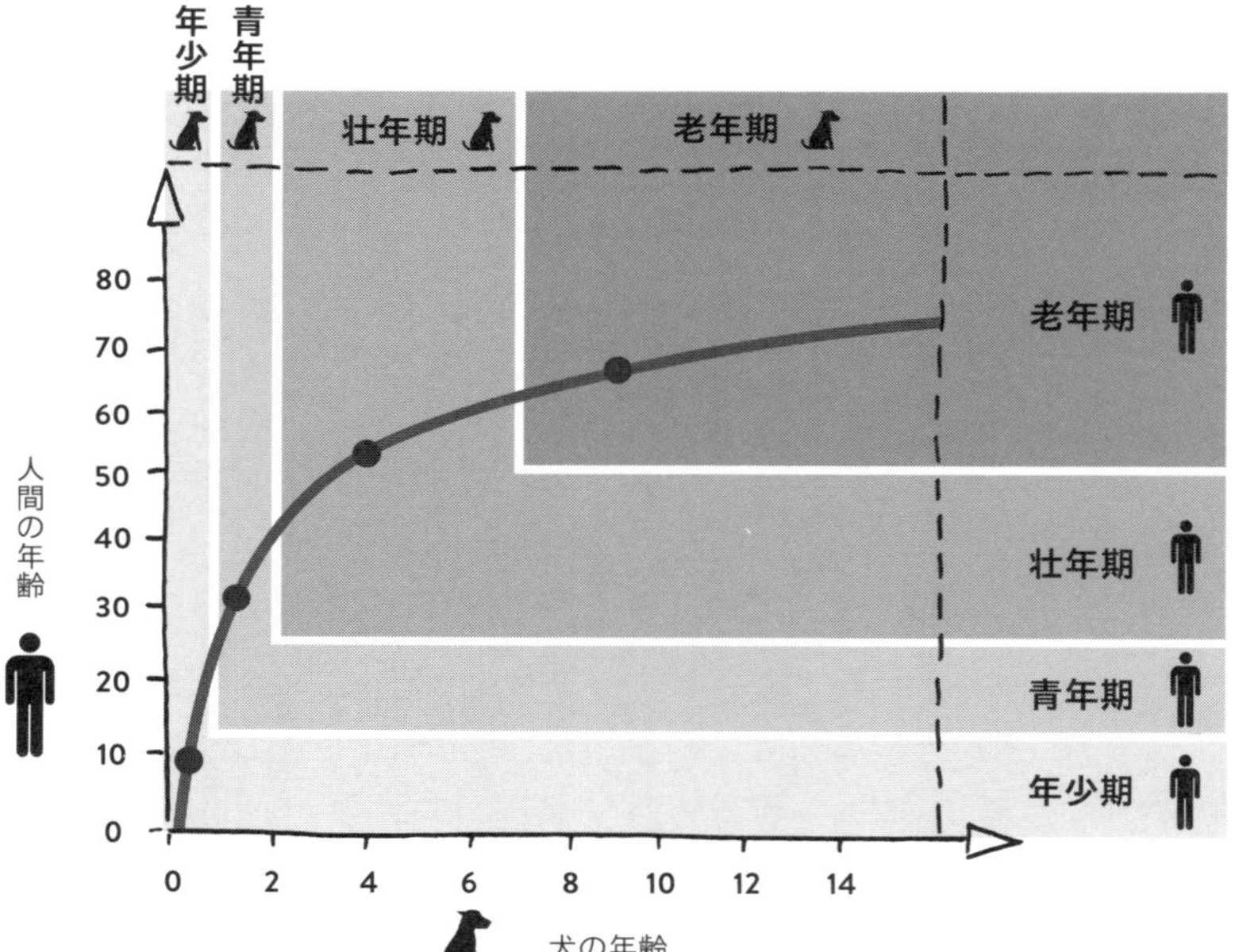

グラフは、犬と人間の歳のとり方の違いを示している。本画像の出典元であるＵＣＳＤのトレイ・イデカー博士率いる研究など、複数の研究をベースにした、かなり複雑な計算に基づいている。線で囲まれて影がついた四角形は、一般的に加齢に伴う生理機能によって分けた主な発達段階のおおよその年齢層を示す。年少期は、幼児期後から思春期までを意味し（犬は生後２～６カ月、人間は１～１２歳）、青年期は、思春期から成長が完了するまでの時期（犬は生後６カ月～２歳、人間は約１２～２５歳）、壮年期は、犬が２～７歳、人間が２５～５０歳の時期、老年期はその後から寿命までの時期で、犬なら１２歳、人間なら７０歳。犬の発達段階は、獣医用の指針および犬の死亡データに基づく。人間の発達段階は、ライフサイクルや寿命期待値をまとめた研究文献を基にした。

と人間の世界平均寿命（70歳）でも、ちょうどぴったりになります。犬の時計は概して、最初の段階で人間の時計よりもずっと速く時を刻みます。2歳のラブラドール・レトリバーは子犬のようにふるまうかもしれませんが、実は体に表れない老化が進んでいるのです。そして老化のスピードはその後、ゆっくりになります。

ご想像のとおり、ほとんどの愛犬家はこの発見に満足はしません。とはいえ、前述した研究の結果を受けて、人間のバイオハック〔能動的な健康づくり〕界隈では、テロメアを測定する血液検査が人気となりました。そして今や、犬のテロメアを検査する研究所まであります。

確かに、この計算式ではじき出した愛犬の「人間年齢」は、そこまでしっくりこないとあなたは感じるかもしれません。犬種が違えば年齢の重ね方も違うことはわかっており、犬のサイズも重要です。そのため、UCSDの計算式は、決定的な結論を出すには、考慮する要素が充分とはいえないかもしれません。とはいえ、科学的な根拠を持つこの新しい計算式は、犬の「人間年齢」を計算したい人にとっては、すでに誤りが指摘されている「7をかける」俗説よりは、間違いなく有益なはずです。

アミロイドと老化

ほとんどの人は、歳を取ると、体がこわばったり、関節炎など節々の問題が出てきたりしがちだと知っているでしょう。高齢の犬がまるで、脚が竹にでもなったかのようなこわばった歩き方をしているのをよく見かけます。犬の外見に表れる退行性の変化はまた、脳でも起きている可能性があります。私たちは今、アミロイド形成と老化の関係を理解し始めています。脳内のベータ・アミロイド・タンパク質は、誤った折りたたまれ方をすると蓄積して「プラーク」と呼ばれるネバネバした塊をつくり、アルツハイマー病の特徴的な兆候となりうることは、みなさんもすでにご存知かもしれません。犬にもまた、認知力の低下を伴う、アルツハイマー病のようなベータ・アミロイドが蓄積します。だからこそ、科学者はアルツハイマー病の知識を深め、治療法を模索するために、犬を研究しているのです。脳の健康と心臓血管の健康は、人間にとっても、犬にとっても関係があります。動脈の硬化は、高齢患者の脳内にこのベータ・アミロイド・プラークが徐々に蓄積されていくことと関係しているようで、認知症でない高齢者であってもそのようです。このような発見は、血管疾患の重症度と、神経変性疾患の特徴であるプラークとの関係性を示唆しています。つまり、あなた自身の脳や可動性（脚が竹にならないように）を守るカギは、心臓の健康状態を維持することです。犬であれ人間であれ、心臓の健康によいことは、脳の健康にもよいのです。

DNAは、メチル化のプロセスによって常に修復されています。メチル基の付加や除去によって、DNAが活性化されたり不活性化されたりし、生命プロセスの核の部分に作用するため、人や犬の体内では大きな生化学的変化が起こります。そのため、メチル化がうまくいかなかったりバランスを失ったりすると、問題が発生する可能性があります。メチル化の異常は、心血管疾患、認知力低下、うつ、がんとの関連が指摘されており、犬についても同様の研究が行われています。それでも、多くの疑問が残ります。メチル化の変化は、老化の原因と結果、どちらでしょうか？　あるいは、老化とはそれ以外の結びつきがあるのかもしれません。

「誰にもわかりません。すべて憶測ですから」と話すのは、メチル化に関するこの研究を率いたUCSDの遺伝学教授、トレイ・イデカー博士です。前述したテネシー州のゴールデン・レトリバー、オーギーが2020年、20歳でゴールデン・レトリバー世界最高齢の記録を更新し、人々がオーギーの長寿の秘密を探し求めたとき、イデカー博士の知見が世界中で大反響を呼びました。

現在目指すところは、メチル化率を決めるのは何か、そして動物によってメチル化のスピードが違うのはなぜか、解明することです。この遺伝子時計を理解することで、ペットや人間の老化のプロセスを、コントロールできるようになるかもしれません。

DNAバリエーションの超科学

一塩基多型（SNP）は、DNA配列のバリエーションの1つです。SNPは、病気や（食べ物も含む）環境的要因、薬品に対する反応の遺伝子マーカーを提供すると考えられている、遺伝子の指令の変化です。DNAコード内の特殊な並びであるこうしたバリエーションは、被毛の色、がんを発症する可能性の高さ、あるいは犬（や人）が体内からヒスタミンを除去できないなどの特徴として表れることもあります。

SNPと遺伝子バリアントの組み合わせのなかには、炎症を抑え、通常の解毒作用や免疫機能を促進し、健康的な神経伝達物質を生成するために重要となるさまざまな栄養素を、体がつくったり使ったりする能力に、大きく影響するものもあります。特定の遺伝子バリアントのせいで、細胞からの指示を体が間違って受け取ってしまう可能性もあります。例えば、タンパク質合成の際に違うアミノ酸を選んでしまうと、その結果としてできるタンパク質の形が変わってしまいます。つまり遺伝子のせいで、そのあとに体内で起きることが変わったり、他の細胞、臓器、組織の機能に影響したりするということです。でも、食事のなかに、1番目、2番目、3番目のアミノ酸の選択肢として、生体が利用できる充分なアミノ酸がなかったらどうなるでしょうか？　栄養がDNAに影響するのはまさにここです。消化できる程度の量の超加工ドッグフードには含まれない、アミノ酸（タンパク質）やその他の重要な栄養素の質や量については、後ほど取り上げます。しかし、中年期あるいは10歳よりも若い段階で、変性疾患の診断を受ける犬があまりにも多い理由には、遺伝子バリアントと栄養価の低さもあると、私たちは考えています。

こうしたDNAの違いは、必ずしも病気を引き起こすわけではなく、病気の相対的リスクを示すマーカーとなる可能性がある、という点を認識することが大切です。同様に、あなたの愛犬がある病気に対する既知の遺伝子リスク・マーカーを持っていないとしても、愛犬がその病気にかからないという保証はありません。とはいえ、特定のリスク・マーカーを持つほかの犬より、リスクが低いという意味にはなります。ヒトゲノム計画〔1990～2003年に行われた、人間が持つ遺伝子の遺伝情報をすべて解析しようとする国際プロジェクト〕の終了以降、数百という特定の病気、特質、体調とSNPとの関係性を示す研究が数多く発表されてきました。犬についても、同様の研究が現在行われています。食物は私たちのゲノムに語りかけるため、科学者は、全体的な健康によい栄養が何かを教えてくれる可能性のある、人間と犬のメチル化経路に影響を及ぼすSNPのパターンを見つけ出しています。この新しい最先端領域は、メチルジェネティック栄養学（methylgenetic nutrition）

と呼ばれています。

犬のＤＮＡは、その犬の体がどれだけ効率良く栄養素を吸収し、酵素をつくり、有毒物質を除去するかといった機能を含む、生理機能をコントロールします。もしもあなたや愛犬が、生理機能、代謝、解毒メカニズムの正常な機能を妨げるバリアント（ＳＮＰ）を多く持っていたら、主要な栄養を補給することで介入しなければ、体はすぐに正常に機能しなくなってしまいます。

また研究では、恐怖を含め、犬の行動に影響する遺伝子バリアントが存在することも明らかになっています。

人間の医療分野の人々による、遺伝子診断に対する反応の速さに関して喜ばしい話としては、個々人に合わせたメチルジェネティック栄養学や機能性ゲノム栄養分析が、すでにバイオハッカー、アスリート、さらにはカスタマイズされた栄養素やサプリメントを使って健康を最適化したい人たちの間で、成長著しいトレンドになっている点です。唾液を使ったシンプルなＤＮＡテストで、その人特有の遺伝子バリアントがわかります。この生データをその後、本人の医療検査データとともに特殊なソフトウェアにアップロードすれば、医者や栄養士がそれを見て、特別なサポートが必要な代謝経路はどこか、確認できます。そうしたサポートは、その人特有の遺伝子プロファイルに合わせて、完全にカスタマイズしたものになります。そのうえで、足りない補因子や栄養素が何か、その人の代謝に利用できる形でのアドバイスが可能になります。

各自にカスタマイズされた医療と栄養といえば！　自分のゲノムを使い、どの薬や化学療法治療計画が適切か、さらには、どのビタミン、ミネラル、サプリメントが一番効果的か（あるいは回避すべきか）を判断して、人生が変わるほどの結果を出すことができます。今現在テストが行われているのは犬の遺伝性疾患マーカーのみですが、ありがたいことに、獣医学はまた、個別にカスタマイズした医療と栄養の方向にも向かっています。今後数年のうちに、獣医はゲノム栄養分析が使えるようになるでしょう。

そしてその動物特有の遺伝子構造に基づきカスタマイズされた、栄養とサプリメント、治療計画と投薬計画から、より多くの種が恩恵を受けられるようになるはずです。すでに複数のウェルネス企業が、犬のＤＮＡテストの結果や犬種の傾向、生活習慣やライフステージに合わせてカスタマイズした栄養補強食品をつくり始めています。

長寿マニア、本章での学び

▼生命とは、破壊と再生の継続的なサイクルです。また老化は、遺伝と環境のどちらも反映する、体内での複数の作用が関わる正常で継続的なプロセスです。

▼老化のさまざまな経路あるいは特徴――そして細胞、臓器、さらには全身の機能不全に至るさまざまな道――は、人間も犬も同じです。犬は人間と似たような発達段階を経るものの、犬の老化は人間と比べるとはるかに速く、そのため、犬を研究することで、最適な老化に向けたヒントを探る機会が得られます。

▼遺伝子変異や栄養失調は、犬のメチル化率を上下させる可能性があり、それが老化を早めたり遅らせたりする土台をつくります。

▼体のサイズは重要です……大型犬は、小型犬より早死にする傾向にあります。これはある意味、代謝の違いや、変性疾患に対する体重関連のリスクが原因です。犬にとって最大のリスク要因は、年齢と犬種です。

▼早すぎる不妊・去勢手術は、愛犬の健康と行動に長期的な影響を及ぼす可能性があります。思春期前に子犬を去勢する場合、生殖器を全摘出するのではなく、子宮摘出か精管切除を検討してください。

▼病気のリスクがある特定の遺伝子を解読するために、たくさんの犬のゲノム・プロジェクトが行われています。

▼グルコース（糖類）とタンパク質が温かい体内にあったり、食物が混ぜられて加熱されたりすると、互いに反応し有害な化学反応が起こります。その結果、（ＡＧＥとＡＬＥを含む）ＭＲＰのような有害物質ができ、生物学的な大惨事を引き起こします。これらの化合物や、マイコトキシンやグリホサート、重金属などの有害成分のせいで、市販のペットフードはさらに質が低下します。

▼愛犬のペットフードの健全度合いを見極めるシンプルな方法は、加工の際に何回、調理／加熱されたか数えることです（詳細はパート3で取り上げます）。

▼人間の食品業界とペットフード業界では、研究、検査工程、規則が異なるものの、どちらも同じ巧みなマーケティング戦略を使っており、加工食品のさらなる販売に向けた飽くなきアピールを続けています。

▼ＤＮＡは静的ですが、そのふるまいや発現そのものは非常に動的であり、これはエピジェネティック・スイッチという現象によるものです。ＤＮＡの行動を変える力のあるエピジェネティクスを動かすのにもっとも効果のある引き金には、食品栄養素、環境有害物質、運動量などがあります。

▼オートファジーは、体内をクリーンに整理整頓してくれる重要な生物学的プロセスです。オートファジーの活性化は、食事法、食べるタイミング、運動によって行えます。

▼子どもと同じように、犬も適切な家庭環境が必要です。行動や社交面で日常的に指導することで、お行儀がよく、楽しいことが大好きで、ストレスにうまく対処できる犬へと成長します。

▼人間の年齢に相当する犬の年齢は、単なる7の倍数ではありません。犬の「年齢」を測定する方法はいくつかありますが、犬の健康や機能不全を判断するためにもっとも重要な要素は、その犬が持つエピジェネティック・スイッチの強さや敏捷性です。

PART 2

世界最高齢の犬の秘密

Secrets from the World's Oldest Dogs

4 食事でアンチエイジング

食事が健康と長寿遺伝子を目覚めさせる情報となる理由

あなたが食べたものは文字どおり、あなたになる。

自分が何でできているかの選択肢はあなたにある。

——発言者不明

誰もが、自分のなかに医者がいる。

私たちはただ、その医者の仕事に手を貸すだけでいい。

私たち一人ひとりのなかに潜む自然の治癒力は、回復に向けたもっとも偉大なパワーだ。

食べ物は薬であるべきで、薬は食べ物であるべきだ。

しかし病気のときに食べてしまうと、病に餌を与えることになる。

——ヒポクラテス

1910年、ブルーイという名のオーストラリアン・キャトル・ドッグが、オーストラリアのビクトリア州で誕生しました。その後、29歳5カ月まで生き、史上最高齢の犬としてギネス世界記録に認定されました。農場で暮らし、羊や牛を相手に働きました。一方でマギーという名のオーストラリアン・ケルピーは2016年、眠りのなかでこの世を去りました。30歳だったと言われています。ブルーイ同様、マギーは農場で暮らしていました。ただ、飼い主がマギーの年齢を証明する書類を失くしてしまったため、最長寿犬としての記録は主張できませんでした。並外れたこの2匹には、多くの共通点があります。日がな一日、広々とした屋外で走り回り、たっぷりの運動と自然を満喫していました。ここで「長寿の条件」2つ、クリアです。マギーの飼い主ブライアン・マクラレンによると、マギーは毎日、彼が運転するトラクターのあとを追って何キロも走っていました。さらに農場での生活はつまり、新鮮で自然な食べ物が手に入ったということでもあります。マギーのバランスの取れた食事は主に、タンパク質と脂質をたっぷり含む生の食べ物で、加工されたドッグフードはありませんでした。条件、クリアです。そしてそれぞれの環境での2匹のライフスタイルは、質が高くストレスの低いものでした。これも条件クリアです。

ブルーイとマギーはどちらも、愛犬家の間で「メトシェラ犬」として知られています。例外的な長生きの外れ値を叩き出したこの子たちは、ハンガリーのブダペストを拠点とするエニク・クビニ博士と、犬の研究を行うチームのおかげで、世界中で話題になっています。メトシェラとは、ユダヤ教、キリスト教、イスラム教に登場する人物で、聖書に出てくる長老のことです。969歳まで生きたとされ、聖書のなかで最高齢となっています。人間学において、センテナリアン（100歳以上の人）は一般的に、メトシェラと呼ばれます。犬の世界においては、17歳以上生きると、メトシェラとされます（とはいえ前述のとおり、犬種や体のサイズによって、年齢にはかなりのばらつきがあります）。ミックス犬で20歳半以上生きると、メトシェラ犬だと考えられます。研究によると、22〜25歳まで生きる犬は、わずか1000匹に1匹です。犬の大半は、さまざまな病気により早死にしますが、その多くは、食習慣や運動といった、修正可能なリスク要因によるものです。

繰り返しになりますが、老化のプロセスの研究で、犬を対象とするケースがますます増えています。老化に至るさまざまな経路や生活習慣の改善（生活の質と生命の長さを拡大する可能性があります）を理解するために、最適なモデルだからです。研究は共生的で、犬が老化プロセスのヒントを教えてくれ、それと同時に、私たちは犬の寿命をどうすれば延ばせるのかを学びます。

私たちはよく、こう聞かれます。「ペットを長生きさせるために、何か1つできることがあるとしたら何ですか？」。この「1つ」が、私たち人間にも当てはまると知ったら、あなたは驚くかもしれません。それは、最適な食習慣です。言い換えれば、**よりよいものを、より少ない量と少ない頻度で食べる**ことです。言うのは簡単ですが、実生活で実践するのは必ずしも簡単ではありません。キラキラと魅力的なパッケージの商品に常に目を奪われますが、その多くは、避けた方が賢明なものばかりです。自分の食習慣を考えてみてください。体重を落としたくて、あるいは慢性病をどうにかしようとして、これまで一体どれだけ、流行りのダイエット法を試しましたか？　あなたが過去に、炭水化物やカロリーの計算をしたり、夕食で2回目、3回目のおかわりをしようか悩んだり、教科書どおりの厳しい食生活をして食べたものを何日も記録したり、という経験があるか否かによらず、人生で少なくとも1回くらいは、食習慣を正そうと努力したことがあるのではないでしょうか。ほとんどの人は、努力をしたものの挫折し、新年にまた同じことを繰り返す、という経験があるはずです。

私たちと違い、犬は自分で食べ物を選ぶことができません。犬にとって適切な選択をできるのは、私たち、飼い主しかいないのです。犬の立場（肉球）に立ってみてください。あなたは今、毎回のごはんを大好きな人間に与えてもらっています。この点に関して、あなたはまったく意見を言えません。空腹のせいで、目の前に置かれたものは何でも口にします。もし唯一食べられるものが超加工フードだったら、その影響を体（ウェストの太さ）のみならず、心や免疫で感じるようになるまでに、どのくらいかかるでしょうか？　恐らくそこまで長くはないはず。数日から数週間でしょう。体重がじわじわと増え、だるくて頭も冴えず、熟睡などとうてい無理です。ストレス・レベルと不安感が高まり、それがコルチゾール値の高さに表れます。やがて、加工されていない、自然から取れたそのままの新鮮な食べ物を食べたいと思うでしょう。こうしたものは私たち霊長類の祖先が食べたものであり、つまり、未加工で新鮮な、さまざまな種類の食べ物からの栄養を必要とすることは、私たちのゲノムにすでにプログラムされているのです。犬の祖先であるオオカミにとって、食べ物を見つける作業には、戦略と知性が伴いました。さらに、たくさんの運動量も必要でした。

オオカミの祖先も現代のオオカミも、典型的な肉食動物です。シカやワピチ（アメリカアカシカ）、野牛、ムースといった、蹄のある大型の哺乳類を好みます。また、ビーバーや齧歯類動物、野ウサギといった小さな哺乳類も獲物にします。主にタンパク質と脂質を食べており、加工によって混じり物が入ったものはありません。同様に、（現代のような食品産業やグローバル・サプライチェーンの恩恵を受けていなかった）人間の祖先は、狩猟と採集をしていました。彼らもまた、野生動物、魚、木の実や種を含む食用植物などを食べていました。また、オオカミもベリー類、草、種、木の実を食べており、人間とオオカミのこうした食習慣はそのため、「雑食議論」〔その種が雑食動物か否かという議論〕にさらされやすくなっています。初期人類は、甘い果実がなる時期に、運良くそれに出くわしました。研究によると、これら古代の自然な果実は、酸っぱくて苦かったようです。人間はここ200年くらいで、果実を糖度のかなり高い甘いものに改良したのです。古代の大きなリンゴは、今のリンゴとはほとんど似ても似つかないものでした。人間は、夢のような理想に合わせて犬を品種改良してきたように、果実もまた、好みに合わせて改良してきたのです。現代の果実は、大量の砂糖菓子にありきたりのマルチビタミンを配合したようなものになっています。

人間の祖先はまた、量も頻度も現代人ほど食べていませんでした。食べ物を獲得するには懸命に働かなければならず（つまり運動）、朝食は1日でもっとも重要な食事でもなかったようです。なぜなら、食べ物を見つけるのに丸1日、あるいは数日かかったのですから。何も口にできない日が何日も続くこともありましたが、それでも大丈夫でした。人間の体は、何も食べられない期間に耐えられるよう進化していたからです。生き延びるには、そのような進化が必要でした。私たちの体内には、長期間の食糧難に耐えられるバイオテクノロジーが備わっています。この石器時代からのバイオテクノロジーが、現代の利便性と加工に出会うときに、問題が生まれます。そして同じことが、人間とともに石器時代に「育ち」、21世紀の今に生きる犬にも言えます。犬は現在も、飼い猫と同じ、肉食動物の定義に当てはまります。犬の胃腸管は非常に短く、太陽からビタミンDを合成できず、唾液アミラーゼ（炭水化物を消化する酵素）を持ち合わせてもいません。とはいえ、飼い犬の場合は、膵臓からのアミラーゼ分泌が多いため、菜食主義にもなれると考える獣医もたくさんいます。しかし私たちは、この意見に反対です。

食事と肥満を研究しているジェイソン・ファン博士によると、カロリーはどのカロリーでも同じというわけではありません。博士は、食事時間制限法が持つパワーや、例えばシロップがたっぷりかかった山のようなパンケーキのカロリーと、野菜オムレツのカロリーの違いに関する文献を多く執筆しています。人間の栄養学の界隈から広く受け入れられているファン博士の見解は、ほぼすべての認定獣医栄養士の提言を完全に無視するものです。代謝面から見ると、炭水化物だけの食事は、バランスのよいタンパク質や健康的な脂質からなる食事とはまったく違う動きをするうえ、どの炭水化物もすべて同じというわけではありません。炭水化物が豊富に含まれた食事に体がどう反応するかは、その人の化学組成や炭水化物を消化するスピードによって異なります。グリルした野菜のような消化が遅い炭水化物を消化している人は、シリアルのような消化が速い炭水化物を消化している人とは違う感覚を抱きます。消化が遅い（または「燃焼が遅い」）炭水化物は、消化が速くて（「燃焼が速い」）もっと食べたいと思わせる炭水化物よりも、腹持ちがよいのです。すべての獣医が同意できるのは、健康的な犬は（猫と違い）、飢餓に適応するべく進化してきたという点です。犬は、毎日の夜明けと夕暮れどきの狩猟がそこまで得意ではありませんでした。何も食べ物を捕まえられないまま何日も過ぎることもあり、新鮮な食べ物をうまく捕まえられなかったときは、死肉、植物、どんぐり、ベリー類など、見つけられるものは何でも食べました。

がんの研究者であるトマス・サイフリッド博士は、がん治療と関係があることから、神経遺伝学と神経化学を、イェール大学とボストン・カレッジで30年以上にわたり教えています。博士は、オスカーという名の犬について私たちに教えてくれました。研究用動物を人道的に扱うよう倫理委員会が監視するようになる前、イリノイ大学獣医学部で１００日以上にわたり、断食をさせられた犬です。博士によると、オスカーはその後農場に戻されましたが、その際、90センチ以上ジャンプしてフェンスを乗り越え、自分の犬小屋に戻ることができました。この恐ろしい研究にここで触れた理由は、健康な犬が、きちんと断食ができるという点をお伝えしたかったのです。本書では、具体的な断食法を特におすすめはしません。それぞれの断食法は、犬の年齢と健康状態に合わせて、カスタマイズすべきだからです。それでも、食事を抜かなくても愛犬が断食の恩恵を活用できるような、断食を模した手法をご紹介します。

もしも、カバンいっぱいに詰めた食料品を手に、愛犬と一緒に時間旅行ができたら——採れたての獲物を分け合うために燃えさかる火を囲む原始人の集団は、あなたが持ってきた食べ物を見て、びっくりして言葉を失うかもしれません。あなたがカバンから取り出したものが何か、たとえ21世紀のパッケージを外してなかの食べ物を裸にしたところで、彼らにはさっぱりわからないかもしれません。栄養表示がされたラベルだけでも混乱するでしょうし、（彼らが文字を読めたと仮定しても）原材料が何かわからないでしょう。ではドッグフードは？　この実験のために、よくあるカリカリと缶入りのドッグフードをスーツケースに詰め込んで、この時間旅行に持って来たことにしましょう。あなたの祖先である原始人のみなさんが飼っている犬たちは、カリカリも缶入りフードも認識できず、恐らく食べようともしないでしょう（飼い主が投げ与えた残飯を、犬同士で分け合って食べはするでしょうが）。一方であなたはそこに座り、宇宙の食べ物と言っても通じそうなものを食べています。そしてあなたが21世紀から連れてきた愛犬は、祖先である原始時代の犬たちが、家族でガツガツ食べているものを、明らかに羨ましそうによだれを垂らしながら見ています。

食べ物のパワー

あなたと愛犬の健康を向上させたり、寿命を延ばしたりするには、食べ物のパワーを理解することが必要不可欠です。食べ物は、ライフスタイル医学の礎なのです。これまでもお伝えしてきたとおり、食べ物は、体の燃料というだけではありません。「情報」(information)なのです（文字どおり、食べ物は体のなかに「form」つまり形のあるものを「in」する、つまり入れるのです）。食べ物が単にエネルギー（燃料）になるカロリーだとか、微量栄養素や主要栄養素の塊（基本的要素）だなどという考えは、あまりにも単純化しているし誤っています。それとは反対に、食べ物とはエピジェネティックな発現、つまり、食生活とゲノムが互いに作用し合うためのツールなのです。言い換えれば、あなたが口にする食べ物はあなたの細胞に語りかけ、その重要なコミュニケーションは、DNAの機能に指示を出します。**影響が継続的で生涯にわたることから、栄養は健康に対してもっとも重要な環境要因かもしれません。**実際に、愛犬の健康を促進するにせよ壊すにせよ、食べ物はもっとも強力であり、影響力があります。癒やしにも害にもなるのです。分子栄養学の研究は、このやり取りを理解するべく取り組んでいます。ニュートリゲノミクス（ニュートリジェネティクス、栄養遺伝学と呼ばれることもあります）、あるいは栄養素と遺伝子とのやり取りに関する（とりわけ病気予防や治療に関する）学問は、すべての犬の健康と長寿のカギとなります。

医科大学や獣医大学では、栄養学が広範囲にわたって教えられることはありません。少なくとも、生理学（physiology）や組織学（histology）、微生物学（microbiology）、病理学（pathology）といった科目とは取り上げられ方が違います。でも誤解しないでください。これらの科目はすべて重要です。

しかし栄養学（nutrition）には、ほかの科目のように「ology」（科学、学問）がついておらず、獣医教育において軽く扱われているのです。ようやく誰もが、この領域の不足に気づき始めたため、未来の世代の医師や獣医のころには変わっているかもしれません。しかし医科大学や獣医大学は概して、従来的なやり方が染みついたままです。生物学と生理学の基礎を学び、次に病気の診断法と治療法を学びます。病気をどう予防するかは、ほとんど教えられないし学びません。人間の医学と同様に獣医学は、そもそも発症を予防するのではなく、病気の管理と症状の抑制という昔ながらの枠組みのなかで、身動きが取れないでいます。あなたのかかりつけの獣医は、こうした重要な情報をわざと開示していないわけではありません。その獣医が、的を絞った栄養介入や、生活習慣の選択、リスクや予防戦略について話してくれないのは、獣医大学でそのようなことを教えられなかったからです。

さらに、獣医学生が実際に受ける栄養教育は医学生と同様に、民間のペットフード複合企業体から寄付を受けた栄養士が講座を担当するのが一般的であるため、バイアスがかかっている可能性があります。獣医の主な情報源は、加工ペットフード・メーカーなどによる複合企業体。動物の健康不良の要因をつくっている、まさにその食べ物の製造業者なのです。まるで、キツネが鶏小屋を見守っているようなものです！　正直に言って実際はもっと悪く、キツネが鶏小屋のなかにいる状態です。

栄養に関する無学は、世界的な問題です。ヨーロッパの獣医大学63校の学部長や教職員を対象に行われた２０１６年の調査によると、患者（動物）の栄養状態を評価する能力は、重要なスキルだと思うと答えた人の割合は、回答者の97％に達しました。ところが、自校の卒業生が有している獣医栄養学のスキルやパフォーマンスについて満足していると答えたのは、41％にとどまりました。

新鮮な食物についての知識がある獣医の数は急速に増えています。しかしそれは、手づくりレシピを栄養面で最適なものにするために、必要な栄養量の計算法を獣医大学が学生に教えているからではありません。また、小動物の栄養素に関するクラスで、ペットフードの加工技術（押出成形、缶詰、ベイク、低温乾燥、フリーズドライ、軽く調理、生）が栄養素の損失にどう影響するかを詳しく調べているからでもありません。ペットの飼い主がより新鮮な食べ物についての知識を身につけるという需要は、消費者から生まれました。獣医が食べ物についての知識を身につけるという需要は、消費者から生まれました。ペットの飼い主がより新鮮な食べ物を強く求めるなか、獣医は、顧客をサポートするために独学するか、顧客を失うかの選択を迫られているのです。栄養のバランスが取れた手づくりの食べ物をどう与えるべきかについて、獣医と率直かつ有益な対話ができていない人が多いため、www.freshfoodconsultants.org のような情報サイトがそのギャップを埋め、総合栄養食になるようなレシピを世界中の飼い主に提供しています。

ロドニーは２０１2年、「プラネット・ポウズ」というフェイスブック・ページを軽い気持ちで立ち上げ、市販のドッグフード1袋に含まれる一般的な原材料のリストを、画像とともに投稿しました。すると、一晩で50万回もシェアされました。ページの読者数はあっという間に増え、貪欲なまでの知識欲を持った人々の存在を浮き彫りにしました。ペットへの正しい食事の与え方、世話の仕方を、みんな喉から手が出るほど知りたがっていたのです。もっとも人気を集めた投稿の1つは、動物の皮を使った犬用のガム「ローハイド」に関するもので、これまでに5億回以上読まれています。その投稿についている、ローハイドの製造法を説明した動画の視聴回数は、４５００万回以上に上ります。２０２０年までに、プラネット・ポウズのページのフォロワー数は３５０万人近くに達しており、食事に関する話題は、広く拡散される傾向にあります。

明らかに飼い主たちは、アドバイスを必死に求めています。ペットの栄養とウェルネスについて、事実に基づき科学に裏打ちされた知識を求めているのです。手先だけのごまかしや、虚偽の広告など必要ありません。私たち著者の1人（ロドニー）は、犬のテーマでTEDトーク史上屈指の視聴回数を誇り、もう1人（ベッカー博士）は、種に適した栄養に関するプレゼンを獣医として世界で初めてTEDトークで行いましたが、それも当然といえば当然でしょう。より透明性が高く倫理的なペットフード企業が登場して、ペットの命や心身の健やかさを脅かす超加工フードを締め出すくらいに、ペットフード業界が進化していく様子を、私たちは見たいのです。革命は進行中です。みなさんがその革命にまだ参加していないなら、本書を（または本章を！）読み終わるまでには、参加することになるでしょう。このように考えているのは、私たちだけではありません。食品に関する研究者マリオン・ネスルによると、「私たちは、食品革命のさなかにいる」のです。これは、人間にも動物にも当てはまります。そしてネスルはこれを、「良質なペットフードのムーブメント」と呼んでいます。人間の代替食事法と同様に、犬にとっての代替食事法には、オーガニックで自然で新鮮な、その土地で育てられた、遺伝子組み換えをしていない、そして人道的に育てられた食べ物などが含まれるでしょう。

想像してみてください。「最適な栄養素」をすべて、1袋の食べ物から生涯取り続けることを。無理に思えますか？　そう、無理なのです。必要な栄養素すべてを、1杯のプロテイン・シェイクから取るのでさえ不可能です。パート1でお伝えしたとおり、必要な栄養成分やビタミンが配合された「オールインワン」ドリンクとして売られている栄養飲料を常食としている人は、特定の目的のために短期間だけそうしています（入院中など）。加工食品と見なされるこうしたドリンクは、1日の推奨栄養摂取量がすべて含まれるものの、生涯これだけを食料源とする意図でつくられてはいません。単調な加工食品だけを食べて快活に生きられるなんて、誰も――あなたもあなたの愛犬も――できないのです。

動物の体に栄養分を与えるには、カリカリ以上のものが必要だという事実に、人々は気づき始めています。２０２０年の研究では、ペットを飼っている人のうち、超加工フードだけを与えている人の割合は、わずか13％でした。これはすばらしいニュースで、つまり飼い主の87％は、ペットの食器に超加工フード以外の食べ物を加えていることになります。ペットの健康を回復させる競争で、さらに先を行っている国もあります。缶のペットフードやカリカリではなく、新鮮な食べ物をペットに与えている飼い主のランキングでは、オーストラリアが１位になっています。

新鮮な食べ物のせいで、獣医とペットの飼い主との間に分断ができた理由の一部に、手づくりのペットフードの選択肢はたった１つであり（自宅でカリカリはつくれませんから）、そのため間違ったつくり方をしてしまう可能性がある、があります。実際に、間違った手づくりごはんをつくってしまうものなのです。善意を持った愛情深い飼い主が、ペットにとって栄養バランスの取れた食事をあてずっぽうで考えてつくることで、意図せず栄養の大惨事を引き起こしています。私たちの知り合いの獣医は誰もが、クライアントが新鮮な（けれども不適切な）食べ物を愛犬に与えたことで、残念な結果になったエピソードを少なくとも１つは知っています。例えば、（急に食べ物を変えたことによる）急性の下痢や、命取りになりかねない、栄養性二次性副甲状腺機能亢進症（カルシウムの割合が不適切な状態が何カ月も何年も続くことで発症する代謝性骨疾患）などがあります。栄養バランスが取れていない手づくりごはんのせいで失敗した、ありとあらゆるホラー話は、限りなくあるのです。市販の生の総合栄養ペットフード市場がここ15年で急成長しているのは、そうした理由もあります。**実は、「新鮮なペットフード」のカテゴリーは、ペットフード業界でもっとも急成長著しいセグメントであり**、大手5社は落胆しています。というのも大手5社は、超加工ペットフード市場のうち8000億ドルを占めているものの、質が高いヒューマングレードの（人間が食べられる）原材料を使った新鮮なペットフードは、1社もつくっていないのです（なお、大差をつけて1位の座にとどまっているマースペットケアは現在、ペットフード・ブランド世界上位5つのうち、ペディグリー、ウィスカス、ロイヤルカナンの3つを保有しています。同社の成長は著しく、傘下に約50のブランドを収めています）。ヒューマングレードの新鮮なペットフードをつくるメーカーは、続々と出現しています。そしてこれら無数のメーカーに対して利益を失えば失うほど、大手5社は私たち消費者に向けて、新鮮な食材を使った食べ物への恐怖心を煽る情報を発信するようになります。みなさんが市販のドッグフードを買う際に、栄養面で充分なものを選ぶ方法は、あとで詳しく取り上げます。ただ手づくりごはんに関しては、あなたがつくるごはんが栄養面で適切か（または不適切か）どうかによって、飼い犬に与える最高の食べ物にも、最低の食べ物にもなりえます。

手づくりごはんが引き起こす大惨事は、よかれと思いつつも知識がないがために、当てずっぽうで行動したときに起こります。これもまた、私たちが本書を書いた理由です。みなさんがまねできる、科学的な裏づけのあるしっかりした青写真を提供することです。興味深いことに、栄養のバランスが取れたレシピをつくり、ほかのことも適切に実施し、ペットの健康を自力で回復させる飼い主は何万人といるにもかかわらず、そうした人たちについて目にすることはほとんどありません。新鮮な食べ物に詳しい獣医が世界中で急増している理由の1つに、望み薄だったところを、新鮮な食べ物で奇跡的な回復を遂げたケースが数多くあるからということがあります。この結果は無視できません。飼い主が新鮮な食べ物を与えるようになったところ、健康を取り戻したり病気が軽減したりした犬の患者を多く目にし、新鮮な食べ物への考えを改めた、という獣医は多くいます。獣医が教えてくれる、栄養性二次性副甲状腺機能亢進症にまつわるホラー話と同じくらい、「自然食スタイル」を取り入れたクライアントが、人生が変わるほどの結果を出したケースは恐らくあるはずです。でも獣医本人は容認していなかったので、こうしたケースを思い出すのは恐らく渋々でしょう。認定獣医栄養士のドナ・ラディティック博士は、栄養面で標準的なケアの方法として超加工ペットフードしかすすめない獣医は、飼い主の獣医に対する信頼を損なっている可能性があると指摘します。2020年に、オーストラリア、カナダ、ニュージーランド、イギリス、アメリカの飼い主3673人を対象に行った聞き取り調査では、手づくりごはんを犬に与えている飼い主の割合が64％に達しました。こうした飼い主のほとんどは、衝突を避けるために獣医にはこのようなごはんの与え方を相談していないのではないかと、私たちは想像しています。

懐疑的な獣医は、一体どれほどの成功例（自身が医師として関わっていない事例）を見れば、好奇心が湧いたり、あるいはせめて、新鮮な食べ物を与えているクライアントと腹を割って対話したりする方向へと、態度を軟化させるのかなと不思議に思います。嬉しいのは、勇気と知識を持った擁護者となり、愛犬の栄養や健康的なライフスタイル、環境を劇的に改善させている飼い主が数えきれないほどいる点です。その結果、愛犬の病気にポジティブな影響が出ています。成長思考を持った獣医が、動物の健康に関する新しいトレンドについて、知識欲旺盛になっている様子も私たちは目にしています。そのため世界中の多くの獣医が、自分が治したわけではなく病気が劇的に回復したケースの背後には一体何があるのか、答えを求め始めています。健康に関するパラダイムシフトはどれもそうですが、古い思考と新しい思考の間には、亀裂が生じます。例えば、この業界を変えたいという飼い主たちの大きなプレッシャーから生まれた結果の1つに、新鮮な食べ物についてもっと学びたい獣医のための職業団体「獣医生食学会」があります。

新鮮なペットフードをつくる小規模で独立系の企業が、世界中にいくつも誕生しています。こうした企業では、情熱を持った認定栄養士が、混ぜ物で質を落とすことを極力避け、新鮮な食材を使った本物の食べ物（人工添加物や加工食材を極力避け、本物の食材を使った食べ物）によるフードづくりをけん引しています。当然ながら、こうした企業はペットフード市場全体のわずか一部にすぎません。しかしみなさんのような飼い主が、ファストフードを生涯にわたり摂取し続けることに伴うリスクを知るにつれ、こうした企業は成長し、存在感を高めていくでしょう。これは、嬉しい変化です。というのも、新鮮な食べ物を与えようという獣医や健康志向のペット愛好家のコミュニティは、加工の少ない食べ物をペットに与えるべきだと提案しているせいで、これまで数十年も批判されてきたからです。そして正直言って、「生」という言葉は、いとも簡単に曲解され誤解されてしまいます。私たちは「生」という言葉を、控えめに使うようにしています。というのも、加工が最小限に抑えられたペットフードのカテゴリーにおける選択肢の1つであるものの、多くの人は「生」そして例えば「生肉」と聞くと、近所のお肉さんのイメージではなく、「汚染」や「腐った不快な肉」というイメージを持つためです。「生」という言葉の背後にあるこうした残念なニュアンスのせいで、予防型の健康革命は失速し、善意を持った多くの飼い主は、愛するペットが直感的に欲しがり、遺伝子的に必要とするもの（お疑いなら、２つのフードボウルに食べ物を入れて、愛犬がどちらを選ぶかテストしてみてください）を与えないでいるのです。パート３では、ペットフードのカテゴリー「新鮮なフード」には、「生食」以外にもさまざまあることを学びます。その生食にはさらに、滅菌済みの「低温殺菌された生食」を含む６種類ほどの選択肢があります。

かつては、トランス脂肪酸（こってりしたマーガリン）が体にベストだと言われたこと、そして医師はその昔、大手たばこメーカーがたばこを売る手助けをしていたことを忘れないでください（ジョークではありません。たばこメーカーのレイノルズは１９４６年、「医師に一番人気のたばこはキャメル」というキャッチコピーの広告キャンペーンを展開しました）。新たに出現した科学が主張すれば、反論はできません。そしてもしも生食を与える心の準備ができていないなら、それでもいいのです。新鮮な食材を自分で軽く調理するか、買ってくることもできます。超加工フードの摂取量を抑えることによるすばらしい恩恵は、愛犬の健康にポジティブな影響を与えてくれるでしょう。

私たちだって、わかっています。未処理の水を飲みながら、生の鶏肉をメインディッシュに、汚染された入り江で取れた牡蠣をサイドメニューにすることなど決してないのと同じように、愛犬の健康を損ねる可能性があるものを与える人などいません。私たちが言っているのは、愛犬の長寿につながるよう、安全でおいしく、栄養たっぷりの、体にいい原料を使おうということです。犬は、私たち人間が口にする食べ物の多くを食べるかもしれませんが、種の違いを尊重しなくてはいけません。どうやるかは、本書がお教えします。それから念のためお伝えすると、愛犬がまるでオオカミであるかのように食べ物を与えるべきだと言っているわけではありません。ほぼどのドッグフードも、袋にはオオカミがデザインされています。これは、人間用の超加工食品のパッケージには、幸せそうで元気いっぱいの健康的な人たちが写った、おしゃれな写真が使われているのとよく似ています。そうした食べ物は、長期的に見ると健康のサポートになどならないことを、誰だって知っています。しかしマーケティングは、味蕾をくすぐりつつも、消費者の弱みにつけ込むよう、巧みにつくられています。愛犬は、健康的なタンパク質と混じりけがなく体にいい脂質、そして若干の炭水化物を必要としています。それはまさに、犬の祖先が選んだものであり、そして明らかに、オオカミの写真がきらびやかに貼りつけられたドッグフードの袋に入っているものではありません。

犬は、混じりけのない生の食べ物を食べながら進化してきました。進化のうえで手に入れたこの適応は、決してここ数百年で失われてなどいません。とはいえ、超加工のカテゴリーを避けることが目標であれば、生食が唯一の選択肢というわけではありません。当然ながら、私たちが目指すところは、高度に加工された食べ物を家族が摂取する量を最小限に抑えることです。ただ、加工技術はすべて同じなわけではありません。そこでパート3では、ドッグフードのブランドの評価法をお教えします。どのドッグフードがどのカテゴリーに分類されるのか、判断しやすくなる簡単な基準（劣化の回数の算出法）を使います。ペットフード業界は、加工が少ないペットフードが求められているのを知っているため、製品に使う用語はかなりの曲者です。「自然」「新鮮」「生」という言葉の意味を、自分たちの都合のいいように変えてしまったのです。そして今や超加工ペットフード・メーカーは、「最小限の加工」という言葉までハイジャックし、ドライフードの袋に大々的に載せて、ほとんどの飼い主をすっかり騙しています。

フードの状態が、最小限の加工、加工、あるいは超加工のどれかを見極めるのは、困難です。本当のところ、愛犬が獲物を捕まえたり、庭の木から直接ブラックベリーを食べたりしていない限り、みなさんが愛犬に与える市販のフードはどれも、ある程度は加工されています。理論的には、採れたての野菜を洗ったり切ったりするのも加工です。ただここで取り上げているのは、栄養学界隈で広く受け入れられている、次のような定義です……

●**未加工（生）または超短時間処理による新鮮なフード**……保存のために少しだけ手を加えられた生の新鮮な食材であり、栄養価の損失は最小限。最小限の処理技術の例としては、食物の粉砕、冷蔵、発酵、冷凍、低温乾燥、真空パック、低温殺菌（NOVA食品分類システムによる）。

●**加工フード**……前項のカテゴリーの定義（「最小限加工されたフード」）に対し、さらに熱処理がなされたもの（つまり、加工ステップは熱による劣化を含め2つ）。

●**超加工フード**……家庭料理にはない原材料を含む、工業的な食べ物の製造（自宅ではまねできないもの）。味、食感、色、香りを強化するための添加物と、すでに加工された材料を複数使い、いくつかの処理工程を要する。天火で焼く、燻製する、缶に詰める、押出成形するなどして製造。押出成型とは、ポンプで押し出せる状態の製品または混合した材料（この場合、ドッグフード）を、力を加えて小さな口から押し出し、求める形に形成する。押出成型は、1930年代に乾燥パスタや朝食用シリアルを粒状に製造するために開発された。その後1950年代に、ペットフード製造に応用。

これで、はっきりとわかります。超短時間で処理された新鮮なドッグフードには、品質を落とす工程を1回経た原材料が含まれるということです。これには、生（冷凍）ドッグフード、高圧低温殺菌（ＨＰＰ）された生のドッグフード、加工されていない生の食材を使ったフリーズドライや低温乾燥ドッグフードが含まれます。これらは、「超短時間処理」と呼ばれています。なぜなら、加工により食材を傷めたり、品質を落としたりする工程が、超短時間で1回のみ行われるためです。理論的には、ペットフードのこのカテゴリーは、加工の範囲において超加工ペットフードの反対側に位置するため、「超未加工」と呼べるかもしれません。

加工ドッグフードは、付加的な加熱により質が劣化するステップを経るか、その工程を経た原材料を含みます。このカテゴリーには、すでに加工された（生でない）食材を使った、軽く調理したドッグフードや、フリーズドライや低温乾燥されたドッグフードが含まれます。このカテゴリーの食品は、原材料が繰り返し精製されたり加熱されたりしていないため、超加工ペットフードよりも健全です。

超加工ドッグフードは、加熱による質の劣化を複数回経ており、加熱により精製された原材料を含み、さらには、市販されていない工業

フードの状態

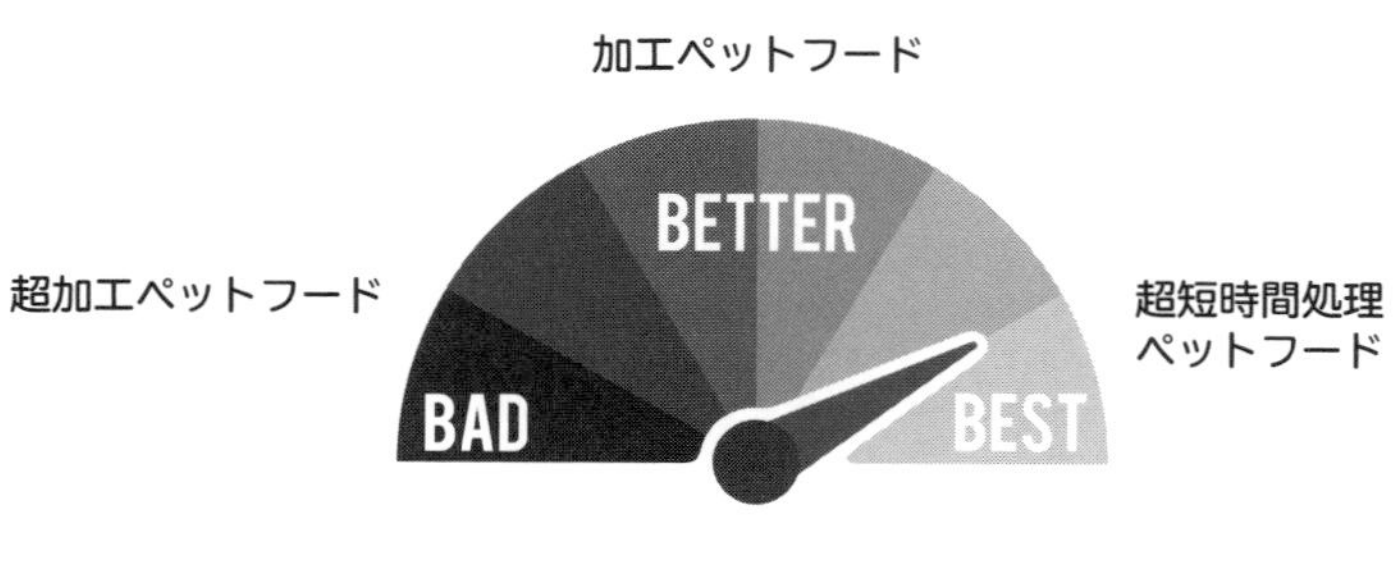

用添加物を含みます。例えば私たち消費者は、異性化糖や、チキンミールと呼ばれる鶏肉粉（または鶏肉以外のどの肉であれ）を食料品店で購入することはできません。食品業界だけが、こうした原材料を使用できます（異性化糖は人間の食品業界、チキンミールはペットフード業界）。プトレシンやカダベリンは、犬がドライフードを食べたくなるように企業が使用している多くの添加物のうちの2つにすぎません（この2つの風味増強剤について、みなさんはこれ以上知りたくないはずです、本当に。名前がすべてを物語っています［プトレシンの名称由来はラテン語の「腐敗」、カダベリンの名称由来は英語の「死骸」］）。これらは、市販されていません。獣医が手がけるペットフードの商品の多くで使われているコーン・グルテン・ミールは、消費者が手にできるのはホームセンター（食料品店ではありません）で売っている除草剤としてのみです。そして、カリカリを家庭でつくるための機械は存在しません。当然ながら、超加工ドッグフードには、ほとんどの「空気乾燥させた」ドッグフード、一部の低温乾燥ドッグフード（新鮮な生の原材料は不使用）、そしてすべての缶入りドッグフード、ベイクされたドッグフード、押出形成されたドライドッグフードが含まれます。パート3では、混乱を極めるこれらすべてを読み解くための、シンプルなアドバイスをします。この情報にショックを受ける人もいるでしょうし、腹立たしいと感じる人もいるでしょう。しかし愛犬の健康のためには、知るべき大切な情報なのです。

世界屈指の長寿専門家にインタビューする際に何度も経験し、非常に興味深かったのは、このテーマで点が線につながったときに見せる、彼らの非常に印象的な反応でした。才気溢れる科学者が、食べ物がいかに癒やしにも害にもなり、エピゲノムに語りかけ、腸内マイクロバイオームを破壊・保護するかが、研究によって証明されていると熱く語るインタビューのあと、私たちはたいてい、愛犬には何を食べさせているか尋ねました。その点についての会話が進むにつれ、驚きの感嘆詞や、「研究の成果が、ほかの哺乳類にも影響するだなんて考えたこともなかった」といった言葉が何度も発せられました。さらには、「本はできあがったら送ってください。でも何をすべきかは、今すぐに教えてください！」という反応も何度も聞きました。わかっています。人間とペットにとって何が「ヘルシー」なフードでおやつなのかを、世界規模の巨大ペットフード業界が勝手に決めるのを、私たちは意図せず許してきたのだと知ると、ショックなものです。

医師は、食習慣を変えるよう呼びかけており、私たちは、その目標を飼い犬を含む家族全体に広げたいと思っています。愛犬については、本書の次のパートで詳しく説明する「長寿トッピング」を、フードのトッピングとして加えたりごほうびとして与えたりすることで、この目標の一部を達成できます。長寿トッピングで使うたくさんのスーパーフードのすばらしいところは、（超加工食品を含む）どのようなドッグフードにも加えられ、心身の健康を全体的に改善できる点です。一度にすべてを変える必要はありません。実は、愛犬の食事をまったく変えないという選択肢もあります。もしかしてあなたにとっては、徹底的な見直しが必要なのは、ごほうび部門かもしれません。今購入している、高価で質の悪いごほうびを単に「長寿トッピング」に置き換えるだけで、愛犬の健康を1つレベルアップさせるすばらしい一歩となります。本書を読み進むにつれ、あなたが愛用しているドッグフードは、そのメーカーや近所の知り合い、あるいは獣医が言うほど、すばらしいわけではないことに気づくかもしれません。もしあなたが、ドッグフードのブランドを変えようと思っているなら、大げさな宣伝文句や人気ではなく、客観的な栄養指針に基づいた、安全なブランドを選ぶための基準もお教えします。

生、フリーズドライ、軽く調理、低温乾燥、というそれぞれのドッグフードはほとんどが、超加工されたカリカリや缶詰のペットフードと比べて、加熱による劣化はかなり少なめです。ここから先は、こうした「そこまで加工されていない食べ物」を「新鮮な食べ物」あるいは「超短時間処理の食べ物」などと呼ぶことにします。新鮮な食べ物のうちどの種類をどれだけ与えるかは、あなたにしか決められません。その選択肢をどう決めるかなどは、パート3でお教えします。

ドッグフードについての対話が、大きく変わるべきときにきました。私たちは、愛犬（そしてあなた自身）の食事に関するあなたの考え方を、変えたいと願っています。飼い主が愛犬の栄養状態を改善するために一つひとつ、取れる方法はたくさんあります。愛犬のフードボウルにちょっと付け足すだけで、脳の機能、皮膚や被毛の健康、息、臓器機能、炎症の状況、マイクロバイオームのバランスが、目に見えるほど改善する可能性があります。**「ファストフード」（つまり超加工ペットフード）の一口がすべて、加熱処理をしていない新鮮な食べ物の一口と置き換わるということはつまり、老化を遅らせるために正しい方向へと、一歩進んでいることになります。**

2つの「タ」……タイプとタイミング

愛犬の食事の「もっとも効果的な与え方」に関して言えば、詰まるところ2つの「タ」になります。

タイプ……どのような栄養素が理想的なのか？

タイミング……1日のうちどのタイミングで食事を与えるべきか？

タイプ……タンパク質と脂質は50対50

一般的に信じられている考えに反して、そして前述のとおり、犬の炭水化物必要量はゼロです。人間の食の世界は炭水化物が豊富なことや、ほとんどのドッグフードは炭水化物をベースにしていることを考えると、ばかげた主張だと思えるかもしれません。パート1で説明したとおり、農業革命が人間を狩猟採集民から作物を育てる農耕民へと変えたとき、犬はこれに伴う食生活の変化に合わせるために、でんぷん消化能力をアップさせました。ここで起きたことは、進化の観点からすると、かなりの驚きです。人間が穀物を育て始め、食べ物を犬に分け与え始めるやいなや、人間は犬のゲノムを変えたのです。犬は、炭水化物を分解する酵素であるアミラーゼをオオカミよりも多く生成します。このシフトは、オオカミから犬への進化において、非常に重要なステップとなりました。自然界は、ときに残酷です。進化するか、死ぬか。食べ物や環境の変化や難局に適応することは、動物が、生きてそのＤＮＡを受け継ぎ続けるのに役立ちます。古代の犬は、与えられた残飯からの炭水化物摂取が増え続けることに、膵臓でのアミラーゼ生成を増やすことで適応しました。これにより犬は、人間とともに進化する恩恵を受け続けられたのです。

興味深いことに、ペットフードを独自で調合しているリチャード・パットン博士によると、１５０年前でさえ、犬の全体的な炭水化物摂取量は、カロリー摂取量の10％未満で、活動的な犬のライフスタイルならまったく問題ない量だと推定されていました。ここ１００年、炭水化物が豊富な超加工ドッグフードの発明以来、犬が自らの意志とは裏腹に摂取する炭水化物量は急激に増えており、犬の代謝機構を損ねるまでになっています。犬は炭水化物を消化できるし実際に消化しますが、問題はそこではないのです。人間と同じように、犬が精製炭水化物の食べ物を長期的に摂取すると、健康に悪影響をもたらします。

犬の膵臓は、炭水化物を分解できる酵素を生成しますが、だからといって、犬のカロリーの大部分がでんぷんから来るべきだという意味ではありません。健康面、とりわけ代謝面に負担がかかり、全身性炎症や肥満につながります。アメリカ、メキシコ、イギリスで数多くの動物病院を運営しているマース社傘下のバンフィールド・ペット病院は、ここ10年だけで犬の肥満が150％増加したと報告しています。

私たちは、オオカミと飼い犬のマクロ栄養素〔タンパク質、脂質、炭水化物〕について研究するマーク・ロバーツ博士と、彼の研究について興味深い会話をしました。ロバーツ博士は、ニュージーランドのマッセー大学獣医学部の科学者であり、犬が選択肢を与えられた場合、本能的にどの食べ物を選ぶかという研究で有名です。犬は、炭水化物を選びません。反対に、犬はまるでオオカミのように、脂質とタンパク質から得られるカロリーを最初に選び、それよりかなりあとに炭水化物を選びます。だからこそ、新鮮なドッグフードを調合している人たちの多くは、カロリー（食べ物の量ではなく）の約50パーセントはタンパク質、もう50％は脂質にすべきだと言うのです。これこそが、飼い犬や野生の犬が好み、そして必要とする、「祖先から伝わる食習慣」なのです。

繰り返しますが、犬はオオカミではありませんし、食べ物を犬に選ばせる複数の研究において犬は確かに、若干の炭水化物を選んでいます（もしかしたら農業革命の際に、炭水化物を好きになった可

推奨されるカロリー源

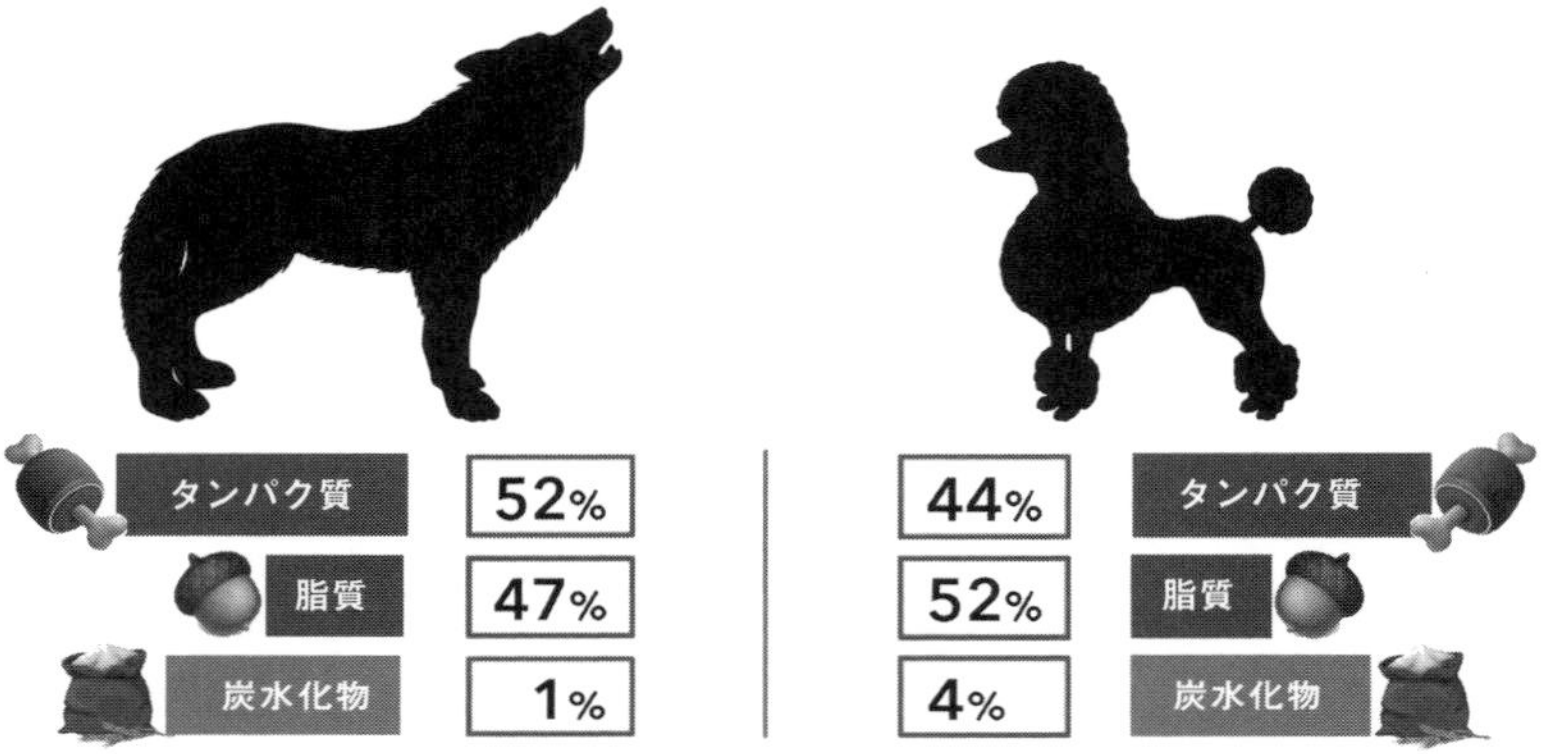

能性はあるかもしれません⁉）。犬とオオカミという2種類のイヌ科の動物が選ぶタンパク質、脂質、炭水化物の量の幅は、「生物学的に適切なマクロ栄養素の範囲」と呼ばれています。犬の長寿マニアとして目指すべきは、この範囲だと私たちは提案します。

それでは、みなさんが愛犬に与えているドライフードの炭水化物量をざっと計算してみましょう。カリカリの袋の背面を見て、「保証成分分析表」（Guaranteed Analysis）という表示を見つけます。そこに記載されている、タンパク質＋脂質＋繊維＋水分＋灰分（灰分の数値が記載されていない場合は、食べ物に含まれるミネラル含有量の推定値である6％とします）を加え、100からその数字を差し引きます。これが、そのドッグフードに含まれるでんぷん量です。この計算には難消化性食物繊維が含まれているため、はじき出された数字は、ドッグフードに含まれるでんぷん質の炭水化物（分解されて糖になります）の量になります。生物学的に適切な量は、10％未満です。獣医として私（ベッカー博士）は、活発な犬の多くは、食べ物の最大20％まででんぷん（糖質）を許容しても、著しい悪影響が出ないことを確認しています。ただし、本来の必要量がゼロなのに、生涯にわたって30～60%のでんぷんを与えれば、やがて意図しない影響が出るはずです。

主に製粉や精糖でできた炭水化物ばかり食べている人は、炎症がらみのありとあらゆる健康上の問題に悩まされます。そして未加工の新鮮な食べ物から取れる、もっと健康的なタンパク質や脂質に食事を切り替えると、（体重が減るのは言うまでもなく）症状が軽くなることがよくあります。一般的に思われていることとは違い、**炭水化物は非必須栄養素です。**体——とりわけ脳——が必要とするグルコースは、（タンパク質からの）アミノ酸を使って「糖新生」と呼ばれるプロセスで合成できます。脂質は、ケトン体と呼ばれるスーパー燃料を生み出します。ケトン体は代謝されると、人間であれ動物であれ（人も犬でも）、グルコースよりも効率良く脳に吸収されます。そのため、ほとんどの人は適度な炭水化物量であれば楽しめるものの、犬と人（そしてそれ以外の多くの種）にとっては、炭水化物を食べなくても、栄養所要量を満たすことは可能なのです。ただし、炭水化物は人間の進化においてカギであったことは、言及しておくべきでしょう。人間には、穀類を噛むために横に動く下顎と平らな大臼歯がありますが、犬にはありません。質のいい脂質とタンパク質に加えて、もし炭水化物が手に入っていなかったら、これほど大きな脳を発達させることはありえなかったでしょう。私たちは何も、食習慣から炭水化物をすべてなくすべきだと言っているわけではありません。ただ、愛犬の代謝面での健康と、究極的には長寿を目指すのであれば、でんぷん（糖質）摂取量には気をつけなければいけない、と言っているのです。

お金はモノを言うし吠える

平均的な消費者は、ペットフードに月21ドルかけますが、これは質のいい肉や健康的な脂質を使った食習慣を続けるのに充分な額ではありません。ペットフード・メーカーは金額を抑えるべく、最低限の品質の肉と精製脂、さらにはフィードグレードの安価な炭水化物（「フィード」は「餌」という意味で、人間の食料ではなく餌として与える品質の炭水化物という意味）をたくさん使っています。炭水化物がペットフードの原材料として一般的なのは、安価だからであって、健康的だからではない、と理解しておくことが重要です。ペットにきちんとした食べ物を与えようとするとかなりの高額になりかねないため、ペットフード業界は、犬はほぼ雑食動物（で今やヴィーガンにもなれる）だと消費者に思い込ませてきました。しかしそれには代償が伴います――犬の健康、そして言うまでもなく獣医にかかる治療費です！

加工食品の人間への影響に関する研究に加え、今や、犬の世界では何が起きるかを示す研究もあります。ドライフードやカリカリを食べている犬は、新鮮なフードを食べている犬と比べて、炎症や肥満の率が高い傾向にあります。そして２０２０年前半に、新鮮なペットフードを手がけるメーカーやフロリダ大学の研究者らが、４４４６匹の犬を対象に、ボディ・コンディション・スコア、統計学的データ、食習慣、生活習慣のデータを集めた研究でも、同じ結果が示されました。飼い主の報告によると、４４４６匹のうち１４８０匹の犬（33％）が体重過多あるいは肥満であり、うち３５６匹（８％）の犬が肥満でした。研究で使われた新鮮なペットフードには、市販の新鮮なフード、市販の冷凍フード、手づくりのフードが含まれました。研究主任のリーアン・ペリーによると、「これらの種類のペットフードは一般的に、軽く調理した、あるいは最小限の加工のみを施した、自然な形の食べ物を原材料にして冷凍または冷蔵したもの。（中略）研究対象の４４６匹の犬のうち、22％は現在、新鮮なフードのみを与えられており、17％は、新鮮なフードをほかの種類のフードと組み合わせて与えられている」としています。

この研究の結果は明らかです。ドライフードや缶詰のフードを与えられている犬は、体重過多か肥満になりやすいのです。そして予想どおり、週当たりの運動量を徐々に増やすことで、体重過多や肥満の傾向が低下しました。

フィンランドのヘルシンキ大学獣医学部の教授であり、犬の代謝学を研究しているアンナ・イェルム・ビョークマン博士に会いに行くという幸運に、私たちは恵まれました。同大の大学病院で行われている「ドッグリスク」というプログラムは、さまざまな種類のドッグフードが犬の健康にどう影響するかの評価において、複数の革新的な研究プログラムをけん引しています。そしてこのプログラムでは、生の食べ物の方がカリカリより代謝面でストレスがかかりにくく、また、生の食べ物を与えられている犬の方が、カリカリを食べている犬よりもホモシステイン濃度などの炎症マーカーや疾病マーカーが低いことを発見しました。こうした違いは、外見的には体が引き締まって健康的な犬にも当てはまります。見た目がすべてではないのです。代謝的、生理学的、エピジェネティック的に体のなかで何が起きているのかは、外からは見えません。代謝的にも、生理的にも、エピジェネティック的にも、内側で何が起きているかは、目に見えないのです。こうした状況から予想すると、数百万人もの人間と愛犬が、慢性的に炎症を起こした状態で歩き回っているものの、一見そうは見えないと考えられます。私たちがインタビューした専門家全員が、**「慢性的で軽度な炎症は、ほとんどの病気の始まり」**という点で合意しています。

炎症は犬の体にどう現れる?

炎症を伴う疾患は、病名が「〜炎」(英語の場合は、炎症性疾患に使われる接尾辞「-itis」)で終わるところから見分けがつきます。炎症は、次のような一般的な疾患を含め、犬が獣医に来るもっとも多い理由になっています。

これらの症状のすべてにある共通点は何でしょう? 診断名の「〜炎」の部分は、炎症性食品、とりわけ精製炭水化物に含まれる糖分によって悪化します。ペットフードに含まれる過剰なでんぷんは、それ自体が炎症状態である、継続的な高血糖値を引き起こします。ペットフードに入っている、とうもろこし、小麦、米、じゃがいも、タピオカ、オーツ麦、レンズ豆、ひよこ豆、大麦、キヌア、「古代穀物」、その他の炭水化物もまた、体内でのAGE(終末糖化産物)の生成を促進し、慢性的で進行性の全身性炎症を刺激します。

私たちがドキュメンタリー「The Dog Cancer Series」(犬のがん・シリーズ)を撮影した際、数十四の犬について、カリカリをやめて生のケトン食へと移行する期間の血糖値を記録しました。すると、その子たちの空腹時血糖値は、著しく低下しました。結果を受け取った主治獣医が、低血糖症の懸念がかなりあると、飼い主に連絡したほどでした。ちょうど、アスリートの安静時の心拍数が、運

炎症を伴う疾患

病名	部位	症状
歯肉炎	歯茎の炎症	口臭に始まり、口腔疾患とよだれ
ぶどう膜炎	目の炎症	目をショボショボさせる、目の痛み、目をこする
耳炎	耳の炎症	耳の感染症、赤み
食道炎	食道の炎症	吐き気、舌なめずり、過剰な嚥下、食べたがらない
胃炎	胃の炎症	胃食道逆流症（GERD、酸の逆流）、嘔吐、吐き気、食欲不振
肝炎	肝臓の炎症	嘔吐、吐き気、倦怠感、口渇感の高まり
腸炎	腸の炎症	吐き気、嘔吐、下痢（炎症性腸疾患、過敏性腸症候群）、ガス、膨満感
大腸炎	大腸の炎症	下痢（血液が混じる場合も）、便秘、肛門線の問題、ウンチの際に力む
膀胱炎	膀胱の炎症	尿路感染、尿中結晶、おしっこの際に力む
皮膚炎	皮膚の炎症	急性湿疹、びらん、痂皮、皮膚感染、痒み、皮膚を噛む、舐める
膵炎	膵臓の炎症	嘔吐、吐き気、倦怠感、拒食症
関節炎	関節の炎症	こわばり、関節の痛み、脚を引きずる、可動性の低下
腱炎	腱の炎症	膝、肩、肘、手首、足首の痛み、腫れ、脚を引きずる

動をしない人と比べるとかなり低いのと同じように、生のフードを与えられている犬は、でんぷんを与えられている犬と比べて、空腹時血糖値がかなり低くなる可能性があるのです。

これは問題ではなく、むしろ利点です。「生物学的に適正な」（でんぷんの少ない）本物の食べ物を与えると、代謝面にかかるストレスが低下します。そして目指すところは、体内のインスリンとグルコースを低く安定させることです。犬の体は、グルコースが110ミリグラム／dL（6 mmol/dl）より多いとき、より多くのインスリンを分泌します。犬の血糖値は通常、フードボウル1杯のカリカリを食べたあと、250ミリグラム／dLを超えることがわかりました。もっと心配なのは、でんぷんが含まれる食べ物を食べたあと、インスリンが犬の体内にどれだけ残り続けるかです。ある研究では、でんぷんの少ないごはんを食べる前と食べたあとではインスリン値がほぼ変わらなかったのに対し、炭水化物がたっぷりのごはんをたった1回食べたあとでは、インスリン値が最長で8時間高い状態が続きました。この状態で、炭水化物たっぷりの2回目のごはん（そして恐らく3回目）を与え、さらにでんぷんの多いごほうびをあげるのなら、慢性的な変性疾患はもちろんのこと、前述のさまざまな「炎症」の原因が一体何かは明白です。

愛犬が、犬という種に合わせてつくられたフードを食べている場合、低血糖値はリスクでしょうか？　ありがたいことに、低血糖症のリスクが高いカテゴリーに該当するのは、5ポンド（約2キロ強）以下の、非常に小さな子犬のみとなります。非常に小さな子犬には、食べ物を少量ずつ頻繁に与えるよう獣医が推奨するのはそのためです。健康的な成犬はたとえ小型犬であれ、低血糖症を起こすことなく、食事の間に継続的なエネルギーを提供するのに充分なグリコーゲンと脂肪の蓄えがあります。

リチャード・パットン博士が言うように、飼い犬は今でも、食べ物が大量に食べられるか飢饉かという状態に、進化的に適応したままの状態です。犬は飢餓のとき、血糖値を上げるために数種類のホルモンを生成しますが、血糖値を下げるホルモンはたった1つ、インスリンのみ。もっとも現代的で、しっかりと愛されている犬は、食事を抜かすことはなく、ましてや1日以上断食したり、炭水化物なしで過ごしたりすることなどありません。実のところ、ほとんどの犬は来る日も来る日も1日中、常にカロリーを与えられています。いくつもの食事と、その間に与えられるごほうびのせいで、「よく愛されている犬」は「よく食事を与えられている犬」へと変貌を遂げ、その体は絶え間なくインスリンを分泌し、長い時間をかけて膵臓に負担をかけ、炎症や代謝ストレスを生み出しています。第9章では、代謝ストレスを最小限に抑え、体を癒やすための機会をつくる、最適なタイミングで食べ物を与える方法をお教えします。

市販ペットフードの誕生と進化

市販用ドッグフード業界は、ジェームズ・スプラットの特許取得済みミート・フィブリン・ドッグ・ケーキ以来、飛躍的に成長しました。現在では、ほとんどの犬が超加工処理された市販フードを食べていますが、こうしたフードは主に、人間用の食品産業における副生成物からできています。世間の犬の捉え方が、「単なるペット」から「愛する家族」へと変わったとき、市販ドッグフード業界は、効果的に「人間の食べ残しへの戦争」をしかけました。そして、犬に与える食べ物の新たなモデル——犬のためだけに購入する、オールインワンの市販ペットフード——の誕生を促したのです。成功した企業は、早い段階で獣医の信頼を勝ち取り、そうした獣医はクライアントに、愛犬には市販のペットフードだけを与えるようにアドバイスしました。ペット用に「特別に配合」されたフードの観点からすると、人間の食事は不適切だとされたのです。社会的な力もまた、市販ドッグフードへの流れを後押ししました。20世紀中盤、労働市場に入る女性の数はどんどん増えていき、家族や愛犬のために食事を準備する時間が少なくなりました。さらに、農業の産業化によって、さまざまな農業革新（例……肥料やトラクター）がもたらされ、これによりドッグフード・メーカーは、肉や穀類といった作物（さらにはその副産物）を安価で豊富に手に入れられるようになったのです。

家畜を育てるための集中家畜飼育作業（CAFO）や、米や小麦、とうもろこし、砂糖、大豆といった、市場で売るための換金作物を育てる技術の活用は、ますます一般的になりました。農家の生産高が上がると、食物の価格は大幅に下がりました。ペットフード・メーカーは、人間用の食料供給からの余剰食物を活用するのみならず、人間用の食料を加工した際の副産物や農産業からの副産物も活用し、犬用の市販フードはさらに安価で手に入れやすくなりました。戦後のブームのおかげで、市販のドッグフードはそこまでの贅沢品ではなくなり、実用的で便利で、今では非常に安価な必需品へと変わりました。人間の食べ残しは安全ではないと考える人が増えるなか（「食べ残し」ということ言葉さえ、ペットの尊厳を傷つけるように響きました）、ペットフード企業はこれを巧みに利用し、栄養学的に完璧でバランスが取れた食べ物をつくるのは複雑なので「専門家」に任せた方がいい、と暗に伝えたのでした。

ペットフード・メーカーは、自社製品は絶対に安全で、栄養の宝庫だと消費者に思わせたいものの、実態は決してそんなことはない可能性があります。もしもあなたがこれまでペットフード業界の問題を聞いたことがなかったのであれば、情報を知ったうえでどのブランドを選ぶべきかを判断するために、知るべき点がさらにいくつかあります……

▼「ヒューマングレード」と「フィードグレード」のフードには、安全面と品質面に大きな違いがあります。肉は、アメリカ農務省（USDA）の食品検査官が検査し、合格して人間の食用として承認されるか、不合格となって、ペットや家畜の餌（フィード）に入れる「フィードグレード」の原材料となるかしします。人間の食用に認められなかった原材料を使っていることから、現実として「ペットフード」は、「ペットフィード」と呼ばれるべきです。ブランドのウェブサイトに「ヒューマングレード」と明記していない限り、ペットフード・メーカーは、どれもフィードグレードの原材料を使っています。缶入りペットフードとドライ・ペットフードのうち、ヒューマングレードの原材料を使っているのは、1％にも満たないだろうと、私たちは推定しています。これは、ほとんどのペットフードの品質がどの程度か、そして汚染の可能性がどの程度あるかについて、多くを物語っています。フィードグレードの原材料すべてがお粗末というわけではありません。問題は、公的な格付け制度（USDAによるプライム、チョイス、セレクトのようなもの）がペットフードにはなく、そのため品質を賭けたばくちであるという点です。

▼犬と猫の栄養所要量は、アメリカ飼料検査官協会（AAFCO）や欧州ペットフード工業会連合（FEDIAF）がそれぞれ発表しています。製品に「バランスの取れた総合栄養食」と表記するには、各社はこうした団体が出すガイドラインに従う必要があります。AAFCOは、ペットフードのラベルに「保証成分分析表」「栄養適正表示」「原材料名（重量の多い順）」を掲示することを

求めています。とはいえ興味深いことに、ＡＡＦＣＯは消化性テストや完成品の栄養検査を求めていません。

▼袋に記載された「賞味期限」は、未開封の場合です。開封後にどのくらいの期間、フードが安定した状態であるか、あるいは安全に食べられるのか、メーカーは公開していません。

▼ペットフード・メーカーは、サプライヤーからまとめて購入した原材料に添加されている化学保存料やその他の物質について、原材料表示に記載する必要はありません。

▼ペットフード・メーカーに、重金属、殺虫剤、除草剤の残留物やその他の汚染について自社製品を検査するよう求める法律や規制は存在しません。

▼犬は人間と同じように、ライフステージによって必要なエネルギーや栄養が異なりますが、ペットフードの大部分が「全年齢」（つまり、子犬から老犬まですべてに対応する栄養分）と表示されています。品質管理工程で「全バッチテスト済み」と主張するメーカーは、その結果を消費者と喜んで共有するべきです。あなたが購入したバッチのテスト結果を教えてほしいとメーカーにお願いしてみましょう。

良い脂質、悪い脂質

良い炭水化物と悪い炭水化物があるように、脂質にも良いものと悪いものがあります。飽和脂肪やトランス脂肪のように悪い脂質は、たいていは高度に加工された食品に見られ、炎症を引き起こします。健康的な脂質は、一価不飽和脂肪酸と多価不飽和脂肪酸で、抗酸化作用のあるオメガ3脂肪酸が豊富に含まれています。健康的な脂質は、ナッツ、種子類、アボカド、卵、鮭やニシンなど脂ののった冷水魚、エキストラ・バージン・オリーブオイルなどに多く含まれます。脂質は精製や加熱をせずに、生のままで摂取すべきです。加熱した脂質は非常に恐ろしい脂質過酸化最終産物、ALE（AGEの脂質版）をつくります。

ペットフード・メーカーは、じゃがいも、米、オートミール、キヌアなどの炭水化物を、豊富な「エネルギー」（別名カロリー）源としてアピールしています。しかし本来不要である炭水化物から得るカロリーのせいで、犬のごはんを構成すべきである、脂肪分の少ない健康的なタンパク質や高品質の脂質のカロリーを相殺してしまいます。グレインフリーの食べ物はたいてい、穀物をベースとした食べ物よりもでんぷん質が多く、また、レクチンやフィチン酸塩といった反栄養素を含む豆類が入っていることがよくあります。反栄養素とは、植物に見られる化学物質で、体が食物から必須栄養素を吸収するのを妨げます。すべての反栄養素が悪いわけではなく、また、植物を多く食べる人は反栄養素を完全に避けるのは不可能ですが、穀物ベースの食品からの過剰な摂取を避けるのは有益でしょう。

穀物ベースの食品のもう1つの問題は、汚染残存物が含まれる可能性がある点です。パート1で述べたとおり、2020年には、ペットフードのリコールのうち94％（アメリカでは驚きの1，374，405ポンド、約687トン）が、アフラトキシンによるものでした。アフラトキシンは真菌のマイコトキシンの一種で、動物のさまざまな種で、腎不全、肝不全、がんとの関係が確実視されています。私たちが行ったテストでは、食物連鎖に入り込むグリホサートの含有量がもっとも高いのがヴィーガンのドッグフードでした。その結果、リーキーガットや腸内毒素症を引き起こし、非常に重い全身性炎症につながります（この現象は後述します）。

犬30匹と猫30匹の尿を検証した2019年の研究では、人間の一般的な暴露と比べて、4倍から12倍ものグリホサートが検出されました。そしてもっとも高い値を示したのが、ドライフードを食べている犬でした。パート1で取り上げた、2018年の研究も忘れてはいけません。コーネル大学の研究者らが、8社の市販ペットフード合計18種類についてグリホサートの残留物を調べたところ、どの製品からも発がん性物質が見つかった研究です。公的検査機関であるヘルス・リサーチ・インスティテュート（HRI）の研究所では、犬と猫の体内に含まれるグリホサートの値に関する研究もまた、現在進行形で行われています。現在までの結果の一部を見たら、健康意識の高い飼い主は顔をしかめるでしょう。**犬のグリホサートの値は、人間の平均よりも32倍も高いのです。**こうした化学物質が山盛りの、本来は不要な炭水化物は、単に腸内の生態系を破壊するのみならず、犬に満腹感を与えることもありません。新鮮な食べ物を与えている獣医は、カリカリを食べている犬の多くが、ひどく飢えており、底なしの大食漢で、決して満足せず、常に空腹であるように見えると指摘しています。そしてそこから、こんな疑問が生まれます。もしかしてこれらの犬は、唯一のカロリー源になっている炭水化物が豊富な食べ物をガツガツ食べることで、生物学的に必要な脂質やタンパク質をどうにか補おうとしているのでしょうか？

ＵＳＤＡの認証を受けた、人間でも食べられる素材を使うペットフード・メーカーの数は増えており、競争が激化しています。ご自身が使っているブランドのウェブサイトに行ってみてください。ヒューマングレードの原材料が使われているなら、すぐにわかるはずです。その会社のフードがなぜそんなに高価なのかを、潜在顧客である消費者に理解してもらうために、ヒューマングレードの原材料使用をアピールしたキャッチコピーが、商品のあらゆるところに記されているからです。こうした企業にとって、透明性は重要な差別化要因です。そのため通常はウェブサイトに誇らしげに、独立した第三者機関によるグリホサートやマイコトキシンなどの汚染物質に関する検査結果とともに、消化性や栄養分析に関する検査結果を記載しています。これは、市販ドッグフードに使われている原材料の品質について、消費者の信頼を得るための大きな一歩です。

もしも探している情報がブランドのウェブサイトに見当たらない場合、カスタマーサービスに電話をかけて聞いてみましょう。透明性の高い企業なら、自社が使っている原材料やその出どころに誇りを持っているため、いつまでも電話が切れないほど、時間をかけて説明してくれるはずです。メーカーは、自社製品を競合と即座に差別化するのがこうした要素であることを、わかっているのです。新鮮な食材を使っているメーカーのなかには、ヒューマングレードの原材料を使っているものの、人間の食料品製造には認められていない施設で製造しているところもあります。そのため、そうしたメーカーのフードは、ヒューマングレードと表示することができません。また、新鮮な食材を使っているメーカーのなかには、人間の食用には承認されていない原材料を意図的に一部含めているところもあり（例えばカルシウム源としての生骨粉など）、このようなフードは、たとえ品質が非常に高くても、「ヒューマングレード」というラベルづけができなくなります。こうした製品は犬に与えても安全で健康的であり、メーカーはあなたが電話すれば、喜んでそう説明してくれるでしょう。

食べ物はマイクロバイオームに語りかける

念のため再度お伝えすると、ほとんどの犬は、最大で20％のカロリーをでんぷんから取っても、代謝的に大きな負担になりません。そして私たちが目にする犬の圧倒的多数が、非常に高い回復力を持っています。誰にとっても好ましくないことが起きるようになるのは、GI値の高い、精製炭水化物を与える量を、徐々に増やしていくときです。これは、マイクロバイオームに栄養を与えることにも関係しています。食べ物は、マイクロバイオームの健康を保つためにもっとも重要な要素である可能性があり、この事実が重要である点は、どれだけ誇張しても足りないくらいです。腸（や肌を含むその他の臓器）に生息する微生物は、健康と代謝の土台となります。**マイクロバイオームは、哺乳類動物の健康にとってあまりにも重要なため、それ自体で臓器として考慮される可能性があるほどです。**

ペットには、その進化や触れてきた環境（食習慣を含む）を反映する、ペット特有のマイクロバイオームがあります（興味深い事実としては、あなたの体内にある遺伝物質の99％は、あなたのものではありません。あなたの体内にいる微生物たちのものなのです！）。目に見えないこれらの生き物のほとんどは、消化管のなかに住んでいます。マイクロバイオームには真菌、寄生生物、ウイルスが含まれるものの、あなたの体内に広がる世界へのカギを持っているのは、どうやら細菌のようです。細菌は、考えられる限りのあらゆる健康に関する機能をすべてサポートしているからです。

体内にあるこの驚くべき生態系は、あなたや愛犬が食べ物を消化し、栄養を吸収する手助けをしてくれます。免疫系（実は人間と犬の免疫系の70～80％は、腸管壁のなかにあります）や体の解毒経路をサポートします。あなたの体と協力してくれる重要な酵素や物質を生成し放出します。病気を引き起こすほかの細菌から守ってくれます。体の炎症経路を調整する手助けをし、それにより、ほぼすべての慢性病のリスクに作用します。内分泌系への影響を通じて、ストレスに対処する手助けをします。さらに、良質な睡眠を取れるようにさえもしてくれます。こうした微生物が生成する物質のなかには、代謝から脳の機能に至るまで、人の身体組織にとって欠くことのできない代謝産物もあります。実際に、人は実質的には、主要ビタミン、脂肪酸、アミノ酸、神経伝達物質の合成の一部を、こうした微生物に下請けに出しているようなものなのです。

あなたや愛犬の腸管にいる細菌は、ビタミンB12、チアミン、リボフラビン、さらには血液凝固に必要となるビタミンKを生成します。また、ストレスに関係している2つのホルモン、コルチゾールとアドレナリンは、常に分泌されていると体に打撃を与えかねませんが、善玉菌がこれらのホルモンの栓を閉じることで、体内の調和を保っています。神経伝達物質の領域においては、腸内細菌は、セロトニン、ドーパミン、ノルエピネフリン、アセチルコリン、γ―アミノ酪酸（GABA）の供給に深く関わっています。私たち人類は、こうした物質のすべてが脳でつくられているのだとばかり思っていたのに、そうではないことが明らかになってきています。それは、マイクロバイオームのパワーに向けて私たちの目を開いてくれた、新たな研究とテクノロジーのおかげです。科学者は現在も、マイクロバイオームや、その理想的な構成（と、それをいかに変えるか）の秘密をまだまだ解き明かしているところではあるものの、多種多様なコロニーを持つことが健康へのカギであることは、はっきりしています。そしてそのような多様性は、食べ物の選び方に依存します。食べ物が微生物の餌になり、そのマイクロバイオームがきちんと機能するか否かを決める土台となるからです。健康的なマイクロバイオームにダメージを与えかねないものには、細菌コロニーを殺したり、構成をネガティブに変えたりするような物質に触れること（例えば環境化学物質、肥料、汚染水、人工甘味料、抗生物質、非ステロイド系抗炎症薬など）、精神的ストレス、外傷（手術を含む）、消化器疾患、栄養失調、生物学的に見て不適切な食生活（代謝面でストレスを引き起こす食品）などがあります。

人の体内に生息する微生物を一覧表にするため２００８年に立ち上げられたヒト・マイクロバイオーム・プロジェクトは、医療の常識を塗り替えました。このプロジェクトが始まるまで、マイクロバイオームそのものが免疫の指令センターだとは知られていなかったのです。**人の免疫系のほとんどは、腸管付近にあります。** 「腸管関連リンパ組織」（GALT）と呼ばれ、重要な存在です。というのも、人体の免疫システムの80％以上が、ＧＡＬＴにあるためです。人の免疫システムはなぜ、腸管に集中しているのでしょうか？　答えは簡単。腸壁は外界との境界線であり〔口から肛門までの消化管をチューブの内壁とみなしたときに、内側にありつつ外界と接するため〕、肌以外では、脅威となりえる異物と出会う最大の可能性があるのが、腸壁だからです。この部分の免疫システムは、ほかから独立した状態で作用するわけではありません。まったく逆で、全身のほかの免疫系細胞とやり取りし、危険となりうる物質と腸内で出会った場合は、警告のメッセージを発します。だからこそ、免疫の健康には何を食べるかも極めて重要なのです。そしてこうしたことはすべて、犬にも関係があります。

ＰＬＯＳ（公共科学図書館）のブログに、ダニエラ・ローエンバーグが犬の皮膚マイクロバイオームについて書いた記事の言葉を引用すると、「家は犬なしでは、〝我が家〟にはなりません。そして犬は微生物という仲間なしでは、本当の意味で親友ではないのです」。世界中のさまざまな研究機関が、犬のマイクロバイオーム・シーケンスについて研究を進めています。例えば、サンフランシスコのベイエリアに拠点を置く企業アニマルバイオームがあります。同社は、マイクロバイオームの研究と製品を通じて、ペットの健康づくりに取り組んでおり、愛犬の腸の回復に向けた介入プログラムでは、その前後でマイクロバイオームの状態を評価することが可能です。

イタリアで行われた研究では、犬に肉ベースの新鮮な食べ物を与えた場合、健康な犬のマイクロバイオームにポジティブな影響が出ることが示されました。なぜなのかを理解するために私たちは、イタリアにあるウーディネ大学農業・食品・環境・動物科学学部の科学者、ミサ・サンドリとブルーノ・ステファノンを訪ねました。昔ながらの食生活が、犬に何万年もの間栄養を与えてきたように、クリーンで新鮮で生物学的に適切な食べ物が、現在の犬に同じように栄養を与えます。こうした食べ物はまた、犬が平均寿命を大幅に越えるのに必要な、細胞の生命力と優れた代謝能力に絶対不可欠となる土台を築きます。サンドリとステファノンのインタビューから、体が自らを立て直して元の状態に戻るために、いかに食べ物（と特定の栄養素）が助けにも、そして妨げにもなるか、という洞察を得ることができました。助けるか妨げるかは、腸内の微生物群がどう構築されているか、あるいは破壊されているかによります。２人は、生の食べ物を食べたあとと加熱処理された食べ物を食べたあとで、犬のマイクロバイオームがどう変わるかを比較した最初の研究者でした。**生の食べ物の方が、より豊かで多様な腸内の生物群を育みます。**イギリスのロンドン大学キングス・カレッジ医学部のマイクロバイオーム専門家であるティム・スペクター博士はさらに、犬の健康寿命のさまざまな側面に関係する、腸の健康が果たす重大な役割を浮き彫りにしました。ロンドンにあるキングス・カレッジ構内でインタビューした際にロドニーの心にもっとも残ったのは、スペクター博士の結びの言葉でした。「犬と猫は、生涯ずっと加工フードを与えられます。私が最近行った複数の研究から判断するに、どの動物であれ、でんぷんの多い、加工度が高く多様性の低い食べ物を長期間にわたり与え続けられる以上に、マイクロバイオームにとって最悪なことはありません。これにより腸内の微生物種の数が減り、遺伝子の発現に影響し、酵素や代謝産物の数が減ります。さらにここから免疫系が影響を受けます。そして、アレルギーやがんを阻止するのは、免疫系なのです」。

愛犬の腸の健康は、あなたが選ぶフードによって影響されるだけではありません。第6章で説明するように、どのような環境を選ぶかも、犬の胃腸管内の微生物のバランスに作用します。そしてそれが時間をかけて、免疫系にも影響を及ぼすのです。とはいえここでは、ペットフード業界が消費者であるあなた（とあなたのお財布）を誘惑するためのマーケティング戦術に話を戻しましょう。

メーカーの主張の背後にある真実

ある意味、ペットフード業界はブルージーンズ業界に似ています。同じデニムであるにもかかわらず、1本30ドルで買えるものもあれば、300ドルのものもあります。以下は、カギとなる用語です。

▼「プレミアム」（高級）は、定義されてもおらず、規制されてもいない表現（何でも「プレミアム」と呼べる）。

▼「獣医が推奨」とはつまり、お金を受け取ったうえでの「推奨」を含め、獣医であればどんな理由

でも推奨できる。

▼「オーガニック」「フレッシュ」「ナチュラル」は、人間用の食品業界でのこうした用語と同様に、いろいろな意味をもたせられる。

▼ペットフードの製品では、詐欺的なマーケティングが容認されている。こんがりとローストされた七面鳥の写真がパッケージに使われているからといって、その商品にローストされた七面鳥が含まれているわけではない。

▼FDAの「コンプライアンス・ポリシー」により、ペットフード・メーカーは「食用への解体処理以外の理由で死亡」した動物を、ペットフードに使うことができる。理論的には、食用に解体処理された動物は、殺される直前までは健康だった。しかし「コンプライアンス・ポリシー」のもとでは、病気やその他の理由で死んだ動物も、レンダリング（食用に用いられる部位以外の肉を脂分や肉に分け、精製して油脂や肉粉などにする作業）され、そうした組織がペットフードに使われている可能性がある。数年前に安楽死用の薬品がペットフードに混入したのはこれが原因で、多くの動物が命を落とした。

▼多くのブランドは、「Life Source Bits」（命の源となる粒）「Vitality+」（バイタリティ・プラス）「Proactive Health」（健康の先取り）など、消費者に気分よく購入してもらうためにつくったマーケティング用表現を登録商標にしているが、これらが何を意味するのかはまったくの不明。

▼例えば「股関節などの関節を健康に保つグルコサミン」や「皮膚や被毛の健康にオメガ3を配合」のような、追加的なメリットとしてフードに加えているサプリメントは消費者を魅了するためだけで、実際に含まれるのは100万分の1と文字どおりホメオパシー療法で扱うような微量で、健康面での効果はない可能性がある。

▼マリオン・ネスル博士が「ソルト・デバイダー」(塩による分割点)と呼ぶものを理解すること。スーパーフードがラベル上にあると見てくれがいいことを、企業は理解している。しかし消費者はどうすれば、ターメリック、パセリ、クランベリーが実際にどのくらいフードに入っているのか見極められるだろうか? ラベル内で、こうした食べ物がどこに記載されているかを見てみよう。塩よりも先? それともあと? 塩(ペットにとって必須のミネラル)は、原材料の0・5~1%以上になることはほぼありえない。そのため、塩よりもあとに記載されたスーパーフードは、単にマーケティングの見せかけにすぎない。

塩による分割点

ヒューメイン・ウォッシングとは？

畜産動物の福祉を保護する法律は、連邦レベルでも州レベルでも、非常に限定的です。実際に存在する限定的な法的保護も、食肉、乳製品、鶏卵業界の急速な産業化に追いついていません。その結果、こうした産業で使用されるために育てられた動物は、さまざまな残酷な扱いを受けており、合法ではありますが、世間の目からはほぼ隠されています。そのため消費者は、たとえ動物福祉に関心を持っている人たちでさえも、非人道的な扱いで生産された食物を知らずに購入しています。

大手の食物生産業者は、食肉、乳製品、鶏卵製品が、実際よりも人道的に生産されたかのように描くマーケティング・キャンペーンを使って利益を上げており、この手法は「ヒューメイン・ウォッシング」として知られています。ヒューメイン・ウォッシングでよく使われるフレーズは、「人道的」「ハッピー」「放牧」〔放牧牛や放牧卵など〕「やさしく」「抗生物質不使用」「自然に育てました」などがあります。このような言葉づかいはＵＳＤＡを初めとする政府機関に定義されていないため、食物生産業者は緩い定義に基づき、たいていは消費者の合理的な解釈とは異なる使い方をしています。ヒューメイン・ウォッシングな宣伝文句によってつくられる期待と、実際の工場式畜産場の現状との乖離に、多くの消費者は気づき始めています。ヒューメイン・ウォッシング自体の問題に対処するためのみならず、訴訟でも起こさないと気づかれないような業界の慣行に光を当てるためにも、食物生産事業者とペットフード・

メーカーが消費者を誤解させたとする訴訟が起こされています。

私たちが知る多くの人たちは、ほかの動物の食物になる動物が、例えば人道的に食肉処理されるなど、必ず人道的な扱いを受けるようにしたいと考えています。広告キャンペーンがヒューメイン・ウォッシングだとして訴えられたペットフード・メーカーは、これまで複数あります。ロドニーは２０１５年、コロラド州デンバーで行われたアメリカ飼料検査官協会（ＡＦＣＯ）の年次会議で、ペットフードのパッケージには、誤解を与えるような写真やマーケティングが許されていることについて、ＦＤＡに直接疑問をぶつけました。ＦＤＡの回答は、言論の自由だというものでした。ということで、私たちができる最善のアドバイスは、外見だけで判断してはいけない、というものです。パッケージに描かれているものは、必ずしも中身を表しているわけではありません。自分の子どもの学校やベビーシッターをしっかりと調査するように、愛犬のペットフード・メーカーを調べなければいけません。これを自分の研究プロジェクトとして取り組み、安心して決断できるまでしっかり質問しましょう。

「加工」の定義については終わりのない議論がなされていますが、常識で考えればシンプルです。ペットを含め、私たちは誰もが、加工食品を食べています（箱や袋、ボトル、缶に入ったり、ラベルがついたりしているものはほぼすべて加工食品です）。ほとんどの人の生活において、現実としてはカリカリが便利である、という点は私たちも認めます。私たち人間が、加工食品を定期的に食べ、時間的に余裕があるときや、あちこち外出しなくていいときは、もっと体にいい食べ物を選んでバランスを取ろうとするのと似ています。人間の疫学研究では、超加工食品を一番多く食べる層で、慢性病がもっともまん延していることがわかっています。この発見がきっかけとなり、加工程度ごとに、最小加工、加工、超加工として分類する食品分類システム（つまりＮＯＶＡや国際食品情報協議会）が策定されました。

最近は、ペットフードにも似たようなシステムが提案されています。目的は、獣医がペットの食習慣の種類について飼い主と話し合う際に、中立的な用語を使えるようにするためです。ペット向けの超加工フードの定義は、人間と同じです。原材料の成分を分別したのち、材料を追加してから再結合された食べ物のこと。言い換えれば、完成までに1工程以上の加熱あるいは加圧処理によって製造されたドライ、缶入り、その他のペットフードです。このペットフード分類システムによると、「最小加工」がなされた市販ペットフードとは、加熱または加圧による処理工程が皆無か1度のみの、生あるいは冷凍されたペットフードということになります。私たちは、もう少し厳格でない定義を提案しますが、その理由はパート3で詳しく説明します。

犬用フードの90％近くは、ある程度の加工がなされています。これまで議論してきたとおり、心配すべきは、超加工フードです。確かに自然由来ではある食材を、機械的、化学的、さらには加熱によって何度も処理し、母なる自然が育んではいない原材料と混ぜ合わせています。そうした合成添加物には、カラギナンなどの増粘剤、合成着色料、つや出し、嗜好性増強剤、人工的に製造された硬化油脂、人工のビタミンやミネラル、保存料、香味料などが含まれます。植物が健康的なものから有害なものへと変わる原因は、単に何度ダメージを加えられるかだけではないことが、研究によりわかっています。時間的な長さや、原材料が加熱される際の温度もまた、重要なのです。**平均的なドライドッグフード（カリカリ）1袋には、平均で4回も分別／分離、精製、加熱された原材料が入っています。つまり定義としては、超・超・超・超加工されているということです。**

ほとんどの超加工ペットフードの質の低い原材料や桁外れのGI値に加え、製造過程でつくられる副産物である**メイラード反応生成物（MRP）が、非常に深刻で長期的な、健康面での懸念となっています。**近年、市販ペットフードはとりわけ有毒な2種類のMRP、アクリルアミドとヘテロサイクリックアミン（HCA）を含んでいるとして、非難の的となりました。アクリルアミドは、炭水化物（でんぷん）が加熱処理をされるとできる強力な神経毒で、人間の健康業界でも警鐘が鳴らされています。焦げたり、火を通しすぎたりした食物には、がんのリスクがある、と聞いたことがあるのではないでしょうか。HCAもまた、高温で加工された肉に含まれる発がん物質として注意が促されている化合物です。こうした発見は、医学文献に埋もれていただけで、とりたてて新しいわけではありませんが、超加工ペットフード業界はほぼ確実に、埋もれたままにしておきたいに違いありません。このような事実を暴く研究に世間が気づけば、2025年までに到達すると予測されている売上高1130億ドルに、劇的な影響をもたらす可能性があります。カリフォルニア州のローレンス・リバモア国立研究所が2003年、24種類の市販ペットフードを対象に発がん性のある物質であるHCAについて分析を行ったところ、1つ以外はすべて陽性となりました。こうした発見は、研究が行われるたびに何度も繰り返されてきています。そのような研究の1つに、ミネソタ大学薬学部の研究員であり、同大学のマソニックがんセンターでがんの因果関係に関する部門の責任者を務める、医薬品化学の教授、ロバート・トレスキー博士が行った独創的な調査があります。博士はある日、自身の飼い犬の被毛から、発がん性物質を見つけました。火をしっかり通したステーキやハンバーガーなど愛犬に与えていないにもかかわらずです。博士は超加工されたドライ・ペットフードが怪しいと目をつけ、ＨＣＡが犯人であることを突き止めたのでした。

前述のとおり、炭水化物とタンパク質（でんぷんと肉類）が一緒に加熱されると（体内であれ、食品の製造過程であれ）、同じくらいに破壊的でありながらＭＲＰとは異なる、「糖化反応」と呼ばれる永続的な化学反応を起こし、終末糖化産物（ＡＧＥ）を生成します。西インド諸島大学のシボーン・ブリッジローシン獣医学博士にインタビューした際、彼女が２０２０年に行った4種類の加工ドッグフード（缶詰、押出成形、エアドライ、生）について健康的な犬の血漿、血清、尿のＡＧＥ値に対する影響を評価した研究結果を説明してくれました。想像したとおりの結果です。健康な犬に与えた場合、体内のＡＧＥ値がもっとも高くなったのは缶詰と押出成形で、続いてエアドライ。最小だったのは当然ながら、生のドッグフードでした。ブリッジローシン博士は、こう指摘します。「こうした食べ物を犬に与えるのは、その加工手法から、ちょうど人間が欧米式の食事によって、外因性ＡＧＥを多く摂取するのとよく似ています（生のフードを除く）」。博士によると、犬にとってＡＧＥは、深刻な変性疾患を引き起こすのです。

ブリッジローシン博士はこう説明します。「加熱処理は食物中のＡＧＥ量に影響し、それが血漿中に遊離しているＡＧＥの総量に類似の変化をもたらすことを私たちは発見しました。つまり、高温加熱処理された食品は、より多くのＡＧＥを生成する結果となり、それが循環血液中の血漿中に遊離しているＡＧＥ総量の増加につながるのだと言えます」。博士に、研究を行った結果、ペットフードに対する自身の考え方は変わったか尋ねたところ、その答えは私たちも同意できるものでした。「今は、ペットに手づくりごはんを与えることを、もっとオープンに考えるようになりました」。

この研究は何を意味しているのでしょうか？　ブリッジローシン博士は、ズバリと言います。「この研究が意味するところは、高温処理されたフードを飼い犬に与えることは、人間が常にファストフードを食べているのと等しい可能性があるということです。毎日ファストフードを食べていたらどうなるか、わかっていますよね。犬にこれと同じことを強いているかもしれないのです。私たちは選べるのにもかかわらず、こうした食べ物を犬に与えています。つまり、獣医学の専門家として私たちには、もっと安全でいいものを提供する責任があるのです。そのため、こうした食べ物を与えることで、飼い犬を炎症性疾患や変性疾患にかかりやすい状態にしているのなら、それを変えて、もっと健康的な食べ物にするべく手を打つことができます。そしてもっと良質なペットフード製品を与えることで、もしかしたら寿命を延ばし、生活の質を向上させることもできるかもしれません」。

この画期的な研究は、ドッグフードの処理技術とＡＧＥの生成を評価した初の研究ですが、ほかのペットフードの研究もまた、食べ物由来の炎症や免疫系調節異常といった健康への影響を間違いなく示しています。世界中の動物愛好家が知るべきだと私たちが考える、こんなテスト結果があります。飼い犬がイキイキしていない理由は、犬の体内にはこれらの有毒物質が、ファストフードを食べている人間の１２２倍もあるからなのです（猫は38倍）。

超加工フードを実験動物に与えたところ、発育異常や食物アレルギーになったことがわかっていま

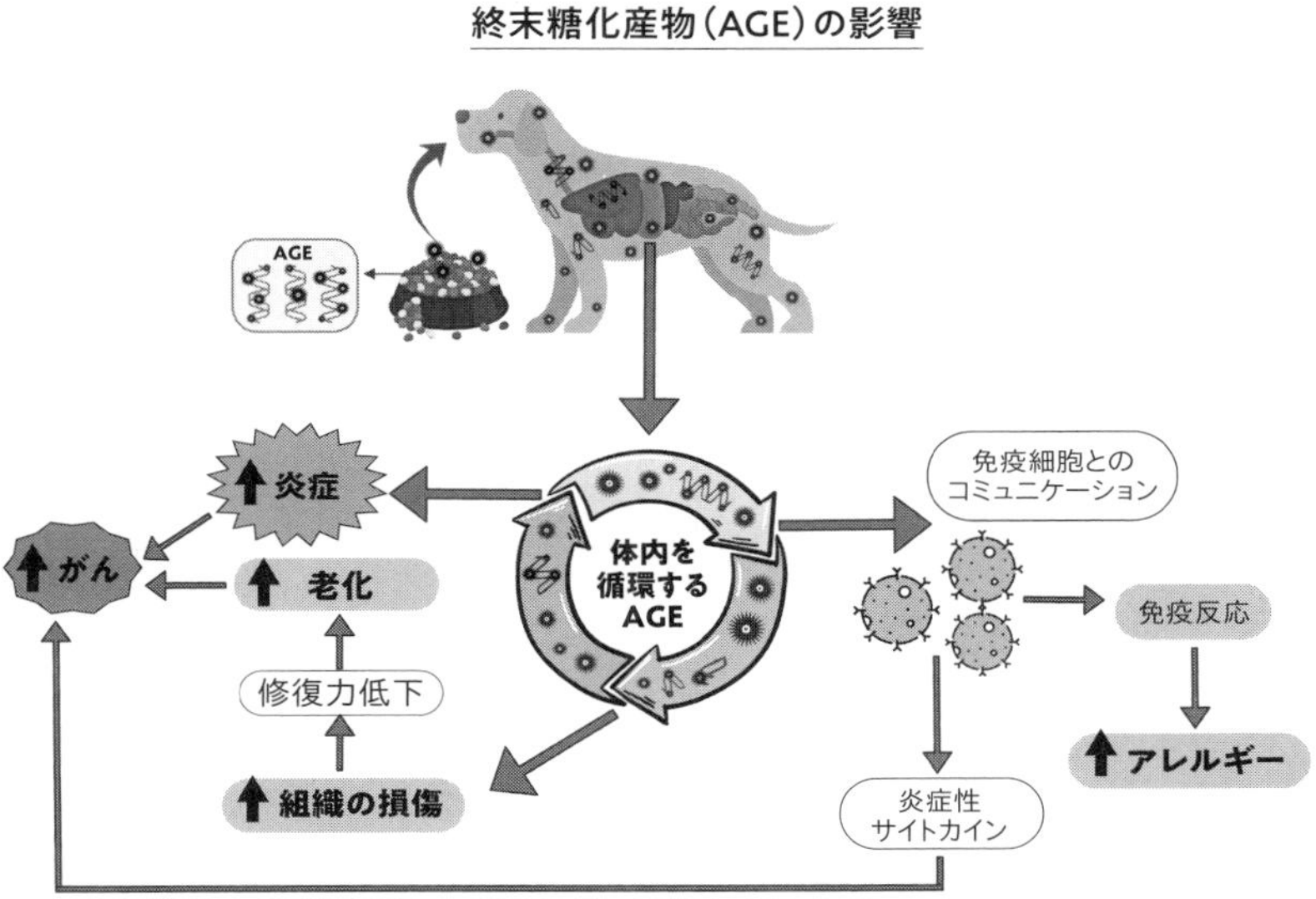

すが、これまで1度も、ドライ、缶詰、生のフードによる健康、病気、寿命への影響について、犬を生涯にわたり追跡したランダム化比較臨床試験が発表されたことはありません。超加工フードと未加工の生の食べ物とをそれぞれ与えられた動物を短期的に比較した研究は、獣医が臨床の場で目にしているものをそのまま映し出しています。つまり、生の食べ物は、酸化ストレスを低下させ、消化しやすいために栄養面でも優れており、微生物が多様なマイクロバイオームをつくることで免疫系にポジティブな影響を与え、皮膚に問題を抱えている個体を含め、犬のDNAやエピジェネティックな遺伝子発現にもポジティブな影響を及ぼします。生と加工ペットフードを比較する研究の数は限定的ですが、それでもすでに、生の食べ物を与える人たちが何十年にもわたり報告してきたことと同じ結果が出つつあります。生の食べ物を与えている飼い主は、ペットの体調が健康であり、エネルギーレベルも高く、被毛の艶もよく、歯の状

態もよく、便通も異常がないと報告しています。また、超加工フードを与えられている動物よりも、自分たちが飼っている動物の方が、健康面での問題も少ないと確信もしています。ありがたいことに、加工が最小限に抑えられた食べ物や生の食べ物を与えることで、組織内に蓄積されたＡＧＥ量を減少させることができます。

残念ながら、「アメリカにおける標準的な犬の食習慣」(Standard American Dog Diet) は、その頭字語ＳＡＤＤが示すように、本当に悲しい状況です。高度に加工されたフードを生涯にわたり食べたり、有害なＡＧＥを体に取り込んだりすることは、体内のどの組織にとっても有害です。犬は、筋骨格疾患から心臓疾患、腎疾患、深刻なアレルギー反応、自己免疫疾患、そしてがんに至るまでを患っており、私たち飼い主が、ペットに何を与えているのかということについてようやく目を覚ましたのも不思議ではありません。皮肉ではなく、ＡＧＥが体内に引き起こす問題のリストは、犬が獣医を訪れるもっとも多い理由と同じ内容です。ジャンクフードを常に食べることはよくないと直感的にわかっているように、犬に超加工フードを生涯にわたって与えるのはよくないと、私たちは今や理解したのです。読者のなかにはさらに、愛犬の超加工フードの量を25～50％減らすとか、すっぱりやめて、愛犬の食器の中身を今後ずっと変えるべきときだと、決意した人もいるかもしれません。私たちがお手伝いいします。

犬のウェルネス界隈では、未加工の食べ物による治療的な手法のうち、ある1種類が、ここ4年でかなりの話題になっています。人間の食事法と同様に、犬の食事法もまた、タンパク質よりも脂質から多くのカロリーが得られるように、いい意味で操作することができます（ケトジェニック・ダイエット）。これは、ある種の犬のがんを抑制する栄養戦略として強力です。恐らく、ケトジェニック・ダイエット（ケト・ダイエット）について耳にしたことがあるのではないでしょうか。特定の疾患をケト・ダイエットでコントロールしようというトレンドが高まっているのです。

ケト・ダイエットは、多くの代謝面や生理面で、ファスティング（断食）に似ています。炭水化物を厳しく、タンパク質を適度にそれぞれ制限し、体が脂肪を燃料にするようにもっていきます。ところが体は脂肪を燃料にする前に、まずは体内に蓄えられているグルコースとグリコーゲンを燃焼し、次に肝臓がケトン体という代替燃料を生成し始めます。ケトン体が血中に蓄積され、安静時（空腹時）血糖値であるＡ１Ｃ（体の糖化反応を示す値）とインスリン値が低く安定しているとき、体は「ケトン状態」にあります。断食をしたり、グルコース不足になるほど長時間の睡眠を取ったり、激しい運動をしたりすると、誰もがマイルドなケトン状態を経験します。ケトン状態は、哺乳類の進化において極めて重要なステップであり、このおかげで、食糧難を耐え抜くことができます。愛犬を永遠にこの代謝状態にしておくべきではありませんが、さまざまな炎症性疾患をコントロールするための、短期的あるいは断続的に行うパワフルな戦略として使えます。ケトン状態はまた、犬の進化においても重要な役割を担ってきた可能性が高く、今日ではがんの治療など健康のために活用できます。

ドキュメンタリー「犬のがん・シリーズ」を撮影した際に、テキサス州の非営利団体ケトペット・サンクチュアリの人たちにインタビューしました。そこでは、ステージ4のがんと闘い、主な治療法として生の食べ物を使ったケトジェニック・ダイエットをしている数十匹の犬にも会いました。栄養バランスの取れた生の食べ物で、カロリーの約50％を脂肪から、約50％をタンパク質から摂取する食事法により、ほとんどの犬は、自然とマイルドなケトン状態になります。ケトジェニック・ダイエットにおいて、脂肪とタンパク質の割合は、代謝面におけるさまざまなニーズに対応するため変更が可能です。ただしケトペットは、生で与える必要性を強調しています。加熱処理された脂質は膵炎を引き起こす一方で、生で混じり物のない脂質は、副次的な影響を出さずに、健康的に代謝されることがわかったのです。膵炎は、小動物の医学において深刻な問題であり、酸化したうえに加熱処理された脂質は、なんとしても避けるべきなのです。**脂質の加熱はまた、「脂質過酸化最終産物」（ALE）という、非常に有害な別のMRPをつくります。ALEは、多くの毒物学者が臓器系にとって何よりも有害だと考えているものです。**

マーク・ロバーツ博士が研究で犬に選ばせたところ、この主要栄養素の割合（カロリーの50%を健康的な脂質から、50%をタンパク質から摂取）とほぼ同じ割合で選択しました。このことにより、犬は生まれながらにして持っている古くからの代謝の知恵を、今も維持していることが確認されました。主要な選択肢を与えられれば、飼い犬は主要なエネルギー源として、脂質とタンパク質を選ぶのです。主要なエネルギーを脂質とタンパク質にした場合、動物実験においては、代謝ストレスが下がり、身体能力や免疫力が高まりました。それも当然といえば当然です。私たちはただ、母なる自然がここ1万年の間にかけて磨き上げてきたものにざっくり沿った、主要栄養素の割合の食事にすればいいだけなのです。

タイミング……体内時計を尊重しよう

食べ物だけで健康を手に入れるという方法もあります。とはいえ、食べ物と食べる、タ、イ、ミ、ン、グ、を通じての健康は、最適な健康状態と長寿を手に入れるために、はるかに効果的な方法です。哺乳類の生命力について最高の英知を求めるにあたり、私たちが何度も耳にしたことですが、世界でもっとも健康的な食べ物でも、誤った時間に食べれば生理学的なストレッサーになります。そうなのです。**「何をどれだけ食べるかは非常に重要であるものの、いつ食べるかはもっと重要である可能性がある」**のです。これは、ソーク研究所のサッチダナンダ・パンダ博士の言葉です。パンダ博士は、食事の最適なタイミングを通じて、よりよい健康の実現を目指す先駆者となっています。カロリーには時間がわかりませんが、代謝や細胞、遺伝子には間違いなくわかります。愛犬が生まれながらに持っている代謝機構を尊重することで、食事からのストレスを低減させる手助けができます。そして犬の古代からの摂食タイミングを尊重することで、バランスの取れた概日リズムが持つ健康面での深遠な恩恵を得られます。概日リズムとは、睡眠／覚醒のサイクルを数万年にわたりコントロールしてきた、犬が生まれながらにして体内に持つ時計です。

男性であれ、女性であれ、犬であれ、誰もが体内時計を持っています。その体内時計は正式には「概日リズム」と呼ばれ、昼夜の環境サイクルに関連づけられた、反復的な活動のパターンだと定義されています。睡眠・覚醒サイクル、ホルモンの干満、体温の上下などのリズムがあり、おおよそ24時間ごとに繰り返され、約24時間の太陽日《たいようじつ》と関連づけられています。空腹の合図に関連づけられたホルモンから、ストレスや細胞の回復に関連したホルモンに至るまで、通常のホルモン分泌パターンが健康的なリズムで統制されることはとりわけ重要です。リズムがきちんと同期されていないと何かすっきりせず、不機嫌で疲れ、空腹で、免疫系がきちんと働いていないために感染症にかかりやすくなります。もしタイムゾーンをまたいで移動した際に時差ボケを感じた経験があるなら、概日リズムが乱れるとどうなるのか（そしてどんな感じか）、（不機嫌になりつつも）理解できると思います。

第6章で取り上げますが、概日リズムは睡眠の習慣を中心に展開します。したがって、睡眠不足が食欲にかなりのダメージを与える可能性があります。例えば、食欲を司るホルモンであるレプチンとグレリンは、摂食パターンのアクセルとブレーキをコントロールしており、昼夜を通して働いています。グレリンは、食べなければいけないと言い、レプチンはもう充分だと言います。これらの消化ホルモンに関する新興科学による研究は、驚異的です。睡眠不足だとこれらホルモンのバランスが崩れ、そのせいで空腹感と食欲に悪影響が出ることが、データからわかります。頻繁に引用されているある研究によると、人がわずか4時間の睡眠を2晩続けたとき、空腹感が24％増加し、高カロリーのおやつ、塩分の多い軽食、でんぷんが多い食べ物に引き寄せられました。これは恐らく、体が炭水化物という形でその場しのぎのエネルギーを求めるからでしょう。そしてそうしたものは、加工処理や精製された品々のなかに簡単に見つけられます。

犬の概日リズムがたいした問題ではないなどと、絶対に考えてはいけません。たいした問題なのです。私たちは南カリフォルニアにあるソーク研究所を訪れ、サッチダナンダ・パンダ博士の生体制御研究所（パンダ・ラボ）に向かいました。食物摂取のタイミングからの影響について話し合うためです。動物が生まれながらにして備えている概日リズムは、どのタイミングなら食べ物が栄養や癒やしとなるか、または代謝に負担をかけるかをコントロールしています。そしてカロリー制限（または「断続的な摂食あるいは断食」）は、ペットの寿命に何年もの期間をプラスする可能性があります。パンダ博士の研究は、動物の体内時計に合わせてフードボウルを下げたり、ごほうびを制限したりすることで、加齢に伴うもっともよくある代謝性疾患の多くを回避できることを示しています。

健康的な犬が1日何も食べたがらなかったり、1回のごはんを食べなかったりしても何も問題ない、とペットの飼い主に話すと、みんな驚きます。しかし犬にとって、ごほうびを挟みながらの1日2～3回のきっちりしたごはんは、必須ではありません（人間も同じです）。人間同様、犬の体は絶食するようにつくられています。実は、代謝のリセットボタンを押すためにも、1日のどこか一部分だけでも、断食すべきなのです。

断続的断食（インターミッテント・ファスティング）、動物の場合は時間制限給餌（ＴＲＦ）とも呼ばれる食事法には、数千年も遡る長い歴史があります（ほとんどの宗教がその慣習に断食を取り入れているのには理由があります）。「ヒポクラテスの誓い」をつくり、紀元前5世紀から前4世紀に生きた古代ギリシアの医師ヒポクラテスは、「西洋医学の父」の1人です。そして健康のための断食を強力に提唱していました。文献のなかでヒポクラテスは、病気とてんかんは、飲食を完全に断つことで治療できるとの考えを示しました。ギリシア・ローマ時代に活躍した哲学者のプルタルコスは、著作『*Advice about Keeping Well*』（「健康を保つためのアドバイス」、未邦訳）のなかで、「薬を使う代わりに、1日断食する方がいい」と書いています。アラブの偉大なる医師アヴィケンナ（イブン・スィーナー）は、3週間以上の断食をよく処方していました。古代ギリシア人は、てんかんの治療に断食やカロリー制限食事法を使いましたが、この治療法は20世紀初頭に復活しました。断食はまた、完全に自然な健康を実現するべく、体を解毒し、心を浄化するためにも使われています。アメリカ建国の父ベンジャミン・フランクリンでさえ、「最良の薬は休息と断食」と述べています。

断食にはさまざまな方法がありますが、体への根本的な効果は同じです。断食は、グルカゴンというホルモンの分泌を活性化します。グルカゴンは、血糖値を一定に保つために、インスリンのバランスを取っています。このコンセプトを理解するには、シーソーを頭に思い描いてください。1人が上がると、もう1人が下がります。この比喩は、インスリンとグルカゴンの生物学的な関係を簡素化したり説明したりする際によく使われます。体内では、インスリン値が上がると、グルカゴン値が下がり、その逆も同じです。体に食べ物を与えると、インスリン値は上がり、グルカゴン値は下がります。しかし食べないと、逆のことが起こります。つまり、インスリン値が下がり、グルカゴン値が上がるのです。グルカゴン値が上がると、さまざまな生理現象が引き起こされます。その1つが、前述の「細胞の掃除」の仕組みであるオートファジー（自食作用）です。だからこそ、時間制限食（犬の場合は時間制限給餌）という安全な習慣を通じて、あなたや愛犬の体に一時的に栄養を与えないことが、細胞の完全性を保つのに最善な方法の1つなのです。**愛犬に与える全カロリーを1日の一定時間内に詰め込むと、愛犬の生理機能にすばらしいことが起こります。**「細胞の若さ」を保ち老化を遅らせる以外に、研究では、より多くのエネルギーを促進し、脂肪の燃焼を高め、さらには糖尿病や心臓病といった病気にかかるリスクを下げることが示されています。これはすべて、断食によりオートファジー、つまり「細胞の家の掃除」が活性化されるためです。

ジョンズ・ホプキンス大学医学部の神経科学の教授であり、アメリカ国立老化研究所の神経科学研究室でかつて室長を務めたマーク・マットソン博士は、この分野で数多くの研究を行っています。これまでパンダ博士と共同で研究を行い、医学論文を広く発表してきました。マットソン博士はとりわけ、認知機能の改善や、神経変性疾患の発症リスクの低下に対する断食の効果に関心を持っています。

そこで、動物を1日おきに断食させ、中間日にはカロリーを10～25％分減らした食べ物を与える実験を行いました。博士は、「動物が若いときにこれを繰り返すと、最長で30％長生きする」と言います。博士の発言をもう一度読んでください。動物の摂食のタイミングを変えることで、寿命を延ばすことができるのです――しかも、かなり長く！　しかも**単に長いだけではありません。より健康で、病気がない状態で長生きできるのです。**マットソン博士はさらに、この食事法だと、動物の神経細胞が変性に対し耐性を示すことも発見しました。また、人間の女性を対象に数週間にわたり類似の実験を行ったところ、体脂肪が減り、より多くの除脂肪筋肉量を維持でき、グルコースの調整が改善しました。

皮肉なのは、このような生物学的な反応を引き起こすメカニズムの1つは、オートファジーだけでなく、ストレスでもある点です。断食の間、細胞は軽度のストレス状態になります（健康的で「良質」なタイプのストレス）。そして細胞は、そのストレスへの反応として、恐らく病気に抵抗できるようにするために、ストレスに対する耐性を上げます。ほかの研究でも、この点は確認されています。正しく断食すれば、どの哺乳類においても、血圧が下がり、インスリン感受性が向上し、腎機能が上がり、脳機能が強化され、免疫系が再建され、病気への耐性が高まるのです。

犬の生理機能にとっても断食は自然であり、同様の恩恵が得られます。なかには、自然と自ら断食する犬もいるため、飼い主は心配してしまうかもしれません。しかし自分から断食する行為は、自然界で起きるであろうことを模倣し、消化器官に休息を与えつつ、体を休ませ、修復し、元の状態に戻るようにしているのです。健康的な犬（体重４・５キロ以上）に、週１日は断食させるよう提言する動物専門家は、ますます増えています。おやつ用の骨などを与えて、その日はその骨をただかじらせるなどします。なかには、愛犬の食事を一食抜くなんて考え方は受け入れられない、という人もいるかもしれません。多くの飼い主はペットを家族の一員と考えており、食事制限がペットに苦しみをもたらすかもしれないと思っていることが、調査によって確認されています。その結果、こうした飼い主はTRFや減量プログラムに従わないかもしれません。おやつをあげるのをやめたり、食事量の制限をしたりしたくないのです。とはいえ、健康的なルーティンづくりは、愛犬の健康的な生活をつくるのに欠かせません。カロリー面で厳しい愛情の注ぎ方（私たちは、「食べ物との健全な距離の維持」という表現の方がいいと考えています）は、多くの犬にとって、健康的な食習慣をつくる一環なのです。パート3では、TRFでの「食べる時間枠」に、愛犬に自信をもって与えられる超低カロリーのおやつやごほうびをたくさん紹介しています。誤解のないようにお伝えすると、断食は食べ物を口にしないという意味であり、水を口にしないわけでは絶対ありません。

誰が誰をトレーニング？

「でもあなた、うちの愛犬のこと知らないでしょ？」と、よく言われます。犬は習慣にとても敏感な動物です。ほとんどの飼い主は、犬が食に関していつもする、イライラさせられる行動はすべて、自分が知らず知らずのうちにつくり出していることに気づいていません。例えば、あなたが冷蔵庫を開けると犬が飛び跳ねたり吠えたり、食事をしようと席に座るとずっとクンクンと鳴いたり、時間どおりにごはんを出さないと胆汁を吐き出したり（これについては第9章で詳しく取り上げます）といった行動です。飼い主であるあなたが、愛犬の行動面および生理機能面における反応を（恐らく意図せずに）育んできた点を認識することが大切です。

そう。あなたの家にいる、あのもじゃもじゃの食いしん坊の行動は、あなたに責任がありま す。もしもうかつにも「おやつ怪獣」をつくり出してしまったとしても、愛犬の行動を今日か ら、注意深く修正することができます。時間も忍耐も必要ですが、好ましくない行動を改善さ せる唯一の方法は、思いやりをもったポジティブな行動修正法を通じての、適切かつ一貫した 対処だと私たちは考えています。犬は、自分にとってタメになる行動を自然と繰り返すもので す。つまり、ある行動を取ることで求めるものが手に入るかもしれないなら、また同じことを するでしょう（そしてまた、あなたの注目を自分に向けさせ、自分が求める反応をあなたがし てくれるよう、ますます不快な行動を取ることもあります）。あなたが反応しなければ（文字 どおりゼロ――言葉をかけることも、アイコンタクトもせずに、まったくの無反応）、愛犬は 間もなく、自分が求める反応を得るのに効果的ではない行動を取らなくなります。愛犬の「人 間トレーニング」のスキルには、こうして対抗するのです！　私たちは、「お腹が空いて怒っ ている」と訴える愛犬に夜中に起こされていた飼い主が、こうした行動パターンを修正させた ケースをたくさん知っています。ピュリナ研究所によると、1日2回食べ物を与えられたビー グル犬は、1日1回のみの犬と比べ、夜間の活動が約50％増加しました。つまり時間制限食 （TRE）は、愛犬とあなたが満喫する、快適な睡眠時間を増やすことさえできるのです。

パート3では、TREを取り入れるためのアイデアをいくつかお伝えします。TREにより、フォーエバードッグを育てる大切な部分である、休息・修復・再建のサイクルを強化できるようになります。**「適切な栄養素」を「適切な量」かつ「適切なタイミング」で愛犬に与えることは、生物学的な恩恵を得る「三種の神器」となります。**愛犬に好きなものを好きなときに与え、さらには間食として炭水化物たっぷりのごほうびを与えるようなやり方は、生物学的な爆弾に等しい、とみなさんも納得してくれたことを願っています。ごほうびは重要ですが、ごほうびの量やタイミングはそれよりもっと重要です。

フレッシュがベスト——つまり「冷蔵庫に入っている人間の食べ物」

市販ドッグフード産業が果たした偉業の1つは、犬に「人間の食べ物」を与えることは、栄養的にも社会的にも受け入れられない、と犬の飼い主に何世代にもわたり思い込ませたことです。しかしこの考え方に、21世紀の科学というライバルが登場しました。人間の食べ物がすべて犬にとって悪いわけではありません。むしろ人間の食べ物は、愛犬が口にするどの食べ物よりも最高の品質なのです。検査に合格したわけですから！　人間の食べ物は、ほとんどの犬が食べているフィードグレード（動物の餌のグレード）の食べ物よりずっと高品質です。しかしどのような種類の食べ物を愛犬に与えるかが、非常に重要となります。そして**当然ながら、人間の食べ物を、食卓から直接与えないでください。そうではなく、人間の食べ物のうち、犬にとって生物学的に適切なものを使って、バランスの取れたごはんや、トレーニング用ごほうび、あるいはフードに乗せるトッピングをつくります。**

一言で言えば、健康的で新鮮で本物の食べ物を、愛犬を含む家族みんなに食べさせてあげてください（ただし犬には、玉ねぎ、ぶどう、レーズンは与えないことを覚えておきましょう）。自宅の冷蔵庫に入っている食材と、市販の食べ物とを取り合わせたバランスの取れたアプローチは、愛犬に与えるフードとして最高の選択肢です。それがどういうものかは、パート3で具体的に詳しくお伝えします。ぜひ、食べ物に対するみなさんの方針やお財布に合った食べ物、食のスタイル、ペットフード・メーカーを選んでください。

長寿マニア、本章での学び

- ▼従来的なカリカリや缶のドッグフードに代わる、より健康的で新鮮なフードを求める飼い主からの要求の高まりを受け、ペットフード産業は劇的な変化のときを迎えています。
- ▼ほとんどのブランドについて、生や、フリーズドライ、軽く調理、低温乾燥などを施したドッグフードはどれも、超加工処理されたカリカリや缶詰などと比べ、加熱による劣化はほとんどありません。
- ▼炭水化物が豊富な超加工「ドッグフード」の発明以来のここ１００年で、犬が自らの意志とは裏腹に摂取する炭水化物量は急激に増えており、犬の代謝機構を損ねるほどにまでなっています。

▼割合……愛犬のカロリーは、約50％をタンパク質から、約50％を脂質から取るべきです。これこそが、飼い犬や野生の犬が好むうえ、健康と長寿という2つの目標にもっとも役立つ、祖先から伝わる食習慣なのです。でんぷんは一切不要であるにもかかわらず、生涯にわたり30～60％のでんぷんを与え続けると、意図しない健康面での問題を引き起こします。

▼犬がカリカリを食べれば食べるほど、体重過多や肥満になる傾向が高まり、全身性炎症（「～炎」という診断名）の兆候を示す可能性が高くなることが、今や研究によって明らかになっています。

▼食べ物は、単に細胞、組織、体に情報を与えるだけではありません。腸内マイクロバイオームにとっての重大な情報であり、代謝や免疫系の強さや機能に大きく影響します。

▼タイミングの重要性……愛犬がいつ食べるかは、何を、どれだけ食べるかと同じくらい重要です。カロリーには時間がわかりませんが、代謝や細胞、遺伝子には間違いなくわかります。体の概日リズムが適切に同期できているとき、食べ物からより多くの栄養が取れ、代謝にかかる負担も軽くなります。私たちが「時間制限給餌」（ＴＲＦ）と呼んでいる「断続的断食」（インターミッテント・ファスティング）は、人間と同様に犬にとっても、強力なツールとなります。健康的な犬は、食間に好きなだけのごほうびと、1日3回のきっちりしたごはんを食べる必要はありません。ごはんやおやつを食べたがらないからといって、イライラ

してはいけません。（体調不良でないという前提で）これは普通であるどころか、犬のためにもいいことなのです。「適切な栄養素」を「適切な量」かつ「適切なタイミング」で愛犬に与えることは、生物学的な恩恵を得る「三種の神器」となります。

5

3つの脅威

ストレス、孤立、運動不足はいかなる悪影響をもたらすか

嬉しいときは誰もが、振れる尻尾があったら、と思うものだ。

――W・H・オーデン

ティナ・クラムディックは、彼女の愛犬であるメスのマウザーが健康を取り戻すまでの心揺さぶる経験談を語ってくれました……

「マウザーは、慢性的な下痢でした。1年にわたり、私はマウザーを連れて地元の獣医に通い、この世に存在するありとあらゆる検査をしてもらいましたが、何も見つかりませんでした。常に手探りの状態でした。獣医をあとにするたびに、マウザーのうんちが硬くなるよう、数種類のカリカリと薬を買いました。でもどれも効果はありません。獣医は症状に対処するだけで、原因を見つけようとはしてくれないように思えました。最後に受診したあと、カンガルー肉でつくった1袋60ドルのカリカリを買い、車を運転しながらこう考えていたのを覚えています。〝もし食べ物が原因だったら?〟

友達の友達が、ベッカー先生に診てもらうようすすめてくれました。でも、車で1時間も離れたところだし、〝普通〟の獣医ではないと聞いていたので、迷いました。でもマウザーが、消化できていないカリカリと血が混ざったうんちをするようになったのです。まるで消火栓のような勢いでした。1週間で3キロ以上も体重が落ち、もうダメかもしれないと思いました。そこで予約を入れました。普通じゃないアプローチこそ、マウザーに必要かもしれないと思ったのです。ベッカー先生が入ってきて床にしゃがむと、マウザーは先生の膝によじ登りました。ここに来たのは間違いじゃなかったと確信しました。これまでの獣医が試したものは、何も効きませんでした。ベッカー先生は血液検査のあと、吸収不良との診断を下しました」

「ベッカー先生は、生食について教えてくれました。本物の食べ物がいいという話は、納得がいきました。先生はまた、吸収不良から回復する助けとなるサプリメントについても教えてくれました。数日のうちにマウザーのうんちは普通になり、体重も増え始めました。もう血便もありません。昏睡状態でもなくなりました。その後、これまでマウザーは食べたことがなかった、バッファロー、シカ、七面鳥のタンパク質をローテーションで与えるようになりました。こうしていろいろな種類をあげてもマウザーの体調が崩れることはなく、むしろよくなりました。ごほうびには、冷凍のブルーベリーをあげました。それから、自分の夕食につくったものを、マウザーの夕食に加えるためにちょっと取っておくようにもなりました。どれも、新鮮で健康的なものです。ボサボサだった被毛が、ツヤツヤに変わりました。元気になって、目の輝きも出てきて、健康的になりました。私は、自分がマウザーに与えていたものがきっかけで始まった問題を追いかけて、数千ドルも使いました。皮肉なことに、食べ物が問題を起こし、そして食べ物が治してくれたのです」

マウザーのポジティブな変化は、食べ物に意識を向けることで、多くの犬がする経験を映し出しています。マウザーの食生活が体にストレスをかけていたのは間違いありません。その代謝ストレスを減らすことが、状況を好転させる力となりました。ストレスにはさまざまな形がありますが、ひどいストレスがもたらす結果は、たった1つ。健康障害です。それを聞いてストレスを感じてしまうでしょうが、この問題ときちんと向き合わなければいけません。

ストレスという名の流行病

もし部屋を埋め尽くす人たちに、不安、動揺、疲労、恐怖、短気、強い感情に打ちのめされた感覚を、ときおり——あるいは常に——経験する人は手を上げて、と聞いたら恐らく、たくさんの手が上がるのではないかと思います。もしも犬にも同じ質問ができ、ストレスについて吠えてとお願いしたら、鳴き声だらけになるでしょう。

現代人はとりわけストレスを抱えているという点は、誰もが同意するはずです。抗うつ剤を服用しているアメリカ人は、３０００万人以上に上ります（アメリカでの抗うつ剤処方箋の数は、１９９０年代以降４００％以上増）。自殺率は、21世紀に入ってからほぼすべての州で増加しました。アメリカの成人約４人に１人が不眠症に悩まされており、わずかでも眠ろうと睡眠薬に頼る人が大勢います。ＳＮＳは人をつなげてくれると思いたいところですが、逆の効果もありえます。アメリカ人の５人に３人以上が孤独を感じることを認めており、直接顔を合わせての意義深い交流があると答えた人の数は、約半数しかいません。

また、もはや体もあまり動かさなくなってしまいました。それにより、身体的、精神的ストレスの負荷はさらに悪化します。アメリカでは、政府が若年層に推奨している１日の運動時間60分を満たしている若者はわずか８％で、成人に推奨している１日30分を満たしている大人は５％未満です。そして30分とは、最低限の推奨時間なのです。実のところ、アメリカ人は半日以上を座った状態で過ごします。私たちは、祖先の平均に遠く及びません。タンザニア先住民族のハッザ族など、現代の狩猟採集部族のデータでは、狩猟採集活動での１日の移動距離は、女性で約５・６キロ、男性で約11・２キロを歩くのに相当します。

数千年にわたり、運動は自然なものであり、日々の生活、ひいては生き延びるという行為そのものにおいても、なくてはならない重要な部分でした。狩猟採集民族は、栄養を取るために採集と狩猟をする以外の選択肢はなく、移動は自分の脚に頼るしかありませんでした――犬という仲間を引き連れて。人間が動けば動くほど、脳は壮健に、そして大きくなり、コミュニティの結束が強ければ強いほど、リソースを共有でき、多面的な社会的構造のなかで、互いに頼ることができました。このような複雑な社会的構造にはまた、犬も含まれていました。

メディアの多くは、座りっぱなしの問題を喫煙によるリスクに例えるアングルで取り上げています。それもそのはず。アメリカ内科学会発行の学術誌『アナルズ・オブ・インターナル・メディシン』に２０１５年に発表されたメタ分析と系統的レビューは、座りがちな習慣が、あらゆる死因による早死にを引き起こすと結論づけているのです。さらに、動きそのものが、病気と死を予防するというデータもあります。また、数年間にわたり人々を評価した別の２０１５年の研究では、例えば毎時2分間、席を立って軽いアクティビティを行うと、いかなる死因であれ早死にのリスクが33％減ることが明らかになりました。そして多くの大規模分析で、身体的な活動が結腸がん、乳がん、肺がん、子宮内膜がん、髄膜腫（脳腫瘍の一種）を含むさまざまな種類のがんのリスクを低減させることが示されています。なぜでしょうか？　可能性として少なくともある程度は、運動が持つ、炎症をコントロールする効果のおかげのようです。慢性炎症が少ないと、細胞が暴れ出してがんに変わる可能性が低くなるのです。

これは犬にとっても同じです。犬が祖先のようにもっと動いていたら、あるいは走る、においを嗅ぎまわる、外で体を動かす、といったことにかける時間を自分で好きなだけ選べていたら、早期老化や、うつを含む病気のリスクが下がるという恩恵を受けられたでしょう。犬のうつについて語られることはあまりありませんが、人間のうつや、うつほど深刻ではないにせよ、うつのいとこといえる不安症の急増に伴い、犬も苦しんでいるのです。

犬のうつは、私たち人間と同じ経験というわけではないかもしれません。しかし例えば、飼い主や家族の死、自然災害、騒音被害、引っ越し、家族関係の変化（例……新しい配偶者、赤ちゃんの誕生、離婚など）といった、心の傷を受けるような経験をした犬を見たことがある人なら、こうしたストレス要因への反応として、悲しみ、無気力、その他のいつもとは違う行動を、犬も見せることが充分あると知っているものです。散歩を拒絶する、食べなくなる、吠えるようになる、引きこもるなどのほか、「らしくない」と思うようなふるまいを見せるかもしれません。獣医は多くの場合、こうした状況には抗不安薬を処方しますが、人間が服用するのと同じ薬、パキシル、プロザック、ゾロフト〔日本ではジェイゾロフトとして知られている〕です。でも、薬を処方するよりも、もっといい方法があると私たちは考えています。

不安症と攻撃性は、犬によく見られる問題です。『獣医行動学ジャーナル』によると、犬の問題行動のうち最大で70％は、何らかの不安に起因しています。虐待やネグレクトは人間と同様に、犬にとっても間違いなく不安や問題行動の原因になります。しかしそれ以外が原因で犬が抱えるストレス――嫌悪刺激を使った紛らわしい訓練方法、長時間をひとりきりで過ごす、睡眠不足、運動不足など――は、わかりにくいうえ気づかないうちに広がります。こうした原因であれば、薬を使わずにかなりの治療が可能です。

運動はここ十年で、不安症とうつの治療や予防に効果的な手段だと認められるようになりましたが、それも驚きではありません（この研究が犬を対象に行われ、平均的な獣医に届くようになるのに、一体どのくらいかかるでしょうか？）。２０１７年には、精神疾患のない成人４万人を11年間追跡する研究が行われました。ここから、定期的な余暇時間での運動は、うつのリスクを著しく下げることがわかりました。うつは世界中で、障害の主因になっています。運動とうつの関係が強かったことから、この研究の著者らは、たとえ週1時間の身体活動でも、将来的にうつ症状を12％防げるとしています。さらにその後、ハーバード大学による驚きの研究が２０１９年に発表されました。数十万人を対象とした（いい研究の印です）この研究は、1日15分間ジョギング（またはもう少し長い時間をウォーキングかガーデニング）することで、うつから身を守れると結論づけました。この研究では、メンデル・ランダム化という最新の研究技術を用いました。修正可能な危険因子（この場合、運動量）とうつなどの健康面での問題の因果関係を特定する技術です。研究者が出した、「身体活動の強化は、うつの効果的な予防戦略となりえる」という結論は、画期的です。

運動は、実に強力なセラピーなのです。しかしほとんどの人は、こうした研究が言わんとしていることを理解していません。そして愛犬にも同じように、ずっとリードにつなげて座らせたままにさせているのです。**犬は、毎日運動する必要があります。どのような種類の運動が必要かは、犬の性格、体格、年齢によります（そのため、どの犬にも当てはまるような一般的なガイドラインは提供できません）。私たちはこれを「毎日の運動セラピー」と呼びたいと思いますが、このセラピーは、犬が穏やかになり、落ち着き、睡眠が改善され、さらには犬同士のコミュニケーションを強化することに役立ちます。**精神面および身体面でのメリットがあるのは当然ですが、運動はストレス自体にも直接的に影響します。動物行動学者は長い間、犬の一般的な問題行動に対し、運動を推奨してきました。それが、非常に高い効果を上げるツールの1つだからです。しかしこれはストレスの対処としても、もっとも強力なツールとなります。人間の場合、運動による抗不安の効果は、20分間のエアロビクス・エクササイズ（有酸素運動）のあと4〜6時間続きます。毎日繰り返せば、その効果は蓄積されていきます。動物にとっても同じです。

実験用ラットは、回し車を与えられれば、それを使って自ら運動します。ラットのエンドルフィン（痛みを抑え、心身の健やかさを高める）は何時間も持続し、運動の終了後96時間経ってようやく通常の水準に戻ったことが、研究で示されています。運動による脳への効果は、運動をしている時間よりもずっと長く持続するのです。多動性障害や不安症がある犬には、短い運動でさえ生活の質が長期的に改善され、犬にとっても飼い主にとっても神の恵みとなる可能性があります。毎日の激しい運動は、犬に非常によく見られる闘争・逃走ストレス反応を変化させます。運動はまた、脳の化学物質を変えますが、それには、より落ち着いた状態をもたらす脳細胞の成長を促すような変化も含まれます。犬は、私たちと同じくらい苦しんでいるのです。運動には、恐怖や不安など、動物が抱える多大なストレスによる有害な影響から守ってくれる効果があります。だからこそ、ニューヨーク・タイムズ紙の記者アーロン・E・キャロルは、「魔法の薬に一番近いのは運動」と言うのでしょう。そして、自問せずにはいられない疑問が浮かんできます。「私たちは果たして、体を動かす機会を愛犬に必要なだけ与えられているのだろうか？」

また、**選択肢の重要性**についても触れておかなければいけません。そうなのです。犬は、自力で選ぶ力を与えられるに値する存在だし、与えられるべきなのです。私たちは、コロンビア大学バーナードカレッジ心理学部の上席リサーチフェローであるアレクサンドラ・ホロウィッツ博士と、ポッドキャストの番組まるまる1本を使ってこのトピックについて語り合いました。ベストセラー『犬から見た世界：その目で耳で鼻で感じていること』（白揚社）の著者であるホロウィッツ博士は犬の認知を専門としており、私たちと同じく、犬は犬らしくいさせてあげるべきという考えを強力に推奨しています。散歩の際に、右か左か、犬の好きな方向を選ばせてあげることが、一体どれほどあるでしょうか？　リードをつけての歩き方や服従を教える、という話ではありません。ある程度の決定を犬に任せるということです。そこには、通常は私たち人間が犬のために決めるものも含まれます。**独裁的な関係ではなく、パートナーシップを築くのです。**例えば、自分が行くつもりではなかった方に向かって、犬が何が何でもにおいを嗅ぎたい、と意思表示をしたとき、その願いを尊重してあげることが一体どのくらいあるでしょうか？　リードをグイグイ引っ張る前に、一体どのくらいの時間、においを嗅がせてあげているでしょうか？　犬の身に起きることや、どこへ行きたいか、何をしたいかに、ある程度のコントロールを与えることは、私たちが考える以上に重要です。本当のところ、自分の生活について意見をまったく言えない犬は、たくさんいます。生活のあらゆる領域でもっと犬に選択肢を与えることは、贈り物といえます。主体性を持たせ、自分の（そして私たちの！）心身の健康に積極的に関わりたいというニーズを尊重してあげることで、犬に自信がつき、生活の質が上がり、究極的には、私たちへの感謝と信頼も高まります。

「ノーズ・ワーク」（「セント・ワーク」とも呼ばれます）は、愛犬と一緒に行う、豊かな経験ができる心の運動です。嗅覚を使った運動は、散歩の際にメルトダウンやシャットダウンを起こしやすい敏感な犬やトラウマを抱えた犬に極めて有効です。また、さまざまな「脳のためのゲーム」や、屋外にいるときや散歩に出たときに、犬に好きなだけにおいを嗅がせて探索させる「スニファリ」のような精神面への刺激は、どの犬にとっても有益です。このような活動は、犬が生まれながらにして持つ、においを嗅ぎたいという欲求を満たし、ストレスの緩和に役立ちます。

ストレスを抱えた犬の早すぎる老化

早すぎる老化は、誰だって避けたいものです。アンチエイジング用コスメの世界市場は、2018年に380億ドルとなっており、おおかたの予測では2026年までに600億ドルに達するとみられています。人生は概して、誰に対しても通常の経年劣化をもたらします。しかし深刻な不安症、有害なストレス、うつを加えれば、年齢を刻む時計はますます速く進みます。大統領が4年や8年の任期を終えると、どれほど老けこんで白髪が増えるか、考えてみてください。大きなストレス、不安症、あるいは深刻なうつを経験した人は、まるで嵐を切り抜けたかのようにいつになく老けて見えるもので、顔がすべてを物語ります。ストレスは実に、外見を大きく傷つけます。しかし内面的には、その倍くらい傷つけるのです。そしてそれは、犬にも当てはまります。

人間の外見に出る老化の身体的特徴の1つ、若白髪に関する研究は数多くあります。若白髪に関係する最大の要因に、酸化ストレス（生物学的な錆）、病気、慢性ストレス、遺伝（白髪になりやすい遺伝子）があります。内在する遺伝による力とストレスに満ちた生活習慣の組み合わせによって、毛包とメラニン細胞（毛髪の色をつくる細胞）のストレスへの耐性が下がります。

現在は、犬にも類似の研究がなされています。2016年に学術誌『応用動物行動科学』に発表された研究は、不安および衝動性と、若い犬のマズル（口と鼻が含まれる顔の一部分）の早期白髪には著しい相関性があると報告しました。犬のマズルに沿った被毛が年齢に伴い白くなるのは一般的ですが、若い犬（4歳未満）ではあまりありません。研究者は、動物の行動習慣からのケーススタディを精査し、早期白髪が見られる犬の多くが、不安や衝動性の問題を示したと記しています。同様に、これよりも以前に行われた研究では、隠れる、逃げるといった特定の行動と、犬の被毛に含まれるコルチゾール値の高さに関連性があることが報告されています。

思い出してください。コルチゾールは、古典研究においてストレス値と結びつけられている体のホルモンです。コルチゾール値が高いと、ストレス値（つまりそれにより炎症値も）が高いことを示します。コルチゾールは確かに、役立っています。免疫系を指揮したり抑制したりし、さらには攻撃に向けて体を準備させたりしているのです。コルチゾールは、短期的かつ簡単に解消される脅威に対して、すばらしい威力を発揮します。ところが、現代のライフスタイルという攻撃はとどまることがなく、そのためコルチゾールは絶え間なく放出されています。過剰なコルチゾールに長い間継続的にさらされると、腹部の脂肪増加、骨量の減少、免疫系の抑制へとつながる可能性があり、さらには、インスリン耐性、糖尿病、心臓病、気分障害へのリスクが高まります。犬の場合、こうした気分障害は多くの場合、攻撃、破壊、恐怖、多動といった問題行動として表現されます。

こうした犬のコルチゾール値は、慢性的に感情が反応する様子を映し出していました。この2つの研究は、外れ値というわけではありません。ほかにも多くの研究が、犬の不安症や衝動性の症状である可能性があるものを見つけています。例えば、不安を感じている犬は、クンクン鳴いたり、飼い主のそばから離れたがらなかったりするかもしれません。衝動性の問題を抱えている犬は、うまく集中できなかったり、絶え間なく吠え続けたり、多動の兆候を見せたりするかもしれません。前述した２０１６年の研究の著者は、**犬を不安症、衝動性、恐怖心といった問題について評価する際は、マズルの白髪を考慮に入れるべき**だと提案しています。若いときに白髪が多すぎる場合、その犬は、ストレスを抱えすぎているのかもしれません。原因がストレスなら、治すことができます。ここから、こんな質問が湧いてきます。「ストレス」って、一体なんでしょうか？

ストレスの科学

物理学において、「ストレス」という言葉は、力とそれに逆らう抵抗力との間の相互作用を意味します。とはいえ、現代ではストレスという言葉がそれよりもっと多くを意味するのは、周知の事実です。私たちは毎日のように、「ストレス」という言葉を振り回しています。一番よく使われるのは、「ストレスが溜まる」といった表現でしょう。ストレスの症状は普遍的で、不機嫌や短気に始まり、心臓のドキドキ、胃のむかつき、頭痛、本格的なパニックアタックに至るまで、幅広い反応を映し出します。なかには、何かよくないことが差し迫っているといった感覚を抱く人もいます。なお、ストレスは人生において必要な（しかも避けられない）要素であることを、忘れないでください。ストレスは、危険を回避したり、集中したり、さらには「闘争・逃走反応」として有名な反応を本能的にしたりするのを手助けしてくれます。緊張状態にいるとき、私たちは自分がいる環境に対して警戒して、すぐに反応できるようになっており、それは非常に有益となる場合があるのです。しかしストレスが長引くと、身体的にも精神的にも長期的な影響が出る可能性があります。

良いストレス、悪いストレス

脂質や炭水化物には良いものと悪いものがありますが、ストレスも同じです。良いストレスには、断食のような食習慣も含まれます。断食は、究極的にはポジティブな効果を体にもたらすために、極めてわずかなストレスを細胞にかけるものです。運動もまた、健康を促進するような良質なストレスを体にかけます。しかし好ましくない結果につながりかねない、悪いストレスの例もたくさんあります。例えばある研究によると、犬に怒鳴ったり体罰を与えたりすると、ストレスホルモンを慢性的に分泌するようになります。そしてストレスホルモンの慢性的な分泌は、寿命の短縮との関連性が指摘されています。

「ストレス」という言葉が現在のように使われるようになったのは、20世紀初頭に活躍したオーストリア＝ハンガリー系カナダ人の内分泌内科医、ヤーノシュ・ヒューゴ・ブルーノ・〝ハンス〟・セリエ博士のおかげです。1936年、セリエ博士はストレスを「体に課された要求に対する非特定の反応」と定義しました。しつこいストレスにさらされると、人間も動物も、生命が脅かされるような苦痛（心臓発作や脳卒中など）を感じるようになる、とセリエ博士は考えました。そうした苦痛はそれまで、生理的な何らかの要素が蓄積されて起きると思われていたのです。今ではストレス研究の父と認識されているセリエ博士（カナダの切手になるほど有名です）は、日常的な生活や経験が、感情面のみならず、身体面の健康にも影響しうることを浮き彫りにしました。

感情に関連した「ストレス」という言葉が、冷戦の始まる1950年代までは日常的に使われるような言葉ではなかったと知ったら、みなさんは驚かれるかもしれません。「恐れ」という感情を表すラベルが、「ストレスが溜まっている」という言葉に置き換えられたのはこのときでした。セリエ博士の時代以降、さまざまな研究によって、しつこいストレスは人間の生理機能に深刻なダメージを与えることが、繰り返し確認されています。生体システムに出るストレスの影響は、神経系、内分泌系、免疫系の活動における化学物質のバランスの崩れとして測定できるほどです。体の昼夜サイクル（概日リズム）の乱れとして測定できるうえ、ストレスによる脳の物理的構造の変化までも確認されています。

ストレスのやっかいなところは、認識した脅威の種類や大きさにかかわらず、身体的な反応はそこまで変わらない点です。命を脅かすほどの深刻なストレスであれ、単にやるべきことがたくさんあるとか、家族と言い合いをしたとかであれ、体のストレス反応はほぼ変わりません。まず、脳が副腎にメッセージを送り、エピネフリンとも呼ばれるアドレナリンが放出されます。アドレナリンが心拍数と筋肉への血流を上げ、逃走に向けて体を準備させます。脅威がなくなると、体は通常に戻ります。ところが脅威が残り、ストレス反応が高まると、視床下部・下垂体・副腎（ＨＰＡ）軸に沿ってまた別の一連の反応が起こります。この経路は、複数のストレスホルモンを必然的に伴いますが、視床下部が交通整理の多くを担当します。視床下部とは、小さいながらも非常に重要な脳の司令塔であり、視床下部内に付随した下垂体からのホルモン放出を含め、多くの身体機能をコントロールする重要な役割を担っています。神経系と内分泌系をつなぐ脳の部分であり、代謝を中心に数多くの体の自律機能をコントロールしています。感情の座としてよく知られており、感情処理の本部でもあります［一般的に感情は大脳辺縁系が司るが、視床下部も辺縁系と密接に関連して感情の表出に関わっている］。

ストレスを受けたと感じた瞬間（この状況を、ピリピリ、心配、気が張り詰めた、不安、いっぱいいっぱい、などと表現する人もいるかもしれません）に、視床下部はストレスのまとめ役である「副腎皮質刺激ホルモン放出ホルモン」（CRH）を送り出し、反応を次々と引き起こし、最終的には血流のコルチゾールが最大値に達します。この生体反応は長らく知られていましたが、新たな研究によって、単にストレスを認知しただけでも、炎症の信号が体から脳へ送り出される可能性があり、脳が過敏反応しやすくなることが明らかになりました。これと似たようなプロセスが、犬にも起こります。これは、動物界で数千年にわたり維持されてきたメカニズムなのです。フィンランドの研究チームによる2020年の研究では、1万4000匹近い犬を対象に不安について調べ、「問題行動の一部は、人間の不安障害と類似するか、同じものでさえあることが示唆された。そのため、人間と同じ環境で自然発生的に出る行動面での問題に関する研究は、さまざまな精神疾患の裏に潜む重要な生物学的要因を明らかにする可能性がある。例えば犬の強迫性障害は、表現面においても神経化学面においても、人間の強迫性障害と類似している」と結論づけました。言い換えれば、**人がストレスを受けているとき、愛犬も恐らく、ストレスを感じているのです。**

「訓練法」が長期的なストレスに与える影響

犬の訓練士という職業は、ライセンスも不要で規制もされていません。最低限の教育要件も、注意義務の基準も、消費者保護もありません。虐待的な訓練法によって犬が取り返しのつかないダメージを受けることがありますが、それは、「買主の危険負担」（売買に伴うリスクを買主が負担すること）の一言で済まされることではまったくありません。愛犬の行動に修正したい部分があるなら、訓練士と訓練法が、愛犬の健康に影響し、慢性的な不安、恐怖、攻撃的な行動を引き起こす（または緩和する）可能性がある点を、よく理解する必要があります。私たちがインタビューした研究者たちは全員、嫌悪訓練法（嫌悪刺激によって行動を矯正する訓練法）は、犬の長期的な健康と幸せを損なうと口を揃えました。怒鳴ったり、叩いたり、首輪で首を絞めたり、ショックを与えたりするよりも、もっと安全で、やさしく、賢明なアプローチ法があります。愛犬の健やかな精神のためにも、科学的な根拠に基づく訓練法を採用している訓練士にこだわりましょう（どこから始めればいいかアドバイスが必要な場合、添付資料の14ページ掲載のリストをご参照ください）。

次に、このような疑問が湧いてきます。「自分自身のストレスや家族の一員であるペットのストレスを、どうすればもっとうまくコントロールできるだろうか？」。答えを聞いて驚くと思います。質のよい睡眠と運動に加え（体にいくつもの影響を与えることから、睡眠も運動も、ストレスをコントロールする能力に大きく関係します）、内臓も大きく関わっているのです。

睡眠と運動がストレスに与える影響

良質な睡眠を取らずに、あるいは体を動かして心臓の鼓動を速めることをせずに長期間過ごした経験がある人なら、その結果どうなるかはおわかりでしょう。不機嫌になってイライラし、基本的に最低な気分になります。人間と同様に、犬も充分な睡眠と運動が必要です。しかし犬の睡眠と運動の習慣は、人間とまったく同じというわけではありません。第一に、犬は私たちのように、夜に一気に寝て昼間はずっと起きているわけではありません。好きなときに寝て（たいていは退屈すぎての寝落ち)、すぐに行動できるようパッと目覚めます。夜間の睡眠に加え、昼間もずっとうたた寝をしながら過ごし、1日の睡眠時間は合計で12~14時間になります(年齢、犬種、サイズによって若干の違いあり)。夢に反応し、閉じた瞼の下で眼球が動くレム睡眠(REM)は、睡眠時間のわずか10%にすぎません。犬の睡眠パターンは不規則かつ浅い(短いレム睡眠)ため、深い睡眠の不足を補うために、長い睡眠時間が必要となります(人間は、睡眠の最長25%をレム睡眠で過ごします)。

とはいえ、犬と人間の睡眠が重要な点については、類似点もあります。犬の睡眠に関する研究で、犬はレム睡眠の間に、人間と同様に「睡眠紡錘波」と呼ばれる短い電気的活動を経験することがわかりました。この睡眠紡錘波の頻度はまた、昼寝の直前に学習した新しい情報の維持との関連性が指摘されており、睡眠の質と新たに得た情報をどれだけ覚えているかとの関連性が指摘されている、人間での研究と同じ結果になっています。私たち人間と犬は、睡眠紡錘波によって記憶を強化しているのです。睡眠紡錘波が起きるとき、脳は集中力を阻害するような外部の刺激から保護されます。睡眠時に睡眠紡錘波が頻繁に現れる犬は、睡眠紡錘波が少ない犬よりも学習能力が高いことが示されています。この結果は、人間や齧歯類動物を対象とした研究結果と同じです。

犬と人間の睡眠パターンには違いがあるものの、脳と体をリフレッシュさせ、生理機能をスムーズに働かせてきちんと代謝するために、睡眠は犬にとっても人間にとっても、同じように非常に大切です。そして、良質な睡眠が不足すると健康面での問題になりかねないのと同じように、睡眠のとりすぎもまた問題です。寝すぎは、犬のうつ、糖尿病、甲状腺機能低下症、聴力の損失といった病気を示唆する可能性があります。

運動は、現生人類であれ、犬であれ、はたまたどの種類の哺乳類であれ、心身の健康に欠かせないことが長きにわたり証明されてきました。健康的な代謝のサポート（例えば、血糖値や全体的なホルモンバランスのコントロール、炎症の抑制）において、ほぼ間違いなく、もっともパワフルで科学的に裏づけされた方法が運動なのです。それだけでなく、筋肉や靭帯を正常な状態に保ち、骨を健康に保ち、血流やリンパ液の循環、細胞や組織への酸素供給を引き上げ、気分を整え、ストレス値を下げ、心臓と脳の健康を向上させ、リラックスした安眠を促します。睡眠と運動は実に、互いに影響し合っているのです。睡眠と運動という重要な2つの習慣が健康にいかに大切かは、すでに誰もが知っていると、私たちもわかっています。それでも、人間とは異なる時間、形、強度でありながら、私たちの仲間である犬にとっても睡眠と運動がいかに必要か、忘れてしまいがちです。

脳と腸のつながりを保つには

私たち人間（と犬）の体内に生きている、主に細菌による微生物群「マイクロバイオーム」が健康であることが大切であると、先に述べました。心身の健康に対してマイクロバイオームがどう貢献するかについて、当初は主に、消化器の健康と免疫の安定が注目されていました。しかし現在は、科学、とりわけ犬に関係した科学では、愛犬の腸（消化管）に住んでいる細菌が、いかに愛犬の気分、つまりは行動に影響するかという点が研究されています。腸が脳に影響すること、そして消化管と脳は常にコミュニケーションを取り合っていることを示す証拠が見つかっています。

腸管微生物は、栄養素やビタミンの合成に始まり、食べ物の消化のサポートや、肥満症などの代謝機能不全の防止に至るまで、さまざまな機能に関わっています。善玉菌はまた、コルチゾールやアドレナリンの栓を閉めることで、さまざまなバランスを保っています。コルチゾールとアドレナリンはストレスに関係するホルモンで、もし分泌され続けると、体に大打撃を与えかねません。私たちは、腸と脳が強く結びついているとは考えないものですが（例えば手と指のように）、「腸脳軸」はこの対話において、非常に深い関係があります。腸内細菌は、神経とホルモンを通じて、脳とやり取りするための化学物質をつくります。このコミュニケーションは、独特な双方向の高速道路なのです。

誰もが、ものすごい緊張をしたときに胃がムカムカして吐き気がしたり、ひどい場合にはトイレに駆け込んだりという、脳と腸のつながりを経験したことがあるでしょう。中枢神経系と腸管神経系に存在する、何億という神経細胞を主に連絡するのは、副交感神経の一種である迷走神経です。私たちの神経システムは、単に物理的な脳と脊髄だけでできているわけではありません。誰もが、中枢神経系に加え、胃腸管のなかにつくられた腸管神経系を持っています。中枢神経系と腸管神経系はどちらも、胎児の発達期に同じ細胞からつくられた、脳幹から腹部に至るまで伸びている迷走神経によってつながれています。不随意神経系（自律神経系）の一部を形成しており、心拍数の維持、呼吸、消化といった意識的な思考が必要でない体の機能の多くをコントロールしています。交感神経系は、私たちの体に備わる闘争・逃走システム――血液を消化器官から脳と筋肉へと送るために脈拍を速くし血圧を高めるもの――です。人はこのシステムのおかげで、機敏で頭脳明晰の状態でいられます。一方で副交感神経系は、再建、修復、睡眠を可能にしてくれる、休憩・消化システムです。

ストレスを引き起こす可能性のある腸内細菌の存在（あるいは不在）が初めて詳しく調べられたのは、いわゆる無菌マウスを使った研究でした。無菌マウスとは、通常の腸内細菌を持たない特殊な状態で育てられたマウスです。これにより、微生物が足りないとどのような影響があるのか、あるいは逆に、特定の菌株に触れさせ、行動の変化を記録するといった研究が可能になりました。2004年に発表された画期的な研究で、脳と腸内細菌による双方向のやり取りを示す最初のヒントとなるものがいくつか明らかになりました。無菌マウスは、ストレスに激しく反応することが、脳内の化学的成分の変化やストレスホルモンの増加によって証明されたのです。この症状はその後、「ビフィドバクテリウム・インファンティス」という菌種を与えることで、回復されました。この研究以来、腸内細菌による脳への影響、とりわけ感情や行動との関係について、動物を使った研究が複数行われています。腸内でつくられるこうした化学物質やホルモンによる影響は、どの細菌が存在するかによって異なります。細菌によって、つくる化学物質が異なるためです。鎮静効果のある化学物質をつくる細菌もあれば、気分の落ち込みや不安を促す可能性のある細菌もあります。例えば多くの研究で、マウスに特定のプロバイオティクス細菌（ラクトバチルス菌とビフィズス菌）を与えると、感情を司る脳の部位に化学物質が送られる結果になりました。これらの細菌が送った信号は、マウスの不安やうつを低下させるものでした。一言で言うと、特定の腸内細菌は、気分や行動に影響したのです。

このような生理現象はすべて、犬でも起こります。実のところ、腸内細菌が脳にどのように語りかけるかを明らかにする研究のほとんどはまず、人間以外の動物（主にマウス）で行われました。しかも、です。今や犬の腸内細菌そのもの、そして腸内細菌と脳との関係は、構成や機能的重複において人間の腸内細菌と共通点が多いことがわかっています。犬の腸脳軸の働きは、人間のものと似ているのです。この新しい科学的知識は、こうした小さな有機体がいかにして犬の感情に影響し、攻撃を含む好ましくない行動につながるであろう不安を引き起こしているのか、説明するのに役立ちます。

印象的な実例を示す研究が、オレゴン州立大学によってなされています。研究者は2019年、31匹の犬について腸内細菌を調べました。これらの犬は、闘犬場で闘わされていたところを保護された子たちです。それぞれの犬について行動の攻撃性について評価し、2つのグループに分類しました。明らかな攻撃性を示した犬と、ほかの犬に攻撃性を見せなかった犬です。犬のうんちを注意深く採取し、腸内細菌を分析したところ、攻撃的な犬からは、特定の種類の細菌が多く見つかる傾向にありました。この研究は、腸内バイオームにおける特定の種類の細菌が、攻撃性を含む不安行動に関係している可能性があると結論づけたのに加え、犬を研究する多くの研究者と同じ点を指摘しました――不安が、攻撃的な行動に結びつくこともあるという点です。そしてその不安の根本原因は、腸とそこに生息する細菌に由来する可能性があるのです。

腸内細菌の構成の特徴が、不安レベルや行動に反映される可能性があるとする考え方は、研究界隈でかなり勢いを増しており、どの種がどの行動として表れるのか、相関関係を明らかにするべく科学者は研究に取り組んでいます。そして、どの食べ物がどの腸内細菌プロファイルをつくるのかが、わかり始めています。犬の食べ物が、腸のなかで生きる細菌の種類に影響するのなら、どの食べ物が、健康的な腸と有益な下流効果をつくるのでしょうか？　肉ベースの生食と、カリカリを比較したいくつかの研究では、生食を与えられた犬の方が、バランスの取れた細菌群が育成されており、フソバクテリアが増えていました（喜ばしいことです）。ある研究では、生食を1年以上与えられた犬は、カリカリを与えられた対照群の犬よりも、より豊かで均一なマイクロバイオームを持っていました。また、生食を与えられた犬のマイクロバイオームは、「ハッピーホルモン」であるセロトニンの分泌を増やしたり（より健康的な腸脳軸）、認知能力の低下を抑えたりする下地をつくり、犬と人間の認知力低下やアルツハイマー病と関連があるとされる放線菌の制御がうまくできることもわかっています。

不安、ストレス、うつ、腸炎、さらには認知力の低下までをも含むさまざまな問題に対し、腸管を通じて働きかけられると考えると、勇気づけられます。腸内マイクロバイオームは、食事、医薬品（例えば抗生物質や、ＮＳＡＩＤｓと呼ばれる非ステロイド系抗炎症薬）、環境を含む多くの要因から影響を受け、常に変化している生態系です。研究によると、犬が抗生物質を一定期間服用したあと、微生物群が健康的な状態に戻るまでに数カ月かかる可能性があります。ＮＳＡＩＤｓ（デラマックス、プレビコックス、リマダイル、メタカムなど）を毎日、わずか1週間投与するだけで、腸の健康を著しく損なう可能性があります。当然ながら、愛犬の痛み止めの服用をやめるよう提案しているわけではありません。薬を処方する獣医の多くが現在、製薬を長期的に多用することによる胃腸への影響を軽減する、ダメージ・コントロール計画を実施しています。とはいえ、愛犬のマイクロバイオームの再建や最適化は、シンプルな生活習慣を通じて行うのが一番効果的です。ここでいう生活習慣とはつまり、体の全体的な生理機能に関わり、人間や愛犬の典型的な1日となる、睡眠、運動、食事、有害物質への暴露です。また、腸の健康のカギとなる腸内微生物の多様性は年齢に影響されるため、年齢も考慮する必要があります。私たちや愛犬が年齢を重ねれば重ねるほど、多様性の維持が難しくなります。パート3では、愛犬のフードボウルにちょっと加えるのにおすすめの、癒やし効果のあるさまざまな食べ物を紹介しています。**愛犬の腸内フローラの微生物が豊かで多様であればあるほど、犬が健康になる**と、科学ではっきりと示されているのです。

糞便移植療法は秘密を語る

マイクロバイオーム回復治療（ＭＲＴ）とは、糞便移植のかっこいい名称です。この治療法は、心身ともに健康なドナーの便からマイクロバイオームの検体を採取し、フィルターにかけたのちに患者に移植します。驚きの内容に聞こえるかもしれませんが、ＭＲＴは古くから行われており、ルーツはアフリカにまで遡ります。コレラで死にかけている赤ちゃんを救うために、母親たちはこの方法を長きにわたり活用してきました。そこから現代まで数百年、時間を先に進めると、アメリカ屈指の優秀な病院で現在、命を脅かすクロストリジウム・ディフィシル感染症の患者を救うために、まだ始まったばかりのこの治療法が活用されています。獣医として私は、生死に関わる胃腸感染症の人間の治療に糞便移植が使われているのは知っていましたが、フィリックスに出会うまで、獣医として治療に使うことを考えたことはありませんでした。

フィリックスは、生後10週間になるイエロー・ラブラドールのオスの子犬で、ワクチンを受けたにもかかわらずパルボウイルスに感染していました。飼い主はフィリックスの命を救おうと1万ドル以上費やしましたが、それでも専門センターのＩＣＵに入院となり、あっという間に衰弱していきました。飼い主は数日後、フィリックスが立ち上がれないこと、そして苦痛を和らげるための安楽死を検討すべきであることを告げられました。フィリックスのママであるホイットニーが私に電話をくれたのは、このときでした。その日の午後に安楽死が予定されていたものの、最後に試せるような、「命を救う切り札」を私が何か持っていないかと聞いてきたのです。私は糞便移植について話し、彼女が飼っているほかのラブラドールのうち、生食を与えてきた、とにかく健康的な子がしたばかりのうんちを病院へ持っていくよう提案しました。もしも主治獣医が許してくれるなら、懸濁液をつくってフィリックスに浣腸してもらい、感染しているフィリックスの胃腸管を、きょうだいから採取した有益な微生物で満たすのです。

これが功を奏しました。フィリックスは移植の数時間後に立ち上がったのです。これが回復の始まりでした。そのとき、フィリックスの看護に携わっていた誰もが、うんちのパワーを知ったのです。あれ以来研究は進み、いくつかのすばらしい発見がなされています。健康的なマウスの便をうつのマウスに移植すると、うつが治ります。痩せたマウスから太りすぎのマウスに糞便移植すると体重が減り、友好的な犬から攻撃的な犬に糞便移植すると、行動が改善します。糞便移植という、シンプルかつ古くから行われており効果が実証された手法を使って、さまざまな病気を効果的に治療できることが、ようやくわかり始めたところです。

うんちと言えば……うんちを食べる行為は、医学用語で「食糞症」と言います。ほとんどの犬が、機会さえあれば生涯のどのタイミングでも、ときおりするものです。気持ち悪い習慣ですが、愛犬のマイクロバイオームの健康度合いとニーズについて、ヒントを与えてくれる可能性があります。犬は生まれつき、不調は自分の身の回りにあるツールやリソースを使い、自力で治そうとします。そしてそれには、自由に使えるうんちを食べることも含まれるのです。犬は、さまざまな理由から、さまざまな種類のうんちを見つけ出して口にします。なかには、消化の不調を治そうと、プロバイオティックなもの〔体に有益な微生物〕を探している犬もいると、研究者らは考えています。犬は、見つけたうんちのなかに消化しきれていない食べ物があったり、自分に欠けている栄養素や物質があったりした場合、うんちを食べる可能性があります(例えばうさぎのうんちは、天然の消化酵素の宝庫です)。食糞症はときに、行動そのものに問題があることもあります。犬は特定の状況下で、自分の便を食します。もしあなたの愛犬がこうした気になる習慣をしてしまうなら、さまざまなプロバイオティクス・サプリメントと消化酵素サプリメントを、効果がある組み合わせが見つかるまで、ローテーションで試してみてください。もし愛犬が、野生動物のうんちをしょっちゅう食べるようなら、年に1回は獣医で愛犬の検便をして、うんちを食べたことで寄生虫が体内に入り込んできていないか、検査することが大切です。

大切なのは腸内膜の完全性

腸内膜の健康、強度、機能は重要です。腸内膜は、体の内部を外部や潜在的な危険から隔てています。犬であれ人間であれ、胃腸管は食道から肛門まで、上皮細胞の層で覆われています。実のところ、目、鼻、喉、胃腸管を含む体の粘膜面はすべて、さまざまな病原体が簡単に入り込める場所であるため、体はこうした粘膜面をしっかりと守る必要があります。

最大の粘膜面である腸内膜は、主に3つの仕事を担っています。まず、体が食べ物から栄養を摂取する通り道としての役割。次に、健康を損なう可能性のある化学物質や細菌、その他の有機体など、有害な粒子が血流に乗るのを拒む役割。そして3つ目は、「免疫グロブリン」と呼ばれる種類のタンパク質（細菌や異種タンパク質に結合することで、それらが腸内膜にくっつくのを防ぎます）を通じて、免疫系で果たす直接的な役割です。これらのタンパク質は、腸内膜の反対側にある免疫細胞から放出される抗体で、腸壁から腸内へと運ばれます。体は究極的にはこの機能のおかげで、病原性の（つまり悪い）有機体とタンパク質を消化器官へと導き、便として排出できるのです。

体内に入るべきでない物質が不当に入り込み、免疫系を刺激する透過性の問題、いわゆる「リーキーガット」の主な原因の1つに、腸管から栄養を吸収できないことがあります。全身性炎症の全体的なレベルは、大きな意味でこうした細胞同士の接合部分に左右されます。**腸のバリアが損傷すると、健康上のあらゆる問題や数々の病気へとつながり、最終的には生涯にわたる慢性病になる可能性があることが、現在では科学的に裏づけられています。**

この内膜はまた、腸内フローラや食べ物と重要な関係があります。加工食品は、細菌毒素を放出する可能性があり、その毒素は通常、マイクロバイオームの一部として腸内にとどまり続けます。リーキーガットで腸壁が損なわれていると、この毒素が血流へ流れ込み、血液の循環によって大惨事をもたらす可能性があります。一方で、健康的な腸内フローラの構成が、有害でバランスを欠いたものになる可能性があり、その結果、先に定義した「腸内毒素症」という症状になってしまいます。愛犬の腸内フローラを損傷する原因となるものは多く、抗生物質、獣医用殺虫剤（ノミ・ダニ駆除薬）、ステロイド、その他獣医用医薬品（ＮＳＡＩＤｓ）などがあります。こうした有害なもののなかには、使用が一時的なものもあれば、必要なものもあります。そして最大の要因は、愛犬の超加工フードに潜んでいます。グリホサート残留物、マイコトキシン、さらには愛犬が口にする絶え間ない終末糖化産物（ＡＧＥ）のすべてが、腸内毒素症やマイクロバイオームの損傷の要因となるのです。ある動物モデル研究では、**メイラード反応産物（ＭＲＰ）はリーキーガッドをつくるのに加え、有害となりうる腸内細菌の数を増やす**ことも示されました。加工フードを食べている動物の多くが、免疫系の機能不全は言うまでもなく、腸の問題を抱えているのも納得です。犬の免疫系のほとんどが、胃腸管の内膜にあるとお伝えしたのを覚えていますか。それなのに今や、胃腸管は常に損傷を受けているのです。犬を飼っている人たちから、愛犬が腸管の問題、食物アレルギーや環境アレルギー、行動面・神経面での問題、さらには自己免疫疾患を抱えているという話を聞くと、その根本原因にはたいてい、腸内毒素症とリーキーガットがあるのではないかと、私たちは疑います。とはいえ、治し方はシンプルです。マイクロバイオームの構成や機能を育むのみならず、腸の完全性を維持する、もっと自然な食習慣にすることです。

腸内毒素症は、全身性の免疫反応が出るまで表立った症状はなく、静かに起こります。そして免疫反応が出てくると、痒みが出て引っかいたり、胃腸の症状がはっきり出てきたりします。犬も人間も、腸内毒素症は例えば肥満、代謝性疾患、がん、神経機能障害などと関連があります。残念ながら、胃腸の問題を抱えた犬にもっとも処方されている抗生物質であるメトロニダゾール（フラジール）は、腸内毒素症を著しく悪化させます。メトロニダゾールは、犬がタンパク質を消化する際に必要な細菌であるフソバクテリアを殺し、日和見病原体が支配できるようにしてしまうのです。過敏性腸症候群の発症（フソバクテリアの減少を含む）に加え、セグメント細菌（ＳＦＢ）も増加します。これにより、体内に全身性炎症を引き起こすインターロイキン―６（ＩＬ―６）やその他の炎症経路のエピジェネティックな発現を引き起こす可能性があります。これはまた、Th17遺伝子のエピジェネティックなアップレギュレーション（上方制御）を引き起こす可能性もあり、アトピー性皮膚炎などの炎症性皮膚疾患につながります。研究ではまた、カリカリを与えられている犬はフソバクテリアが減少していることが示されています。前述のドッグリスクのグループは、生食あるいはドライフードを与えられた健康なスタッフォードシャー・ブル・テリアとアトピー性のスタッフォードシャー・ブル・テリアとの間に、遺伝子発現において類似のパターンがあることを発見しました。生食は、抗炎症効果のある遺伝子の発現を活性化するようでした。

前途有望なこの研究分野はいまだ初期段階ですが、マイクロバイオームのプロジェクトは世界中で本格化しています。学ぶべきことは多くあるものの、腸内マイクロバイオームは、犬の身体的・心理的な数え切れないほどのプロセスにおいて、重要な役割を果たしているのは非常に明らかです。だからこそ私たちは、健康的なペットは、健康的な腸に始まる、と言っているのです。この点については、食習慣の話をする際にまた取り上げます。愛犬に与える食べ物と、腸内での食べ物の役割は、犬の行動について語る際に、もっとも見落とされているかもしれません。人間の子どもに砂糖や添加物を多く含む、精製・加工された食べ物ばかりを与えると、過剰に興奮して、異常に活発で、怒りっぽくなる可能性があるように、犬にも同じことが言えるのです。

土壌によるサポート

犬には、長年の進化の過程で精巧に磨き上げられてきた、生まれつきの英知と賢明な本能がありま す。そのおかげで、機会を与えられさえすれば、犬は自分を癒やすための選択肢を自ら選ぶことができます。ところが、そのような機会を習慣的に与えられている犬はあまりいません。

「Zoopharmacognosy」（ズーファーマコグノシー、動物生薬学）とは、動物が自分で自分を治療する行動を意味する言葉で、古代ギリシア語の「zoo」（動物）、「pharmaco」（薬）、「gnosy」（知っている）からできています。自分が何を、いつ必要か知っている動物、という意味です。

動物生薬学は、過去数十年にわたり、野生動物に関する文献に記録されてきました。１９８０年代には、この分野にさらなる注目が集まります。マイケル・ハフマン博士が、野生のチンパンジーがさまざまな病気を治療するために、薬効のある植物の部位を注意深く選ぶ様子を観察した、類まれな研究を初めて発表したのです（このテーマに関するハフマン博士のＴＥＤトークは心奪われます）。

飼い犬と「異食症」（動物が土や粘土、トイレットペーパーなど食物以外のものを食べる行為の医学用語）について、私たちはハフマン博士に尋ねました。博士はにっこり笑うと、こう説明してくれました。**人間に飼われている動物や家畜は、自分の役に立つ古くからの本能を今も持ち合わせているものの、自分の体のバランスを取り戻すためのそうした行動を、自然と表現させてもらえないことがほとんどです。**私たち人間が、犬のことをほとんどすべて決めています。しかも犬がにおいを嗅いだり、土を掘ったり、マイクロバイオームのバランスの崩れや微量ミネラル不足を修復するために必要な有機物質を自分で判断したりするための、充分な機会を与えていません。犬はたいてい、非常に限られた屋内の選択肢しか手にしていないのです。カーペットの繊維を舐める、ゴミ箱からくすねたティッシュペーパーの切れ端をかじる、歩道の割れ目からときおり収穫できる雑草を食べる、くらいです。このような雑草は、犬とともに進化してきた「緑の薬箱」といえる植物に遠く及びません。もっと悪いことに、犬がこうした強烈な欲求を表現すると、たいていは叱られてしまい、不安を生む原因となってしまいます。私たちは何も、午後は愛犬を野に放ち、カルシウム不足を補うために石灰石を舐めさせた方がいいと言っているわけではありません。とはいえ、犬がどういう理由で何を探しているのかをよく理解するために、犬の行動をよく調べてみることをおすすめします。化学物質で処理された環境など、安全でないところを探索させないようにしてください。でも、犬は犬らしくいさせてあげましょう。つまり、草を少しかじる、土を舐める、何が埋まっているのか探るために前脚でかく、雑草をちょっと食べてみる、芝生に隠れているクローバーを味わう、などをする時間と場所を与えるのです。もし愛犬が夢中になって自然の何かを食べようとしているなら（そしてその後に吐き戻すようなら）、愛犬はマイクロバイオームの問題を抱えているか、体調が悪いということです。そうでない場合は、歩道の割れ目に生えている草を口にしようとしているのは、それが唯一、自分がほしいものを自分で選べる機会だからかもしれません。楽しませてあげてください。愛犬と動物生薬学に関して実用的に学ぶには、www.carolineingraham.com をご参照ください。

このような理由から、私たちの親しい友人であるスティーヴ・ブラウンは、「犬の健康土壌プロジェクト」を立ち上げました。スティーヴは、（化学物質や毒素に汚染されていない健全な土壌に幼いうちから触れさせつつ）自分が育てた子犬の方が、ほかのブリーダーにより生まれてから最初の8週間をほぼ無菌状態の生活環境である屋内だけの厳しい衛生ルールのもとで育てられた子犬よりも、ずっと健康であることをはっきりと認識しています。健全な土壌は、生物がかなり多様です。1グラムのなかに、100億ものマイクロバイオームや2000～5万強の種が含まれている可能性があり、これらが犬のマイクロバイオームに直接語りかけます。免疫の健康を長期間にわたり保つには、子犬が生まれてからまだ間もないうちに、微生物が豊かな土壌に触れさせる必要があることは、研究で裏づけられています。ほとんどの子犬はこうした機会を与えられていないため、スティーヴは、現代の犬に足りていない微生物を与えるのに役立つ、土壌ベースのマイクロバイオームの支援という形で、その機会を提供したいと考えているのです。スティーヴの目標は、食べ物を与えたり、幅広い種類の土壌ベースの微生物による、有益な生物活性代謝産物を提供したりして、バランスの取れた、生物の多様性に富んだマイクロバイオームを犬が持てるよう手助けすることです。このような土壌ベースの微生物は、犬の口腔、腸、そして特に皮膚や被毛に局所的につくと、多様な微生物群の発達を支援します。2年の研究開発を重ねたスティーヴによると、とりわけ行動、アレルギー、肥満、糖尿、口腔衛生、呼吸、皮膚と被毛、関節炎、脳機能に関して、感動するほど圧倒的に有益な結果が出ています。

地に足をつけて

近年、新鮮な空気や平穏な心を求めて自然のなかへ入って行くという、いわゆる自然セラピーが持つ力が話題になっています。このムーブメントは、自然の景色、音、においに浸る、日本の「森林浴」という伝統に由来するものです。森林浴は、1980年代に日本で生まれ、1982年以降、日本の林野庁が公衆衛生の取り組みとして奨励してきました。森林浴に関する研究結果として、免疫機能、心臓血管系の健康、呼吸器系疾患、うつ、不安、多動性障害などへの効果が報告されています。自然のなかにいると免疫機能に効果がある理由は、木や植物が有害生物や病気から自らを守るために分泌している、フィトンチッドと呼ばれる物質を吸い込むことによるものとされています。

現代のライフスタイルでは、人間（と動物）が大地に直接触れることはなかなかありません。研究によると、この分断が、生理機能障害や不調の要因となっている可能性があるとしています。改めて大地とつながることで、生理面での非常に興味深い変化や、自分の心身が健康だという主観的な感覚を促進することがわかりました。

地震が来る前に、動物が予知できるのはなぜだろうと不思議に思ったことはありませんか？　地球の電磁振動である、シューマン共振がその答えです。そう。地球には、犬が感知できる（そして人間であるあなたも感知できることが科学的に証明されている）エネルギーの力があるのです。アブドラ・アブドゥルガー博士のチームは、科学誌『ネイチャー』に非常に興味深い論文を発表しました。地球の磁力と、それが哺乳類動物の自律神経系（ＡＮＳ）の反応にどのような影響を与えるかを評価するものです。博士らの研究により、哺乳類動物の日々のＡＮＳ活動は、地磁気や太陽の活動の変化に反応していることがはっきりと確認されました。これにより、エネルギー環境の要因が、いかに精神生理学的な観点や行動にさまざまな影響を与えるかがわかります（満月と地震を考えてみてください）。シューマン共振は、（落ち着き、創造性、覚醒、学習と関連があるとされる）脳波のアルファ波とほぼ同じ７・８ヘルツで、動物は特に敏感です。

ミネソタ大学のハルバーグ時間生物学センター（フランツ・ハルバーグ博士がcircadian（概日）という言葉をつくりました）で行われた研究では、地球のリズムと共振と、人間や動物の心身の健康を示すさまざまな指標には、重要な関係があることが示されています。バイオリズムが乱れると最初に見られる症状のなかに、混乱と動揺があります。**愛犬が直接、地面に触れられる機会を定期的につ**

くることが重要だと、私たちは仮説を立てています。できれば、1日に数回あるといいでしょう。

1960年代、人が医者に診てもらう理由の90％は、急性傷害、感染症、出産でした。現在では、なんと95％が、ストレス関連か生活習慣による疾患です。つまり、通常の健康とバランスを保つ体の能力が、何かに妨げられているのです。これはペットも同じです。50年前、獣医が診たのは主に、急性傷害や感染症でした。ところが私たち獣医が最近診る患者のほとんどは、胃腸の不調やアレルギー、皮膚の問題、筋肉や骨格の問題、臓器機能不全です。これはもう流行病です。あなたと愛犬が地に足をつける最善策は、外へ出て地面に触れること。散歩に出ましょう。あらゆる動物は、選択肢を与えられれば、地球の磁場を自分の利益となるように使います。犬は、迷子になっても家に戻ることすらできます。実のところ、動物は生理的な恩恵を得るために、体の特定部分をわざと地面に触れさせることが調査でわかっています。問題は、私たちは愛犬に、常にこれをさせてあげていないという点です。私たちがこれまで会ってきたフォーエバードッグはすべて、毎日たくさんの時間を屋外で過ごしています。あなたが愛犬と安全な環境の屋外で過ごし、においを嗅ぐ、土を掘る、寝転がる、走る、動く、遊ぶといったことをさせてあげる時間が長ければ長いほど、愛犬はしっかりと地に足がついた（そして思い切って言ってしまうと、心が満たされた）状態になります。

長寿マニア、本章での学び

▼有害なストレス――体に多大なプレッシャーをかけ、不健康な結果を生むタイプのストレス――は、人間と犬のどちらの世界にもまん延しています。とはいえ、必ずしも処方薬に頼る

ことなく、ストレスと闘うためのシンプルな手法が存在します。

▼運動は、犬であれ人間であれ、ストレス、不安、うつ、孤独感への対抗手段となります。1時間にわずか2分の動きでさえ、全死因による死亡リスクの低下との関連性が指摘されています。「毎日の運動セラピー」は、犬が穏やかになり、落ち着き、睡眠が改善され、さらには犬同士のコミュニケーションの強化にも役立ちます。

▼あなたの愛犬は、若白髪になっていませんか？　問題行動がありませんか？　これは、ストレスを抱えすぎている合図である可能性があります。そしてあなた自身がストレスを抱えているとき、恐らく愛犬も同じです。愛犬が身体面・感情面で見せる手がかりは、注意を向けるべき問題が潜んでいることをあなたに伝えています。

▼人間や犬の腸内マイクロバイオームは、健康との関係がかなり深く、食べ物の選択、運動量、睡眠の質、環境への暴露（どのような環境に触れているか）によって、良くも悪くも影響を受けます。これはまた、どのような生活習慣を選ぶかで、腸内マイクロバイオームにポジティブな影響を与えられるということです。

▼犬は、自分の健康について自力で解決したがることもあり、例えば（殺虫剤がかかっていない）草のにおいを嗅いだり食べたりなどがあります。このような行為は、犬のマイクロバイ

オームにポジティブな影響を及ぼす可能性があるのです。とはいえ、自然のなかを探索したり、「スニファリ」をしたり、土を掘ったり、文字通り地に足をつけるための充分な機会を与えられている犬は、ほとんどいません。

6 環境による影響
泥んこわんこと汚れわんこの違い

犬は紳士だ。私は犬の天国へ行きたい。人間のではなく。

――マーク・トウェイン

2010年、私（ベッカー博士）は、喘息持ちの猫を診察しました。喘息症状が手に負えず、それを抑えるために吸入器を使わなければならない状況に陥ることがどんどん増えていました。猫の喘息がここ数カ月でなぜそこまで悪化したのか詳しく調べてみたところ、飼い主の女性が、今流行りのD2C〔メーカーが消費者と直接取引する事業形態〕のホーム・フレグランスの販売員として活動していたことがわかりました。飼い主は、商品を紹介するパーティを自宅で何度も開き、売り上げトップの販売員になっていました。そうしたパーティでは、かなりにおいの強いキャンドルを溶かすための深鍋、コンセントに差して使うディフューザー、たまらなく良い香りのルーム・スプレーなどあらゆるものが展示され、購入できるようになっていました。彼女の自宅にはどの部屋にも、においを出すための何かしらのデバイスがつけてありました。同時に、飼い猫の喘息は入院するほどひどくなったのです。女性が揮発性有機化合物（VOC）を撒き散らすグッズを自宅からすべて取り除いたところ、飼い猫の喘息も落ち着きました。また、この女性が飼っている犬の慢性的な結膜炎、目やに、足を舐めるといった問題もまた、解消しました。

本当に、環境は大切なのです。とても。

長寿を妨げる現代社会の危険性

私たちが子どものころ、シートベルトは義務ではなく（かなりの大昔は特に）、好きなところでたばこが吸え（飛行機内でも）、飲酒は18歳からでき、トランス脂肪酸たっぷりのマーガリンはバターよりも好まれ、食べ物はプラスチックの容器に入れたまま電子レンジにかけていました（こうした冷凍食品はTVディナーと呼ばれました）。また、自転車やスキーをヘルメットなしで楽しみ、フタル酸エステル類や鉛がにじみ出た裏庭のホースから水を飲み（あの鉄っぽい味、覚えていますか？）、日焼け止めを使わずに日光浴をしたものでした（むしろベビーオイルが好まれました）。こうした行為は今では、一定の年齢以下では禁止されているか、年齢に関係なく禁止されているか、少なくとも非推奨とされています。子どものころはほかにも、今なら眉をひそめられたり、健康によくないとされたりするようなことをたくさんしました。避けるべき、あるいは規制すべき危険はどの世代でも新たに特定されており、今後も監視の目や検査がさらに増えるのは間違いないでしょう。化学物質やそれに関連する製品に関してはなおさらです。しかし悲しいことに、規制はこのような調査よりかなり遅れており、恐らくそれは今後も変わりないでしょう。

ある物質（あるいは行動や活動）の潜在的な危険性が明らかになるころには、ほとんどの人が、すでにそれに触れていたり、その影響を受けていたりします。アメリカ環境保護庁（EPA）、欧州連合（EU）、世界保健機関（WHO）はそれぞれ、「新たに懸念される汚染物質」に関するデータを集める取り組みを加速させることを約束しています。アメリカ疾病予防管理センター（CDC）は、環境危険因子や、それにより引き起こされる可能性のある不調や病気を追跡調査する全米規模のシステムを構築しています。アメリカ国立衛生研究所（NIH）が1966年に設立した国立環境衛生科学研究所（NIEHS）もまた、研究の実施や支援を行っていますが、CDCのバイオモニタリングにはかかわっていません。私たち人間や犬の安全を確保できるほどの速さで、規制がかかる可能性は低いでしょう。

数世代前と比較すると、今の私たちは多くの点で、安全な世の中で暮らしています。自動車事故や戦争、自然災害で負傷する人は減りました。公衆衛生対策を含む医療の向上により、病気の苦しみは世界的に少なくなりました。私たちは、負傷や急な心臓発作で42歳で命を落とすよりも、老衰で亡くなる可能性の方が高いでしょう。とはいえ、危険物にさらされるという面に関して言えば、現代のライフスタイルには、管理すべきことや、もっと安全なレベルにすべきものは依然として多くあります。**吸入、吸収、さらには目から入ってくるもの（夜間のブルーライトなど）や、静寂を打ち破る音さえも含む、あらゆる形の汚染に対する暴露をコントロールし軽減しない限り、長寿の限界を先へ延ばすことはできません。**

「汚染」と聞くと恐らく、工場の煙突から煙がモクモクと出ている様子や、スモッグに覆われた都市の景観、ドクロマークの警告ラベルがついたボトルに入った溶液、車の排気口、ごみ廃棄場、プラスチックごみがいっぱいの海、などを思い描くのではないでしょうか。私たちやペットが毎日出くわす、もっと陰湿で目に見えない汚染については、あまり考えないものです。ちょっと時間を取って、あなたの周りにある、現代ならではの、ありとあらゆる快適なものについて考えてみてください。今朝まで時間を遡り、1日を考えてみましょう。化粧品、洗面用具、身だしなみ用品、さらには自分が座った家具に使った掃除道具。電化製品。歩いた芝生、カーペット、フローリングの床。吸い込んだ屋内の空気。飲んだ水。睡眠を取ったマットレス。着ている服。嗅いだ香水。目にしたり耳にしたりした過剰な光や騒音。食べ物はまだ取り上げてもいないのに、すでにキリがありません。本章では、食べ物以外で、私たちが出会う有害物への暴露にフォーカスします。

実は、食べ物以外で毎日どんなものに触れているのか、もっとわかりやすい方法があります。次の項目で、イエスならチェックボックスに印をつけてください。

- ☐水道水はろ過せずに飲んでいますか？（愛犬のボウルに入れるのも同じ水ですか？）
- ☐自宅にはカーペットや加工木材が使われていますか？
- ☐ラベルに中毒管理の警告がついた市販の家庭用洗浄剤を使っていますか？
- ☐汚れがつきにくい、難燃性の室内装飾品や家具を持っていますか？

- □洋服や寝具などを洗濯する際には、香りつきの合成洗剤や柔軟剤を使っていますか？
- □あなたやペットの食器はプラスチックですか？
- □食べ物をポリ袋に入れて保存していますか？
- □食べ物を加熱する際にプラスチック製の容器を使っていますか？
- □喫煙しますか？　同居人に喫煙者はいますか？
- □芝生に農薬、殺虫剤、除草剤などを使っていますか？　近隣の人はどうですか？
- □コロンまたは香水を使いますか？
- □香りつきキャンドルや、コンセント式などの芳香剤が自宅にありますか？
- □子どもやペットが口に入れるおもちゃでプラスチック製のものはありますか？
- □居住地は、主要大都市圏内か空港のそばですか？

□自宅環境は、害虫や有害生物を防止する処置をしたり、薬剤を撒いたりしてありますか？

□あなたが住んでいる建物は、水害でダメージを受けたり、カビが生えたりしていますか？

点数が高ければ高いほど、潜在的な毒素の負荷が高い可能性があります。では次に、犬の1日を考えてみましょう。どんなものに触れるかを記録するために、愛犬の頭にビデオカメラを装着したと想像してください。あなたと愛犬の生活は、同じ水を飲み、同じソファに座り、同じ空気を吸い、ドライクリーニングした服や香りをつけた肌に触れるなど、重なる部分が多いため、あなたの1日と似たものになるはずです。むしろ犬は地表に近いことや、防護となる服を着ていないこと、あなたほど頻繁に入浴して化学物質や汚染物質を洗い流していないことから、こうした汚染物質にさらに暴露されています。あなたの顔は地表から1・5メートルから1・8メートルほど上ですが、愛犬はわずか数センチです。そして寝るのも、化学物質が不気味に漂うフローリングや、空中に漂う目に見えない微粒子が最終的に降りてくる場所であることがほとんどです。住居用洗剤から出た揮発性物質が空気を満たし、特定の製品に使われている素材からは日常的に、有毒な化学物質が出ています（ビニール製のシャワーカーテンを新調した際のにおいなど）。愛犬の鼻は、あなたの鼻より最大で1億倍も敏感です。床や部屋の隅に隠れているハウスダストには通常、有毒となりかねない物質が含まれており、それが回転草のように集まっていきます。古い家の場合、ペンキが剥げたり欠けたりしやすい窓台や床板の近くに、鉛含有塗料が使われていることもあり、犬が吸い込んだり、口に入れたり、舐めたりする可能性があります。

屋外では、犬は柔らかく青々とした草が大好きですが、もし殺虫剤などの化学薬品が撒かれていたら、湿った足や鼻は発がん性物質にたっぷりと触れることになってしまいます。こうしたものはすべて、かなりの重負荷、あるいは体内蓄積量となります。20年前に行われた複数の研究では、家庭用散布剤（アリ、ハエ、ゴキブリ、クモ、シロアリ、植物や木につく虫などを駆除するさまざまな殺虫剤、芝生管理業者が使うものも含む除草剤、ノミ予防薬［屋内用の噴霧器、ノミよけ首輪、ノミよけ石鹸やシャンプー、スプレー、粉剤、パウダーを含む］）がすべて、子どもとペットいずれにおいても、特定のがんリスクの激増と相関関係があることが示されています。初期の研究のうちもっとも気がかりなものの1つに、マサチューセッツ大学のエリザベス・R・バートン・ジョンソン博士率いる、世界中の大勢の研究者によるものがあります。この研究では、**芝生用殺虫剤（具体的には、芝生管理業者が使用したもの）への暴露により、犬の悪性リンパ腫のリスクが70％も高くなりました。**私たちは何カ月も前に、芝生に使う化学物質の犬へのリスクについて教えるビデオをフェイスブックに投稿したところ、180万人以上に視聴されました。新たな情報を知って驚きを隠せないペットの飼い主たちからの反響は、ものすごいものでした。誰もがショックを受け、多くの人はすぐに行動に移し、芝生の手入れ方法を見直しました。

パデュー大学が行った同様の研究では、化学的に処理された芝生と犬のがんのリスク増加に、強い関連性があることが明らかになりました。同大学での研究では特に、ほかの犬種と比べ、膀胱がんを発症する頻度がかなり高い、スコティッシュ・テリアの膀胱がんのリスクを調べました。膀胱がんを発症しやすいという遺伝的な傾向により、スコティッシュ・テリアは、研究者にとって理想的な「歩哨動物」となります。ほかの犬種と比べ、発がん性物質への暴露がずっと少なくても病気にかかるからです。そして驚くなかれ、パデュー大学のチームは、暴露が多ければ多いほど、リスクが高くなることを突き止めました。化学物質に暴露されたグループの膀胱がんの発症率は、4～7倍も高かったのです。犬と人間のゲノムの類似性のおかげで、人間の遺伝子のなかで、膀胱がんに罹患しやすくなるのが何か、見つけられるようになるかもしれません。

この研究が特に注目に値する理由は、芝生や庭に使う化学薬品混合液に関する、重要な真実に光を当てたためです。つまりいわゆる不活性成分が原因かもしれないという点です。数億キロに及ぶ、未検査の化学物質が毎年、芝生や庭に使われています。農薬のDDTやグリホサートなど、すでに知られている悪者のせいにするのは簡単ですが、文字どおり私たちの目と鼻の先にある、目に見えない原因を正確に見極めるのはもっと難しいものです。

体内蓄積量

パート1で軽く触れましたが、先進工業国で暮らしている私たちの体内には、食べ物や水、空気から取り込んだ数百という合成化学物質が蓄積されています。それが、「体内蓄積量」と呼ばれるものとして、脂肪、心筋や骨格筋、骨、腱、関節、靭帯、内臓器官、脳などほぼすべての組織に溜まっていきます。どのようにして溜まるかは、その化学物質の性質によって異なります。水銀のような脂溶性毒素は脂肪組織に溜まり、過塩素酸塩（飲料水に入り込む可能性あり）のような水溶性毒素は、体内を巡ったあとに尿として排出されるのが一般的です。多くの毒素は脂溶性で、つまり脂肪がある人ほど、毒素を溜めることになります。もう1つ嫌なニュースとして、毒素が水や脂肪を蓄積しかねないというものがあります。体に毒素が過剰に入ると必然的に炎症が起き、体は脂溶性と水溶性の毒素を薄めようとして、水分を保持するのです。

繰り返すと、ほとんどがプラスチックに由来する、こうした化学物質の圧倒的多数は、健康への影響に関する充分な検査が行われたことがありません。プラスチックから出た化学物質は、人体、とりわけホルモン（内分泌系）に吸収されます。そして6歳以上のアメリカ人の93％が、ビスフェノールA（BPA）の陽性になります。BPAとは、読者のみなさんは今ではよくご存知の、人体に悪影響があることが証明されているプラスチック由来の化学物質です。プラスチックに含まれるほかの化合物のなかには、内分泌系への悪影響や、それ以外の健康への弊害があることが明らかになっているものもあります。

アメリカでは、有機リン系農薬、フタル酸エステル類、ベンゼン、キシレン、塩化ビニル、ピレスロイド系殺虫薬、アクリルアミド、過塩素酸塩、リン酸ジフェニル、エチレンオキシド、アクリロニトリルなど、170以上に上る環境汚染物質を検査する方法として、質量分析法を用います。尿サンプルから採取した18種類もの代謝物を使った検査結果は、体内にどれだけの、そしてどのような化学物質が潜んでいるのかなど、自分の体内蓄積量を確認するのに役立ちます。私たちは現在、ペットもこうした検査ができるように取り組んでいます。とはいえ、このような専門的な検査がなくても、まだ生まれていない胎児から老犬に至るまで、誰もが体内に蓄積量があることを示す証拠を、科学者はたくさん持っています。有毒化学物質による汚染は、まん延しているのです。

前述のパデュー大学の研究に携わった研究者の一部はまた、芝生に化学的な処理を施した家としていない家で暮らす犬の尿に含まれる化学物質を記録しました。芝生に化学物質を散布しない家庭でもやはり、草の上を移動（例えば、近所や公園での散歩）したり、単に近所の芝生から化学物質が流れてきたりすることで、ペット（や自分自身）を有害な化学物質にさらす危険性があることが証明されています。除草剤からの気化物質は、想像以上に遠くまで移動するもので、最大3・2キロにもなります。とはいえほとんどが200メートル以内ですが、それでも数軒先の家までは充分届く範囲です。

テキサス工科大学の環境・ヒューマンヘルス研究所で科学者らは、犬のBPAおよびフタル酸エステル類への暴露について、意外な出どころを記録しています。犬が喜んで噛む、「バンパー」と呼ばれるトレーニンググッズやおもちゃです。こうしたグッズは、内分泌系にダメージを与えるため内分泌かく乱化学物質（EDC）にも分類される化学物質がにじみ出てくるプラスチックでできています。これらの化学物質は、人間にも悪影響を与えることが知られており、内分泌系への影響の結果として、女子の思春期早発症との関連が指摘されています。

アドバイス……芝生処理剤のうち、正真正銘の発がん性物質であり、もっとも毒性の強いものは、2，4―ジクロロフェノキシ酢酸（2，4―D）とグリホサート（ラウンドアップの主成分）の2つです。あなたが使っている芝生処理剤を確認してみましょう。判断がつかないときは、使うのをやめましょう。毒素のあるほぼどんな製品またはサービスにも、より安全な代替品はあるものです。

愛犬に足湯させてあげよう

犬の足はまるで、小さな掃除モップの湿ったパッド部分のようなもので、あらゆるアレルゲン、化学物質、その他の汚染物質を拾い上げます。犬は肉球と鼻からしか汗をかかないことを忘れないでください。そのため小さな湿った肉球は、刺激物を大量に集めてしまいかねません。たいていは、愛犬にサッと足湯をさせることで、足を舐めたり噛んだりする時間を劇的に抑えられます。愛犬のサイズによって、キッチンか洗面所のシンクや、バスタブを使いましょう。

シンクかバスタブに、愛犬の足が浸るほどの深さになるよう、数センチほど水をはります。私たちが使っているお気に入りの溶液は、ポビドンヨード液です（薬局やオンラインで手に入ります）。オーガニックで安全、刺激・毒性がなく、抗真菌性かつ抗菌性の溶液です。ポビドンヨード液を、アイスティー程度の色（褐色）になるまで水で薄めます。溶液が薄すぎる場合は、ポビドンヨード液を少し足し、濃すぎる場合は水を足してください。溶液ができたら、そのなかに愛犬を2～5分ほど立たせるだけです。溶液がすべて仕事をしてくれるので、あなたが愛犬の足に何かする必要はありません。もし愛犬が水に入るのに緊張してしまい、話しかけたり歌ったりしても落ち着かなくて水から出てしまうようであれば、ごほうびをあげてみてください。終わったら、トントンと軽く叩くようにして水分を取ったらおしまいです！　これを2～3日おきに繰り返しましょう。

化学物質を含んだ草は、自宅で出会う危険因子の1つですが、90％以上の時間を過ごす屋内で出会うものも同じく危険因子です。化学物質で処理された芝生の上で転げ回り、芝生に顔を埋めるわけでないのなら、屋内環境の方が多くの面で、屋外より有毒になりえます。アメリカの複数機関による共同体が行い、2016年に発表した際に大きなニュースになったメタ分析など、ここ10年の間に行われた数々の研究により、家屋の空気が、有毒な物質がさまざまに混ざったカクテル状態である可能性がはっきりと示されています。多くの場合、免疫系、呼吸器系、生殖器系に有毒な化学物質を含む埃でいっぱいです。こうしたカクテルには、ホルムアルデヒドのような揮発性有機化合物（VOC）や、すすや一酸化炭素のような燃焼副産物も含まれます。実のところ、屋内環境があまりにも有毒なのは、主にVOCが原因です。新車のなかでも、同じ毒素が見つかります（新車特有のにおいはそのためです）。VOCはそこまでの安定性はないため、簡単に蒸発（気化）し、ほかの化学物質と結合して、人が吸い込んだり肌から吸収したりした場合に、有害な反応を引き起こしかねない化合物をつくり出す可能性もあります。VOCは、次のようなさまざまなものに使われています――コロン、カーペット用接着剤、糊、レジン、塗料、ニス、塗料剥離剤、その他の溶剤、木材防腐剤、発泡断熱材、結合剤、エアゾール式スプレー、クレンザー、脱脂剤、消毒薬、防虫剤、芳香剤、プラグ式芳香剤、貯蔵燃料、趣味用品、ドライクリーニングした服、化粧品など。

環境にやさしい代替品を選び、空気に漂う化学物質を最小限に抑えるためにできる限りの手を打っていたとしても、可能であれば家に1台、質のいい空気清浄機に投資することをおすすめします。空気に漂う化学物質は、自宅で汚染物質に触れる最大級の脅威であり、しかも目と鼻の先（と鼻のなか）を気づかないうちに汚染していくのです。空気清浄機は、スモッグ／煙／粒子、化学物質／ガス

／煙霧、カビ／ウイルス／細菌向けにそれぞれ設計されたものがあり、このすべてに対応するものもあります。微粒子の90％以上は、ＨＥＰＡフィルター（高性能微粒子エアフィルター）で効果的に除去できるほどのサイズです。もしあなたや愛犬がアレルギーや喘息に悩まされているなら、空気清浄機が症状の緩和に役立つでしょう。当然ながら、自宅のエアコンのフィルターを頻繁に交換して、配管部分を毎年掃除するのも効果があります。もし今すぐ空気清浄機にお金をかけたくないのであれば、一番手っ取り早く自宅の空気中の毒素を抑える方法は、コツコツとまめに換気することです。窓を開けましょう！

アドバイス……愛犬と一緒にもっとクリーンに暮らせるよう、今すぐすべての家庭用品を変えなければ、とパニックにならなくても大丈夫です。化学物質への暴露を減らすためにできるシンプルな方法があります。洗濯用洗剤が次に切れたときは、無香料で環境にやさしい洗剤に切り替えましょう。ソファや犬用のベッドは、防炎加工など化学的に処理されていますか？オーガニックなブランケットか天然繊維でできたカバーをかけましょう。カーペットが怪しい？ＨＥＰＡフィルターつきの掃除機をかけましょう。全体的に室内の空気が汚れていますか？窓を開け、キッチンやお風呂、洗濯機のある場所などでは換気扇を回して、常に換気をよくしましょう。こうしたことなら簡単に、お金もあまりかからずできるうえ、効果もあります。

それでは、私たちや愛するペットの日常のなかで、前述以外のもので家庭を汚染する悪質な犯人とその出どころをいくつか見ていきましょう。掃除用具、庭に撒くもの、家具や内装、身だしなみ用品を含む消費財など、どこに気をつけて何を変えていけばいいか、理解するのに役立ちます。

左記は、環境に関する研究や、世界保健機関（who.int）、アメリカ環境保護庁（epa.gov）、アメリカの非営利団体である環境ワーキンググループ（ewg.org）などの組織による、家庭内汚染の一般的な出どころを一部リスト化したものです……

エアゾール式スプレー

- 建材（壁、床、カーペット、ビニール製ブラインド、室内設備）
- 一酸化炭素
- 洗浄剤（洗剤、消毒剤、床磨き剤、家具のつや出し剤）
- ドライクリーニングした服
- 暖房装置、暖房器具
- 趣味用品（糊、接着剤、ゴム接着剤、油性マーカーペン）
- 断熱材
- 芝生用および庭園用化学物質
- 鉛
- カビ
- 防虫剤
- 塗料（特に抗真菌性のもの）

●身だしなみ用品
●殺虫剤
●プラスチック
●合板、パーティクルボード
●ポリウレタン、ニス
●ラドン
●室内用脱臭剤、芳香剤、香りつきキャンドル
●合成繊維
●水道水
●たばこの煙
●木材防腐剤

プラスチック劇場……くさい暮らし

プラスチックは至るところにあります。自動車からパソコン、お風呂やペットのおもちゃ、ボトル、衣類、台所用品、保存容器に至るまで、プラスチックは測定不可能なほどありとあらゆるところに存在するのです。ここ10年で私たちは、20世紀の全期間に生産された量以上のプラスチックをつくり出しました。現在出回っているプラスチックのまるまる半数がシングルユースであり、つまり1度使ったらそれで捨てられてしまいます。プラスチック、特に犬用の柔らかいプラスチック製の噛むおもちゃの典型的なにおいは、それが化学物質の混ざりものであることをはっきりと示すものだとは、ほ

とんどの人は気づいていません。健康にもっとも有害なのは、本書ですでに挙げてきたＢＰＡ、ＰＶＣ、フタル酸エステル類、パラベンです。

子どもが触れるようなもの（例えばマグマグや哺乳瓶）を中心に、製品からＢＰＡを取り除くよう求める消費者主導の動きはあったものの、相変わらず製品のなかに潜んでおり、犬用のおもちゃはＢＰＡが多く含まれているので有名です。また、ラベルに「香料」と書かれているものはすべて、問題をはらんでいる可能性があります。アメリカの連邦法によると、「香料」としてラベルづけされている物質はそれが何であれ、その成分をＥＰＡやＦＤＡ、その他いかなる規制機関にも開示する必要はありません。

興味深いことに、フタル酸エステル類は「香料」のラベルのなかに隠れている可能性があります。香りを保ち、原料のほかの物質の滑りをよくするために加えられるためです。また、典型的なプラスチックに含まれているだけではありません。香水、ヘアジェル、シャンプー、石鹸、ヘアスプレー、ボディローション、日焼け止め、デオドラント剤、マニキュア液、医療機器にも入り込みます。ペットケア製品やおもちゃにも含まれます。この類としては初期のものとなる研究で、ニューヨーク州保健局の生化学者らは２０１９年、飼い猫と飼い犬を対象に21種類のフタル酸代謝物への暴露を測定しました。暴露は広範であることが明らかになり、検査したフタル酸エステル類の1種類では、ＥＰＡが人間の許容値としている値の半分に達していました。

有毒なおもちゃ、ガム、寝具

ペット用のおもちゃやガムには一般的に、次の原料が含まれています……

▼フタル酸エステル類……大きな化学物質群であるフタル酸エステル類はここでもまた、ビニールを柔らかくして柔軟性と噛みやすさを向上させるために、ポリ塩化ビニル（ＰＶＣ）製のペット用のおもちゃに加えられることがよくあります。フタル酸エステル類は、ビニールのようなにおいがします。また、原材料のなかに「メチルパラベン」「エチルパラベン」「プロピルパラベン」「イソプロピルパラベン」「ブチルパラベン」「イソブチルパラベン」といった言葉があれば、それがフタル酸エステル類が含まれているヒントになります。ただし、ほとんどのおもちゃは、原材料をラベルに記載していません。難しい話ではありません。犬がビニール製や軟質プラスチック製のおもちゃで遊んだりそれを噛んだりすればするほど、フタル酸エステル類が滲み出てきます。この毒素は自由に動き、犬の歯茎や皮膚から吸収される可能性もあるのです。その結果、肝臓と腎臓にダメージを与えます。

▼ポリ塩化ビニル（ＰＶＣ）……一般的に「ビニール」と呼ばれるもので、比較的硬いプラスチックですが、たいていはフタル酸エステル類のような軟化剤が多く含まれています。また塩素を含むことが多く、そのため犬がＰＶＣ製のおもちゃを噛むうちに、やがて塩素が放出されていきます。塩素は、汚染物質としてよく知られた、危険なダイオキシンを生成します。動物は、がんや免疫系の損傷を受けます。また、生殖面での問題や発達障害とも関連性が指摘されています。

▼**BPA**……ポリカーボネート・プラスチックの原料であり、地元のペットショップで売られているものも含め、さまざまなプラスチック製品に広く使われています。また、ドッグフード用の缶の内面コーティングに使われてもいます（人間用食べ物の缶詰の内面コーティングにも使われています）。2016年発表のミズーリ大学によるある研究では、BPAは犬の内分泌系を乱すことが示されました。また、犬の代謝に混乱を引き起こす可能性もあります。

▼**鉛**……鉛が、主に神経系や消化器系に対して有害な物質であることはみんな知っています。博識な人なら誰だって、鉛中毒を恐れています。ところが、アメリカでは1978年以降鉛塗料が禁止されているにもかかわらず、いまだに鉛がそこらじゅうにあることはあまり知られていません。鉛は、何十年も前に塗装された古い家に加え、例えばテニスボールやペット用のおもちゃなどの輸入品、鉛の釉薬が使用された輸入品の陶器製のフードボウルや水入れ、鉛汚染された水などから、ペットの生活に入り込んでくる可能性があります。

▼**ホルムアルデヒド**……恐らく、初めてホルムアルデヒドのにおいを嗅いだのは（あまりたくさんでなかったことを願いますが）、小学校の生物の授業だったのではないでしょうか。ホルムアルデヒドは、防腐剤として長く使用されています。しかしまた、口からの摂取にせよ、吸い込むにせよ、皮膚から吸収するにせよ、発がん性物質としても知られています。保存標本を入れる容器にしっかりと閉じ込めておくべきものですが、実際にはローハイドの犬用ガム〔動物の皮でつくった骨型の犬用ガム〕にかなり使われています。

▼**クロムおよびカドミウム**……アメリカの消費者向けレビュー・サイトおよびニュース・プラットフォームであるConsumerAffairs（コンシューマーアフェアーズ）が数年前に行った臨床試験により、世界最大級のスーパーマーケット・チェーンであるウォルマートが苦境に立たされたことがありました。同サイトがまとめた毒物報告書によって、同店で売られていたペット用のおもちゃにクロムとカドミウムが高レベルで含まれていたことが明らかになったのです。クロムが多く含まれると、肝臓、腎臓、神経を損傷し、不整脈を引き起こす可能性もあります。カドミウムが多すぎると、関節、腎臓、肺を損傷する可能性があります。

▼**コバルト**……アメリカ大手のペット用品チェーンのペトコは２０１３年、ステンレス製のペット用ボウルが放射性コバルトに汚染されていたとして、リコールしました。これにより、第三者によって汚染が検査された、毒素のないフード用・水用のボウルがいかに重要であるかという認識が改めて高まりました。

▼**臭素**……難燃剤である臭素は、犬用ベッドを含む家具用の発泡材によく使われています。有毒な量になると、吐き気、嘔吐、便秘、食欲不振、膵炎、筋肉のけいれん、震えを引き起こします。

スクイーカーをリサイクルしよう！

犬は、大好きなスクイーカー（押すとキューキューと音が鳴るおもちゃ）が、有毒な素材で包まれているなんて知りません。実は多くの犬にとって、おもちゃで遊ぶ際の目的はたった1つ。おもちゃのなかから音が出る部分を、できるだけ早く取り出すことです。ポリエステル充填材が使われたおもちゃを、興奮しながら大喜びでバラバラにするのは、犬にとって非常に満足度の高い遊びです。スクイーカーがあなたの手元にたくさんあるなら、DIYで、毒性がずっと低いおもちゃにリサイクルできます。音が鳴る部分を紙で包み、それを使い古しの綿の靴下に入れて結びます。その靴下を、新聞紙をくしゃくしゃにしてつくったボールのなかに埋めたら、あの喜びと興奮で遊ぶ姿が（フタル酸エステル類やPVCなしで！）また楽しめます。

●**難燃剤について**……化学難燃剤は、私たちが日常的に使用している製品の多くによく使われています。家具、ファブリック（布）、電子機器、電化製品、マットレス、寝具、パッド類、クッション、ソファ、カーペットなど幅広い家庭用品に加えることが、法律により求められているのです。とはいえ問題は、難燃剤はそれが含まれる製品のなかにとどまり続けないこと。製品から出てきて、ハウスダストを汚染し、犬（や赤ちゃん）が遊ぶ床に堆積します。パート1で指摘したとおり、2019年のオレゴン州立大学の研究では、猫の甲状腺機能亢進症のまん延は、難燃剤が原因である可能性が高いとしています（1980年に甲状腺機能亢進症と診断された猫は200匹に1匹でした。現在は10匹に1匹）。難燃剤を完全に避けるのはほぼ不可能ですが、暴露を最小限にするためにできるシンプルな予防策があります。例えば、難燃剤が吹きつけられた表面に犬が触れないよう、オーガニックのシーツやブランケットを敷いて保護できます。

●ノミ・ダニ駆除薬について……こうした駆除薬は厳密に言うと、殺虫剤ですよね？　駆除薬は、ペットにノミやダニなど害虫がつかないように予防するものです。しかし、それは有毒ではないのでしょうか？　害虫にとって有毒なのであれば、ペットにとっても有毒ではないのでしょうか？

　多くの製品のパッケージには、人の皮膚についた場合、中毒事故管理センターに連絡するようにとの注意書きがありつつ、犬の皮膚に直接塗布するのはまったくもって安全であるかのように示唆されています。ノミ・ダニ駆除薬の一部は近年、綿密な調査の対象となっており、獣医の団体やEPAは警戒を強めています。ブラベクトなどのイソキサゾリン系ノミ・ダニ駆除薬を対象にした2019年の調査では、犬の飼い主3人のうち2人（66・6％）が、異常な副作用を報告したことが明らかになりました。こうした薬品を使わなければならないときもありますが、強力な化学物質の使用を最小限に抑える安全な方法もあります。そしてそうした方法は、犬の耐薬品性や化学物質の負荷を減らすのに役立ちます（第10章では、愛犬のリスクを評価する方法を紹介します）。環境科学者たちは、動物の体や環境にダメージを与えかねない、薬効範囲の広い製品を過剰に使用するのではなく、寄生虫駆除剤の「合理的な使用」に戻すべきだと強く呼びかけています。結局のところ、虫を殺すために愛犬を毒薬漬けにするなら、愛犬と遊ぶ人は同じくらい危険にさらされていることになります。パート3では、もっと控えめな局所または経口の害虫駆除薬の取り入れ方に加え、解毒の方法についても取り上げます。

●PFASについて……有機フッ素化合物（PFAS）は、カーペットから食品包装材、焦げつき防止加工済みの調理器具に至る、幅広い消費財に使われています。水、油、熱に強く、20世紀に開発されて以来、使用は急速に広まっています。この物質が環境の至るところにあるのは驚きではなく、犬のうんちからも高い値が検出されています。この有害物質は、成長、学習、行動に影響するのみならず、体のホルモン系および免疫系に干渉したり、がん、とりわけ肝臓がんのリスクを高めたりする可能性があります。パート3で概要を述べている解毒法は、PFASへの暴露を最小限に抑えるのに役立ちます。

●**芳香剤について**……北米人の80％以上が、スプレー、コンセント式、ジェル、キャンドルなど何らかの芳香剤を使っています。でも、こうした製品に何が入っているか知っていますか？　ほとんどの人は、芳香剤は発売前に安全性がテストされていると思っていますが、驚くべきことに、家庭での使用でこうした製品を消費者に売るために、化学薬品会社はテストを一切求められておらず、許可を取得する必要すらありません（ラベルに表示されている原材料は10％以下）。人工的な香りは主に、VOCでつくられています。VOCは空気中を浮遊し、あなたや愛犬が、目に見えない粒子に触れたり、粒子を吸い込んだりすると、血流に入ってきます。たとえ週1回の使用（バスルームでスプレーするなど）であれ、人が喘息などの肺疾患を発症する可能性が71％も高まることが、研究でわかっています。

こうした芳香剤を配合するために使われている化学物質の多く（ベンゼン、ホルムアルデヒド、スチレン、フタル酸エステル類）は、発がん性物質や内分泌かく乱化学物質、一般的な刺激物として知られており、神経系や呼吸器系の反応や、アレルギー反応を引き起こす可能性があります。また、コンセント式の芳香剤はほとんどが、動物に肺がんを引き起こすナフタレンを含んでいます。また複数の研究で、**ペットではたいていい、化学物質の値が平均で人間の倍になる**ことが示されています。つまり、人間と一緒に暮らすペットの脆弱性の高さがここでもまた、浮き彫りになっているのです。

では昔ながらの無香キャンドルに戻ればいいと思ったのではないでしょうか。ところが、です。ほとんどのキャンドルが、原油をガソリンに精製する際に出る石油副産物である、パラフィン・ワックスでできています。パラフィン・ワックスは加熱されると、アセトアルデヒド、ホルムアルデヒド、トルエン、ベンゼン、アクロレインといった毒素を空気中に放出しますが、このどれもが、がんのリスクを高めます。1度に複数のパラフィン・ワックス・キャンドルを灯すと、EPAが定める室内空気汚染の基準値を上回る可能性があります。また、キャンドルの芯のうち最大30％のものが重金属（鉛）を含んでおり、つまりキャンドルを数時間灯すと、許容範囲を大きく上回る値の重金属が空気中に漂うことになります。パラフィン化合物に含まれ、キャンドルを燃やすことで空気中に放出される有毒な化学物質の数は、めまいがする（うえ発音すらできない）ほどです――アセトン、トリクロロフルオロメタン、二硫化炭素、2―ブタノン、トリクロロエタン、トリクロロエテン、四塩化炭素、テトラクロロエテン、クロロベンゼン、エチルベンゼン、スチレン、キシレン、フェノール、クレゾール、シクロペンテンなど。これらの物質が何かを説明すると、大学の化学の単位に値するほどになるためここでは割愛します。

●**解決法**……ラベルに「香料」と記載されていたり、マーケティング・ツールとして「香りつき」とされていたりする商品は買わないこと。パラフィン・キャンドルの代わりに、蜜蝋、ソイ（大豆）ワックス、ベジタブル（野菜）ワックスでできた無香料のキャンドルを使いましょう。新しいキャンドルは、芯を紙にこすりつけて、鉛が含まれているか確認します。灰色の鉛筆のような痕がついたら、その芯は中心部分に鉛が使われています。芳香剤の代わりに、評判のよい会社から出ているピュアなエッセンシャルオイルのうち、犬にやさしいものを使い、自宅の一室で水を使って香りを拡散させることができます。その際は必ず、ペットが退避できる場所（天然であれ香りが一切加えられていない場所）を用意し、そこへ通じる通路をつくってあげましょう。また、オレンジの皮やシナモン・スティックをコンロの上でグツグツ煮て香りを立たせるのもおすすめです。そして（みんなで一斉に）……窓を開けましょう！

大気の質は、芳香製品や気体放出によるVOC以上に影響する可能性があります。森林火災、都市の大気汚染、スモッグ、受動喫煙、水害を受けた家屋のマイコトキシンはすべて、あなただけでなくペットの呼吸器や全身の健康に影響します。空気の質が悪い要因を特定して、それを除外することが大切です。シンプルに、大気の質がよくない都市部に住んでいるなら空気清浄機を手に入れる、あるいは水害に遭ったことがある家に住んでいるのならマイコトキシンの検査を行う、などでいいのです。

水質の程度は？

残念ながら、この質問に答えるのは簡単ではありません。水の質は、見かけや味からは充分に判断できないのです。あなたは、自分用に汚染のないきれいな水を手に入れるためなら、水道会社、あるいは台所や冷蔵庫の浄水システムに、お金を惜しげもなく使うかもしれません。では、犬の飲み水はどうでしょうか？　水道水には、数え切れないほどの毒素が含まれている可能性があります。公共水道事業から水を引いているなら、自分が住んでいる地域の年次水質報告書を手に入れて、水質を調べることができます。ＮＲＤＣ（天然資源保護協議会）の報告書「What’s On Tap?」がwww.nrdc.

orgで公開されているので確認し、自分が使用している水道事業者（あなたに毎月水道料金を請求してくる会社です）から、年次水質報告書を1部もらいましょう。この報告書には、検出された汚染物質、考えられる汚染源、水道に当該汚染物質が含まれる値が、一覧で記載されています。

ミシガン州フリントで2014年に始まった、水道水に鉛が混入した恐ろしい水道危機は、誰もが知っているでしょう。しかしたいていは、汚染水の存在はそこまで明白なわけではありません。2020年、イリノイ大学アーバナ・シャンペーン校の研究チームは、水の「人為的汚染物質」問題に光を当てた論文を発表しました。つまり、農業や畜産業からの流出、殺菌技術、治療薬の下水への流出など、私たち人間の行為によって、水道水に入り込む汚染物質です。論文は特に、EDC（内分泌かく乱化学物質あるいは「外因性エストロゲン」とも呼ばれる、体内でホルモンのようなふるまいをする環境化学物質）が簡単に水道水に侵入できるために、人間と人間でない動物（つまり愛犬）に害を与えていることを批判しています。マイクロプラスチック、重金属、化学汚染物質は、ペットを含む家族の誰かが水を飲む前に、水道水から除去すべきでしょう。

ろ過浄水器を自宅で使用することを、強くおすすめします。浄水器のなかには、ポット型のように手動で水を満たす必要があるものもありますが、蛇口直結型やアンダーシンク型のように、配管に直接取りつけるものもあります。フィルターのなかには、きれいでおいしい水の提供を目指すものもあれば、健康被害を引き起こしかねない汚染物質を積極的に除去するものもあります。多くのフィルターは、複数のろ過技術を採用しており、浄水器のデザインやろ材によって、塩素、塩素処理副生成物、鉛、ウイルス、細菌、寄生生物など、多くのタイプの汚染物質を低減できます。

靴にはいろいろついている

パート3でもおすすめしますが、ペット（とあなた自身）を有害物質の暴露から守るためにできる、非常に簡単かつ無料な方法に、家のなかでは靴を脱ぐことがあります。ここでいう有害物質には、近隣の芝生に使われた化学物質に始まり、アスファルトや石油副産物に含まれる発がん性物質、舗道の糞便物質、さらには病原性（悪玉）細菌、ウイルス、有毒粉塵、有毒化学物質などに至る、さまざまなものが含まれます。外の世界をずっと歩き回ったその靴底から、何が家に持ち込まれるであろうかは、想像に難くありません。マノロブラニクやトムフォード、ナイキエアのようなおしゃれな靴でさえも、目に見えない有毒物質をあなたが部屋に入るとともに運び込みます。実は、トイレよりも靴の方が有毒であるかもしれないのです！　そのため、愛犬が便器の水をびちゃびちゃ舐めている姿を見つけたとき、ぜひ考えてみてください。もしも自分が料理をしながら食べ物を少し床に落としてしまったら、愛犬がその床を舐めるときにほかに何を舐めてしまうのかを。

環境内の化学物質で体重増？

カリフォルニア大学アーバイン校のブルース・ブランバーグ博士は２００６年、人を太らせる可能性のある化学物質を表現する、「オビソゲン」という言葉を生み出しました。この言葉が警鐘となり、化学物質によって引き起こされる肥満の現象を調べる研究が、次々と行われました。ブランバーグ博士のチームは、たまたま別の理由で調べていた化学物質が、マウスを太らせることに気づきました。彼はこれがきっかけで、私たちがなかなか体重が減らすことがで

郵 便 は が き

料金受取人払郵便

新宿北局承認

647

差出有効期間
2025年11月
30日まで

切手を貼らずにこのままポストへお入れください。

169-8732

（受取人）
東京都新宿北郵便局
郵便私書箱第2005号
（東京都渋谷区代々木1－11－1）

U-CAN 学び出版部

愛読者係　行

愛読者カード

THE FOREVER DOG
愛犬が元気に長生きするための最新科学

ご購読ありがとうございます。読者の皆さまのご意見、ご要望等を今後の企画・編集の参考にしたいと考えております。お手数ですが、下記の質問にお答えいただきますようお願いします。

1．本書を何でお知りになりましたか？
a. 書店で　b. インターネットで　c. 知人・友人から
d. 新聞広告（新聞名：　　　　）　e. 雑誌広告（雑誌名：　　　　）
f. 書店内ポスターで　g. その他（　　　　）

うら面へ続きます

2．本書を購入された理由は何ですか？（複数回答可）

①関心のあるテーマだから
②なんとなく読んでみたいと思ったから　③人にすすめられたから
④タイトルにひかれたから　⑤著者に関心を持ったから
⑥その他（　　　　　　　　　　）

3．本書の内容について

①内容のわかりやすさ　(a. 良い　b. ふつう　c. 悪い)
②内容の役立ち度　(a. 高い　b. ふつう　c. 低い)
③誌面の見やすさ　(a. 良い　b. ふつう　c. 悪い)
④装丁のデザイン　(a. 良い　b. ふつう　c. 悪い)
⑤価格　(a. 安い　b. ふつう　c. 高い)
⑥本書の内容で良かったこと、悪かったことをお書きください。
（　　　　　　　　　　）

4．書籍は、どこで買うことが多いですか？（複数回答可）

①書店　(a．勤務先周辺　b．駅前　c．自宅周辺)
②ネット書店　③古本屋など　④電子書籍販売サイト
⑤最近読んだ書籍で特に印象が残ったものがあれば、お聞かせください。
（　　　　　　　　　　）
⑥今後、ユーキャンで出版してほしい書籍のテーマがあれば、お聞かせください。
（　　　　　　　　　　）

※下記、ご記入をお願いします。

ご職業	1．学生（中・高・大・院・その他） 2．会社員　3．公務員　4．自営業　5．主婦 6．その他（　　　　　　）		
性　別	男・女	年　齢	歳

ご協力ありがとうございました。

きない説明が実は、ほかにあるのではないだろうかと考え始めたのです。研究の結果、この疑問が正しかったことが確認されました。以降、人間や動物を対象にした数多くの研究によって、特定の環境化学物質への暴露と、肥満度の指標であるＢＭＩの高さには強い関連性があることが明らかになっています。

オビソゲンは、通常の発達や脂質代謝（体内での脂質の合成と貯蔵）のバランスを崩すことによって、肥満の要因となります。また、体内の幹細胞が脂肪細胞になるように再プログラムもできます。さらに、オビソゲンに暴露することで、体の食べ物への反応や、カロリーの扱い方も変わります。そして多くの場合、内分泌系にダメージを与える可能性もあります。オビソゲンがもたらす最大級の弊害は、将来の世代にまでその影響が引き継がれる点です。

そうなのです。オビソゲンへの暴露による影響は、主にエピジェネティックの力によって遺伝する可能性があります。オビソゲンが人体にもたらす大ダメージは、子どもや孫、さらにその先へと受け継がれてしまう可能性があるのです。オビソゲンの科学は複雑ですが、私たちの日常にまん延しているのは間違いありません。そしてこれまで取り上げた化学物質（例……化学殺虫剤、ＢＰＡ、有機フッ素化合物の一種であるＰＦＯＡ、フタル酸エステル類、ＰＣＢ、ＰＢＤＥ、パラベン、大気汚染物質）の多くは、オビソゲンと言えます。

騒音、光害、静電気による汚染

スモッグで霞んだ街の景色は、明らかに大気汚染の印です。しかし私たちは、生活のなかに密かに存在している、ほかの汚染──過剰な騒音や光──を忘れがちです。この2つは現代社会の必要悪で、文明としての偉業を映し出していますが、そこには代償が伴います。具体的には、人間が持つ、24時間の太陽日に合った自然のリズムの乱れです。シンプルに説明すると、過剰な騒音と光は健康を損ないます。体が暗闇と静けさを必要とする時間帯ならなおさらです。光害は古くからある問題で、1800年代に、渡り鳥が灯台に突っ込んだという記録が残っています。しかし光害はここ100年で悪化しており、日常的な騒音のレベルも、前の世代の人たちが触れていたものをはるかに越えています。

騒音公害は、極めて大きな音でなくても、消耗させせられます。テレビ（やほかの画面）から出るブーンという単調な音や、典型的な都市生活で聞こえる音（サイレン、芝刈り機、ブロワー、ディスポーザー、雷、飛行機）は、体の自然なリズムを乱します。騒音公害は近年、科学界で詳しい調査の対象となっています。最近行われた複数の研究で、空港の近くに住んでいる人は、大気汚染に伴う心血管疾患のリスクの高まりとは別に、心血管疾患のリスクが高いことが示されています。例えばイギリスの医学誌『ＢＭＪ』に発表されたある研究では、もっとも騒音の激しい地域（つまり空港のそば）に住んでいる人たちは、脳卒中、冠動脈性心疾患、心血管疾患のリスクが高いことがわかりました。しかも、民族性や社会とのつながりの欠如、喫煙、道路交通騒音への暴露、大気汚染といった交絡因子〔調査対象の因子以外に結果に影響を与える因子〕を調整したあとでさえも、そうだったのです。さらに、騒音に対する体の生物学的な反応は、用量依存的でした。つまり、リスクが最大だったのは、母集団のうち2％の、もっとも大きな騒音を経験した人たちだったのです。

音は、電磁放射線と似ています。音の周波数、あるいはピッチは、ヘルツ（Hz）で測定され、1秒間に1回の周期で1ヘルツと定義されています。人間は周波数20～2万ヘルツ、犬は40～4万5000ヘルツを聞くことができます（猫は最大で6万4000ヘルツ）。犬と猫は、人間よりもずっと遠くの音を聞くことができるのです。音の強度あるいは大きさは、デシベル（dB）で測定されます。100デシベルだとすぐに聴覚に損傷をきたし、85デシベル以上の音に長期にわたりさらされ続けた場合もまた、損傷します。

大音量または長期間の騒音に触れ続けたことによる健康障害といえば、騒音による睡眠不足からくるものだろうと思うかもしれませんが、騒音と健康とのつながりは、もっとずっと直接的であることがわかりました。慢性的な騒音は、体に継続的なストレスがかかり、それが高血圧や心拍数の上昇、ストレスホルモン、コルチゾールによる内分泌かく乱、全体的な炎症の高まりを引き起こします。こうした研究結果が、犬の健康にも当てはまるか否かは現在調査中ですが、このリスクの高まりは犬も同様だろうと私たちは考えています。特に犬は、重低音再生用スピーカーのズンズンする音や、サラウンド音響でのニュース番組、常に流れているラジオのおしゃべりなど、不自然かつ疲弊するような音による混乱がない状態で、聴覚刺激を使って環境を評価するようにできているので、なおさらです。例えば、犬は音の大きさや、高低、急な騒音などに敏感になることがよくあり、それは異常な恐怖や不安といった行動面での問題として表れかねません。犬の騒音過敏と恐怖との関係性は、犬種にかかわらずかなり前から記録されてきました。とはいえ、犬種、年齢、性別による違いは実際にあります(年齢の高いメス犬が過敏のリスクがもっとも高い)。

2018年の研究では、イギリスとブラジルの動物行動科学者チームが、騒音と体の慢性的な痛みとの関係性を明らかにしました。研究者らは、騒音で犬が体をこわばらせ、(すでに炎症を起こしてさらなる痛みを引き起こしている)筋肉または関節に追加的なストレスがかかったときに、痛み(診断がついていない痛みであれ)が悪化するのではないかとしています。その痛みはその後、けたたましい音やびっくりするような音と関連づけられ、騒音に過敏に反応するようになったり、敵対的な場面に遭遇した公園や自宅内のうるさい部屋など、以前嫌な経験をした状況を避けたりするようになります。

犬(および猫や馬)の外耳(耳介)の構造は、人間よりもずっと敏感に音を受け取れるようになっています。騒音による聴力損失やストレスは、実験動物を含む多くの種で実証されています。強烈な音や慢性的な騒音への暴露を原因とするストレスホルモンや高血圧のせいで、環境が通常に戻ったあとでも、血圧の高さが何週間も続く可能性があります。犬もまた、騒音からネガティブな影響を受けます。ある研究では、大音量によって心拍数と唾液コルチゾール値が上がり、不安を示す姿勢が誘発されました。一貫して85デシベルという環境では、犬が不安になると報告されています。「聴性脳幹誘発反応」(BAER)と呼ばれる優れたテストを使い、外からの騒音が100デシベルを超えることがよくある施設で飼われていた犬14匹を対象に、聴力損失が測定されました。その14匹はすべて、半年以内に聴力を失いました。騒音への暴露により、この犬たちがどれだけ恐怖や不安を感じたのかは、想像を絶するはずです。

犬の騒音恐怖症には、遺伝子、ホルモン、幼少期の社会化の要素がある可能性があります。ストレスを受けるような状況のあとに犬を落ち着けるには、騒音に敏感な犬の場合、4倍の時間がかかることもあります。そして恐らくその間ずっと、ものすごい量のストレスホルモンを分泌しているはずです。また、非常に低い電磁場（EMF）に置かれると、行動に変化が見られることが、動物研究により示されています。騒音とEMFがなく、「不要な照明」もない場所をつくることをおすすめします。詳しいやり方は、パート3でお教えします（ヒント……テレビ、コンピューター、ルーターなど、継続的にノイズを出す音源や、EMF源となるものを毎晩オフにします）。

光に関して言えば、シフト制労働者に関する研究で、誤った時間帯に光にさらされることで、体にさまざまな負担がかかることが明らかになりました。夜勤の人は、夜間に起きて昼間に寝るよう体を「慣らす」ことができると思うかもしれませんが、この研究によると、そうではないようです。シフト勤務は、肥満、心臓発作、複数種類のがん（乳房、前立腺）、高い割合での早死に、さらには思考力の低下との関連性が指摘されています。そしてそれは、光と人間の概日リズムとの関係と切り離すことができません。前に登場したサッチダナンダ・パンダ博士は、人間と動物の概日時計、とりわけ遺伝子、マイクロバイオーム、睡眠および食事のパターン、体重増加のリスク、免疫系との関連について広く研究しています。

パンダ博士の非常に重要な発見の1つでは、目の光センサーがいかにして、全身が時間に沿うよう働きかけているかが示されました。全哺乳類の体内時計は、脳のなかで感情やストレスに結びついた特殊な部位である、視床下部の交叉上核にあります。目の網膜から情報を直接受け取り、概日時計を

「リセット」する役割を果たします。朝陽を浴びると体内時計の再調整に役立つのはそのためです。

カーテンが閉まったままの家に1日中閉じこもっているペットがうつ病を発症する理由は、脳が健康的なシナプスに必要となる適切な神経伝達物質をつくって分泌できないからだと、パンダ博士は考えています。博士の研究によると、動物の生理機能の調整は一部、目に直接入ってくる光の信号によってなされます。こうした光の信号は、脳内で、そして次に体内で、一連の化学信号を出します。犬が朝屋外にいると、光が脳に、光感受性タンパク質であるメラノプシンを放出し、目を覚ますよう信号を送ります。そしてその日の夕暮れどきに犬が外へ行くと、光が脳に、「睡眠」ホルモンであるメラトニンを放出し、睡眠の準備をするよう信号を送ります。パンダ博士はこう説明します。「目には、うつ、幸福感、メラトニン生成に関係する脳の部位とつながる特殊な細胞——ブルーライトを感知するメラノプシン・ニューロン——があります。実験によると、ブルーライト・センサーであるメラノプシンを動物が日中に活性化しない場合、気分が落ち込むことが示されています」

同様に、人工的な明るい光に過剰にさらされている犬もまた、悪影響を受けます。パンダ博士はこう説明します。「健康的な実験用マウスでさえ、照明に3～4日間照らされ続ければ、病気になります。血液、コルチゾール、炎症値、ホルモンを見てみると、すべてが異常値なのです」。博士はさらに、こうした動物は耐糖能低下になり、糖尿病の初期症状がすぐに出てくると指摘します。そのため、単に気分や行動だけでなく、代謝や免疫系にも関係しているのです。

パンダ博士は、愛犬が少なくとも1日2回、屋外に直接出られるようにして、体内時計をきちんとコントロールできるようにすることは、世話をする者としての私たち人間の責任だと考えています。私たちは、光を感じて概日リズムを維持するためのこの大切な活動を、「スニファリ」と組み合わせることをおすすめします。スニファリは、アレクサンドラ・ホロウィッツ博士の提言で、少なくとも1日1回、犬が満足するまでにおいを嗅がせてあげるものです。私たちのおすすめは、**愛犬が概日リズムを設定できるよう朝数分間スニファリを行い、夜寝る前にもう一度、行うこと**です。これは有酸素運動としての散歩ではなく、脳の健康、概日リズムのコントロール、神経化学物質のコントロール、そして認知面の健康を強化するための嗅覚の刺激を目的としています。

哺乳類動物の体の細胞はどれも概日時計を持っており、この時計は、遺伝子の5～20％を、睡眠の習慣に依存する24時間制の昼夜のリズムに沿って発現するよう駆り立てます。このリズムはその結果、行動や生理機能のさまざまな面の、1日のタイミングを決めます。生理機能における概日リズムには例えば、血糖値バランス、ホルモン分泌、免疫反応などの作用がありま す。行動面での概日リズムには例えば、睡眠・覚醒パターン、食事のタイミング、排便、運動などがあります。こうした行動および生理機能の毎日のタイミングは、食料が手に入るかどうかや明暗サイクルといった環境の変化を予期し、それに備えるために進化してきました。このような生体リズムの乱れは、糖尿病、肥満、がんなど健康面での問題を引き起こすリスクを高めます。

犬と人間の概日リズムと睡眠パターンは異なりますが、原則は同じです。犬も人間も、夜間に充分な睡眠を取ったり、概日リズムを維持するためのパターンを守ったりする必要があります。それによって、ホルモンの分泌から新陳代謝、免疫機能に至るありとあらゆることが影響を受けます。光とのつきあい方の不備や睡眠不足の習慣のせいで、生物学的に甚大な結果をもたらす可能性がありますが、どのような結果かは、科学的にも医学的にも解明され始めたばかりです。

泥んこわんこ――土埃のうえで転がったり、自然のままの緑豊かな牧草地を駆け回ったりするのが大好きな犬――は、汚れわんこ――負荷の大きい、現代社会の残留物にまみれた犬――と同じではありません。それでは、具体的な方法を見ていきましょう。科学を理解すれば、解決法も簡単に理解できます。

長寿マニア、本章での学び

▼私たちは、さまざまな化学物質に常にさらされています。そしてペットは、より多くの「体内蓄積量」を抱えているものです。なぜならペットは、人より地表に近いうえ、暴露を軽減するために人間が取れる予防策をほとんど取れないためです。

▼猫と犬の尿から検出された化学残留物のかなりの部分が、健康的な基準値を超えていることが、研究により明らかになりました。自宅の内も外も「エコ」にすることで、化学物質への暴露を減らしましょう。

▼こうした化学物質は、洗浄剤や芝生の除草剤などわかりやすいところにあります。とはいえ、

意外なところでも見つかります。例えば、香りつきキャンドル、芳香剤、気体を放出する家具（ペット用ベッドも含む！）、水道水、ノミ・ダニ駆除薬、さらには人気のペット用おもちゃを含む、あらゆるプラスチック製品など。

▼犬は特に、過剰な騒音、適切でない時間帯の光、静電気による汚染に敏感です。人工光に過剰に当たると、犬の新陳代謝、免疫機能、気分、行動に悪影響を及ぼします。朝はカーテンを開け、夜は照明、パソコン、ルーター、テレビを消しましょう。

▼1日2回のスニファリ——早朝に1回、夜にもう1回——は、愛犬の体内に備わる概日時計をリセットするのにぴったりです。

▼パート1とパート2のまとめとして、さらにはパート3に備えるために、5つのRを毎日考えるといいでしょう……

1. **Reduce**（リデュース）……加工食品を減らす。
2. **Revise**（リバイズ）……食事のタイミングと頻度を変える。
3. **Ramp up**（ランプアップ）……運動を増やす。
4. **Refill**（リフィル）……サプリメントで不足を補う。
5. **Rethink**（リシンク）……環境からの影響（ストレス、毒素への暴露）を考え直す。

さっそく取りかかりましょう！

PART 3

フォーエバードッグの育て方

Pooch Parenting to Build a Forever Dog

7 健康的な長寿に向けた食習慣

善き食事と薬は同じ源から。

――中国のことわざ

2020年のクリスマス・イブ、ベッカー家に、思いがけずすばらしい幸運が訪れました。ホーマーです。飼い主の男性が地元の介護施設で亡くなったため、12歳のグレン・オブ・イマール・テリアがホームレスになっている、という噂を私たちは聞きつけたのです。ということで、ホーマーはそこまで長くホームレスでいなくて済みました。ホーマーはクリスマス・イブ、私が与えた一口サイズの生野菜すべてにノーと言ったものの、クリスマス当日には、ひとかけの蒸しニンジンとリンゴにイエスと言ってくれました。この日以来、新しい食べ物を毎日試しています。数カ月前には拒否したものでも今では夢中になって食べており、味覚、マイクロバイオーム、栄養摂取量をどんどん増やしています。それまで食べていた「胃にやさしい」超加工ドッグフードを少しずつやめさせ、今では未加工のさまざまな食べ物を味わっており、健康面にもポジティブな影響が出ています。乾燥したボサボサの被毛は光沢のあるツヤツヤしたものになり、抜け毛もかなり減り、おならの問題も解決し、ぽっ

理想のQOL曲線はどっち？

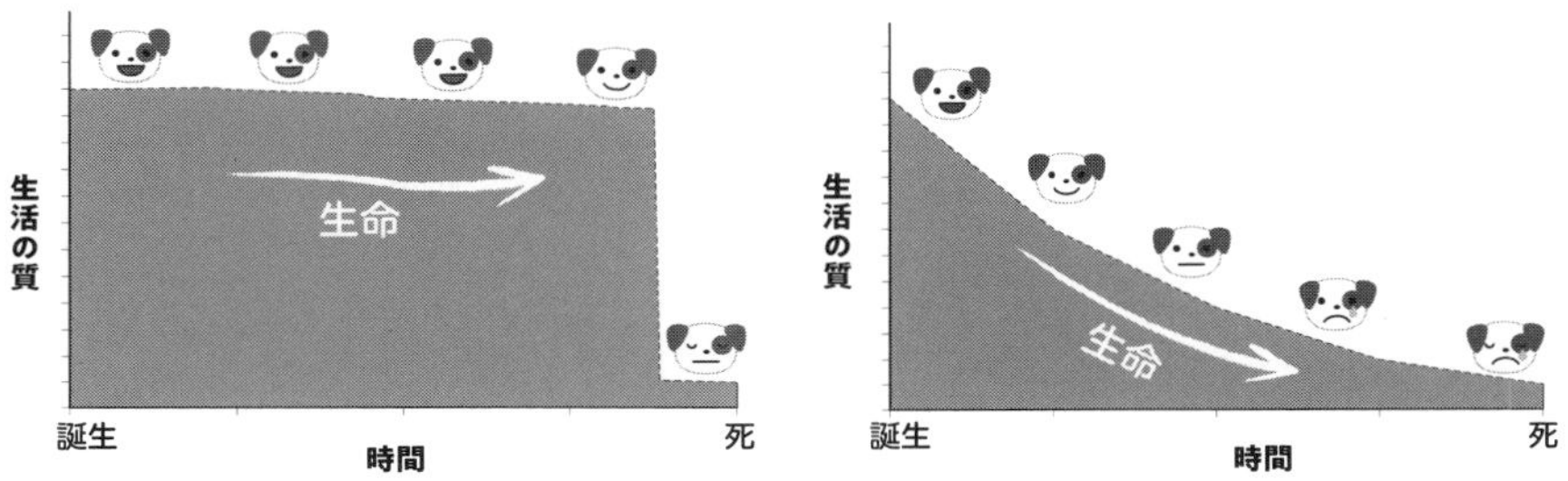

ちゃりしたお腹もなくなり、口臭も改善し、動きもよくなりました（こわばりが減り、体力もつきました）。

健康と元気を取り戻す、こうした感動的なエピソードは「長寿マニア」の間によくある話ですが、それには理由があります。新鮮な食べ物は、犬にすばらしい変化をもたらすのです。25年のキャリアを誇る今でも、このような大きな変化を目にすると目眩がします。ホーマーと寄り添いながら、かけがえのないこの命が改善した——ほぼ間違いなく長生きにつながっている——と確信できるのは、魂が満たされる思いです。それは、本物の食べ物が持つ、シンプルでありながら、ものすごいパワーのおかげ。端的に言うと、私たちが愛犬に与えられる最高の贈り物です。

あなたは、上の図に示された2つの道のりのうち、どちらを愛犬とともに歩みたいですか？

十中八九、左を選ぶでしょう。つまり、生涯ずっとハッピーで過ごし、ある日ぐっすり寝ている間に、パッとこの世を去る生き方です。まるで、止まる寸前まで力強く時を刻んでいた時計のように。当然ながら、アップダウンや、人生につきものの落胆と喜びはありますが、長年にわたり命が奪われ、魂が削られるような身体的な悪化はなく、認知力や可動性を失うこともなく、年月の流れにもかかわらず、生活の質に低下はありません。息を引き取るそのときまで、しっかりと生きる。それってすばらしくないですか？　そして愛犬にも、そう生きてほしくないですか？　私たちが本書を書いたのは、それが理由です。

本書の実践部分へようこそ。もしかしたら、「何をすればいいのか、早く教えて！」と思っているかもしれませんね。でもまずは、自分をねぎらってあげてください。ここに到達するまでに、あなたはものすごい量の科学的知識と情報を得てきました。そして次のセクションでは、その情報をすべて、実践に移します。詳細をすべて覚えておかなくても大丈夫です。むしろ、何らかの変化をもたらすことで、愛犬の健康（と幸せ！）全般がなぜ、どのようにして改善するのか、という基礎を理解することの方が大切です。同じように大切なのは、特定の状況、時間、予算、傾向に合った変化をもたらせるように、私たちがお教えするという点です。恐らくみなさんは、哺乳類の体が持つ非常に効率が良い習性について、現代の医師や獣医のほとんどよりも多くを、本書で学んだでしょう。もしまだ、これまでに読んだ内容に基づき生活の何かしらを変えていないのなら、今こそそのときです。

本書の提案を実践すれば、あなたと愛犬が質の高い生活を送れる期間が、それだけ長くなります。本書では、大盛りの「ハウツー」と、付け合わせには「なぜ」の科学的な説明をつけてお出ししています。これは重要なのですが、その理由は、「なぜ」を知らずに生活習慣を変えてそれなりに根づかせるのは、かなり難しいからです。この「なぜ」を理解していれば、そのあとに続く「ハウツー」はわかりやすく、楽しく、やりがいのあるものになります。**目標は、最後の瞬間まで、できるだけ元気で幸せに暮らすフォーエバードッグを育てる、という高いところにありますが、実現は可能です。**さらにはそれにより、献身的な飼い主として、あなた自身も健康面で多くの恩恵を得ることになります。医師が測定する数値に表れるような身体的な健康面の向上に始まり、自信や自己肯定感の高まりや、若々しい気分、人生と未来を自分でコントロールできるという感覚など、目には見えない貴重な恩恵も得られるようになるのです。一言で言えば、今よりも健康に、幸せに、生産的になります。そしてその成功がさらなる成功を生み出します。ちょっとした変化からこうした恩恵が目に見えて得られるようになると、もっとやってみようという気になるかもしれません。あなたが自分とペットのためにきちんと取り組めると、私たちは確信しています。誰もが、大きな見返りを得られます。一番大切なのは、本書の提案を、いっぺんに取り入れる必要もなければ、すべて取り入れる必要もないということです。一番簡単で、自分にとってしっくりくるものから始めてみましょう。

私たちがＳＮＳで取り上げる話題でもっとも人気なのが、スーパーフードとサプリメントです。例えば、スコティッシュ・テリアに関して、種類を問わず野菜を最低週３回食べさせると、移行上皮がんの発症リスクが70％下がるというデータを投稿しました。このがんはＴＣＣとしても知られ、高齢の（スコティッシュ・テリアのような）小型犬の膀胱や尿道にもっともよく見られます。ところが、緑黄色野菜または葉物野菜を少なくとも週３回摂取した場合、ＴＣＣの発症リスクがそれぞれ70％と90％、低下するのです。ペットのママやパパは、この情報を喉から手が出るほど求めています。人生が変わるほど役立つ科学の知恵を、健康を求めるコミュニティにシェアできる立場にいられることを、私たちはとても光栄に思います。

もっとも大切なのは、こうしたシンプルで簡単な「長寿フード」を加えるという行為には、愛犬の健康にとてつもない影響があるということです。「フードボウルに追加すること」で一番いい点は、今あなたが愛犬に与えている食べ物が何であれ、そこに加えればいいというところです。目に見える形で健康面を改善するために、愛犬の生活を何もかも今すぐ変える必要はありません。**ほんの少しの「長寿フード」が、アンチエイジングになる強力な栄養素と補因子によって、愛犬の今のフードを強化してくれます。**小さな変化一つひとつが、最高の健康と長寿に向けた一歩となります。

もしかしたらあなたは、健康とウェルネスを求める旅路を愛犬とともに歩むという考え方に、本書で初めて触れたかもしれません。私たちが知っている健康マニアの多くは、私たちのフェイスブック・ライブを見るまで、自分が愛犬にどれだけの「ファストフード」を与えていたか、考えたことすらなかったことを恥ずかしく感じています。そして、やるべきことをすべてやらなきゃ、と必死になり、何か忘れたものはないかとすっかり不安になってしまうのです。

次世代のペット・ペアレント（や人間の科学者と研究者）の多くは、パート1と2で説明した長寿の原則や科学的知識をよく知っています。そして彼らは現在、犬の生活習慣の包括的で徹底的な見直しをいかにして始めるべきか、方向性を探し求めています。私たちの目指すところは、犬を飼うすべての人に、選択肢がたくさん詰まった道具箱を提供することです。そうすることで、みなさんは自分が（そして愛犬が）納得いくペースで、アラカルトのように好きなものを選んで生活習慣を変えていくことができます。私たちはこれを、シンプルな「フォーエバードッグ・メソッド」を使って行います。

▼**D**iet（食習慣）と栄養
▼**O**ptimal（最適）な動き
▼**G**enetic（遺伝的）傾向
▼**S**tress（ストレス）と環境

本パートでは、たくさんのリストやアイデアを提供して（例……愛犬と一緒に食べられる長寿フード、絶対に与えるべきでない食べ物、抗不安薬として使える安全なハーブ療法、サプリメント売り場の歩き方）、みなさんが自分と愛犬の生活に合わせられるようにお手伝いします。愛犬に合わせてカスタマイズできる生活習慣のプランだと思ってください！　あなたが愛犬の健康についてどこを目指すのであれ、まずは私たちが最初に取りかかるべきと考えていることから始めましょう。それは、本物の食べ物を使った食事と栄養です。

食事と栄養

長寿に向けた前向きな変化はすべて食べ物から始まるということは、すでにはっきりとみなさんにお伝えしてきました。犬であれ人間であれ、究極的にこの地上での経験を向上させ、この世を去るタイミングを延ばすのに必要な健康面での変化は、食事と栄養にかかっています。良質の栄養によって、私たちは理想的な体重を維持し、マイクロバイオームを育て、新陳代謝、デトックス、生理機能全体を支援します。これらは、健康のすべてに影響します。そして、最高の健康を維持するために、もっといろいろ取り組もうという気にさせてくれるのです。例えば、質のいい睡眠を取る、運動して体力をつける、ストレスや不安をコントロールする、さらには悪影響を与えかねないものへの暴露を含む、生きるうえで避けて通れない困難に耐えるといったことです。

愛犬にとってどんな食べ物が最善かは、年齢や健康状態、基礎疾患など、いくつかの要因によって異なります。私たちは、犬にもっと新鮮な食べ物を与えるべきだという考えを強力に推奨しています。それは、どういう意味でしょうか？

愛犬のフードボウルの栄養価を徐々に引き上げる

愛犬のごはんに関しては、時間にもお金にも限界があるものです。愛犬に最高のものを与えたいとは思っても、現実も考えなくてはいけません。ある調査によると、愛犬のフードボウルにドッグフード以外のものを加えている人の割合は、87％に上ります。とてもいいことだと思うのですが、カギとなる長寿フードもまた必ずフードボウルに入れるようにすることで、愛犬の健康を気遣う飼い主の思いをフルに活かすことができます。

次の章では、今あなたが与えているドッグフードと、今後買おうと思っているもっと新鮮なフードを扱うブランドのドッグフードについて、何を基準に評価すべきかをお伝えします。もっと新鮮なブランドやフードにアップグレードしたいと思った場合、「全部変えるかまったく変えないか」という二者択一のアプローチである必要はありません。愛犬のごはんをパワーアップするための方法は限りなくあります。とはいえ、取り組みやすくするように、愛犬の栄養を改善するためのステップを2つに分けました……①長寿フードを取り入れる、②本書で紹介している「ペットフード・ホームワーク」を完成させたあと（ホームワークと言っても難しくないので安心してください）、愛犬の日々の食習慣を評価して、必要なら変更する。

長寿フードを取り入れる

今愛犬に何を与えているか、あるいは今後何を与えるかにかかわらず、私たちがみんなに提案する出発点は、愛犬の摂取カロリーの10％を、長寿フードでまかなうよう努力することです。適当に10％と言っているわけではありません。10％にした理由は、この程度の変更に、異論を唱える獣医や獣医栄養士はいないであろうからです。**獣医の世界には、10％ルールというものがあります。愛犬の摂取カロリーの10％は、栄養的に不完全な食べ物から摂取してもよく、そのために栄養のバランスが崩れることはありません。**多くの人は、（おまけ分である）この10％を、質の悪いでんぷんや炭水化物がたっぷり入ったジャンクフードのごほうびを与えて無駄に（そしてときには恥ずべき方法で）消費しています。カロリーの10％の部分が持つ健康面でのメリットを最大限に活かすために、質が悪く、生物学的にストレスがかかる（栄養価が皆無なうえ愛犬の健康に悪影響を与える）ジャンクなごほうびを長寿フードに切り替えるよう、私たちは今すぐにでも、あなたを説得したいと思っています。

私たちは何も、ごほうびとして売られているものはたいしたものではないと言っているわけではありません。それでも、ごほうびの種類やいつ、なぜあげるかについては、考え直してほしいと思います。ごほうびのタイミングについては、あとで犬の概日リズムについて取り上げる際に触れますが、ここでは、ごほうびというコンセプトの捉え方を改めてほしいと思います。まずは、ごほうびを「おやつ」と考えるのをやめましょう。むしろごほうびは、愛犬の細胞に栄養を与える、体を「医学的に治療する」食べ物として捉えてください。実際に臓器の機能、マイクロバイオーム、脳、エピゲノムを健康的にしてくれる、新しいヘルシーなごほうびである、すばらしい長寿フードを体に与えているところを想像してみてください。これを行うには、工場でつくられた超加工フードであるおやつを、長寿フードに置き換えることです。ちょうど、人間が午後に甘いおやつを食べる代わりに、ナッツ類や、手づくりのワカモレ・ディップと野菜スティックを食べるようなものです。小さな変化が、大きな効果をもたらす可能性があります。

愛犬が、その新しい健康法、ちょっとやりすぎじゃないの？　という目で見てくるかもしれない、という不安もわかります。「いつものおやつはどこ⁉」とすがるような目で見つめられるのを恐れているかもしれません。でも、愛犬の毎日のカロリーの10％を「誤った」使い方をしてしまったら、長寿の目標への努力を一部帳消しにしてしまいかねないことは、指摘しておきます。健康意識が高い人の多くが、ごほうびは愛犬の健康には関係がないと考えています。けれども、私たち人間が最高に健康的な食事をしても、最後にチョコレートケーキを食べたら帳消しになってしまうのと同じように、最高に健康的な食事法でさえも、質の悪い炭水化物ばかりのペット用のごほうびで台無しになるのです。最好きに使える1日10％のカロリーのすべて、あるいは一部を、愛犬を細胞レベルで守り、栄養を与えるべく、ぜひうまく活用してください。

ありがたいことに、長寿フードのほとんど（とりわけ生の野菜と果物）はカロリーが非常に低いため、カロリー面ではたいした数字になりませんが、たとえ小さな一口でも健康にはかなり貢献します。長寿フードは栄養の宝庫であるため、大量に与えなくても健康面で大きなメリットを享受できます。

何よりも、ごほうびとして与えることもできれば、ごはんとして直接、愛犬のフードボウルに加えることもできるのです。そのため、私たちは長寿フードを「トッピング」とも呼んでいます（フードボウルに入っているのが何であれ、その「トッピング」として使えます）。愛犬に日常的にごほうびをあげていない場合、長寿フードは「主要長寿トッピング」として、今あなたが愛犬に与えているごはんに混ぜてください。

長寿フードのなかには、トレーニング用ごほうびとして使いにくいため（例えば発芽野菜は、もさもさしていてごほうびとしてきれいに収まりません）、健康的なごほうびとしてではなく、トッピングとして使う方がいいものもあります。ごほうびとしてあげやすい長寿フードをリストアップしたので、ご参照ください（３４１ページ）。ここに記載されているものはどれも、小さく豆粒大にカットして、おやつやごほうびとして終日与えられます。そのとおり。あなたの愛犬がミニチュア・オーストラリアン・シェパードであれイタリアン・コルソ・ドッグであれ、「ごほうび」（トレーニング時の報酬として使う長寿フード）は豆粒大にすることをおすすめします。大きな犬の場合は、これを多めにあげてください。ごほうびにジャンクフードを食べ慣れてしまった好みのうるさい犬なら、芽キャベツ１／４個をすぐに食べさせるのは難しいでしょうから、まずは内臓肉を軽く蒸し煮するか茹でるかしたもので始めてみましょう（ここでも、文字どおり豆粒大にします。栄養満点で犬が大好きなさまざまな内臓肉のリストを３２４ページに掲載していますので、ご参照ください）。火が通った肝（キモ）や鶏ハツを嫌がる犬はほとんどいないはずです。次回、ごほうび用に内臓肉を調理する際は、ニンジンも同じ鍋に入れましょう。好き嫌いが激しくても、鶏肉の味がついたニンジンは大好きという子はたくさんいます。愛犬が生のニンジンを食べ慣れるまで、時間をかけて調理時間を少しずつ短くしていきます。

日中に家にいない人の場合、「ごほうびのプレッシャー」を感じることはないはずなので、長寿フードは、今愛犬が食べているごはんのトッピングとして使えます（好き嫌いの激しい犬なら、新しい「健康フード」はいつもの食べ物に隠すようにして、フードに直接混ぜてあげましょう）。10％ルールのいいところは、この部分が、必ずしも栄養のバランスが取れていなくてもいい点です。長寿の魔法をかける「おまけ」なのです。もしその日与えようと選んだものを愛犬が鼻であしらっても、落胆する必要はありません。次のごはんでは、もっと風味の少ない長寿フードを選び、量を減らしてみい、じん切りにしたものを与えてください。犬に新しい味を試してもらうために、「長寿マニアの手づくり骨スープ」（335ページ）を加えるのもいいでしょう。比較的年齢の高い犬の味蕾を目覚めさせるには数カ月かかることもありますが、根気よく続けてください。また、愛犬の経験、好き／嫌い、健康面での問題を記録するためにぜひつけてほしいのが、日誌であるフォーエバードッグ・ライフログです。昔ながらの紙のノートでもいいですし、デジタルファイルにしてパソコン

酸化ストレスを減らす食べ物

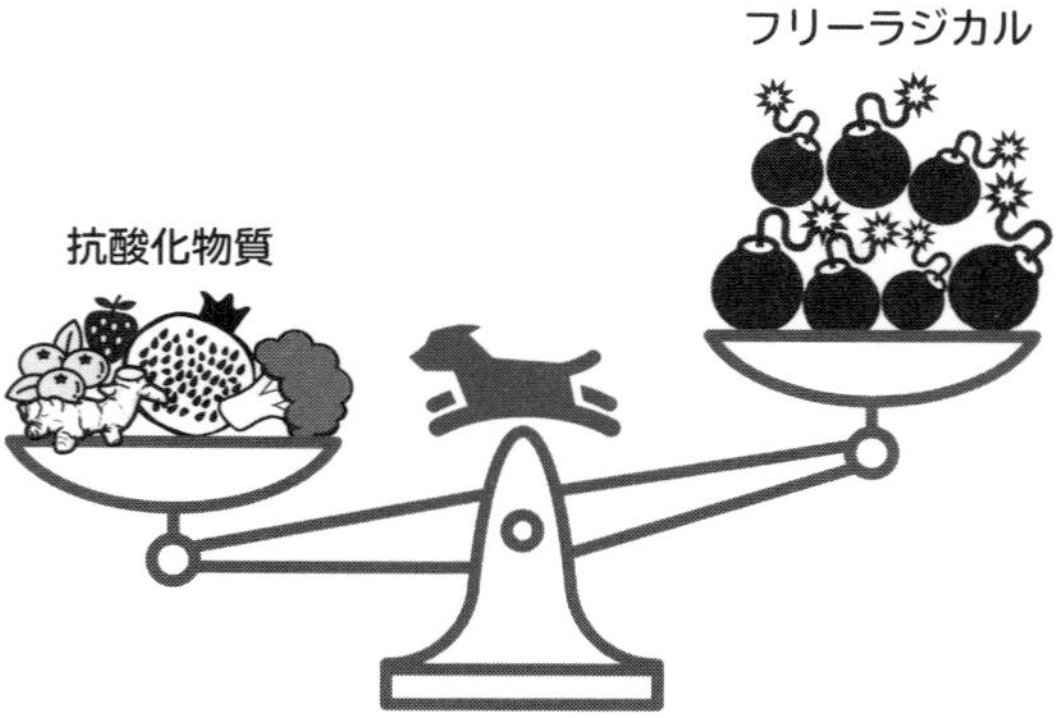

でつけてもいいでしょう。また、フィラリアの薬を与えた日、下痢が始まった日、新しいフードやサプリを始めた日、など愛犬の日常の変化を書いておくのにも役立ちます。

長寿フードは、酸化ストレスを減らし、エピゲノムにポジティブな影響を与えるのに、強力な効き目を発揮します。その結果、究極的には愛犬に内在するDNAがどうふるまうかに影響を与えます。主要長寿トッピング（フードボウルに加えるもの）のおかげで、状況は日々、前向きに変わっていきます。愛犬の体に、フリーラジカルを抑える抗酸化物質、長寿につながるポリフェノール、有益なファイトケミカル、さらには食物連鎖の中で受け継がれ、愛犬のエピゲノムに健康的な言葉を囁いてくれる重要な補因子などの、絶え間ない流れを提供してくれます。

考えてみよう……もしあなたの愛犬がぽっちゃり体型で、ちょっと減量が必要であれば、愛犬の食事の10％を主要長寿トッピングに変えてもいいでしょう（これまで与えていたフードのカロリー10％分を長寿フードに置き換えます）。もし細身な子であれば、いつもの食事量に10％分をプラスできます。

10％分の主要長寿トッピング……今あなたが愛犬に与えている（あるいは将来的に与える）フードのブランドが何であれ、そこに長寿フードを主要長寿トッピングとして加えます。すでに説明したとおり、愛犬の1日の摂取カロリーの10％は、バランスの取れた総合栄養食である「ドッグフード」以外から摂取できる（つまりごほうびなどの食べ物）という点で、世界中の獣医が合意しています。広く受け入れられているこの「10％ルール」が、あなたの愛犬の健康面でメリットになるよう、本書では超加工ごほうびを主要長寿トッピングに置き換えることにしています。これを、「10％分の主要長寿トッピング・ルール」と呼びます。現在与えている、健康面でとりたててメリットのない超加工ごほうびを、栄養がモリモリの長寿フードに置き換えましょう。

ごはんのプランやフードボウルの中身をカスタマイズする方法は、数え切れないほどあります。10％きっかりになるようこだわったり、今すぐ何かを決めなければいけないと焦る必要はありません。栄養は、精密な科学というわけではありません。あなたが食べ物にどんな信念を抱いているかや、何があなたと愛犬にとってベストかに合わせて、いつ気が変わってもいいし、割合を変更してもいいし、ブランドを変えてもいいのです。現時点ではただ、フォーエバードッグのごはんのプランが、あなたの愛犬の場合はどんな感じになるのか、想像してください。つまり、愛犬の今夜のごはんを変える必要はありません。その代わりに、長寿フードを使って、愛犬のフードボウルに乗せるものを多様化し始めるということです。次の章では、愛犬の基本のごはんを評価する方法を学び、必要であれば、多種多様なフード・カテゴリーやブランドを選ぶことで、質、生物学的な適切さ、新鮮度、栄養価を改善します。まずは、本書のパート1とパート2で学んだことを踏まえ、愛犬の栄養面での目標を考えましょう。私たちは、みなさんが本書で得た科学的知識のおかげで勇気と自信を持ち、これまで直感的に正しいと感じていたことを常識をもって確かなものにすることを確信しています。

「愛犬の面倒をしっかり見ていますね。ほとんどの人は自分のことだってそこまでしませんよ」と誰かに言われたときに、特に自信を感じるでしょう。確かに、桁外れの健康をつくるのは、簡単ではありません。愛犬に与えさえすれば、体に活力がみなぎり寿命が倍になる、なんて薬はないのです。愛犬のために下す決断にはすべて、良くも悪くも健康面での結果が伴います。そして次世代の飼い主は、心身の健康を意図的につくれるタイミングには限りがあることを知っています。私たちはまた、健康という定義そのものが、人によって異なることもわかっています。みなさんの考えに合わせつつ、愛犬の心身をもっと健康にするためのアドバイスを提供したいと考えています。

主要長寿トッピング……愛犬と毎日分け合えるスーパーフード

すばらしい長寿の効果が期待でき、愛犬の栄養状態を健康のあらゆる面で促進してくれる食べ物はたくさんあり、愛犬の今のフードに混ぜることも、ごほうびとして使うこともできます。

生野菜と低糖質の果物は、食事全体の割合としては少量に留めるべきではありますが、犬にとって非常に重要です。野生にいるオオカミとコヨーテは、極めて重要な栄養源として、草、ベリー類、野生の果物や野菜を食べます。食物繊維のみならず、肉や骨、臓器には含まれない各種栄養素をこうしたものから摂取しているのです。植物質を充分に含まない犬の食事の場合、健康的なマイクロバイオームの生成が少ないことが、研究により明らかになっています。植物から摂れるもっとも重要な成分には、ポリフェノール、フラボノイドなどのファイトニュートリエント（植物性栄養素）がありま す。複数の研究で、食生活にポリフェノールを加えることで、酸化ストレス・マーカーが著しく下がることが示されています。ポリフェノールは、多くの食べ物に含まれています。

私たち人間は、コーヒーとワインからポリフェノールをたっぷり取っていますが、当然ながら、朝のコーヒーやディナーでのワインを、愛犬と分けるのはおすすめしません。人間の場合、適量のコーヒーやワインが、アンチエイジングに効果のあるポリフェノールの微量な供給源になっていることがよくあります（多くの人にとっては、1日に取る食物性の抗酸化物質の唯一の供給源がコーヒーです）。とはいえ、次ページの表にある食物はすべて犬にやさしいため、フードにかけたり、自分が食べる際に分け与えたりできます。

犬が生物学的に必要とする食物繊維（野菜）の量は比較的少ないものの、消化器官やマイクロバイオームを修復し健康に保つには、野菜を食事に含めることが非常に重要です。野菜からは、結腸内での短鎖脂肪酸生産に必要なプレバイオティクス〔消化・吸収されずに大腸まで到達して大腸に生息する微生物の餌になる〕の食物繊維が摂取できます。さらに、健康的な排泄の維持に必要な水溶性繊維と不溶性繊維や、免疫力を高め、抗酸化作用を促進するファイトニュートリエントも得られます。

このあとに記載したリストは、基本となる犬のごはんに主要長寿トッピングとして与えたり、トレーニング用ごほうびとして終日与えたりすることで、愛犬の食事に貴重な栄養を加えることができる、常に冷蔵庫にありそうな野菜や果物の一例です。**主要長寿トッピングとは、生のまま、あるいは軽く調理（調理する場合、飼い主にとっても愛犬にとっても、蒸すのがおすすめ）して与えられる、豆粒大の新鮮な食べ物です。**自分が夕食に食べようと昨晩調理した残り野菜を、愛犬の朝食に今日リサイクルしたっていいのです（胃腸を刺激しかねないソースがついていないよう気をつけてください）。犬にやさしい人間用の食べ物は、みじん切りにして愛犬のフードに混ぜたり、少し大きめの豆粒大に切ってトレーニング用ごほうびにしたりできます。いずれにせよ、愛犬は新鮮で加工されていない食べ物を口にすることになります。捨てようとしている野菜くずを、もう一度よく見てみましょう。ニンジン、セロリ、サヤインゲン、その他、犬に安全な野菜の頭やしっぽの部分は、細かく刻ん

ポリフェノールの種類

分類		代表的なもの	含まれる食物
フラボノイド	アントシアニン	デルフィニジン、ペラルゴニジン、シアニジン、マルビジン	ベリー類、サクランボ、プラム、ザクロ
	フラバノール	エピカテキン、エピガロカテキン、エピガロカテキンガレート、プロシアニジン	りんご、洋梨、紅茶
	フラバノン	ヘスペリジン、ナリンゲニン	柑橘類
	フラボン	アピゲニン、クリシン、ルテオリン	パセリ、セロリ、オレンジ、紅茶、はちみつ、スパイス
	フラボノール	ケルセチン、ケンペロール、ミリセチン、イソラムネチン、ガランギン	ベリー類、りんご、ブロッコリー、豆類、紅茶
フェノール酸	ヒドロキシ安息香酸	エラグ酸、没食子酸	ザクロ、ベリー類、くるみ、緑茶
リグナン		セサミン、セコイソラリシレシノール・ジグルコシド	亜麻仁、ごま
スチルベン		レスベラトロール、プテロスチルベン、ピセアタンノール	ベリー類

で愛犬のフードボウルに加えられます。愛犬に与える新鮮な食べ物（生であれ調理済みであれ）はすべて、小さな一口サイズに必ずカットしてあげましょう。一度に１つずつ与え、すぐに気に入ったものはどれか、今は食べてくれないのであとでまた試すべきなのはどれか、ライフログにメモしておきます。

リストの各アイテムを説明する際、ロドニーが飼っている９歳のノルウェジアン・パフィン・ドッグのミックス犬で、体重14キロ弱のシュービーには、いつもどのくらい与えているかをお伝えします。自由に使える10％のカロリー分は、新鮮な食べ物を大きく１つあげて使ってしまうのではなく、一口サイズの小さなものをたくさんあげることをおすすめします。これらはスーパーフードなので、大きな効果を引き出すのにたくさん与える必要はないことを忘れないでください。犬にセロリを与えすぎることなど、そうそうはできません（あなたの愛犬が、オフ・スイッチのないラブラドール・レトリバーやゴールデン・レトリバーでもない限り）。カロリーが極めて低いこうした食べ物は、カロリー計算せずに与えても大丈夫ですが、例外はその旨を記載してあります。目指すべきは、マイクロバイオームを構築し、細胞内の栄養、抗酸化物質、ポリフェノールを強化するために、非常に新鮮で多様性に富んだ食べ物を食べさせることです。可能であれば、オーガニックか無農薬のものを買うようにしましょう。

長寿野菜

●セリ科野菜の一部（例……ニンジン、パクチー、パースニップ、フェンネル、セロリ、パセリ）

……これら珠玉の野菜には、抗菌、抗真菌、抗マイコバクテリアの作用を持つ稀な有機化合物の一種、ポリアセチレンが含まれます。がんを引き起こす物質のいくつか、とりわけマイコトキシン（アフラトキシンB1を含む）の解毒に重要な役割を担います。フィードグレードのペットフードにおけるマイコトキシン汚染は深刻な健康リスクであり、いったん愛犬がマイコトキシンを食べてしまったら、除去は困難かもしれません。ここで挙げたセリ科野菜を与えると、有毒物質の代謝を高めるのに役立ちます。生であれ調理済みであれ、有機ニンジンやパースニップのスライスはトレーニング用ごほうびにぴったりですし、パクチー、パセリ、フェンネルはみじん切りにして、フードに混ぜてもいいでしょう。研究では、パクチーは重金属（これも市販のペットフード業界の問題になっています）の解毒に対し、クロレラとシナジー効果を発揮することがわかりました。45日以内に、平均で鉛87％、水銀91％、アルミニウム74％と自然に結合したのです！

●芽キャベツ……芽キャベツを含むアブラナ科の野菜には、膀胱がん、乳がん、大腸がん、胃がん、肺がん、膵臓がん、前立腺がん、腎細胞がんに対してポジティブな効果があることが、がん研究によって明らかになりました。これは、「インドール３カルビノール」と呼ばれる生物活性化合物（体に作用する化合物）のおかげでもあります。芽キャベツは、腸内環境を整える食物繊維のほか、フラボノイド、リグナン、葉緑素も含んでおり、さらにビタミンK、ビタミンC、葉酸、セレンも豊富です。ほとんどの犬は、生よりも蒸すなどして軽く調理した芽キャベツを好むでしょう。

●きゅうり……ほとんどが水分でカロリーのない、シャキシャキした歯ざわりのきゅうりは、愛犬の水分補給になり、ビタミンCとKを与えるのにもぴったりです。きゅうりにはまた、抗酸化物質の「ククルビタシン」が含まれています。ククルビタシンは、かなり研究されている炎症誘発性酵素であるシクロオキシゲナーゼ―２（COX―２）の活動を抑えること、そして実験においてはアポトーシス（細胞の死）を誘発することが示されています。さらには、マイクロバイオームに恩恵をもたらす天然の水溶性食物繊維ペクチンも含まれます。

●ほうれん草……青物野菜であるほうれん草には抗炎症成分が含まれ、心臓の健康を保ちます（ビタミンKのおかげです）。ほうれん草に含まれるファイトケミカルは、単糖と脂質に対する欲求を抑制します。ほうれん草は、ルテインとゼアキサンチン（動物実験では目の老化を防止）がもっとも豊富に含まれる野菜であり、また、アンチエイジングに効く重要な抗酸化物質であるαリポ酸や、DNA合成を助ける、必須ビタミンBの葉酸も含まれています。葉酸がなければ、健康的なDNAを新たにつくることはできません。細胞生物学者であり、長寿研究者でもあるロンダ・パトリック博士は、「葉酸の不足は、放射線の下に立つのと同じくらいDNAのダメージにつながる」と断言しています。最近では、葉酸がテロメアの保護に役立つことも明らかになりました。テロメアとは、染色体の末端についている構造であり、とりわけ超加工食品の摂取によって短くなります。前述のとおり、テロメアは年齢とともに短くなり、短いテロメアは短命や病気の多さと関連づけられています。葉酸は熱に非常に弱く、ペットフード加工の際に最初に不活性化される栄養素の1つです。ほうれん草はもともとシュウ酸塩が豊富であるため、遺伝的にシュウ酸塩による膀胱結石にかかりやすい一部の犬にとっては問題になるかもしれません。シュービーには、みじん切りにしたほうれん草を大さじ1杯、フードボウルのなかに隠して週に2回ほど与えています。美食家のシュービーは、少し温かい状態の蒸したほうれん草に、パプリカを少し混ぜてレモンを軽く搾ったもの（つまりロドニーの残りもの）を好んで食べています。

●**ブロッコリースプラウト**……パトリック博士は、ブロッコリースプラウトを「アンチエイジングにかなり効く」と絶賛しています。そしてそれには、理由があります。現代社会で私たちは、体にストレスをかける毒素に常にさらされており、呼吸するもの（都会の犬が排気ガスから吸い込む物質として一般的なベンゼンなど）から、食べ物に含まれるもの（農薬など）に至るまで、さまざまです。こうしたストレス要因は細胞レベルで体に影響を与え、究極的にはミトコンドリアを損傷し、全身に炎症を引き起こします。このどちらもやがては、老化が加速する一因となります。体のストレス応答経路の1つ（核因子赤血球系2関連因子2、略してNrf2）は、抗炎症や抗酸化のプロセスを司る２００以上の遺伝子をコントロールしています。この経路が活性化されると、体は炎症を抑えて解毒作用を活性化し、抗酸化物質が効果を発揮するよう促します。

では、ブロッコリースプラウトはどうでしょうか？　アブラナ科の野菜の仲間――ブロッコリー、ブロッコリースプラウト、芽キャベツなど――は、（ほかの化合物以上に）強力にＮｒｆ２の経路を活性化するスルフォラファンと呼ばれる、非常に重要な化合物を含んでいます。動物と人間をそれぞれ対象とした実験では、スルフォラファンはがんと心血管疾患のバイオマーカーを低下させ、炎症マーカーの数値を下げ、有害な重金属やマイコトキシン、ＡＧＥを含む毒素を体内から著しく除去しました。**スプラウトは、愛犬の体からＡＧＥを除去する手段として最適なのです！**　愛犬が口にする超加工フードに含まれる有毒な副生成物を体外に出す、安価で強力な手段です。スプラウトは、「大人」のブロッコリーよりも生物学的に優れています。というのも、成熟したブロッコリーやその他アブラナ科の野菜よりも、50～１００倍のスルフォラファンが含まれているからです。地元の食料品店で見つからなくても、簡単に栽培できます。小さいながらも栄養たっぷりのブロッコリースプラウトを、愛犬の体重４・５キロにつきひとつまみ、フードにこっそり加えましょう。

●**きのこ類**……腸に栄養を与えるプレバイオティクスである食物繊維の天然供給源であることに加え、きのこはポリフェノールやグルタチオン（食物のなかできのこがもっともグルタチオンの含有量が豊富）、さらにはそのグルタチオンの生成を促す物質であるセレンとαリポ酸など、長寿を促進するさまざまな物質を含んでいます。また、オートファジーを促進し、１００歳以上の人の体内に多く含まれる化合物であるスペルミジンなどのポリアミンをたっぷり供給してくれます。

動物実験では、スペルミジンは認知力を向上させ、神経保護効果を発揮することがわかっていますが、恐らくこれは、ミトコンドリアの正常な機能の維持にスペルミジンが影響するためでしょう。椎茸、舞茸、ヒラタケ、霊芝、ヤマブシタケ、カワラタケ、冬虫夏草、マッシュルーム、エリンギといった薬効のあるきのこ類は実は、超パワフルな長寿分子であるスペルミジンがもっとも摂れる食材なのです。スペルミジンを摂取する動物はまた、たとえ肝線維症や肝臓がんにかかりやすい体質でも、実際に罹患する可能性は低くなります。もっともすばらしいのが、スペルミジンは寿命をかなり延ばす点です。「25％という劇的な増加です」と話すのは、テキサスA＆M大学の生物科学技術研究所のリユアン・リウ助教（アシスタント・プロフェッサー）です。「人間で言うと、平均的なアメリカ人が81歳まで生きる代わりに、１００歳以上まで生きるという意味になります」

免疫の健康面では、きのこ類は炎症を抑え、インスリンを低い値で安定させる特殊な免疫調整成分、βグルカンで私たちを守ってくれます。肥満でインスリン抵抗性の犬を対象に最近行われた研究では、βグルカンを補給することでもたらされるパワーが明らかになりました。犬の要求行動と食欲が減ったのです。βグルカンは、あらゆる食用きのこに含まれます。愛犬の免疫系のバランスを保ち、炎症を抑えるのに役立つだけでなく、免疫不全の犬にポジティブな影響を与え、ワクチンに対する体液性免疫応答を強化します。

がんについてはどうでしょうか？　毎日18グラム（１／８～１／４カップ）のきのこ類を食べる人は、きのこ類を食べない人と比べ、がんのリスクが45％低くなります。犬については、脾臓血管肉腫

あなたと愛犬のためのスプラウト栽培法

ステップ１

水を加えたり芽が成長したりする際に充分なスペースが確保できるよう、容量１リットル（１クォート）の、口の広いガラス製メイソンジャーを使います。スプラウト用の種を大さじ１～７杯入れましょう（大さじ１杯につき約１カップのブロッコリー・スプラウトができます）。

蓋には、チーズクロスと呼ばれる薄手の綿布をジャーの口にかけ、輪ゴムかメイソンジャー用のリングで留めて動かないようにします。予め網がついたスプラウト専用の蓋があるので、それを使えば水洗いが非常に楽になりおすすめです。

種の殺菌…種がかぶるくらいの高さからさらに２・５センチほど、浄水器を通した水をジャーに入れます。そこに殺菌用の溶液を加えますが、私たちはアップルサイダービネガーに食器用洗剤を１滴加えています。そのまま１０分置き、きれいな水でしっかりとすすぎます（私たちは最大で７回すすいでいます）。

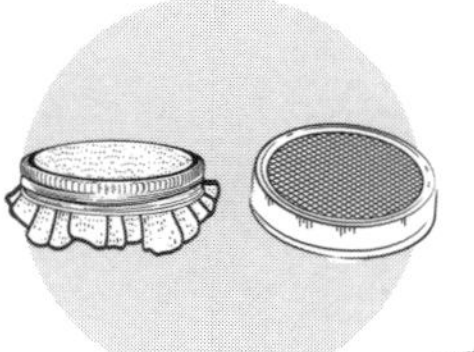

ステップ２

種がきれいになったら、新しく浄水器を通した水を、種より２・５センチ以上の高さになるまで注ぎます。８時間か一晩浸しておきます。

ステップ３

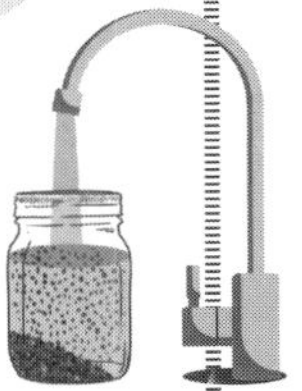

８時間経ったらジャーから水を捨て（私たちは観葉植物の水やりとして鉢に注いでいます）、浄水器を通した水を蓋の上から注ぎ、種をぐるぐる回してすすぎます。なかの水を捨て、残りの水がすべてはけるようにジャーを斜めにして置きます。種を１日に２回（つまり朝晩）以上すすいで水を切り、これを３～５日間続けます。

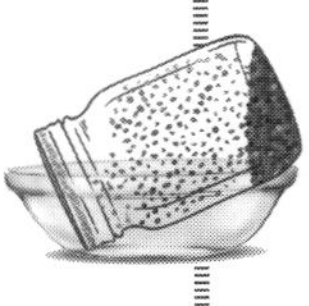

１日ほど経つと、
種から芽が出ます。
スプラウト（発芽）
が始まりました！

ステップ４

３日目か４日目で食べごろの長さになります。ジャーを日当たりのいい窓際に２時間ほど置くと、いい具合に葉緑素の緑色になります。キャップを外してよくすすぎ、種の皮を取り除きましょう。水気をしっかりと切り、冷蔵庫で保存します。
５日以内に食べましょう。

最後のステップ

では、細かく刻んで愛犬のフードに加えましょう！（体重約９キロにつき小さじ１杯から始めます）。冷凍したり、人間用のサラダやスムージーに使ったりもできます！

の生存期間中央値は86日のところ、唯一の治療としてカワラタケをフードに加えた場合、1年以上生きました。薬効のあるきのこ類は、健康に驚くべき力を発揮します。私たち2人が生活のあらゆる場面で日常的に使っているなかで、もっとも謎めいたきのこは、お茶として飲むカバノアナタケ（チャーガ）です。カバノアナタケは不思議なきのこで、質感が木の樹皮のようです（そのためソテーはできません）。その硬い質感は、エキスたっぷりのお茶やだし汁として煎じるのにぴったりです。私たちは、お風呂に水を張るとき（ベッカー博士）やハチドリの餌箱（ロドニーは、細菌の繁殖を抑える効果があることを発見）から、コンブチャ〔紅茶や緑茶がベースの発酵飲料で、日本では紅茶きのこと も呼ばれるもの。昆布茶とは異なる〕を手づくりする際やスプラウトの種を浸す際に至るまで、大量の水を使うときはいつも、カバノアナタケの小さな塊をいくつか入れています。カバノアナタケ茶（チャーガ茶）というすばらしい飲み物を知って以来、私たちはこれを冷蔵庫に常備しています。ほんのりとバニラの風味があり、アイスでもホットでも（人間用）おいしくいただけます。また、フリーズドライのドッグフードや低温乾燥ドッグフードを普通の水で戻す代わりに、カバノアナタケ茶を使ってパワーフードにできます。カバノアナタケの薬効成分は、冬には路面凍結防止用に撒かれる塩を犬の足から洗い流すのに、夏には急性湿疹を抑えるのに（冷やしたカバノアナタケ茶にコットンを浸し、患部に直接塗布します）、活用できます。

きのこ類のすごいところは、それぞれに特有の薬効がある点です。そのため愛犬にどんな効果を期待するかによって、どの種類のきのこを食べさせるかを選べます。全般的な心身の健康促進については、ポルチーニ（ヤマドリタケ）、ホワイト・マッシュルーム、椎茸、カワラタケ、舞茸、霊芝、しめじ、ヒラタケを試しましょう。カワラタケとカバノアナタケは、がんと強力に闘ってくれ、ヤマブシタケは向知性きのこで、つまり中枢神経系を強化します。グルタチオンに加え、きのこ類はもう１つ、ほかではなかなか得られない抗酸化物質を含んでいます。エルゴチオネインと呼ばれるもので、なかには長寿ビタミンと呼ぶ人もいます。というのも、人間の抗炎症ホルモンを増加し、酸化ストレス因子を減らすことが研究で示されているためです。エルゴチオネインは、たった１つの食品群――きのこ類――にしか含まれません。薬効のあるきのこ類を細かく刻んだものは、フードのトッピングに最適です。また、薬効きのこスープをつくってフードに加えてもいいでしょう（低温乾燥フードやフリーズドライフードを戻すのに使ったり、ドライフードの上にグレービーソースのようにかけたりできます）。きのこのスープで氷をつくれば、夏の間に使える爽やかなごほうびになります。乾燥きのこを使ってもいいでしょう。

長寿マニアの薬効きのこスープ

細かく刻んだ生のきのこ1カップ（乾燥きのこの場合は1／2カップ）と水（または後述する長寿マニアの手づくり骨スープ）12カップを鍋に入れます。お好みで、生の生姜とウコンをすりおろしたものをそれぞれ小さじ1／2杯、鍋に加えてください。20分間煮立てたら、冷まします。滑らかになるまで裏ごしし、製氷皿に注ぎ、凍らせます。体重10ポンド（約4・5キロ）につき氷1個（1オンス、28グラム強）を使い、氷をとかしてフードに混ぜれば、エルゴチオネイン増強剤として使えます。

きのこのエルゴチオネインおよびグルタチオン含有量

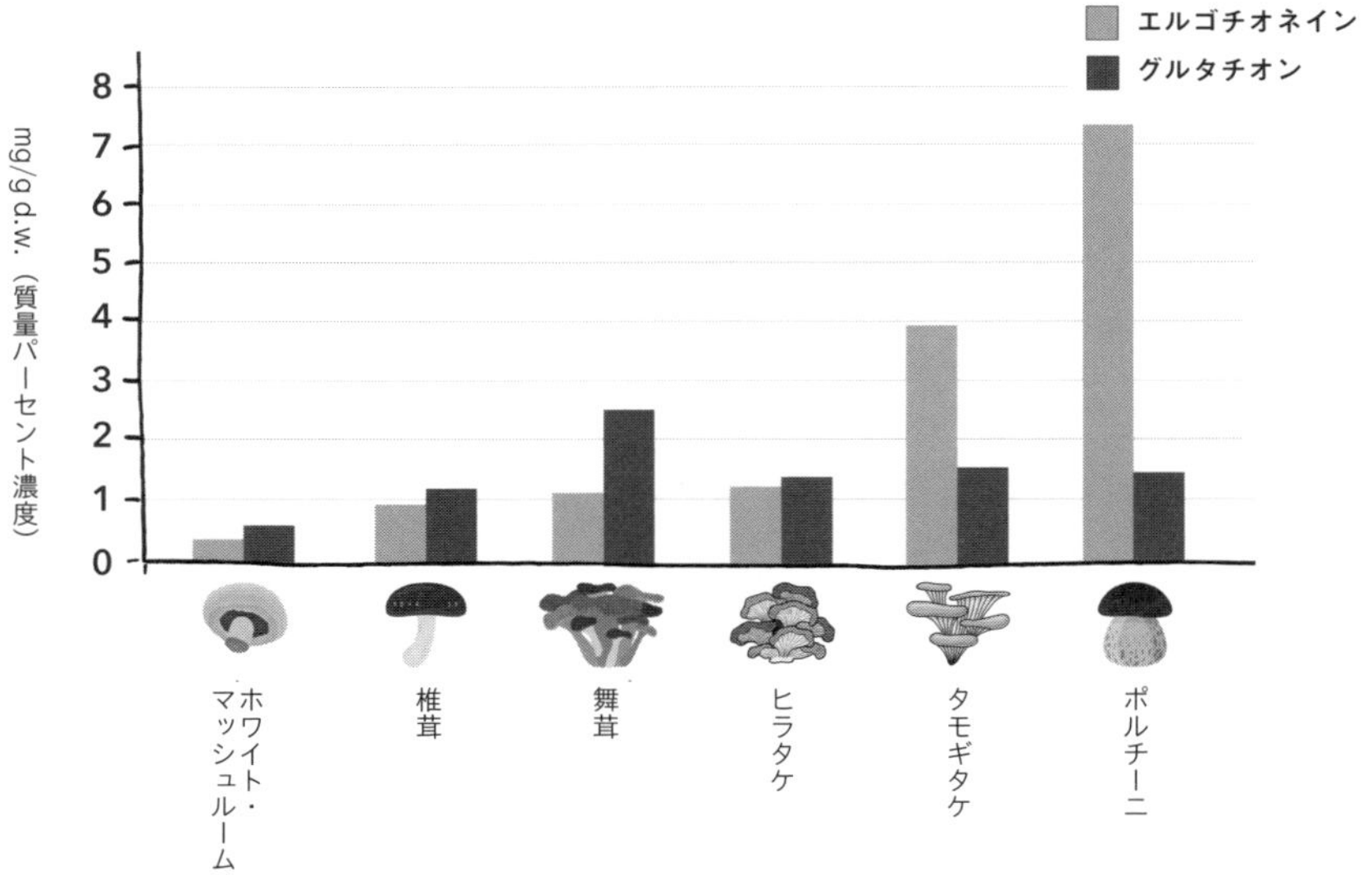

出典…Adapted from Michael D. Kalaras et al., "Mushrooms: A Rich Source of Antioxidants Ergothioneine and Glutathione," Food Chemistry (October 2017): 429-33

人間が安全に食べられるきのこはすべて、犬にとっても安全であり、人間にとって有毒なきのこはすべて、犬にとっても有毒です。あなたが自分のために調理したきのこや生のきのこは、愛犬のおやつやフードのトッピングとしてシェアできます。私たちが見てきたところでは、ほとんどの犬は、フードにきのこが混ぜられても気にしないようですが、もしも愛犬が食べないようなら、サプリも売っています（第8章を参照）。奇跡のパワーを秘めたきのこを愛犬が口にする方法を探ってみてください。

マイクロバイオームの修復

パート1で説明したとおり、私たちの体内外に生息している微生物類、とりわけ人間や愛犬の腸内に生息している細菌は、健康のカギとなります。あまりにも重要であるため、腸は「第二の脳」と言われているほどです。腸と脳の双方向からの興味深いつながりを通じて、脳は腸で何が起きているのかという情報を受け取り、中枢神経系は腸に最適な作用を確実にするための情報を送り返します。このような情報の行き来のおかげで、摂食行動や消化のコントロール、さらには安眠が可能となります。腸はまた、満腹感、空腹感、腸炎による痛みを脳に伝えるホルモン信号も送り出します。

腸は本当に、心身の健康全体に大きく影響しています。感情、睡眠の質、活力レベル、免疫系の強さ、痛みの強さ、消化や代謝の能力、さらには思考にまでも影響しているのです。研究者は現在、肥満、炎症、機能性胃腸障害、慢性痛、さらにはうつを含む気分障害において、腸内細菌の一部の菌株が担っている可能性のある役割について調べています。この研究はまた、獣医学にも広がっています。「クリーン」で（つまり、農薬や汚染物質、ＡＧＥ、腸障壁に悪影響を与える化学残留物があまり含まれない）非常に消化のいい食べ物を摂取したり、プレバイオティクスやプロバイオティクスの食品をたくさん食べたりして健康的なマイクロバイオームを育てることで、ストレス性の下痢の低減、肥満や炎症への抵抗、強力な免疫系のサポート（すべて愛犬の老化プロセスにも影響）が可能になることが、研究で明らかになっています。

プロバイオティクス食品という言葉を聞いたことがあるのではないでしょうか（probiotic の pro- は「のため」、-biotic は「生命の」で、「生命のため」という意味）。善玉菌を含む食べ物で、ケフィア、ザワークラウト、キムチなどの発酵食品として摂取します。また、プロバイオティクスはサプリで摂取することも可能です。一方で「プレバイオティクス」は、腸内細菌が成長や活動の燃料として必要とする食べ物です。腸内細菌が好む食べ物であり、主に難消化性食物繊維によってできています。

プロバイオティクス同様に、プレバイオティクスが豊富に含まれる食べ物から摂取できます。腸内細菌でないと消化されない、繊維が豊富な食べ物を腸内細菌が代謝する際に、短鎖脂肪酸をつくり出します。短鎖脂肪酸は、体に有益であるどころか、体が必要とするエネルギー源をつくり出す手助けをしてくれる生体分子です。

腸にとってもっとも重要な協力者である健康的な腸内細菌を摂取することで、この微生物群と体内に広がるそのネットワークをサポートしたいものです。犬の健康に関心を寄せる界隈で話題になっているスター的なプロバイオティクスに、アッカーマンシア・ムシニフィラがあります（長たらしい言葉なので、ここでは略してA・ムシニフィラとします）。この細菌種は、腸の粘膜内層を保護したり、内容物がきちんと消化されるよう胃腸の健康を支えたりしつつ、その一方で下痢や過敏性腸症候群（IBS）のような胃腸疾患を予防することで、健康的な加齢を促進することがわかっています。また、ペットの肥満と闘う物質としても研究されています。A・ムシニフィラが好きな食べ物は、イヌリンが豊富に含まれる野菜（アスパラガスやたんぽぽなど）とバナナです。若々しい犬ほどA・ムシニフィラが多いことが、科学的にわかっています。イヌリンがより豊富な食べ物とはつまり、A・ムシニフィラがより豊富に含まれるということです。喜ばしいことです。愛犬には、サプリではなく未加工の食べ物の形で、プレバイオティックファイバー（例えばイヌリン）を与えるのをおすすめします。複数の食品成分の方が、たった1つのサプリよりも多くのメリットがあります。腸の問題を抱えている犬はたくさんいますが、マイクロバイオームに栄養を与える食べ物を食べさせることで、炎症を起こし、腸内菌の共生バランスが崩れた腸管を癒やして修復することができます。マイクロバイオームを構築するこれらの食べ物には、健康的な腸を育てる以外にも、エピジェネティクス面でまだまだくさんの利点があります。

マイクロバイオームを育てる、愛犬とシェアできる主要トッピング

▼**エンダイブ、エスカロール、ラディッキオ**……これらチコリの仲間はすべて、基本となるごはんが何であれトッピングとして使えます。プレバイオティックファイバーが豊富で、愛犬の腸内にいる有益な細菌の食べ物になってくれます。

▼**たんぽぽ**……たんぽぽは人間も犬も、花、茎、葉、根のどの部分もすべて食べられます。プレバイオティックファイバーが豊富で、肝臓と血流をきれいにする効果があります。ケールよりも栄養価が高く、ビタミン（C、ベータカロテン、K）とカリウムがたっぷり含まれています。つまり、裏庭に無料の薬箱があるようなものです（必ず、農薬などの化学物質がついていないものにしてください）！　生のたんぽぽを売っている食料品店もたくさんあります。

▼**オクラとアスパラガス**もまた、プレバイオティクスだけでなく、ビタミンをたくさん取れます。アスパラガスは、体内のマスター抗酸化物質や解毒物質として作用する基本的な化学物質であり、脳が喜ぶグルタチオンが自然に含まれる数少ない食べ物です。オクラとアスパラガスはどちらも、生のままスライスしてトレーニング用ごほうびとして使うのに最適なほか、蒸してごはんとして与えることもできます。

▼**ブロッコリーやルッコラなどのアブラナ科の野菜**……腸にやさしい食物繊維が豊富なことに加え、

ビタミン、抗酸化物質、さらには抗炎症作用のある物質が含まれています。とりわけブロッコリーは、3，3，―ジインドリルメタン（ＤＩＭ）と、グルタチオン値を自然と高めるスルフォラファンという、2つのスーパー分子を含んでいます。ＤＩＭはホルモンが健全なバランスを保ち、体の働きを混乱させる外因性エストロゲン（エストロゲンと似た作用をする環境化学物質）を除去するのに役立ちます。犬を対象にした研究でも、ＤＩＭが抗腫瘍／抗がんの働きをする可能性があることが示されています。また、犬の骨肉腫と膀胱がんに対するスルフォラファンの効果も研究されており、すばらしい結果が出ています。キーポイント……スルフォラファンの魔法は、ブロッコリーを食べたときにしか効きません。スルフォラファンはすぐに劣化してしまうため、犬も人も、サプリでは恩恵を受けられないのです。また、愛犬の体内でアポトーシス（プログラムされた、健全な細胞死）も促進しますが、これはがん性の悪い細胞を殺さなければならないときに必要不可欠です。小さくカットしたブロッコリーや細かく刻んだ茎は、トレーニング用ごほうびに最適です。または、家族の夕食用に調理したブロッコリーを愛犬のごはんとしてリサイクルしてもいいでしょう（ソースがついていないもの）。愛犬がこれまでブロッコリーや芽キャベツを食べたことがない場合、愛犬の体が新しい野菜に慣れるまで、軽く蒸したものを与えれば、お腹でガスができるのを軽減してくれます。

アブラナ科の野菜は、甲状腺機能の低下を招くのでしょうか？　アブラナ科の野菜をかなり大量に（犬が自然に食べる量よりもっと多く）摂取すると、甲状腺機能低下症（甲状腺ホルモンの低下）になるという話を聞いたことがあるかもしれません。齧歯動物を使った実験では、アブラナ科の野菜に含まれる代謝物であるチオシアン酸塩が、ヨウ素（甲状腺ホルモン産生に必須のミネラル）の甲状腺への取り込みを競合阻害するためであることがわかりました。ありがたいことに、動物を使ったさらなる研究により、アブラナ科の野菜の摂取を増やしても、ヨウ素欠乏症が伴わない限り、甲状腺機能低下症のリスクが高まることはなさそうだと、はっきり示されました。栄養面で不足のないごはんを与えている限り、アブラナ科の野菜を怖がる必要はありません！

▼**ヒカマ**……シャリシャリした歯ごたえがあり、リンゴとじゃがいもの中間のような味がする野菜で、トレーニング用のごほうびにぴったりです。プレバイオティックファイバーのイヌリンとビタミンCが非常に豊富です。

▼**キクイモ**……節の多い塊根野菜で、英語では「エルサレム・アーティチョーク」と呼ばれますが、アーティチョークとの関連性はありません。ひまわりの仲間で、イヌリンがたっぷり含まれています。さまざまに使えるうえにプレバイオティクスの効果もあるため、栄養士のなかにはキクイモは根菜類の陰のヒーローだという人もいます。

▼**発酵野菜**は、買ったものであれ自家製であれ、愛犬にとって強力なプロバイオティクス源となります。鼻にツンとくるうえにピリッとした味覚であるため、これをどう犬に食べさせるかが問題です。もし愛犬が食べてくれるようであれば、必ず玉ねぎが入っていないことを確認し、体重10ポンド（約4・5キロ）につき小さじ1／4杯を1日1回、ごはんに混ぜて与えましょう。

フォーエバードッグ・フルーツ

●**アボカド**……外はゴツゴツ、中はクリーミーな緑色のアボカドには、ものすごい量のビタミンCとE、さらにはカリウムが含まれており、葉酸と食物繊維も豊富です。アボカドには、オリーブオイルに含まれるのと同じヘルシーな一価不飽和脂肪酸――オレイン酸――がぎっしり詰まっています。オレイン酸は脳機能をサポートするうえ、どの年齢においても最適な健康状態を維持するために重要です。アボカドはまた近年行われた研究で、肌、目、さらには関節を健やかに保つのに有効であることがわかっています。さらに、β―シトステロールなど、心臓にやさしいフィトステロールも含まれます。

●**グリーンバナナ**……バナナにはカリウムが含まれていますが、熟した状態では糖質も多く含まれます(中くらいのバナナ1本に含まれる糖質は14グラムで、小さじ3・5杯に相当します！)。一方で熟していないバナナであるグリーンバナナは、フルクトース(果糖)の含有量が低く、愛犬のマイクロバイオームの餌となるレジスタントスターチ(難消化性でんぷん)でできています。さらに、抗酸化性、抗がん性、抗炎症性のあるタンニンや、酸化ストレス防止に役立つカロテノイドも含まれます。ということで、一番緑色の濃いバナナを探して豆粒大に刻み、トレーニング用の小さなごほうびとして与えましょう。

●**ラズベリー、ブラックベリー、マルベリー(桑の実)、ブルーベリー**……ベリー類は、プレバイオティックファイバーの摂取源にぴったりなうえ、エラグ酸などポリフェノールがたっぷり含まれます。アラスカ大学フェアバンクス校のキリヤ・ダンラップ博士のチームは、抗酸化化合物が豊富な果物を添えた食事が、体の抗酸化力を維持し、運動による酸化ダメージを防ぐ可能性があることを発見しました。ダンラップ博士の研究は、過酷な運動に伴う筋肉の損傷と常に背中合わせである、ソリ用の犬に焦点を当てたものでした。博士によると、ブルーベリーを与えられた犬は、運動直後の血漿中の抗酸化物質の総量が多く、つまりは酸化ストレスの悪影響から保護されていたことになります。私たちの場合、生のブルーベリーの季節でないときは、トレーニング用ごほうびとして冷凍ブルーベリーをたくさん使っています。ただし、あらかじめ注意してほしいのは、1日に体重2ポンド（約0・9キロ）あたりブルーベリー1粒（つまり、体重10ポンド、約4・5キロの犬にブルーベリー5粒）より多く与えると、まったく無害ではありますが濃い青色のうんちが出る可能性がある点です。そのため、いくつか与えたら、その日のごほうびにはブルーベリー以外の長寿フードを与えるようにしましょう。

●いちご……赤い宝石とも言えるいちごは、特別な称賛に値します。というのも、いちごには「フィセチン」と呼ばれる、あまり知られていないアンチエイジングの秘密が含まれているからです。フィセチンとは植物性化合物で、これまで長きにわたって、その抗酸化作用と抗炎症作用が研究されてきました。近年では、早期老化の特徴である、ゾンビ細胞とも呼ばれる老化細胞を殺すことも明らかになりました。アメリカの学術誌『エイジング』に掲載された細胞研究によると、フィセチンは、健康的な普通の細胞には一切害を与えずに、老化細胞の70％を除去したのです。なお細胞老化は、分裂できなくなった細胞が死なずにそのまま溜まっていき、周辺の細胞に炎症を起こす現象です。特筆すべきある研究では、フィセチンに暴露されたマウスは、寿命が10％延び、高齢になっても、老化に伴う問題が対照群と比べて少ない結果となりました。この結果を見てメイヨー・クリニックは、人間の老化に伴う機能障害に対しフィセチンを補給することの直接的影響について調べていた臨床試験に、資金提供をするに至りました。フィセチンはまた、心臓や神経系を保護するのに加えて、断食で得られるポジティブな影響（mTORを抑制し、AMPKとオートファジーを活性化するなど）をすべて模倣してくれます。ときどき、犬にはいちごをあげてはいけないという情報を目にすることもあると思います。これは、青々とした葉がたくさんついたいちごの茎を犬が食べすぎ、胃のむかつきを起こす可能性が稀にあるためです。緑の茎を除けば、胃腸の不調リスクも回避できます。農薬を使っていないいちごか、オーガニックのものを選びましょう。

●**ザクロ**……ザクロは、細胞、とりわけ心臓を保護することがわかっています。心疾患は、犬の死因で2番目に多いとされています。なかでも弁膜性心内膜炎と拡張型心筋症がもっとも多く、高齢の犬によく見られることが知られています。心不全を引き起こす一連の出来事のうち、酸化損傷による細胞の死がもっとも大きな要因である可能性があります。学術誌『ジャーナル・オブ・アプライド・リサーチ・イン・ベテリナリー・メディスン（獣医学応用研究ジャーナル）』に掲載された研究では、ザクロエキスを犬に与えたところ、心臓を保護するなど健康面で驚くべき恩恵があることが明らかになりました。ザクロにはまた、「エラジタンニン」と呼ばれる分子が含まれており、腸内細菌がウロリチンAに変換します。線虫を使った実験でウロリチンAは、ミトコンドリアを再生することが確認されており、線虫の寿命を45％以上も伸ばしました。励みになることうした結果がきっかけとなり、科学者はこれを齧歯類で実験したところ、似たような効果が証明されました。高齢のマウスでは、マイトファジー（損傷を受けたミトコンドリアの自滅）が増加した兆候が見られ、対照群と比べて、ランニング持久力の向上が確認されました。体重10ポンド（約４・５キロ）につき小さじ1杯ほどをフードに混ぜて与えましょう。酸っぱくて歯ごたえのある小さな宝石ともいえるザクロを食べてくれる犬は、驚くほど多いものです。あなたの愛犬が食べてくれるタイプの子ではなかった場合でも、諦めずに本書を読み進めてください。愛犬が気に入ってくれる何かがきっと見つかるはずです。

強力なタンパク質

イワシ……イワシは英語でサーディンといいますが、かつてイタリアのサルデーニャ島でイワシの大群が見られたためにそう呼ばれるようになったの、ご存知でしたか？　そしてこの島の人たちは、健康に長生きする傾向にあります。サルデーニャ島は、世界のほかの地域と比べて１００歳以上まで生きる人が突出して多い地域「ブルーゾーン」となっています。イワシは小さな魚ですが栄養価は高く、長寿という名のゲームで活躍する主要選手であるオメガ３脂肪酸、ビタミンD、ビタミンB12が豊富です。イワシは水煮（または可能であれば生）を購入しましょう。体重20ポンド（約９キロ）につきイワシ１尾を週に２～３回与えると効果があるはずです。

卵……鶏、ウズラ、アヒルのどの卵でも、各種ビタミン、ミネラル、タンパク質、健康的な脂質がぎっしり詰まった、自然の恵みの栄養爆弾と言えます。卵はまた、コリンが豊富です。コリンは、脳の神経伝達物質であるアセチルコリンの生成に欠かせない栄養素であり、脳の働きや記憶を助けます。卵タンパク質のアミノ酸プロファイルが、犬が生物学的に必要としているものと合致するため、卵は犬の体にさまざまに役立ちます。生卵、ポーチドエッグ、固茹で卵、スクランブルエッグなど、ほとんどどの形でも犬は喜んで食べるはずです。もっとも高い栄養価を取るには、低温殺菌された、放し飼いの鶏から生まれた卵を選びましょう。卵1個は約70キロカロリーです。体重30ポンド（約13・6キロ）のシュービーは、週に何度か、フードの上に卵1個を乗せてもらっています。

内臓肉……肝臓、腎臓、トライプ（反すう動物の胃袋）、舌、脾臓、膵臓、心臓……おいしそうだと思う人はあまりいませんが（アメリカでは日本ほど内臓肉は食さない）、犬はどれも大好きです。放し飼いされた動物からの内臓肉は、αリポ酸が豊富なごちそうで、生のままやフリーズドライにしたもの、低温乾燥させたもの、または調理したものをさいの目に刻むと、トレーニング用ごほうびにぴったりです。ごほうびとしてもっと欲しがるはずですが、カロリーが高いため、次に説明する「お手々原則」を使って1日の摂取量を測りましょう。愛犬のちょうど手にあたる部分の縦横のサイズ（と厚さは、肉球と被毛の境目まで）が、健康的で活動的な犬に与える内臓肉のごほうびの適切な量です。小さくカットした方が、食べる個数は多くなりますよ！　愛犬と一緒に食べられるその他の健康的なタンパク質としては、イワシ、タラ、アラスカン・ハリバット（オヒョウの一種）、ニシン、淡水魚、鶏、七面鳥、エミュー、キジ、ウズラ、羊、牛、野牛、ワピチ（アメリカアカシカ）、シカ、うさぎ、ヤギ、カンガルー、アリゲーター（愛犬がほかの肉にアレルギーがある場合）、火を通した天然の鮭があります。脂肪分が少なく、汚染されていない、保存加工されていない肉はどれも、犬のトレーニング用ごほうびにぴったりです。ただし、保存用に塩漬けした肉、ハム、ベーコン、酢漬けニシン、燻製肉、ソーセージ、生の鮭は愛犬とシェアしてはいけません。

持ち運びに便利なごほうび……わんこ用新鮮なお薬事典

抗酸化物質が豊富な食べ物	
ビタミンCが豊富	ピーマン
カプサンチンが豊富	赤ピーマン
アントシアニンが豊富	ブルーベリー、ブラックベリー、ラズベリー
ベータカロテンが豊富	カンタロープ（赤肉種のマスクメロン）
ナリンゲニンが豊富	プチトマト
プニカラギンが豊富	ザクロの種
ポリアセチレンが豊富	ニンジン
アピゲニンが豊富	エンドウ豆
スルフォラファンが豊富	ブロッコリー

抗炎症作用のある食べ物	
ブロメラインが豊富	パイナップル
オメガ３が豊富	ニシン（低プリン食が必要な犬を除く）
ケルセチンが豊富	クランベリー（好き嫌いの激しい犬には不向き）
ククルビタシンが豊富	きゅうり

スーパーフード	
コリンが豊富	固茹で卵
グルタチオンが豊富	マッシュルーム
マンガンが豊富	ココナツの果肉（または無糖のドライ・ココナツチップス）
ビタミンEが豊富	生のひまわりの種（葉緑素が豊富で草よりも上質な食べ物にするには、他のマイクログリーンなどとともに発芽させましょう！）
マグネシウムが豊富	生のかぼちゃの種（トレーニング用ごほうびとしてサイズ的にぴったりです。体重10ポンド、約4・5キロ当たり小さじ１／４杯を１日に複数回に分け、１粒ずつ与えてください）
セレンが豊富	ブラジルナッツ（小さく砕いて与えます。大型犬には１日に１粒ずつ、中型犬以下なら１粒をあなたとシェアしましょう）
葉酸が豊富	サヤインゲン
フィセチンが豊富	いちご
インドール３カルビノールが豊富	ケール（または手づくりのケールチップス）
イソチオシアネートが豊富	カリフラワー

デトックスのごちそう	
アピゲニンが豊富	セロリ
アネトールが豊富	フェンネル
フコイダンが豊富	海苔（その他の海藻）
ベタインが豊富	ビートルート（シュウ酸塩が健康に影響を及ぼす犬を除く）

腸にいいもの	
プレバイオティクスが豊富	ヒカマ、グリーンバナナ、キクイモ、アスパラガス、かぼちゃ（採食エンリッチメント用のおもちゃやフードパズルに使うのにぴったりです）
アクチニジンが豊富	キウイ
ペクチンが豊富	りんご
パパインが豊富	パパイヤ

健康寿命のためのハーブ

ハーブとスパイスは、単に食べ物に風味をつけるものとしてのみならず、体を癒やしたり病気を予防したりする食べ物として、世界中のさまざまな文化で長く豊かな歴史があります。植物のなかには、幅広い効果のある豊かな生物活性ファイトケミカルを持っており、少量を食べただけでも、さまざまな臓器や生化学的経路に非常にポジティブな影響をもたらすものもあります。薬草（多くはキッチンのスパイス用の棚や自宅裏庭で見つかります）を使うことで、強力な植物性化合物を安く手軽に、愛犬のごはんに加えられます。

スパイスの賞味期限を確認しないままかなり時間が経ってしまった場合、できればオーガニックのもので新品を下ろすことをおすすめします。愛犬のフードボウルにひと味加える際には、**体重10ポンド（約4・5キロ）につき乾燥ハーブをひと振り**がちょうどいいでしょう。健康的なハーブを愛犬のフードにかけすぎたところで、最悪でも愛犬があなたほどパクチーを好きじゃないことがわかる程度ではあるのですが、愛犬の好みがわかるまで、まずは少しかける程度にしておきましょう。愛犬にフードを出す前に、先にハーブを混ぜておきます。生のハーブは、体重20ポンド（約9キロ）につき1日に小さじ1／4杯をみじん切りにして与えます。乾燥ハーブは生のものより効果が強いですが、犬は概して、フードに混ぜられているのがどちらでも食べてくれるようです。

●**パセリ**……パセリには評価すべき点がたくさんあるため、もはや添え物として使ったあとは捨てるだけのハーブ（セリ科の野菜）ではありません。パセリに含まれる生物活性化合物の1つは、グルタチオン生成（体内のAGE除去に必要）を刺激するグルタチオンS—トランスフェラーゼ（GST）を活性化することで、発がん性物質を中和し、酸化によるダメージを予防してくれます。動物実験では、パセリの揮発性油が、血液のフリーラジカル消去力を高め、発がん性物質（食品を高温加工する際にできるベンゾピレンなど）の中和に役立ちました。

●**ウコン（ターメリック）**……インドの香辛料ウコンに含まれる高活性ポリフェノールであるクルクミンの有効性を研究する医学文献は爆発的な増加を続けており、数千に上る研究が発表されています。ウコンの有効成分であるクルクミンは、脳由来神経栄養因子（BDNF）を増やし、認知力を改善するのに役立つことがわかっています。2015年の研究では、認知機能障害や活力／倦怠感、気分障害、不安障害などを含む神経変性障害に関連する生化学的経路をクルクミンが狙うことで、犬の神経を保護する効果が確認されました。

ウコンは何でも屋で、使い方を説明しようとしたら、まるまる1冊の参照マニュアルができるほどです。例えば２０２０年、テキサスＡ＆Ｍ大学での研究で、ぶどう膜炎にかかった犬にウコンを与えると、目の炎症が軽減することが示されました。ぶどう膜炎とは目の炎症で、痛みや視力の低下につながります。私たち2人は、頭から尻尾に至るさまざまな炎症を抑えるためにウコンを使っており、このすばらしい根っこはお気に入りのトッピングになっています。民族植物学者のジェームズ・デュークは、７００件以上のウコン研究をメタ分析して発表しており、そこで次のように結論づけています。「ウコンは複数の慢性消耗性疾患に対し、多くの薬剤の効果を凌ぐようだ。しかも、有害な副作用がほとんどない」。ウコンをローズマリーと併用すると、犬の乳がん、肥満細胞腫、骨肉腫細胞株に対し相乗効果があり、しかも化学療法剤への相加効果もあります。

●ローズマリー……脳のアセチルコリン産生を増やし、認知力低下を抑える1，8―シネオールが含まれるため、「生命のスパイス」として研究されています。さらに、愛犬のＢＤＮＦ値も引き上げます。ローズマリーの抗酸化作用や抗炎症作用は主に、ポリフェノール性の化合物であり抗がん作用もある、ロスマリン酸とカルノシン酸のおかげです。さらに、カルノシン酸は犬にも人間にもよく見られる白内障を予防し、目の健康を促す可能性もあります。

●パクチー……パクチー（コリアンダー）は、ファイトニュートリエント（植物栄養素）の形で抗酸化物質がたっぷり含まれた、パワーがギュッと詰まったハーブです。また、活性フェノール化合物やマンガン、マグネシウムも含まれています。パクチーが消化剤、抗炎症剤、抗菌剤として使われたり、血糖値やコレステロール、フリーラジカル生成を抑制する武器として使われたりしているのも納得です。さらに、体内から鉛や水銀を尿として自然と排出するよう助けることも科学的に確認されており、デトックスを目的に、パクチーを定期的に使うようおすすめする理由でもあります。

●**クミン**……学名は *Cuminum cyminum* というクミンには、健康面でのメリットがたくさんあります。消化を改善するほか、抗真菌と抗菌の作用があり、抗がん作用がある可能性もあります。

●**シナモン**……南アジアに生育する木の樹皮を丸めてつくるシナモンは、非常に愛用されているスーパー・スパイスの1つで、コラーゲンをつくる力を高めることでもっともよく知られています。コラーゲンは、体内でもっとも豊富にある（そして重要でもある）タンパク質の1つで、高齢の犬の関節には特に重要です。シナモンはまた、血糖値のバランスを維持する作用や抗酸化作用でも注目が高まっています。抗酸化作用は、酸化ストレスをコントロールし、炎症反応を抑え、血中脂肪値を下げることで、心臓血管系の保護に役立ちます。シナモンの有効成分であるシンナムアルデヒドについては現在、アルツハイマー病を含む神経変性疾患を予防する効果について、動物を使った研究が進められています。ある臨床研究では、わずか2週間で、犬の心臓の数値がすべて改善しました。フードにシナモンを加える際、細かい粉を愛犬が吸い込まないよう、フードにしっかりと混ぜてください。

●**クローブ**……マンガン（愛犬の腱と靭帯の機能を正常に保つのに必要でありつつ、希少で重要なミネラル）を豊富に含むのに加え、抗酸化物質オイゲノールを含みます。フリーラジカルによる酸化ダメージを予防するオイゲノールの効果は、ビタミンEの5倍になります。オイゲノールは特に、肝臓に恩恵をもたらす可能性があります。動物を使ったある研究では、脂肪肝のラットにクローブ油かオイゲノールを含む混合物を与えたところ、どちらも肝臓機能の改善、炎症の鎮静、酸化ストレスの低減が見られました。クローブは、フリーラジカルを掃除する性質があり、老化の兆候が出るのを遅らせたり、炎症を抑えたりする抗酸化物質も含んでいます。ほかにも、クローブの抗がん性や抗菌性について調べた研究は複数あり、期待できる結果が出ています。ホールのクローブは喉につまらせるリスクがあるため、犬に与える前にすり潰し、体重20ポンド（約9キロ）につきほんのひとつまみずつ加えましょう。

スパイスラックや庭にある、愛犬とシェアできるその他の健康寿命ハーブ

- **バジル**……心臓を健やかに保つほか、コルチゾール値を下げてくれるため、体にかかるストレスに対処するのに役立ちます。
- **オレガノ**……抗菌、抗真菌、抗酸化作用が非常に高く、おまけにビタミンKも豊富です。
- **タイム**……強力な抗菌作用のあるチモールとカルバクロールを含みます。
- **生姜**……吐き気を鎮めるハーブとしてよく知られていますが、ギンゲロールは動物の酸化ストレスに働きかけることで老化を遅らせ、神経保護にも役立ちます。

注意……犬に与えてはいけない料理用ハーブはどれでしょうか？　チャイブ（玉ねぎの仲間）やナツメグ（ミリスチシンが豊富で、たいした量でなくても摂取すれば神経症状や胃腸症状が出る可能性があります）は、犬に与えてはいけません。

フォーエバー・ドリンク

人間は数千年にわたり、植物エキス、ジュース、あるいは植物やハーブを煎じたものを飲むことで、栄養摂取量を高めてきました。ジュースやスムージーをつくる人は多いものの、薬草を濃く煎じたものを食べ物に入れようと考える人はあまりいないでしょう。とはいえ犬の世界で薬膳茶は、長寿の恩恵を毎日のごはんに注入してくれる、ポリフェノールが豊富な安価なトッピング（ソース）になります。特に冷やしたお茶は、植物が持つ一番の薬効成分を経済的かつ強力に、愛犬に直接届けてくれます。ハーブティーはもともとノンカフェインです。緑茶と紅茶は、ノンカフェインのものにして、可能であればオーガニックなものを選びましょう。

どのお茶の場合も、通常どおりにいれて（浄水器を通した水を沸騰させたお湯3カップにティーバッグ1個がおすすめ）、冷ましてから愛犬のフードに加えます。あるいは、温かいお茶をカリカリに注いでマリネにし、水分も一緒に取れる最高のソースをつくりましょう（犬は本来、水分の少ないドライフードを生涯にわたって食べるようにはできていないので、お茶が役に立ちます）。もし低温乾燥またはフリーズドライのドッグフードを与えている場合、お茶か「長寿マニアの手づくり骨スープ」（335ページ）で戻してから食べさせましょう。種類の異なるお茶を混ぜてもいいですし、特定の目的のために特定のお茶を使っても構いません。左記は、科学的にわかっている主な効果です。

●ノンカフェインの緑茶……健康意識が高い人なら、緑茶が体にいいのはご存知でしょう。緑茶に含まれる健康的な生物活性化合物には、強力な抗炎症効果や抗酸化効果、さらには免疫を強化する効果があります。そのためお茶はこれまで、医学論文や一般の文献で幅広く取り上げられてきました。お茶の成分はかなり前から、脳機能の改善、がん予防、心臓病のリスク低減、体脂肪の減少効果が記録されています。複数の研究が、同じ結論に至っています。緑茶を飲む人は、飲まない人と比べ長生きする可能性が高いのです。そのため、緑茶エキスがペットフードに長きにわたり活用されていることや、犬の肥満、肝炎、酸化防止のサポート、さらには放射線暴露に対する治療効果のある物質として使われているのも驚きではありません。

●ノンカフェインの紅茶……紅茶は緑茶と同様に、細胞や組織からフリーラジカルを除去するのに役立つ、強力な抗酸化剤となる天然化学物質ポリフェノールが豊富です。緑茶や紅茶に抗がん・抗炎症作用があるのは、ポリフェノールのおかげでもあります。緑茶と紅茶の違いは、紅茶が酸化されており、緑茶はされていないところです。紅茶をつくるには、まずは茶葉を揉み、次に酸化プロセスを進めるために空気に触れさせます。この反応により、茶葉が濃い茶色になり、香りが高く強くなります。含まれるポリフェノールの種類と量は、紅茶と緑茶で異なります。例えば緑茶は、フリーラジカルによる損傷を制限し、細胞の損傷を予防するのに役立つカテキンの一種、没食子酸エピガロカテキン（ＥＧＣＧ）を紅茶よりかなり多く含んでいます。紅茶は、カテキンからつくられる抗酸化成分テアフラビンの宝庫です。どちらのお茶も、心臓を守ったり脳機能を高めたりするのに、似たような効果があります。そしてどちらも、ストレスを緩和し、体を落ち着ける、リラックス効果のあるアミノ酸、Lテアニンを含んでいます。

●**きのこ茶**……どの種類も体によく、犬に飲ませても安全です。とりわけ犬が好む傾向にあるのは、次の2種類です……

▼**カバノアナタケ茶**……前述のとおり、カバノアナタケは薬効成分のあるきのこで、お茶を抽出することもできます。抗酸化物質がたっぷり含まれるカバノアナタケ・エキスは、がんと闘い、免疫力、慢性炎症、血糖値、コレステロール値を改善する可能性があります。カバノアナタケ茶については、学習や記憶への影響を中心に、さらなる研究がなされています。

▼**霊芝茶**……霊芝というきのこからつくられるお茶です（東洋医学では何世紀にもわたり活用されてきました）。その健康効果は、免疫力を高め、がんと闘い、気分を改善する可能性がある、トリテルペノイドや多糖、ペプチドグリカンなど複数の分子によるものです。

●**鎮静作用のあるお茶**……犬のストレス行動としてよくあるのは、恐怖や不安、落ち着きのなさですが、こうした症状に効果がある可能性のあるハーブティーは、カモミール、バレリアン、ラベンダー、ホーリーバジル（トゥルシー）など、たくさんあります。どれも煎じて冷やし、愛犬のフードに加えてから与えましょう。

●デトックス作用のあるお茶……お茶のデトックス部門には、たんぽぽ、ゴボウ、オレガノの葉があります。これらのお茶が豊富に持つ健康効果について詳細は割愛しますが、愛犬と一緒にティーパーティを楽しんで、絶対に間違いないということは断言できます。しかも、手に入れるために遠くへ行く必要もありません。実は、あなたの自宅の庭に生えているかもしれないような、愛犬のお茶として活用できる可能性がある植物はほかにもたくさんあります。例えば、ローズヒップ、ペパーミント、レモンバーベナ、レモンバーム、レモングラス、リンデンフラワー、キンセンカ、バジル、フェンネルなど。

アドバイス……強力な微量栄養素の相乗効果を生むために、骨スープにハーブティーのティーバッグを入れてもいいでしょう。製氷皿に注いで冷凍し、体重10ポンド（約4・5キロ）につき1日氷1個を与えてください。

長寿マニアの手づくり骨スープ

伝統的な骨スープのレシピは、ネガティブな影響を受ける犬もいるヒスタミンが多く含まれる可能性があるため、ここで紹介するレシピは、伝統的なものとは異なります。放し飼いで飼育されたオーガニックのチキンを丸ごと用意し（または丸ごとチキンの食べ残しか、スープだし用の生の骨をお好みで選んでください）、浄水器を通した水をチキンがかぶるくらいにまで入れ、次を加えます……

・生のパクチーを刻んだもの、1／2カップ（重金属と結合する効果）

・生のパセリを刻んだもの、1／2カップ（自然の血液解毒剤）

・薬効成分のある生のきのこを刻んだもの、1／2カップ（グルタチオン、スペルミジン、エルゴチオネイン、βグルカンを提供）

・ブロッコリーやキャベツ、芽キャベツなどのアブラナ科の野菜、1／2カップ（肝臓のデトックスに必要な硫黄分が豊富）

・刻んだ生ニンニク4カケ（肝臓のデトックスになるグルタチオン産生を刺激する硫黄分が豊富）

・無ろ過の生アップルサイダービネガー、大さじ1杯

・ヒマラヤ塩、小さじ1杯

蓋をして4時間煮込んだら火を止めます。お好みでティーバッグを4つ入れ、スープに10分間浸したらバッグを捨てます。骨に残っている肉を外したら、骨を捨ててください。残った肉、野菜、スープを、グレービーソースくらいのとろみと滑らかさになるよう裏ごしします。小分けにして凍らせます（製氷皿がぴったりです）。愛犬のフードに加える際は、凍った骨スープを1つ取り出し（もっとも標準的な製氷皿は1つが30ミリリットル弱か大さじ2杯分です。体重10ポンド、約4・5キロにつき氷1つ使います）、室温で溶かすかスープとして温め直して

から、愛犬のフードに加えてください。

ハーブにまつわる健康デマ……
なぜこれだけ多くの食べ物を恐れるようになったのか？

犬に与えていいもの、いけないものについて、インターネットには誤情報が溢れており、圧倒されてしまいます。犬にとって本当に有毒な食べ物は、何でしょうか？　欧州ペットフード産業連盟（FEDIAF、公式サイトfediaf.org）は、ペットに対する食べ物の毒性について、もっとも正確で科学的根拠に基づいた情報を公開しています。特筆すべきは、犬と猫にとって有毒な食品として、次のわずか3種類しか挙げていない点です……ぶどう（およびレーズン）、ココア（チョコレート）、玉ねぎの仲間（玉ねぎ、チャイブ、さらには大量のニンニクエキス――つまりニンニクのサプリ。生のニンニクは大丈夫）〔※編集部注　FEDIAFのサイト内には、ニンニクも与えるべきではないとする記述もある〕。

FEDIAFの短い厳禁リスト（食べ物3種類とサプリ1種類）と比べて、アメリカ動物虐待防止協会、アメリカン・ケンネルクラブ、その他「ペットに有害な食べ物」を特定すると主張するオンライン上の多数の情報源は、広範なリストを提供しています。比較すると頭がクラクラするはずです。オンラインにある厳禁リストの圧倒的多数が、間違いなく犬に有害な食べ物（FEDIAFがリストに挙げている食べ物3種類とサプリ1種類）や、疾患のある犬は避けるべき食べ物、さらには喉につまらせる危険性がある食べ物を含んでいます。例えば、膵炎（膵臓の炎症）を患っている犬は、完治するまで、調理した脂肪と高脂肪食品はすべて避けるべきです。多くのウェブサイトでは、卵、種、ナッツを「有毒」としていますが、その理由は、これらの食べ物は健康的な脂質が多く含まれており、膵炎が悪化しかねないためです。しかし、卵、種、ナッツ自体は犬に有毒なわけではありません（ただしマカダミアナッツを除く。確認できる毒素は特に含まれませんが、脂肪含有量が非常に高いため吐き気を引き起こします）。これらは栄養価が高く体にもいいため、健康な犬に与えることができるし、与えるべき食べ物です。同様に、生のアーモンド、桃、トマト、サクランボといった栄養価の高い食べ物の多くや、非常に健康的な多くの果物と野菜が、「有毒」として挙げられています。理由は、種を取り除かなかったり、果実だけでなく植物全体も食べてしまったりしたら、喉につまらせる危険性があるためです。

残念なことに、本当の意味で**全身毒性となる食品（食べ物3種類とサプリ1種類の4つすべて）は、「疾患のあるすべての犬に不適切な食べ物」や、「喉につまらせるリスクがある食べ物」と合わせてひとまとめにされ、結果として犬の飼い主が恐ろしくなってしまうような巨大な厳禁リストができあがっています。**そしてそのような巨大なリストをつくる理由は、とりわけこれといってありません。一般常識（例えば、犬にアプリコットをひと切れあげるなら、先に種を除くなど）や、ほかの研究によって引用されている研究（例えば毒性研究など）を活用すれば、犬の栄養についてかなり異なるアプローチになります。ぜひ、自分で調べてみてください。恐らくあなたも、私たちが（さまざまな文献を幅広く調査したあとに）行き着いたところにたどり着くことになるでしょう……**ぶどう（またはレーズン）、玉ねぎ、チョコレート、マカダミアナッツは、どの犬にも、絶対に与えてはいけません。それだけです。あとは、一般常識で判断してください。**ヨーロッパ（ＦＥＤＩＡＦ）の一般常識で考えて間違いありません。

左記は、**犬にまつわる都市伝説**です。ここできっぱり終わりにしましょう……

▼**「アボカドとニンニクは有毒」―ウソ。ただし、アボカドの皮と種は与えてはいけません。「ペルシン」と呼ばれる物質が含まれており、胃腸障害を引き起こす可能性があります。果肉は、人間にとっても愛犬にとっても安全で健康的です。私たちの場合は1日1回、オレンジのスライス程度の大きさにカットしたひと切れ（約40キロカロリー）のアボカドを、シュービーの知的玩具「コング」に、潰すようにして入れています。後述の「ニンニクについての備考」もご参照ください。**

▼**「犬には絶対きのこを与えてはいけない」―ウソ。人に安全なきのこは、犬にも安全です。人間にとって高い薬効成分のあるきのこは、犬にも高い薬効成分を発揮します（毒性についても同じことが言えます）。まずは、体重25ポンド（11キロ強）につき大さじ1杯がいいでしょう！**

▼**「ローズマリーはてんかんの発作を引き起こす」―勘違いによるもの。ローズマリーとユーカリのエッセンシャルオイル（揮発性が高く強力なアロマオイルで、健康食品店で購入可能）には、てんかんがある人が摂取すると発作を起こす可能性のある、カンフルと呼ばれる化合物が高濃度で含まれています（てんかんのある犬にローズマリーのエッセンシャルオイルを大量に与えてはいけない、という点については、私たちも同意します）。生または乾燥ローズマリーとほかのハーブをひとつまみ、健康な犬のフードボウルに加える程度であれば、ごくわずかな量です。健康面でポジティブな結果が出るよう刺激するのには充分ですが、かなり敏感な犬であっても、ネガティブな影響が出るほどの量ではありません。**

▼「クルミは有毒」──疑似科学。塩を加えていない生のセイヨウグルミ（およびアーモンドとブラジルナッツ）は、犬が喉につまらせる危険性があるのは間違いありません。そのため、細かく砕いてから与えてください。体重50ポンド（約22・6キロ）の犬に対し、クルミ1粒（殻に入っている2粒のうち1粒）を4つに砕き、トレーニング用のごほうびとして1日のうち何度かに分けて与えられます。前述のとおり、ナッツ類のうち犬にとって危険性があるのは、吐き気を引き起こす可能性のあるマカダミアナッツだけです。ピーナッツはマイコトキシンが含まれるかもしれませんが、犬にとってピーナッツそのものが有毒というわけではありません。ただし、自宅の庭にクログルミの木が生えている場合、愛犬が木の皮（神経症状が出る可能性があります）や固い実が入っている分厚い殻（殻にマイコトキシンがつくことがあり、嘔吐を引き起こす可能性がありま す）を食べないよう注意してください。

ニンニクについての備考……ニンニクは玉ねぎの仲間であるがために、獣医学でいわれのない非難を受けています。玉ねぎには、犬が食べるとハインツ小体性貧血を引き起こす原因となる化合物、チオ硫酸塩がニンニクの15倍の濃度で含まれています。２００４年の研究では、ニンニクに含まれる薬効成分アリシンが、動物の心臓血管の健康を保つのに有益であることが示され、研究の際に高濃度で与えられたにもかかわらず、貧血は報告されませんでした（市販ペットフードの多くにニンニクが含まれており、獣医がそれを問題ないと考えている理由はこれです）。左記は、薬効スパイスである生ニンニクを愛犬に与える場合の、体重別に見た１日の推奨量です（ニンニクのサプリはおすすめしません）……

▼10～15ポンド（約4・5～6・8キロ）—半カケ
▼20～40ポンド（約9～18キロ）—1カケ
▼45～70ポンド（約20～31キロ）—1カケ半
▼75～90ポンド（約34～40キロ）—2カケ
▼100ポンド（約45キロ）以上—2カケ半

長寿マニア、本章での学び

▼10％ルール……愛犬のカロリーの10％は、人間の健康的な食べ物を使った「ごほうび」から摂取してもよく、それで栄養のバランスが崩れることはありません。

▼愛犬の食生活を一晩ですべて変えるほど、徹底的に見直す必要はありません。簡単なところから少しずつ始めましょう。例えば、炭水化物たっぷりで加工度の高いおやつから、犬にやさしい生の果物や野菜など、効果が実証された長寿フードに切り替えるなど。あるいは、これまで与えていたフードに生の果物や野菜を少し加えるのもいいでしょう。ぶつけたり凹んだりカットしたりした野菜など、捨ててしまうような部分をリサイクルして、愛犬のフードボウルに加えましょう。

▼手軽で便利な長寿ごほうびの例……刻んだ生ニンジン、カットしたリンゴ、ブロッコリー、

きゅうり、ベリー類、アプリコット、洋梨、エンドウ豆、パイナップル、スモモ、桃、パースニップ、プチトマト、セロリ、ココナツ、ザクロの種、生のかぼちゃの種、きのこ類、固茹で卵、ズッキーニ、芽キャベツ、さいの目にカットした肉や内臓肉。

▼愛犬のマイクロバイオームを自然とサポートするには、プレバイオティクスが豊富な野菜を与えるといいでしょう。アスパラガスやグリーンバナナ、オクラ、ブロッコリー、キクイモ、たんぽぽの葉などがあります。

▼お茶、スパイス、ハーブは犬にとって長寿に向けた薬効成分の宝庫です。

▼自宅で試せる手づくりレシピとして、長寿マニアの薬効きのこスープ（３１３ページ）と長寿マニアの手づくり骨スープ（３３５ページ）があります。

▼多くの都市伝説に反して、本当の意味で犬に有毒な食べ物はそこまで多くありません。ぶどう（とレーズン）、玉ねぎ（とチャイブ）、チョコレート、マカダミアナッツは絶対に与えてはいけません。ナツメグも避けましょう。

8 健康的に長生きするためのサプリ習慣

安全で効果的なサプリの使い方

健康はお金のようなものだ。失って初めて、その真価を理解する。

——ジョシュ・ビリングス

柴犬系雑種のプースケは、史上最長寿の犬としてギネス世界記録に認定された翌年の2011年、日本の自宅で26歳の生涯を閉じました。飼い主はプースケの長寿を、1日2回のビタミン剤とたっぷりの愛情、そして運動のおかげだと説明しています。プースケの長寿に、果たしてビタミン剤がどれだけ貢献したのか（そして具体的にどのビタミンを飲んでいたのか）は知りようがありませんが、ほかにもプースケと似たエピソードを持つ長寿の犬の物語はたくさんあります。こうしたエピソードは、サプリは適切に使えば、強力なツールになることを裏づけています。そして嬉しいことに、こうしたエピソードに科学がようやく追いついてきました。ここ10年、ますます多くの研究が、犬の病気やケガの予防や治療に役立ったり、さらには寿命を長引かせたりする特定のサプリの有用性を示すデータを提供しています。私たちはここで、良いサプリとそうでないものをみなさんのためにふるい分けていきます。サプリには、みなさんと同じくらい犬を愛し、長寿の秘訣を人に伝えるためなら何でもするというほど献身的な人たちによってつくられた、すばらしい調合がたくさんあります。なお、犬を対象としたこうした研究の多くは、人間の健康にも役立っていることを加えておきます。

何がほしいかわかっていないと、サプリを売っているお店の売り場を歩くだけで目眩がするうえ、ものすごい数の種類、ブランド、効果が激しく訴えかけてきて、圧倒されてしまうでしょう。聞いたこともないような名前や、うまく発音さえできない名前（アシュワガンダ？　ホスファチジルセリン？）にも遭遇するはずです。同時に、「〇〇を加えれば、愛犬はみるみる元気に」や「〇、×、△に効果があると臨床試験で（または科学的に）証明されています」など、期待を掻き立てるような主張や、究極の釣り文句「〇〇を与えて、愛犬の寿命を3割以上延ばしましょう！」などを目にするでしょう。

サプリメント業界は巨大であり、途方もなく複雑でもあります。しかし正しい知識と信頼できるおすすめリストがあれば、サプリは驚きの効果を発揮する可能性もあります。ペット用サプリ業界は爆発的に伸びており、10億ドル規模の産業になる勢いです。これは単にサプリだけの数字ですが、ペットフード産業全体では１３５０億ドルになろうというところです。ペット用サプリの世界市場規模は、２０１９年に６億３７６０万ドルとされ、２０２０年から２０２７年までは、年平均成長率６・４％と予測されています。

この市場をけん引している力は何でしょうか？　ここ10年で、心身の健康を追求するウェルネスの動き全般や、セルフケアの文化を押し進めてきたのと同じ、ベビーブーム世代とミレニアル世代の消費者です。実のところ、ペットが子どもの代わりでもあるミレニアル世代は、それより上の世代を急速に追い越し、高品質サプリの需要を押し上げる推進力の中心的存在に躍り出ました。現在アメリカでペットを飼っている世帯の割合は、推定で57％から65％以上と幅があります。高い方の数値は、業界団体であるアメリカペット製品協会のもので、過去最高記録になっています。ペットの飼い主の大多数がミレニアル世代で、子どもを持たない彼らが、まるで子どもを世話するかのようにペットを世話しているのかもしれません。２０１８年の出生率は、過去32年で最低値を記録しました。

２０１８年にＴＤアメリトレードが調査したミレニアル世代のペットの飼い主１１３９人のうち、新しいペットの世話をするためであれば仕事を休むと答えた人は、70％近くに達しました。また、女性80％弱、男性60％弱が、自分のペットを子どものように思っていると答えました。健康保険に入っているペットの数は、２０１７年の１８０万件から２０１８年は２００万件以上と、18％増加しました。こうしたすべてが、獣医の需要を押し上げており、アメリカの労働省労働統計局は、獣医や獣医看護師の仕事は、２０２８年までに20％近く増加すると予測しています。

ミレニアル世代にとって、前の世代の人たちが贅沢品だと考えていた製品は必需品です。ベンチャー・キャピタリストやストラテジック・バイヤーでさえも、このゴールドラッシュに関わることを避けては通れません。長寿に向けた製品やサプリの開発に取り組んでいるスタートアップ企業を口説くためのカンファレンスを主催することになるからです（犬の飼い主のうち、25～34歳の人は、とりわけ愛犬のためにサプリを購入しています。一般的に、犬好きは猫好きの4倍もの額をペットに費やし、ペット用サプリ売り上げの78％を占めると推定されています）。

サプリの一般的な目的は、食事ではまったくあるいは充分取れない栄養価を埋めるためですが、なかには過剰に頼る人もおり、体に害になりかねません。何ごとも、過ぎたるは及ばざるがごとしなのです。抗酸化物質がいい例で、フリーラジカルを抑えるカギにはなるものの、サプリで合成抗酸化物質を摂取しすぎると、体が本来備えている抗酸化・解毒機構を妨害しかねません。人のDNAは、特定の信号を受けて、体内でできる（つまり内因性の）保護抗酸化物質の生成を活性化します。自然に刺激されるこの抗酸化のシステムは、どんな栄養サプリよりもずっと強力です。

自然は、動物、犬、人間が高い酸化ストレスを抱えているときに、保護力がより優れた抗酸化物質をつくるための、独自の生化学を発展させてきました。抗酸化物質を外部の食事にすべて頼るのとはまったく異なり、細胞は、必要に応じて抗酸化酵素を生み出す独自の能力を生まれながらに持っているのです。

抗酸化と解毒の経路を開く自然の化合物は複数、特定されています。これらの経路は、第7章で説明した、Ｎｒｆ2と呼ばれる特別なタンパク質がたいてい関わっています。このタンパク質は、長寿に関する多くの遺伝子を活性化し、酸化ストレスを鎮めるため、これを老化の「マスターレギュレーター」（主要制御因子）と呼ぶ科学者もいます。Ｎｒｆ2を誘発する自然な化合物には、ウコンのクルクミン、緑茶エキス、シリマリン（オオアザミ）、バコパ・エキス、ドコサヘキサエン酸（ＤＨＡ）、スルフォラファン（ブロッコリーに含まれるもので、サプリではありません）、アシュワガンダがあります。これらの物質はそれぞれ、解毒物質として非常に重要なグルタチオンなど、体が自然に備えている主な抗酸化物質を産生するスイッチを入れるのに効果的です。獣医学においては、実際よりも老けている犬や自然に肝臓疾患を発症した犬もまた、グルタチオン値が低いことが確認されています。グルタチオンは、解毒化学物質のなかでも強力な因子であり、さまざまな毒素と結合して毒性を弱めます。後述のおすすめサプリのリストには、前述した化合物とともにグルタチオンも含まれています。またリストのなかには、体のグルタチオン産生能力を高めるものもあります。

食品による相乗効果

全体は部分の総計より優れている

サプリとは、魔法の弾丸でもなければ、いい加減な食生活の保険でもありません。抜け目ないマーケティング戦略に反し、不死の秘薬でもないのです。むしろ、まずは愛犬の食生活を正してからでないと、サプリはおすすめしません。サプリは、最適な健康状態への近道ではないのです。とはいえ、健康状態を変えるために必要な量の活性物質を摂取するには、サプリが唯一の手段という場合もあります。例えば、フラボノイドの1種であるケルセチンの恩恵にあずかるために、トラック1台分のリンゴやケールを犬に食べさせるのは現実的ではありません。サプリがあれば、濃縮されたケルセチンを癒やしに必要な分量だけ与えることができますから。とはいえ、必要なものはできるだけ、まず食べ物から与えるようにしてください。ラブラドールは何でも食べがちですが、チワワはそうでもありません。サプリが必要であれば、与えましょう。ただ、どの犬もサプリが常に必要なわけではありません。

特定の犬種、病状、ライフステージをサポートするのに役立つすべてのサプリについて、それぞれ長々と書くことはできますが、ほかにそのような本はたくさんあり、オンラインにも信頼できる情報が山ほど埋まっています。今存在しないのは、アンチエイジング／長寿を促進する相乗効果のあるサプリのわかりやすいリストです。そのため、私たちが読者のみなさんのためにつくりました。私たちのお気に入りをカテゴリーごとに厳選したリストになっています。しかし当然ながら、非常に優れたサプリはほかにも多くあります。サプリに関するより詳細な情報は、www.foreverdog.com をご覧ください。

ここで紹介するサプリは、どの飼い主も考えるべき必須サプリと、愛犬の状況に応じて（つまり、年齢、犬種、健康状態、化学物質への暴露）、特に必要となるオプションとしてのサプリとに分けてあります。基本となる必須サプリは愛犬のライフスタイルに関係するものであるため、まずはそれをすべて吟味し、そのあとに、愛犬の体のニーズに応じてその他のサプリから適切だと思うものを加えていきましょう（第9章も併せてご覧ください）。また、予算と相談して決めることもできます。追加的なサプリを山ほど買うなんてできない（またはサプリを与えるのを忘れてしまう）という人もいるでしょうが、それでもいいのです。サプリという難しい分野を進むために必要な情報は提供しますが、あなたの愛犬に何が必要かは、あなたが決められます。

サプリのリストは常に更新しており、最新のものは www.foreverdog.com で閲覧できます。サプリ産業は（医薬品がＦＤＡの承認を必要とするようには）規制されていないため、ブランドによって品質の違いがあり、ペット用サプリすべてがヒューマングレードの原材料でつくられているわけではありません。企業のオーナーが代わり、商品が打ち切られることもあります。またこの分野は、大規模な研究によって特定のサプリのイメージが変わったり、考慮する価値のある新しいものが市場に登場したりする、常に動きのある分野でもあります。とはいえ、守るべき基本がすぐに変わることはないでしょう。もし愛犬が病気を患っていたり、薬を服用していたり、手術の予定があったりする場合、新しいサプリを始める前に獣医に相談しましょう。

「パルス」のパワー

ほとんどのサプリに「パルス療法」をすすめる理由

同じサプリを毎日与えるということはつまり、体に毎日、何度も繰り返し入ってくる同じ分子に体が順応して慣れるための時間がたっぷりあるということです。ブランドや与える頻度を変えることで、サプリへの体の反応を最適化できます。そのため、複数のサプリを週に何度か与えることをおすすめします。与えるのを1日忘れてしまったり、抜いてしまったりしても大丈夫なので、慌てる必要はありません。愛犬が毎日同じ時間に必要なのは唯一、病気を抑えるために投与する処方薬だけで、サプリは厳しいスケジュールに従う必要はないのです。サプリを与えることで、長生きへの指示を犬のエピゲノムに囁きかけます。エピゲノムとは、愛犬のDNAを取り囲み、遺伝子のスイッチをオンにしたりオフにしたりすることで遺伝子の発現を変更する、DNAにとってカンニング・ペーパーのような働きをする、化学化合物の2つ目の層といえます。

基本となる必須サプリ

酵素のAMPKや、mTOR、オートファジーについては、第3章で多く取り上げ、「細胞の家の掃除」や長寿に関係があるものだと説明しました。理想的には、オートファジーが体内で魔法のような効果を発揮してくれるよう、mTORを抑える経路をサポートしたいところです。mTORが何だったか忘れてしまった人のために簡単に説明すると、基本的に、細胞内のオートファジーのスイッチをオンにしたりオフにしたりする、体の「調光スイッチ」のようなものです。細胞はこのようにして、部屋を整頓し、可能なものをリサイクルしています。また、アンチエイジングに効果があるサーチュイン遺伝子や、重要な「細胞の家の掃除」をコントロールしているアンチエイジング分子であり「代謝の監視役」と呼ばれることの多いAMPKの動きも刺激したいところです。そして、私たちが提案する戦略を組み合わせれば、まさにそれをすることになります。

アンチエイジングと長寿の活動を最大化するもの

- ▼時間制限給餌
- ▼運動
- ▼レスベラトロール
- ▼オメガ3脂肪酸
- ▼クルクミン
- ▼DIM

▼ザクロ（エラグ酸）
▼オオアザミ
▼カルノシン
▼フィセチン（いちごに含有）
▼霊芝

レスベラトロール

レスベラトロールは、「サプリの道具箱」にある、mTORを抑制する秘密の1つです。テキサス州オースティンに住む、引退した元配管工のジェイク・ペリーは、長寿の猫を育てたことで、2回もギネス世界記録を更新し、猫の歴史に名を残しました。1回目の記録は1998年、スフィンクスとデボンレックスのミックス、グランパ・レックス・アレンで、34歳まで生きました。2回目は2005年、クリーム・パフという名のミックス猫が38歳まで生きました（猫の平均寿命の倍以上です！）。ジェイクの秘密は何だったのでしょうか？　市販のキャットフードに、自宅で調理した卵、七面鳥のベーコン、ブロッコリーなどのトッピングをしていたのに加え、明らかに普通でないこともしていました。「血液の巡りをよくする」ために、スポイト1本分の赤ワインを1日おきに与えていたのです。ワインに含まれた少量のレスベラトロールが、猫たちの長寿に大きく影響していたのでしょうか？　ジェイクはそう考えています。私たちはペットにアルコールを与えることを絶対に推奨しませんが、よく研究されている成分であるレスベラトロールには、何かがあるはずです（レスベラトロールという言葉は聞いたことがあるのではないでしょうか。ぶどう、ベリー、ピーナッツ、一部の野菜に自然に含まれるポリフェノールの一種で、赤ワインが健康にいいに違いない、と過剰に思われる「健康ハロー効果」はここから来ています)。当然、犬にぶどうを与えてはいけません。レスベラトロールを愛犬に安全に与える方法は、ほかにあります。

ペット用サプリのレスベラトロールは、イタドリ(学名 *Polygonum cuspidatum*)の根に由来するものです。イタドリは抗酸化物質が豊富で、和漢薬に広く使われています。

犬の世界では、話題になり始めたばかりです。犬に対して、抗炎症作用や抗酸化作用、さらには抗がん作用や心臓血管の健康維持、神経機能の強化、犬の注意力向上の支援、うつや認知機能低下、認知症などあらゆる精神疾患のリスク低減などに効くことが確認されています。

与える量……イタドリを犬に与える量は、体重1キロあたり1日5〜300ミリグラムと幅がありますが、値が高い方は、血管肉腫への効果について研究されたものです。処方箋なしで購入できる犬用の製品は、非常に低い濃度になっています。動物を対象に研究された、健康維持のための穏やかな服用量としては、体重1キロあたり1日100ミリグラムで、食事の回数に分けて与えます。

クルクミン

スイス・アーミー・ナイフのように万能なサプリを探していますか? 前章でも触れたとおり、クルクミンは幅広い病状に使われる治療薬でもあり、自然の抗炎症剤でもあります。認知機能障害や活力/倦怠感、気分障害、不安障害などの神経変性障害に関係した生化学的経路を狙って作用します。また、強力な抗酸化物質でもあり、ホルモンや神経化学物質の調整役、脂肪代謝の支援者、がんと闘

レスベラトロールの効果

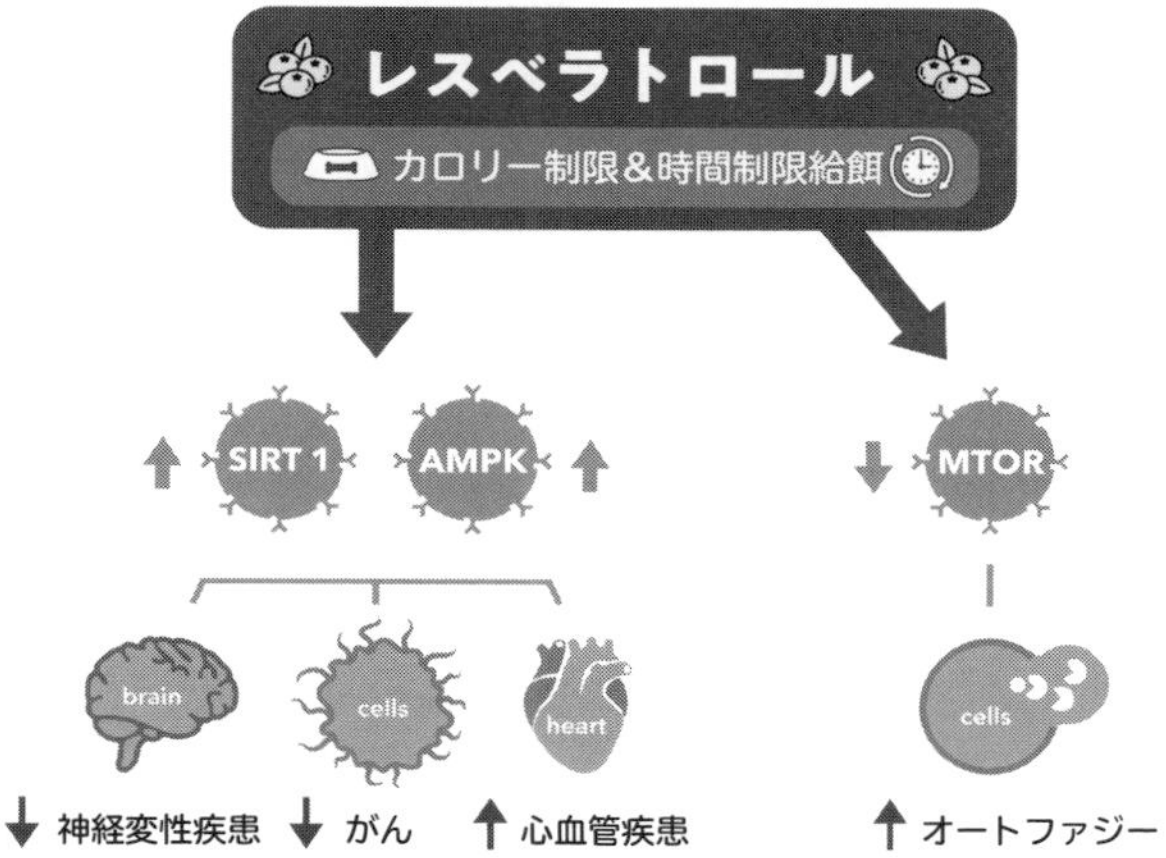

う戦士、ゲノムの良好な友人でもあります。食物繊維やビタミン、ミネラルも豊富です。愛犬のフードに毎日、生のウコンをすりおろして与えるのもいいですが、ほとんどの人は高濃度で含まれるサプリの方がずっといいと感じるでしょう。

与える量……50～250ミリグラムを1日2回（体重1ポンド、約0・45キロあたり約2ミリグラムを1日2回）

プロバイオティクス

犬用プロバイオティクス剤は複数、市場で売られています。選ぶ際には、プロバイオティクスの菌種が多様に含まれており、生きた菌の数と強度について第三者機関による確認済みのCFU（コロニー形成単位）値が高いものにしましょう。さまざまなブランドや種類のプロバイオティクスをローテーションで使うことをおすすめします。土壌由来（または芽胞形成菌）であれ、細菌株であれ、どれも愛犬の腸内細菌を多様化させるのに役立つ、さまざまな特徴があります。また、「ポストバイオティクス」（腸内細菌がつくる代謝産物）という最高のゴールに向けて、327ページで取り上げたプレバイオティクス・フードを加えるといいでしょう。ポストバイオティクスは、ポリフェノールが豊富に含まれる食べ物によってもつくられますが、ポリフェノールは食事から取る必要があり、熱に弱いという特徴があります。これもまた、超加工されたペットフードが最適とはいえない理由です。発酵野菜とプレーンのケフィアは、プロバイオティクスを取る食べ物として最適ですが、多くの犬は、刺激のあるこうした食べ物を好みません。もし愛犬が食べられるようであれば、プロバイオティクスは食べ物で与えてください。食べないようであれば、犬用に調合されたさまざまなプロバイオティクス（さまざまなブランドと種類）をローテーションで与えて、愛犬のマイクロバイオームに栄養を与えましょう。それぞれの製品のパッケージに記載された具体的な指示に従ってください。プロバイオティクスと消化酵素のブレンドもまた、多くの犬にとって非常に有益です。

プレバイオティクスの食べ物＋プロバイオティクス（発酵食品かサプリメント）＝ポストバイオティクス。ポストバイオティクスは今や、犬の心身の健康に役立つことが認められています。

必須脂肪酸（EFA）

脂肪酸はどれも、脳細胞を始めとする細胞膜の構造や機能に欠かすことができません（多価不飽和脂肪酸PUFAの一種であるオメガ3脂肪酸の血中濃度がもっとも高い人は、もっとも低い人と比べて記憶力がよく、脳のサイズも大きいことが研究で示されています）。犬において、この点に関する科学は非常に明解です。フィッシュオイルは行動を改善し、皮膚の状態や脳と心臓の健康状態を向上させます。子犬はより賢くなります。炎症やてんかんを減らします。脂肪酸がなかったら、細胞は崩れてしまうでしょう。細胞膜とは、細胞内部のしくみを包みこんで保護する、脂質の被膜なのです。この膜は、ミトコンドリア内でエネルギーをつくる際に必須です。というのも、ミトコンドリアの二重膜構造がなければ、分離した電荷の保存場所がなく、エネルギーをつくるための化学反応を起こせなくなるためです。

体内には、気が遠くなるほどの細胞膜があります。そして愛犬が必要とする必須脂肪酸も、ものすごい量です。難点は、犬は体のなかで必須脂肪酸をつくれないため、必ず食事から摂取しなければならないということです。もし愛犬に加熱処理した食べ物を与えている場合、そこに含まれる必須脂肪酸の量も影響を受けるため、サプリで補足することをおすすめします。

スーパースターであるオメガ3脂肪酸をより多く提供するサプリ、エイコサペンタエン酸（ＥＰＡ）とドコサヘキサエン酸（ＤＨＡ）を加えましょう。これらの脂肪酸は、犬にとってより好ましい形のオメガ3脂肪酸で、たいていは魚か海で取れたもの（鮭、オキアミ、イカ、ムール貝など）に由来するオイルであり、炎症を抑え、脳の再生を促す（犬のＢＤＮＦ値の引き上げも含む）ことがわかっています。本当のスーパーヒーローは、これら海産物由来のオイルに含まれる物質レゾルビンで、炎症を防いだり、すでに起きている炎症を消散させたりします。その他の種類の健康にいいオイルや脂質（ヘンプオイル、チアオイル、亜麻仁油を含む）は、レゾルビンもＥＰＡやＤＨＡも含みません。難点は、こうした化合物は繊細で、熱で不活性化されてしまうことです。

愛用しているドッグフードにはオメガ3とオメガ6がいいバランスで配合されていると思ったかも

しれませんが、ちょっと待ってください。加工されたペットフードに含まれている必須脂肪酸はほとんどが、高熱によるレンダリングなどの加工処理で破壊されています。残っているオメガ脂肪酸も、いったん袋を開けてしまったら簡単に壊れてしまう可能性があります。高品質で安定したサプリを加えるべきなのは、こうした残念な状況があるためでもあります。そして、愛犬の通常のフードにオメガ3脂肪酸を加えた方がいい、と私たちがいつも言っているのもそのためです（備考……劣化を防ぐために、ドッグフードは冷蔵庫で保管しましょう）。ただし、EPAとDHAは、犬にとって充分な量が含まれていない植物由来ではなく、海産物由来のものにしましょう。海産物由来のオメガ脂肪酸は、生体にとって一番活用しやすく、地球環境にやさしい方法で調達できるうえ、汚染物質について第三者機関による検査が可能です。

フィッシュオイルのサプリにまつわる混乱（および否定的な報道）は、フィッシュオイルの形状に原因があります。フィッシュオイルのサプリは、より精製されたものであるエチルエステル（自然にできる脂肪やリン脂質の形よりも安価で生産が可能）が、急速に酸化して体の抗酸化物質を枯渇させかねないこと（目指すべき目標ではありません）が多くの研究で示されたことから、厳しい視線が向けられるようになりました。フィッシュオイルを購入する際は、脂肪かリン脂質のものを買うようにしましょう。私たちの場合、鮭、オキアミ、アンチョビ、ムール貝、イカから取られた多様なオイルをローテーションで使っています。稀ではありますが、もし愛犬が海産物由来のオイルにアレルギーがある場合、代わりに植物性の微細藻由来のDHAを多く含むオイル（藻類油）を使うことができます（ただし、DHAやEPAの必要条件を満たすにはほど遠い、微細藻類粉末はこれに含みません）。

もし愛犬が食べているのが、高温加工されておらず、製造されてから1年以上棚に眠っていたわけでもない新鮮なフードなら、サプリで与えるオメガ3脂肪酸の量は減らしてもいいでしょう。イワシや調理した鮭など脂肪の多い魚を、「主要長寿トッピング」として週3回与えるなら、オメガ3脂肪酸のサプリを与える必要はまったくありません！

与える量……認定獣医栄養士のドナ・ラディティック博士によると、腎臓病、心血管障害、変形性関節症、アトピー（皮膚病）、炎症性腸疾患などさまざまな病気の犬に対するＥＰＡとＤＨＡの抗炎症効果がこれまで評価されており、そこから算出された与える量は、体重1キロあたり50～２２０ミリグラムと幅があります。高い値の方は、ほかにオメガ脂肪酸を与えられていない（つまり追加的なオメガ脂肪酸が入った市販ドッグフードを食べていない）、変形性関節症の犬に推奨されたものです。あなたの愛犬がオメガ3脂肪酸を含む食べ物（イワシなど）をほかに食べていなければ、健康的な犬の体重1キロにつき75ミリグラムを、健康維持のために与えることを検討してください。なおこれは、１つのサプリ用カプセル、または液体にＥＰＡとＤＨＡを合わせた合計の分量となります。オメガ3脂肪酸は、開封したら冷蔵庫で保管することをおすすめします。30日以内に使い切るか、カプセルのものを買ってミートボールに隠して与えましょう（あるいはカプセルを開けて中身をフードに入れてください）。

備考……タラの肝油は（魚の体から取れるフィッシュオイルではなく）肝臓から取れる油で、ビタミンＡやＤが豊富ですが、オメガ3脂肪酸はそこまで多く含まれません。本書で紹介しているレシピには、脂溶性ビタミンを取るためにタラの肝油を入れるものもあります。レシピの食材として使うか、愛犬が血液テストの結果、ビタミンＡとＤが不足していることがわかっているのでない限り、愛犬のごはんにわざわざタラの肝油を加えることはおすすめしません。

アメリカ人や北半球に暮らす人、さらには一部の犬種は、栄養分を強化した食生活をしているにもかかわらず、たいていビタミンDが不足しています。犬に脂溶性ビタミン（特にビタミンAとD）を追加的にサプリで与えると中毒になりやすいため、先に愛犬の必要量を獣医に測定してもらうことなく、ビタミンDを与えることはしないでください。北方犬種は、栄養性皮膚疾患（皮膚炎）を予防するために、ビタミンE、D、オメガ3脂肪酸、亜鉛を多く取る必要があることが、研究でわかっています。これを聞くとすぐにサプリを与えたくなってしまうものですが、それは災難を招く行為です。もし愛犬に特定のミネラルが足りていないと感じたら、サプリを与える前に獣医に確認してもらいましょう。

ケルセチン

「クェルセチン」とも呼ばれます。初めてケルセチンについてプラネット・ポウズに書いたとき、ネット上が騒然となりました。投稿の内容はただ、真菌性の外耳炎、涙目／目やに／充血、皮膚のかゆみ／魚鱗癬、くしゃみ（その他、ウヨウヨしている環境アレルゲンによる症状）に悩まされている、アレルギーだらけの犬の飼い主さんへの呼びかけでした。ケルセチンは、犬のアレルギーに役立つことがよく知られているため、獣医はこれを自然の「ジフェンヒドラミン」（アレルギー症状を抑える薬）と捉えています。ケルセチンは、複数の食べ物に含まれる重要な食物ポリフェノールで、ほぼ毎日摂取されています。リンゴやベリー類、葉野菜など、さまざまな果物や野菜に含まれていることが多い、天然のポリフェノール性フラボノイドです。強力な抗酸化剤、抗炎症薬、抗病原性、さらには免疫調整因子としてのケルセチンの生物活性に関する研究では、強力なファイトケミカルであるケルセチンが、天然の抗ヒスタミン剤としての性質があることに加え、変性疾患を予防したり進行を遅らせたりする可能性のある数多くの経路が特定されました。

ケルセチンは、その抗酸化と抗炎症の性質以外に、細胞と組織全体に影響を与えることになるであろう、ミトコンドリアの働きのコントロールを助けることが示されています。最新の研究によると、ケルセチンの補充により、とりわけ神経変性疾患に有効な影響がある可能性が示されています。アルツハイマー病を模したマウスを使った実験では、アルツハイマー病に伴うタンパク質のプラーク（凝集塊）形成が減少しました。また、体内のＡＧＥ形成も抑制します。さらに嬉しいことに、ゾンビ細胞が減る可能性もあります。

与える量……愛犬の体重をポンドに換算した数字に8を掛けてください（例えば、50ポンドの犬は1日に400ミリグラム。125ポンドの犬なら1日1000ミリグラム。赤リンゴを124個かブルーベリー217カップ分食べる量に相当します）。アドバイス……この計算で出た量は、必ず1日2回に分けて与えてください。最大の効果を得るには、カプセルや粉末をフードやおやつのなかに隠しましょう。もしアレルギーの調子がかなり悪い場合、このサプリに関しては、与える量を倍に増やしても大丈夫です。

アドバイス……アーモンドバターは新鮮な「ピルポケット」

オーガニックの生アーモンドバター（小さじ1杯33キロカロリー）を少量使えば、錠剤を隠して与えるために使う、超加工されたしっとりごほうび「ピルポケット」の手軽な代替品になります。私たちは、オーガニックの生のアーモンドをフードプロセッサーに入れて、手づくりしています。アーモンドは酸化ストレスを抑えるほか、人間の場合はC反応性タンパクの値をかなり下げてくれます。また、リグナンとフラボノイドも含まれています。また、オーガニックの生ひまわりの種も、細かく砕けばビタミンEが豊富な手づくりペーストができるので、好き嫌いが激しい犬に錠剤や粉末剤を与える際に活用できます。ほかにも、小さなミートボール、生のチーズ（犬のマイクロバイオームを構築することが証明されています）、少量のかぼちゃも使えます（残った分はあとで使えるように、製氷皿に入れて凍らせましょう）。ピーナッツバターはマイコトキシンに汚染されている可能性があるうえ、ブランドによっては犬に有害なキシリトールが含まれています。

ニコチンアミドリボシド（NR）

寿命を引き延ばすのにもっとも有望な成分は何か、アンチエイジング・バイオテック業界の人に聞いてみてください。ニコチンアミドリボシド（NR）を挙げる人が必ずいるはずです。ビタミンB3の一種であり、また、細胞エネルギーの生産、DNAの修復、サーチュイン（老化に関係する酵素）の活動といった、哺乳類の体内での非常に重要な作用の多くでコエンザイム（補酵素）として働く花形分子ニコチンアミド・アデニン・ジヌクレオチド（NAD＋）の前駆体でもあります。コエンザイムとしてのNAD＋の働きがなければ、これらの作用は不可能であり、生命は存在すらできません。あまりにも重要であるため、体の全細胞にNRが存在します。とはいえ、NAD＋の値は年齢とともに減少することを示す証拠は増えてきており、この変化を、科学者は老化の特徴として考えています。NAD＋値の低下はまた、心血管疾患、神経変性疾患、がんなど加齢に伴う多くの疾患の原因となっています。

例えば、高齢のマウスを使った実験では、別のNAD＋前駆体でありNRより大きな分子のニコチンアミド・モノ・ヌクレオチド（NMN）を経口で補ったところ、老化に伴う遺伝子の変化を防ぎ、エネルギー代謝、身体活動、インスリン感受性を改善したことが確認されました。サプリの形状のNAD＋は生体利用効率が非常に悪いため、NAD＋値を上げるのは簡単ではありません。とはいえNRなら、自然の値を引き上げられます。動物実験では、NAD＋前駆体のNMNまたはNRを補ったところ、NAD＋値が回復し、老化に伴う体の衰えを遅らせることが示されました。私たちが相談したアンチエイジングの専門家のほとんどが、NRかNMNを毎日摂取していると言っていました。興味深いことに、実験の一貫でビーグル犬にNMNを与えた際に、私たち自身も摂取するようになったのですが、脂質やインスリンの値も下がりました。

与える量……かなり幅が広いですが、人間用の製品の多くが、1日300ミリグラム（犬なら体重1ポンド、約0・45キロあたり約2ミリグラム）を推奨しています。動物を使った研究では、もっとずっと多い投与量（体重1キロあたり1日32ミリグラム）でさらなる恩恵が得られるとしていますが、このサプリは非常に高価なため、まずは犬の体重1ポンドあたり2ミリグラムからにして、できるときに与えるようにしましょう。

ヌートロピクス……「スマートサプリ」と呼ばれることもあるヌートロピクスは、認知機能の低下を予防したり遅らせたりを支援することで、脳機能を強化する化合物です。認知機能障害を経験している人は、認知力低下から保護する役目を担う必須ビタミンや栄養素が不足していることが研究によって明らかになりましたが、動物でも同じことが言えます。最善の認知機能を維持するのに必要な細胞の活動において、特定の栄養素が重要な役割を担うことがわかっています。研究では、慢性的なストレスが認知機能の低下を加速し、記憶機能を損なう可能性があることが示されました。ヌートロピクスのなかには、アダプトゲンとされる原材料が含まれており、つまりは体がストレスにうまく対処するよう手助けし、それに伴い認知機能が改善するものもあります。

ヤマブシタケ

ヌートロピクス的なきのこであるヤマブシタケは、強力なアダプトゲン（体がストレスに対し健康的に適応できるよう支援する物質）であることを含め、認知機能強化に幅広い効果があります。動物実験ではまた、うつや不安行動の改善が期待できそうな結果となっています。ヤマブシタケに含まれる有益な多糖は、動物において、潰瘍など胃腸の問題を療したり予防したりするのに有効であることが確認されており、また神経系の損傷や変性を抑えます。特に私たちは、変性性脊髄症のリスクが高い犬種でミエリンを保護してくれるところが非常に気に入っています。優れた胃腸保護剤であり、腸内免疫系を向上させるおかげで、腸は体内に入った病原体を撃退できるようになります。生のヤマブシタケを入手できるなら、主要長寿トッピングにぴったりです。もし見つからなかったり、愛犬が食べてくれなかったりするなら、7歳以上の犬なら特に、サプリを検討してみましょう。

与える量……認知力について日本で人間を対象に行われたある研究では、1日に合計3000ミリグラムを与えたところ、有益な効果がみられました。これを犬に換算すると、体重50ポンド（約22・6キロ）あたり1000ミリグラムとなります。

グルタチオン

体内でつくられ、発がん性物質の分解の軸となる極めて重要なアミノ酸、グルタチオンについては、すでに取り上げました。超加工食品から有害なAGEを取り除き、フリーラジカルを中和し、「工業毒」や、動物にとっての毒素を解毒するのに役立ちます。さらには、重金属によるダメージから犬を守ってくれる可能性があります。犬の肝臓では、グルタチオンを伴う解毒経路の活動は、胆汁中に排出される毒素の最大60％に達します（胆汁は、愛犬の肝臓から余分な物質を排出する主な輸送手段）。だからこそ、グルタチオンは「抗酸化の達人」と呼ばれているのです。また、ほかの抗酸化物質を回復させて、炎症と闘う能力を強化させます。有害なフリーラジカルを中和させる多くの酵素の補因子としての役割も果たします。複数の研究において、病気の犬はグルタチオンが少ないことが確認されています。薬効成分のあるきのこをブレンドしたものを主要長寿トッピングとして使うのが理想ですが、あなたの愛犬がきのこを食べないようであれば、愛犬が高齢になるにつれて特に、サプリで与えるといいでしょう。

与える量……グルタチオンを与えるべきとされる量には大きな幅がありますが、ほとんどの医師は、健康な人間なら1日250～500ミリグラムを推奨しています。犬なら体重1ポンド（約0・45キロ）につき2～4ミリグラムを、ミートボールやおやつに入れたものをごはんの合間に与えましょう。

犬用の認知症薬には効果があるのでしょうか？　はい、あります。少量のデプレニル（セレギリン）は、FDAから唯一認可された犬の認知機能障害に対する治療薬であり、感情、快楽の感覚、脳の報酬やモチベーションのメカニズムに関係する、重要な神経伝達物質であるドーパミンの産生を刺激することでよく知られています。ドーパミンは、動きのコントロールにも役立ちます。デプレニルは獣医学において、神経伝達物質ドーパミンの分解を遅らせるある物質の酵素活性を阻害するために使われます。また、既存のニューロンを強化する化合物である神経栄養因子を増やし、新生ニューロンの成長をサポートします。さらに、有害な物質を分解するパワフルな抗酸化物質も増やすことで、動脈硬化、心臓発作、脳卒中、昏睡、その他の炎症症状につながる可能性のある組織の損傷を予防するのに役立ちます。デプレニルを試したい場合、獣医に相談してください。もし犬の認知障害だと診断されたなら、服用の開始と同時に、できるだけ早くライフスタイルを完全に変えることをおすすめします。医師らは1980年代から、この医薬品が長寿に効果があることを認識していました。当時でさえも、動物を対象にした一握りの研究で、測定可能なほど寿命を延ばすことが示されていました。

オーダーメイドでつくるメニュー

自宅や庭でたくさんの化学物質を使用しているなら、愛犬の食生活にＳ─アデノシルメチオニン（ＳＡＭｅ）を加えましょう。フィラリアやノミ・ダニ用の薬を使っているなら、オオアザミを加えます。

ＳＡＭｅ……Ｓ─アデノシルメチオニン（ＳＡＭｅ）とは、犬の肝臓で自然につくられる分子で、解毒に必要なさまざまな化合物のメチル基供与体として機能します。ＳＡＭｅは、メチル化によるＤＮＡの修復に必要であり、また、クレアチン、ホスファチジルコリン、コエンザイムＱ10（ＣｏＱ10）、カルニチンといった、カギとなる多くの生体分子の前駆体でもあります。体内にあるこれらの化学物質はすべて、痛み、うつ、肝疾患などの病気に作用します。ＳＡＭｅはまた、多くのタンパク質や神経伝達物質の生成に関わっており、１９９０年代に機能性食品として承認されています（食べ物には含まれないため、サプリでＳＡＭｅを摂取することが望ましいときもあります）。二重盲検法で行われた数多くの研究により、うつや不安の軽減への有効性が確認されています。また、人間を対象にした臨床試験では、非ステロイド性抗炎症薬（ＮＳＡＩＤ）と同等の効果があることが示されており、痛みや腫れを抑える際に使用する有力候補といえます。犬の世界においては、獣医はがん、肝臓障害、認知機能不全症候群の治療補助にＳＡＭｅを活用しています。

犬用のＳＡＭｅとして人気のとあるブランドは、４週間と8週間それぞれ使用したところ、どちらも粗相を含む問題行動が44％減少したと報告しています（プラセボ群では24％）。その他確認されている利点としては、活動と元気の度合いが際立って改善、認識力の著しい向上、睡眠障害の減少、見当識障害や混乱の減少などがありました。これとは関連していない、実験用の犬を対象にした別の研究では、注意力や問題解決能力を含む認知処理に改善が見られました。獣医が処方するSAMeのブランドは多くありますが、処方箋なしでも購入できます。毎日1回、体重1キロにつき15〜20ミリグラムを与えてください。このサプリは、大量のフードと一緒に与えない方が吸収されやすいため、ミートボールに入れて食間に与えましょう。

オオアザミ（シリビニン）は、肝臓の解毒を促してくれる、頼りになるハーブです。除草剤などの芝生用の化学物質、大気汚染、さらにはノミ・ダニやフィラリアの駆除薬、ステロイドなど獣医用医薬品の残留物は、ペットの体内から洗い流したいですよね。そんなときにペットの食事に加えるハーブとして非常に重要なのが、解毒界のスーパースターのオオアザミです。花をつけるハーブで、ある種の「家の掃除屋さん」として肝臓の問題に取り組むことで特に有名です。解毒作用は、人間のみならずペットにとっても、とても重要なプロセスです。適切に解毒できない犬は、のちに深刻な免疫合併症のリスクに見舞われます。オオアザミは、解毒物質の「ボス」と言えます。メリーランド大学医療センターによると、「初期の実験では、オオアザミに含まれるシリビニンやその他の有効成分に、抗がん作用がある可能性が示されている。これらの物質は、がん細胞の分裂や増殖を止めて寿命を短縮し、腫瘍への血流を減らすよう」でした。

与える量……体重10ポンド（約4・5キロ）につき、ルースのハーブ小さじ1／8を与えてください。このハーブの場合、効果を最大限に引き出すには「パルス」方式で（断続的に）与えます。フィラリア用の薬のあとに（または体内からほかの薬品の残留物を排出する支援として）、またはお住まいの共同住宅で芝生に薬が撒かれたあとに、１週間毎日与えます。オオアザミはたいていのペット用品店が取り扱っているはずです。人間用を購入する場合、一般的な「デトックス」の服用量は、体重１キロあたり50～１００ミリグラムを毎日です。ラベルに、シリビニン70％以上という表示があるものを探しましょう。

関節にケガがある若い犬から変形性関節症を患う高齢の犬に至るまで、どの年齢にせよ、関節の追加的なサポートとなる長寿フードとしては、パーナ貝が、筋骨格系用のサプリとして使用できます。

パーナ貝（モエギイガイ）は、非ステロイド系抗炎症薬（ＮＳＡＩＤｓ）とよく似た作用で魔法のような効果を体内で発揮するため、天然の代用品として犬に使えます。名前からわかるように、このサプリはもともとニュージーランド沿岸原産のモエギイガイ（ミドリイガイ）に由来します。殻の周りは明るい緑色の縞で、殻の内側は縁が独特な緑色になっています。マオリの人たちは長きにわたりモエギイガイを活用しており、沿岸に住むマオリの人たちは、内陸に住むマオリの人たちと比べ関節炎の率が低いことが科学的に示されています。モエギイガイのエキスは、犬の変形性関節症（ＯＡ）の症状を軽減することが臨床試験で証明されています。例えば２００６年、軽度から中程度の変形性関節症を患う81匹を対象にした二重盲検プラセボ対照研究で、モエギイガイのエキスを１２５ミリグラム含む錠剤を、犬が長期間（8週間以上）にわたり摂取すると、著しい効果があることがわかりました。獣医学の研究誌『カナディアン・ジャーナル・オブ・ベテリナリー・リサーチ』に掲載された２０１３年の研究では、ＯＡを患っている犬のフードにモエギイガイのエキスを加えたところ、比較群である通常のフードの犬と比べて、足取りが著しく改善しました。モエギイガイのエキスを加えたフードを食べた犬はまた、フードに含まれたオメガ3脂肪酸のＥＰＡやＤＨＡを血中に高い値で吸収していました。研究者らは、ＯＡを患っている犬にモエギイガイのエキスが非常に有効であることが示されたと結論づけました。犬のごほうびとしてフリーズドライのものが売られているほか、粉末状のサプリも簡単に手に入ります。

与える量……1日に体重1キロあたり33ミリグラムを食事の回数に分けて与えます。

ストレスと不安に特にサポートが必要な犬に（必ず、行動修正法と毎日の運動療法を行ったうえで加えてください）……

Ｌテアニンは、主にお茶に含まれる沈静作用のあるアミノ酸で、不安や騒音恐怖症を軽減する脳のアルファ波発生を促し、リラックスしながらも集中した意識の維持をサポートします。獣医が処方する製品も入手できますが、人間用の健康食品店でも広く売られています。犬の不安を軽減するのにもっとも効果的な服用量は、体重1キロあたり2・2ミリグラムを1日2回です。

アシュワガンダは、インド、中東、アフリカの一部地域に生息する常緑低木で、脳機能をサポートし、血糖値とコルチゾール値を下げ、不安やうつの症状に対抗するのを手助けすることから、「アダプトゲン」（ストレスへの抵抗を支援する薬品やサプリのこと）と呼ばれています。また、高齢の犬では肝機能の改善を支援することもわかっています。体重1キロあたり50〜100ミリグラムを2

回に分け、フードに混ぜて与えます。

オトメアゼナは、アーユルヴェーダ医療における主要な植物で、記憶の維持（犬が迅速に学習して長く記憶）を強化したり、ストレスやうつを含む不安症状を軽減したりすることが、数多くの臨床研究によってわかっています。動物研究のなかには、オトメアゼナの抗不安（「不安緩解」）の有効性がベンゾジアゼピン（例……ザナックス）に匹敵するうえ、犬の眠気を催さないという結果が出ているものもあります。記憶を強化することが証明されているため、世界中の医師は、認知機能が衰えた患者への治療にオトメアゼナを活用しています。

与える量……1日に体重1キロあたり25～100ミリグラムを食事の回数分に分けてフードに混ぜてください。認知機能を健やかに保つには低い方の値を、不安に対処する場合には高い方の値を使います。

イワベンケイ（ロディオラロゼア）もまた、ストレスにうまく対処できるように体を守ってくれるアダプトゲンのハーブです。イワベンケイのサプリは、気分を改善して不安感を緩和することが、複数の研究からわかっています。

与える量……体重1キロにつき1日2～4ミリグラムを食事の回数に分けて与えれば、効果が出るはずです。

1歳前という早い時期（思春期前）に避妊または去勢した犬には、残りのホルモンのバランスを保つのにリグナンが役立つかもしれません。リグナンは植物性エストロゲンであり、つまり体内でエストロゲンのように作用する植物由来の化合物で、不適切な量のエストロゲンを生成しないよう副腎にフィードバックを送ります（そもそもエストロゲン生成は副腎の仕事ではなかったのです！）。リグナンが取れるものは亜麻の皮（充分なリグナンを含まない亜麻仁と混同しないように注意）やアブラナ科の野菜、トウヒの節（HMRリグナン）を含め無数にあります。獣医学では、犬のクッシング症候群（副腎ホルモンの過剰分泌）の補助的なサポートとして、日常的にリグナンを処方しています。定期血液検査でアルカリフォスファターゼ（ALP）の値が著しく高いと、一般的にコルチゾール値が高いことが疑われるため検査すべきだというヒントとなります。リグナンは、「犬のホルモンバランス」用の製品のいくつかにおいて、メラトニンやジインドリルメタン（DIM）と組み合わせて使われることがよくあります。コルチゾール値を下げたり、避妊・去勢手術後に超過労働となる副腎にかかるストレスを緩和したりします。体重1ポンド（約0・45キロ）につき1～2ミリグラム（1キロにつき2・2～4・4ミリグラム）を1日の使用量とします。

食事の50％以上が超加工フードの犬……調査によると、そのような犬は、AGE値が高まっていると思って間違いなさそうです。愛犬がオーガニック・フードを食べていないなら、検出可能な程度の残留農薬や、もしかしたら重金属などの汚染物質（ポリ臭素化ジフェニルエーテルやフタル酸エステルなど）が、体内に潜んでいるかもしれません。そのため、愛犬の体内からこれらを排出する手助けをしてくれるものを、与えてあげる必要があります。

カルノシンは、体内で少量が自然につくられるタンパク質の構成要素で、体がAGEやALE（脂質過酸化最終産物――これもまた体内に蓄積したくない、超加工食品からの副産物）を吸収したり代謝したりしないように手助けすることが示されています。カルノシンは、自然由来の抗酸化保護剤であり、重金属キレート剤であり、さらにはＡＧＥやＡＬＥでつくられた反応分子を解毒したり、その形成自体を抑制したりする能力があります。

与える量……体重25ポンド（約11・3キロ）未満の犬には1日１２５ミリグラム、50ポンド（約22・6キロ）以下の犬には1日２５０ミリグラム、50ポンドを超える犬には1日５００ミリグラムをおすすめします。人間用のサプリとして、健康食品店やオンラインで入手可能です。

クロレラとは、薬効成分を含む単細胞の淡水藻で、重金属、食品汚染物質、環境汚染物質と結合します。超加工されたドッグフードや、従来的な方法で育てられた農作物に含まれるグリホサートの残留物を除去する働きがあるパクチーと一緒に与えることで、クロレラが持つスーパーパワーをさらに強化できます。クロレラは人間用のサプリですが、ミートボールに隠しやすい小粒の錠剤か、フードに混ぜられる粉末になっているため、犬にも与えやすくなっています。

与える量……体重25ポンド（約11・3キロ）未満の犬には1日２５０ミリグラム、50ポンド（約22・6キロ）以下は1日５００ミリグラム、50ポンド超なら1日７５０～１０００ミリグラム。

化学物質デトックスのサプリメント

▼動物用および環境用殺虫剤の除去……
▼オオアザミ、ＳＡＭe、グルタチオン
▼マイコトキシン、グリホサート、重金属の除去……
▼ケルセチン、クロレラ

慢性感染症の犬に

オリーブ葉エキス……オリーブの実ではなく葉から抽出したエキスで、抗炎症や抗酸化に役立つとされる「オレウロペイン」という有効成分が含まれるため、オリーブ油と同じかそれ以上に効き目を発揮します。オレウロペインは、数多くの一般的な病原体や寄生生物から保護することに加え、犬の血糖値を健全に保つ効果があり、動物の脳細胞の寿命を伸ばす効果のあるポリフェノールを含み、さらにはＡＭＰＫ／ｍＴＯＲのシグナル伝達経路を通じてオートファジーも誘発します。オレウロペインはまた、強力な抗微生物や抗寄生生物の特性があるうえ、数多くの動物実験では肝疾患や肝臓毒性を予防・治癒することがわかっています。神経変性疾患に対する効果についても、現在研究が進められています。さらに、老化細胞を殺し、Ｎｒｆ２を刺激します。効き目の高いポリフェノールの一種であり、強力なアポトーシスを誘発し、異常な細胞の増殖を抑制する力を持つことから、多くの種類の進行性がんについて臨床試験が行われています。

与える量……人間用の商品を購入する際に、オレウロペインが12％以上含まれるものを探しましょう。体重25ポンド（約11・3キロ）未満の犬には125ミリグラム、50ポンド（約22・6キロ）以下は250ミリグラム、50ポンド超なら500～750ミリグラムをそれぞれ1日2回与えます。現在進行形の感染症（とりわけ再発性の皮膚、膀胱、耳への感染症）への対処なら6～12週間使用します。オートファジーの活性化なら、6～12週間使用後に3～4週間休んでから再開するという周期で与えます。

お気に入りのシニア犬用サプリ

ユビキノールは、コエンザイムQ10（CoQ10）の活性型です。体が、細胞のミトコンドリア内で自然なエネルギーを生産する際に、最適なレベルで機能できるよう支援および維持するのに必要となる、脂溶性のビタミンのような抗酸化物質です。心臓と肝臓は、体内のどの部分よりも細胞あたりのミトコンドリアが多く、そのため、CoQ10をもっとも多く含んでいるのは、驚きではありません。さらには、人間が使用するものとしてCoQ10はアメリカで屈指の人気を誇るサプリであり、老化に伴う心疾患の治療および予防として心臓病患者にすすめられているのも驚きではありません。獣医の世界では、犬の心臓病患者には、うっ血性心不全の進行を遅らせるためにこのサプリが処方されます。小型犬種にもっともよく見られる心疾患である僧帽弁疾患（MVD）を患う犬を調べるために行われた初期の研究の1つで、CoQ10が小型犬の心臓機能を著しく改善しました。予防的に使うのもおすすめです。老化したミトコンドリアに栄養を与え、心血管疾患の可能性を下げます。食事だけでは、充分な量のCoQ10を摂取するのは不可能です。ユビキノール（生体がより利用しやすい形のCoQ10）は値段がずっと張りますが、吸収しやすくなっています。

与える量……ユビキノールを与える量には幅があり、どのような健康状態を目標にするかによって、体重1ポンド（約0・45キロ）あたり1〜10ミリグラムを1日1回か2回与えます。ミトコンドリアと心臓の健康を維持するなら、1日1回の摂取で充分です。心血管疾患を患っている犬には、1日2回与えてください。備考……オイル・ベースのユビキノールの製剤は、粉末状になった通常のCoQ10よりも吸収しやすく、より効果があると考えられています。オイル・ベースのユビキノールは、ソフト・ジェル・カプセルか液体ポンプの形で売られており、結晶状のCoQ10はカプセル、錠剤、粉末の形状で売られています。アドバイス……プレーンのCoQ10を購入する場合、健康維持のためなら推奨される服用量の多い値の方を使い、吸収力を高めるために、小さじ1杯のココナッツオイルと一緒に与えてください。

私（ベッカー博士）が、子犬だったエイダと出会ったのは、2004年でした。飼い主として最初にエイダのために設定した健康目標は、鉄の腸をつくること。健康的な腸は、健康的な免疫系へとつながるからです。ピットブルであるエイダのDNAは遺伝的に、アトピー性皮膚炎（湿疹に似た、アレルギーのような症状）を発現しやすい傾向にあり、それを私は避けたかったのです。私は当時獣医として、もうあとがない状態にまで追い詰められた飼い主たちとともに、彼らの愛犬の安楽死をなんとか避けようと、自分の動物病院で必死になって働いていました。機能性医学の医師〔後述〕の多くがそうであるように、アレルギー、がん、筋骨格系の問題、臓器不全など不治の病を抱えた動物にとって、私は最後の頼みの綱だったのです。そして仕事を終えて帰宅すると、惨めなほどに痒がっているエイダがいる……そんな状況を、なんとしても避けたいと思いました。でもそれを実現するには、「エピジェネティクス的な変化を意図的につくり出す計画」が必要なことはわかっていました（別の本が1冊書けるくらい重要なトピックです）。

本書の最初の2パートで説明したとおり、犬は、環境によって影響される後天的《エピジェネティック》な要素によって、発現するかもしれないし、しないかもしれないDNAを持っています。エイダの飼い主として私は、彼女の痒み遺伝子が発現しないようにするか、遺伝性であるアトピー性（痒い）の体質に「自然に任せる」かについて、私自身がものすごい力を持っていることをよくわかっていました。私の目標は、アトピーになりがちなエイダのDNAが発現する可能性を意図的に下げること。そこで、健康的なマイクロバイオームをつくり、それを保護することにしました。寄生虫駆除を、「ただなんとなく」するなどということはしませんでした。代わりに、寄生虫がいないことを確認するために、3カ月にわたり毎月検便をしました。私が受け入れたときのエイダは、超加工処理された子犬用のフードだけを食べていました。すぐに、さまざまな株の善玉菌が使われたさまざまなブランドの犬用プロバイオティクスを与え始め、食事のたびに、何かしらのプロバイオティクスをひとつまみほど加えました。エイダのためにすべてのごはんを手づくりにする時間的余裕はなかったのですが、それでも、すぐに総合栄養食である生のフードのブランドをいろいろと与え、異なるタンパク源（とブランド）を食事ごとにローテーションで与えるようにしました。巨大な冷凍庫を2つ持っていたので、ドッグフードの小さな袋をいろいろと保存するのは難しくはありませんでした。ビーフ、チキン、ターキー、ウズラ、鴨肉、シカ肉、野牛、うさぎ、ヤギ、エミュー、ダチョウ、ワピチ（アメリカアカシカ）、鮭、子羊を（毎回いろいろな野菜を合わせて）ローテーションで与えることで、早い段階で栄養と微生物の多様性を培うことができました。

エイダは、（私が森のなかに住んでいたため）毎日健康的な土壌に触れ、長い時間を屋外で過ごしました。私のライフスタイルは非常に「グリーン」であるため、エイダが触れる家庭用化学物質や環境化学物質は最小限でした。命にかかわるような理由で必要にならない限り、抗生物質は絶対にあげないよう必死でした（たとえ短期間であれ抗生物質を与えてしまうと、犬の腸が回復するまでに何カ月もかかることは、当時から知っていたのです）。子犬は、母親犬由来の抗体が弱まり、自分の免疫系が働き始める際にお腹や体ににきびができる、「子犬の膿皮症」にかかりがちで、エイダも例外ではありませんでした。子犬はこの時期、不要な抗生物質を初めて投与されることがよくあります。エイダのにきびや膿疱にポビドンヨードを1日2回、軽く叩くように塗ることで、吹き出物をコントロールしました。この時期、オリーブの葉も1カ月間、サプリとして使いました。また、ほとんどの子犬がするように、食べるべきでないものを口にしたせいで、何度か下痢に見舞われもしました。胃腸用の抗生物質を使わずに、下痢をなんとか抑えました（胃腸の問題でもっともよく処方されるのは、フラジールまたは一般名でメトロニダゾールで、下痢症状を効果的に癒やします。ただし同時に同じくらい効果的に、アトピーへの第一歩となる腸内毒素症もつくり出してしまいます）。活性炭を1日3回、空腹時に与え、さらには脂肪のない七面鳥の肉に火を通し、缶入りかぼちゃ（とアカニレ）を混ぜたフードを数回与えることで、エイダの「食べるべきでないものを食べる」という行為はいつも、すぐに収まりました。

エイダは、私が迎え入れたときにはすでに、子犬用のワクチンを2回接種済みでした。何も考えずにさらなるワクチンを打たせる代わりに、命にかかわるようなウイルスから長期的に身を守れるだけの免疫がついているのか、まずは見極めたいと私は思いました。「抗体価検査」と呼ばれる簡単な血液検査で、エイダにはきちんと抗体ができていることがわかりました。子犬用の追加接種をさらに受けさせても、何の恩恵も「追加」されないでしょう。その後16年経ったあとでさえ、抗体価検査の結果は、子犬時代に受けた最初のワクチンによる防御免疫効果があることを示していました。

それぞれのライフステージで、エイダの体のニーズに合うサプリを調合しました。若かったときは、腱と靭帯（これもこの犬種の弱点）を守りたかったし、中年になったときは、回復力のある免疫系にしたいと思いました。シニアになったときには、臓器機能を守って維持したいと思いました。そして高齢犬となった今、私が注力しているのは、認知力低下を遅らせることと、体の不快感を抑えることです。17歳の現在は、目のサポートも必要です。私にとって医学とは、科学的知識であるのと同じくらいに「技術」でもあります。その技術とは、常に変化し続ける患者の健康を維持するための治療法を、遺伝的特徴を考慮しつつ、時間の経過やその患者特有の健康面でのニーズに合わせてカスタマイズすることです。「生涯ずっとどの状況にも合う」、標準的な治療法を処方することではありません。愛犬の体が変われば、サプリの与え方も変わるのです。

機能性医学の医師とは？

機能性医学では、慢性疾患の治療において、薬を使った介入を最初あるいは唯一の選択肢とするのではなく、食べ物と生活習慣が第一の治療法になると考えます。機能性医学の獣医は、発病する前に、生活習慣や環境のなかで障壁となるものを特定し、取り除くよう努力します。より高い水準での心身の健康、平均以上の生活の質、平均以上の寿命を促進するという目標とともに、動物に合わせた動的な健康維持の計画をつくります。これは、従来的な医療の取り組み――つまり症状が出て、病気になったとか衰えたなどと体が警告して初めて、それに反応して治療するもの――とは異なります。機能性医学を実施している動物の職業団体のリストは、添付資料の15ページをご参照ください。

犬用のサプリには、百科事典が1冊書けるほど、非常に多くのブランドや有効な機能性食品、さらには健康を改善することが臨床的に証明されているハーブが存在します。ほかの複数の獣医が試みていることですが、（フードボウルに溢れんばかりのサプリを過剰に与えないこと、何をなぜ与えるのかを理解すること、大金を注ぎ込まないこと、という意味で）一番大切なのは、どのサプリがどの犬にもっとも役立つのかを賢く判断することです。人間と同じように、どのようなサポートをどのタイミングでどんな理由で必要とするかは、動物によって異なります。機能性医学を実践している獣医、または心身の健康の維持に取り組んでいる獣医と協力したり、病気の積極的な予防にフォーカスしている獣医に相談すると、非常に有益です。**私たちはまた、ペットにとって最高のサポートがしてあげられるよう、飼い主のみなさんが知識をつけることもおすすめしています。**

サプリ業界は、変化が激しくもあります。例えば近年では、CBD（カンナビジオール）を含む犬用の製品が、市場に溢れています。CBDとは大麻に含まれる化合物ですが、ほとんどのCBD製品、とりわけ犬用につくられたオイルやティンクチャー（チンキ剤）は、ヘンプと呼ばれる種類の大麻に由来するもので、マリファナ由来ではありません。マリファナ由来のものには、マリファナが持つ精神活性作用のもとである化合物、テトラヒドロカンナビノール（THC）も含まれています。CBD

はウェルネス・サプリとして、また体に有益な効果がいくつもある万能薬としてもてはやされています。抗炎症薬の役割を果たし、神経系を落ち着かせ、痛みや不安を抑え、そのうえがんを予防したり治療の補助になったりするからです。確かに私たちは、自分の飼い犬が抱えている特定の問題に対処するためにCBDを使い、その効果を経験しています。しかし市場に出回っている犬用のCBD化合物に関して私たちが考える（品質管理と有効性の問題以外で）最大の問題点は、どんな原因でも体の痛みはすべて抑えられ、問題行動はすべて改善できるという誤った思い込みです。そのような効果はありません。CBDやほかの多くのハーブの製品は、特定の状況においては愛犬に治療面で効果を発揮する可能性はあります。本書に掲載しているサプリは、「ウェルネス」のカテゴリーに該当します。つまり、少しずつ健康を改善したり老化を遅らせたりするために、日常的に使いたければそれも可能です。愛犬に健康上の問題がある場合、その犬ならではの医療上の問題や生理機能に合わせてカスタマイズすれば、機能性食品を使った治療法が、驚くほどの効果をもたらす場合もあります。ウェルネス企業は、犬の具体的な体質、DNA検査結果、さらにはその犬ならではの問題に合わせてカスタマイズしたサプリの活用手順を提供し始めています。

あなたの愛犬が体調を崩していたり薬を服用中だったりした場合、使ってみたいと思うサプリについて、かかりつけの獣医に相談してください。手術前や新しい薬を処方してもらった場合は必ず、どのサプリを与えているかを事前に伝えましょう。サプリは、フードに混ぜたり、小さなミートボールや少量のアーモンドバターまたは生チーズに隠したりして与えられます（ご存知でしたか？　プロバイオティクスを含む生チーズは、犬のマイクロバイオームにいいとの調査結果が出ています）。粉末をそのまま、犬に無理やり飲ませるようなことは絶対してはいけません。信頼関係を損なううえ、喉に詰まらせる危険もあり、いい気分でもありませんから。

長寿マニア、本章での学び

▼適切なタイミングで適切な組み合わせのサプリ――過剰に頼らずに――は、愛犬の食習慣とその他のライフスタイルの要素、年齢、遺伝的特徴との間にあるギャップを埋める助けとなります。とはいえ、どの犬も常にサプリが必要なわけではありません。

▼愛犬のために考慮すべき基本となる必須サプリ（分量と与え方については、章内の詳細参照）……

・レスベラトロール（イタドリ）
・クルクミン（特に犬がウコンを食べない場合）
・プロバイオティクス（特に犬が発酵野菜を食べない場合）
・必須脂肪酸（ＥＰＡ＋ＤＨＡ、脂肪分の高い魚を週２～３回食べていない場合）
・ケルセチン
・ニコチンアミドリボシド（ＮＲ）またはニコチンアミド・モノ・ヌクレオチド（ＮＭＮ）
・ヤマブシタケ（７歳以上の犬の場合）
・グルタチオン（きのこを食べない犬の場合）

▼追加的なサプリ……

・化学物質に多く触れる犬（例……芝生手入れ用の薬剤、家庭用洗浄剤）には、ＳＡＭｅを

追加（358ページの囲み部分も参照）

・フィラリアやノミ・ダニ用の薬を使用している犬には、オオアザミを追加
・特に関節サポートが必要な犬には、パーナ貝を追加
・ストレスと不安に特別なサポートが必要な犬には、Lテアニン、アシュワガンダ、オトメアゼナ、イワベンケイを追加
・思春期に入る前に避妊または去勢した犬には、リグナンを追加
・食べ物の50％以上を加工フードが占める犬には、カルノシンとクロレラを追加
・慢性感染症の犬には、感染症が再燃したときにオリーブの葉のエキスを追加
・シニア犬にはユビキノールを追加

9

それぞれの犬に合わせた、医薬としての食事

ペットフード・ホームワークと丈夫な犬に必要な新鮮なフードの割合

あなたが口にする食べ物は、
もっとも安全で強力な薬にも、もっともゆっくりと効く毒にもなりえる。

——アン・ウィグモア

愛犬の心身の健康をどれだけ向上できるかは、次の3つの要素に依存します。生活習慣は大切だという信念（要は、そのプロセスにあなたが真剣に取り組むこと、すなわち努力）、遺伝、予算です。愛犬の遺伝的構成をつくっているDNAを変えることはできませんが、多くの場合、酵素経路に対してなら、食習慣を含む環境変化によって、後天的（エピジェネティクス）に働きかけることはできます。エピジェネティクスに対する私たちの考え方は、どの犬も、食べ物を食べなければならず、それならば、その犬のゲノムの健全な発現に貢献する食べ物を食べた方がいい、というものです。

生活習慣や食習慣を変更する際には、移行期間中に気をつけなければならない問題が何も潜んでいないかを確認するために、前もってかかりつけの獣医に相談することが大切です。

パワフルな変化への序章

生活からのちょっとした影響は、気づかないうちに習慣になります。健康的でない古い行動パターンを改め、より健康的な新しい習慣を始めることを検討してみましょう。まずは愛犬の今の食習慣を評価し、大きく変えたいところがあるか否かを決めます。胃腸の調子を崩さないよう、フードとごほうびの切り替えはゆっくり行うことをおすすめします。この計画の段階が、概念として重要となります。

このプログラムのゴールは、代謝ストレスと炎症を抑え、ＡＭＰＫと長寿経路を活性化し、愛犬の体が、臓器や組織にため込んでいるかもしれない毒素を排出するようサポートし、マイクロバイオームのバランスを整えることである、ということを忘れないでください。

ここでは、みなさんが現在、加工フードか超加工フードをある程度の量、与えているという前提で話を進めます。もし与えていなかったとしても、ご自身のレシピやブランドを「フォーエバードッグ」の基準に照らし合わせるために、読み進めてください。この基準は、（ベースとなるフードの内容をそのまま続けるか改善するかを判断するために）今あなたが愛犬に与えているフードを評価する手段となり、また、今すぐあるいは将来的にどの量でも加えられる、より新鮮なフードのブランドを選ぶ際のテンプレートにもなります。

変化の始まり

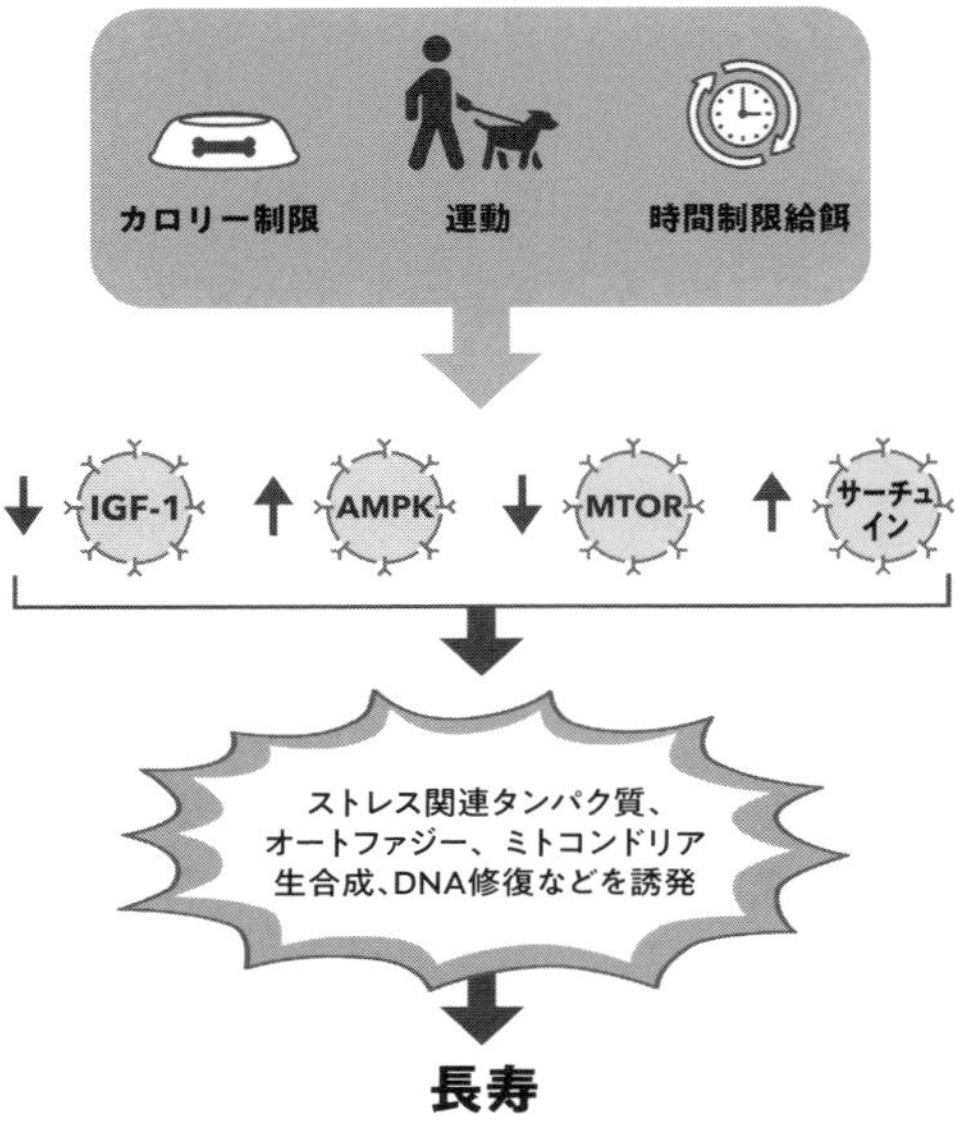

フードの変更から始めよう

シンプルにするために、健康的なフードを取り入れるアプローチを2つのステップに分けました。1つ目のステップは、ごほうびや主要長寿トッピングとして使う長寿フードの導入。2つ目のステップは、もし必要かつ可能であり、あなたがしたいと思うのであれば、愛犬の日々の食習慣を改善することです。2つのステップに分けてフードを変える理由は簡単で、この方があなた自身と愛犬にとって、そこまでのプレッシャーにならないからです。どのような種類であれ、食べ物をゆっくりとしたペースで変えていくことで、愛犬にストレスがかからず、またあなた自身もリサーチしたり、「ペットフード・ホームワーク」を終わらせたり、愛犬がどんな味を好むのかを発見する楽しいプロセスを始めたりする時間ができます。

今までのあなたは、単に与えたフードを愛犬が食べるから、好きなのだろうと思い込んでいたかもしれません。でもこれからは、愛犬にもあなたと同じように、好き嫌いなど細かな嗜好があることを知るでしょう。愛犬にはこれまで、栄養豊富でおいしい食べ物をいろいろと知り、味わう機会がありませんでした。あなたはこれから、愛犬が新しいフードを一口ずつ試す機会をたくさん設けつつ、試行錯誤をしながら、愛犬が持つすばらしい鼻と味蕾の複雑さを発見していく、本当に楽しい（そしてたいていおもしろくもある）旅に乗り出します。この世には、文字どおり命を救ってくれる食べ物が溢れているので、愛犬と一緒に見つけましょう！

ステップ１　主要長寿トッピングを取り入れる

10％の主要トッピング・ルール……今あなたが愛犬に与えているフードがどのブランドであれ、新鮮な食べ物を主要長寿トッピングとして加えることができます。10％ルールのいいところは、この追加分は栄養的にバランスが取れていなくてもいいという点です。「おまけの部分」とされており、獣医栄養士によると、１日の総カロリー摂取量の10％は、長寿の魔法をかけるために私たちが好きなように使えます。念のために再度お伝えすると、数キロ落としてもいいくらい少しぽっちゃりしたわんちゃんの場合、フードのカロリーの10％を主要長寿トッピングに置き換えるといいでしょう。痩せ型から標準体重の場合は、10％を置き換えるのではなくそのまま追加できます。愛犬に与えているフードの種類や、基本となるごはんが何かにかかわらず、長寿フードを主要長寿トッピングという形で、最大10％加えるようにしていきます。

10パーセントの主要トッピング・ルール

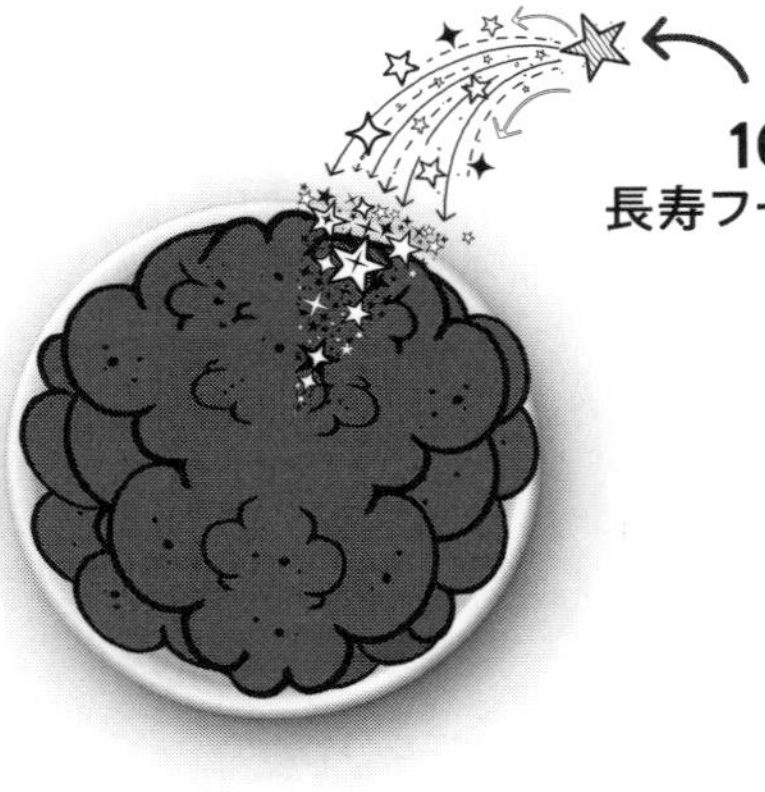

ステップ2　愛犬の基本のごはんを評価し、フードを一新させよう

愛犬は、日々の栄養源として何を食べていますか？　次の3つのエクササイズを通じて、あなたが今現在与えているドッグフードや、将来的に与える可能性のあるドッグフードのブランドや種類について、しっかり把握しましょう……

①　**ペットフード・ホームワーク。**シンプルな課題ですが、その結果からは、「フォーエバードッグ食事計画」を始めるにあたり、どのブランドや食事法を選べばいいかの判断材料となるポイントが見えてきます。あるいは、本来与えるべきものをまさに与えているのだ、という自信が高まります。

②　**新鮮なフードのカテゴリーを選択。**たとえ加工程度の少ないドッグフードのカテゴリーであれ、選択肢はたくさんあります。ここでは、すべての選択肢を吟味し、愛犬のニーズやあなたのライフスタイルにもっとも合

うものを選びます（2つ以上選んでも大丈夫です！）。

③ **新鮮な食べ物の割合を決定。**「新鮮な食べ物の割合」（つまり、毎回の食事にあなたが与えたい、未加工、あるいは新鮮で超短時間処理のドッグフードの量）を選び、新鮮な食べ物の目標値を決めます。言い換えると、あなたが今後、愛犬の生活からどのくらい超加工ペットフードの量を減らしたいか、ということです。

愛犬の食の健康度を全体的に引き上げるにはまず、設定した栄養と健康の目標に照らし合わせ、日々の栄養の土台を決めるところから始めます。パート1と2で学んだすべてをようやく実行に移せるため、ここまでたどり着けたことに、みなさんはワクワクしているのではないでしょうか。手始めとして、こう自問してみましょう。愛犬のフードは、本当のところどれだけ栄養があり、どれだけ健康を促進しているのだろうか？　結論を出すために、私が使っている基準は何だろうか？　もしかしたら、愛犬の食習慣を改善させる必要はないかもしれません。それでも、あなたが与えられる限り最高の食べ物を愛犬が食べていると確認するために、ペットフード・ホームワークには取り組んでください。数千、数万という私たちのクライアントやフォロワーは、このエクササイズをしてみて、「自分が与えていると思っていたもの」と「実際に与えているもの」の乖離に気づきました。実質的な改善につながる伸びしろが存在したのです。そして、時にその伸びしろはとても大きなものでした。

「ペットフードの計算」は、愛犬が最大限の栄養を摂取し、フードに付属的に入っている不要なものを最小限に減らすためには、どこに取り組むべきかをはっきりと教えてくれます。いずれにせよ、ゆっくりと確実なペースで、自分の行動に心の底から自信を持てるように、できることから始めましょう。どんなに小さくてもポジティブな変化を起こせば、健康状態の改善として結果に表れます。ですので、自分を他人と比べたり、罪悪感やイライラを募らせたりしないようにしましょう。さらに当然ながら、いっぺんにすべてをするわけではありません。リラックスして楽しみながら、ドッグフード・ブランドの評価法という非常に役立つスキルを身につけてください。

課題1　グッド、ベター、ベストを決めるペットフード・ホームワーク

ペットフード・ホームワークをすることで、今与えているフードや、購入を考えている新しいドッグフード・ブランドの評価ができます。愛犬の食習慣を変えるつもりがなくても、ぜひ読んで、今与えているフードをこの評価ツールに照らし合わせてみることをおすすめします。愛犬の体内に毎日入るものについては、どれだけ知っていてもいいはずです。この課題が終わるころには、あなたも客観的な基準を使い、ペットフードのブランドを「グッド」「ベター」「ベスト」にランクづけするようになるはずです。私たちのコミュニティには、この課題に取り組んだところ、自分が愛用しているブランドが基準を満たしておらず、惨めにも不合格になることに気づいた人が大勢います。私たちの反応ですか？　「今わかってよかったですね！」。よりよい選択をするための情報が手に入ったわけですから（それまで知らなかったのだから自分を責めてはいけません）。もし愛用ブランドが、一番下の「グッド」のカテゴリーにさえ合格しなかったとしても（そして「ベター」「ベスト」に遠く及ばなかったとしても）、それでもなお、もしかしたらあなたは、自分の食の方針にフィットするために、今後もそれを選び続けることにするかもしれません。

この課題の目的は、あるブランドの「生物学的に見た妥当性」「加工の程度」「その栄養素はどこ由来か」についてしっかり理解することです。究極的には、あなた個人が何を信じているかで、これらのテーマの重要性が決まります。1つの分野でスコアが低くても、あなたにとってはまったく問題なく受け入れられるかもしれません。そして大切なのは、そこなのです。

消費財について偏りのない公平な調査結果を報じるメディア「コンシューマー・レポート」のようなウェブサイトを、ドッグフード・ブランドについてつくるのに必要なデータは、残念ながら一般公開されていません。ドッグフード・メーカーは、社内調査の結果を公開することも、調達している原材料について開示することも、ほとんどありません。しかも、アメリカの国立衛生研究所のような機関はペットには存在しません。北米で手に入れられるのはせいぜい、トゥルース・アバウト・ペットフード（ペットフードの真実）という名の団体がまとめている、「ザ・リスト」と呼ばれる偏りのない公平な第三者機関による年次レビューくらいです。そしてご想像どおり、市場に流通している数百というブランドと比べたら、「ザ・リスト」は非常に短いリストになっています。というのもこのリストは、第三者機関作成の証拠資料や調達の透明性を自ら提供しようという企業に依存しているからです。そして、あなたが個人的に抱く食への方針が影響してくるのは、まさにここです。ブランド評価をする際には、ペットフード・ホームワークの点数とともに、必要な情報すべてを考慮する必要があります。ほとんどの人は、「どのブランドがいいかだけ教えて」とか「〇〇ってブランドはいいの？」と聞いてきますが、何が「いい」かの定義によりますよね？

皮肉にも、著者2人はどちらも、それぞれの父親が繰り返す同じ格言を聞いて育ちました。「人に魚を1匹やればその人は1日食いつなげる。釣りを教えれば一生食いつなげる」。この話を（再び）耳にするのは懐かしいと同時にイライラもしますが、ペットフードのブランドを選ぶ際にも、この話は間違いなく当てはまります。みなさんが「このブランドは大丈夫？」と聞く代わりに、「愛犬のために、私は自信を持ってこのブランドを選ぶ」と言えるようになるよう、あらゆる種類のペットフードを評価する方法をお教えします。そこに到達するには、賢明な決断を下すのに充分な知識が必要ですが、次のセクションでその知識をシェアします。

食に関する方針について、何も考えずに他人の考えを自分のものとして取り入れるのは、おすすめしません。深い自己分析をして、食について自分が抱いている信念の中心は何か、探ってみましょう。食べ物を買うとき、あなたにとって一番大切なのは何ですか？　ドッグフードを買うとき、一番大切なのは何ですか？　左記は、世界中にいる健康意識の高いペットの飼い主に知識を与え、食に関する信念を形成する手助けをしてきた、考慮すべきいくつかのポイントです。それぞれの問題について自分の信念の中心には何があるのか、リストにある質問を出発点として使い、明確にしてみましょう。これらのテーマに対するあなたの意見をまとめると、ドッグフードに対してあなたが個人的に抱く食の方針となります……。

- **企業の透明性**……調達、原材料の品質、動物の種の観点から見た妥当性について、正直な回答を得られるか？
- **コスト**……自分に賄える金額か？

●**味／おいしさ**……愛犬は食べてくれるか？

●**冷凍場所と調理時間**……必要な量の食べ物を自宅に保管できるか？　指示どおりに調理する時間が自分にあるか？

●**遺伝子組み換え作物（GMO）**……意図的に遺伝子操作がされた原材料を犬に食べさせないことは、どれほど重要か？

●**消化／吸収テスト**……愛犬が食べ物をどの程度きちんと消化できるかを知ることは、どれほど重要か？

●**オーガニック**……愛犬がラウンドアップのような殺虫剤や除草剤を口にしないことは、どれほど重要か？

●**牧草飼育／放し飼い**……工場飼育された肉（や残留薬剤）や集中家畜飼育作業（CAFO）で育てられた動物を避けることは、どれほど重要か？

●**汚染物検査**……食品の原材料が、汚染物質（つまり安楽死用の薬品、重金属、残留グリホサートなど）について第三者機関によって検査されていることは、どれほど重要か？

●**人道的な飼育／食肉処理**……「食べ物」になる動物が虐待や凄惨な殺され方をされていないことは、どれほど重要か？

●**持続可能性**……食品が健全な生態系を維持し、環境にできるだけ影響しないような方法で製造されることは、どれほど重要か？

●**栄養検査**……栄養適正を示すために、その食べ物の一部（または最初のレシピ）が研究室できちんと分析されたり、飼養試験が行われたりすることは、重要か？

●**合成成分不使用**……愛犬が得る栄養素の多くが、食べ物から来るものか、あるいは人工的につくられたビタミンやミネラルから来るものかは、重要か？

●**原材料の調達**……食べ物が、自国とは異なる品質管理基準の国から輸入された原材料を含んでいるか否かは、重要か？

●**原材料の品質（フィードグレードかフードグレードか）**……愛犬の食べ物が、ヒューマングレードであるか否かは、重要か？（別の言い方……愛犬の食べ物の原材料が、人間用の食品検査でハネられたものでもいいか？）

●**栄養価**……愛犬の健康に有害な栄養失調や栄養過多にならないよう、ドッグフードが最低限の要件を満たすか否かは、重要か？　メーカーが栄養検査の結果を私に教えてくれるか否かは、重要か？

●**調合**……愛犬の食べ物が、栄養基準（NRC、AAFCO、FEDIAF）を満たしているか、また、それを調合したのは誰かは、重要か？

●**品質管理**……食の安全や製品の品質管理はどれだけ重要か？

●**加工技術**……ドッグフードに含まれるメイラード反応産物（MRP）（AGE、ALE、ヘテロサイクリックアミン、アクリルアミドを含む）を与えないようにすることはどれほど重要か？

食に対する信念を形づくるであろう「食の問題」は、ここに含まれているもの以外にもたくさんあります。食のカテゴリーやブランドを選ぶ前に、それぞれの問題について慎重に考えましょう。

個人の食の方針がどんなものであれ、たいていはそれに合う企業や食品の種類があるうえ、手づくりのレシピもあります（www.foreverdog.com でいくつかレシピのアイデアを紹介しています）。これらの質問を考えるまで、自分に食の方針があるとは思わなかった、と話す人は多くいます。何年も忠実に愛用してきたブランドが、自分の食の方針とまったく一致しないことを知り、驚き、落胆した人もたくさんいます。ドッグフードのどのカテゴリーにも、バッド、グッド、ベター、ベストな選択肢があります。予算、生活、食の方針が時間とともに変化していくに従い（通常は変化していきます)、フォーエバードッグ食事計画を再度評価し、一新することになります。企業は常に、製品を販売し、オーナーが変わり、製品の調合を変えるものです。愛犬に与えているブランドを年に1度、評価することをおすすめします。**複数を組み合わせたハイブリッドな食事計画か、1年間のうちに複数ブランドのさまざまなフードをローテーションで与える方法が、単調な食習慣に潜む危険性に抗う最善な方法**だということは、何度繰り返しお伝えしても足りないほど重要です。

手づくりのフードにするなら、使用する原材料の調達元や品質は、自分で完全にコントロールできます。でももしドッグフードを購入するなら、年齢やライフスタイル、地理的な場所にかかわらずすべての犬に当てはまる、確固とした提言を1つします。「避けるべき12の原材料」リストに載っているものは、可能な限り避けてください。

避けるべき12の原材料……左記のどれかがラベルに記載されているドッグフードは、購入しないようにしましょう(順不同)……

▼どの種類であれ、「ミール」とあるもの(つまり「ミートミール」「家禽ミール」「コーン・グルテン・ミール」)

▼メナジオン(合成ビタミンK)

▼ピーナッツの殻(マイコトキシンの主な原因)

▼カラメルを含む着色料(赤色40号など)

▼家禽または動物のダイジェスト(加水分解物)

▼動物性脂肪

▼プロピレングリコール
▼大豆油、大豆粉、粉砕大豆、大豆ミール、大豆皮、大豆ミルラン
▼「酸化」または「硫酸化」させたミネラル（例えば酸化亜鉛、二酸化チタン、硫酸銅）
▼家禽または牛の副産物
▼ブチルヒドロキシアニソール（ＢＨＡ）、ジブチルヒドロキシトルエン（ＢＨＴ）、エトキシキン（合成保存料）
▼亜セレン酸ナトリウム（合成セレン）

製品と加工法を評価する

ブランドを評価する際は、製品のみならず加工法も重要です。愛犬の口に入るどの製品についても、私たちは「与える前に読みましょう」と提言していますす。ブランドは国や地域によって異なりますが、フードをどう評価するかに変わりはなく、あなた自身の食の方針が出発点となります。愛犬に与えるかもしれないフードについて必要な情報はすべて、そのメーカーのウェブサイトに記載されているはずです。そのフードがオーガニックだったり、人間が食べられる原材料でつくられていたり、遺伝子組み換え作物不使用であったりすれば、ウェブサイトにすべて書かれています。探している情報がウェブサイトで見つからない場合、製品にもない可能性が非常に高いでしょう。ペットフード・メーカーは、自社製品のもっとも魅力的な利点をウェブサイトを使ってアピールするので、探し回る必要はありません。質問があれば、その会社にメールか電話をしましょう。自分の食の方針をはっきり知るために本書のチェックリストを使ったあとは、ペットフード・ホームワークへと進みます。

ドッグフードの袋に入っているすべての原材料には、歴史があります。知るべき重要な物語です。ドッグフードに含まれる原材料の品質と量、さらにはそれぞれの原材料にはどのくらい手が加えられているか、または混ぜ物が加えられて質が落とされているかが、究極的にはその食品が、どのくらい生物学的に適切で、有益で、健康にいいかを左右します。確かに、愛犬が食べているフードには何が入っているのかをオンラインで調べるのは少し面倒ではありますが、これが唯一の知る方法であり、愛犬の健康はそこにかかっているのです。

ドッグフードを評価するための3つの計算

嬉しいことに、すべてのドッグフード製品は、簡単な3つの査定ステップを使い、わかりにくい大げさな宣伝文句を排除して条件を公平にすることで、評価できます。「炭水化物量算出」「劣化の回数」「合成栄養素の添加物」という簡単な計算式を使って、ドッグフード・ブランドを並べて比較するのです。それぞれの計算で出たスコアを積み重ねれば、ほかのブランドと比較できます。各スコアは、競合と比較して「グッド」「ベター」「ベスト」のカテゴリーに該当するようになっています。この情報を読む際、個人的に重視しているものや自分が抱く食の方針によって、自分がどの結果を優先的に考えているかに気づくはずです。それがまさに、私たちがみなさんにしてほしいことなのです。つまり、今の時点であなたにとって一番しっくりくるものにフォーカスすることです。

炭水化物量算出

さてここでクイズです。犬に必要な炭水化物の量はどのくらい？　みなさんがちゃんと、「ゼロ！」と答えてくれたことを願っています。犬が摂取しなければならない炭水化物はゼロなのですが、私た

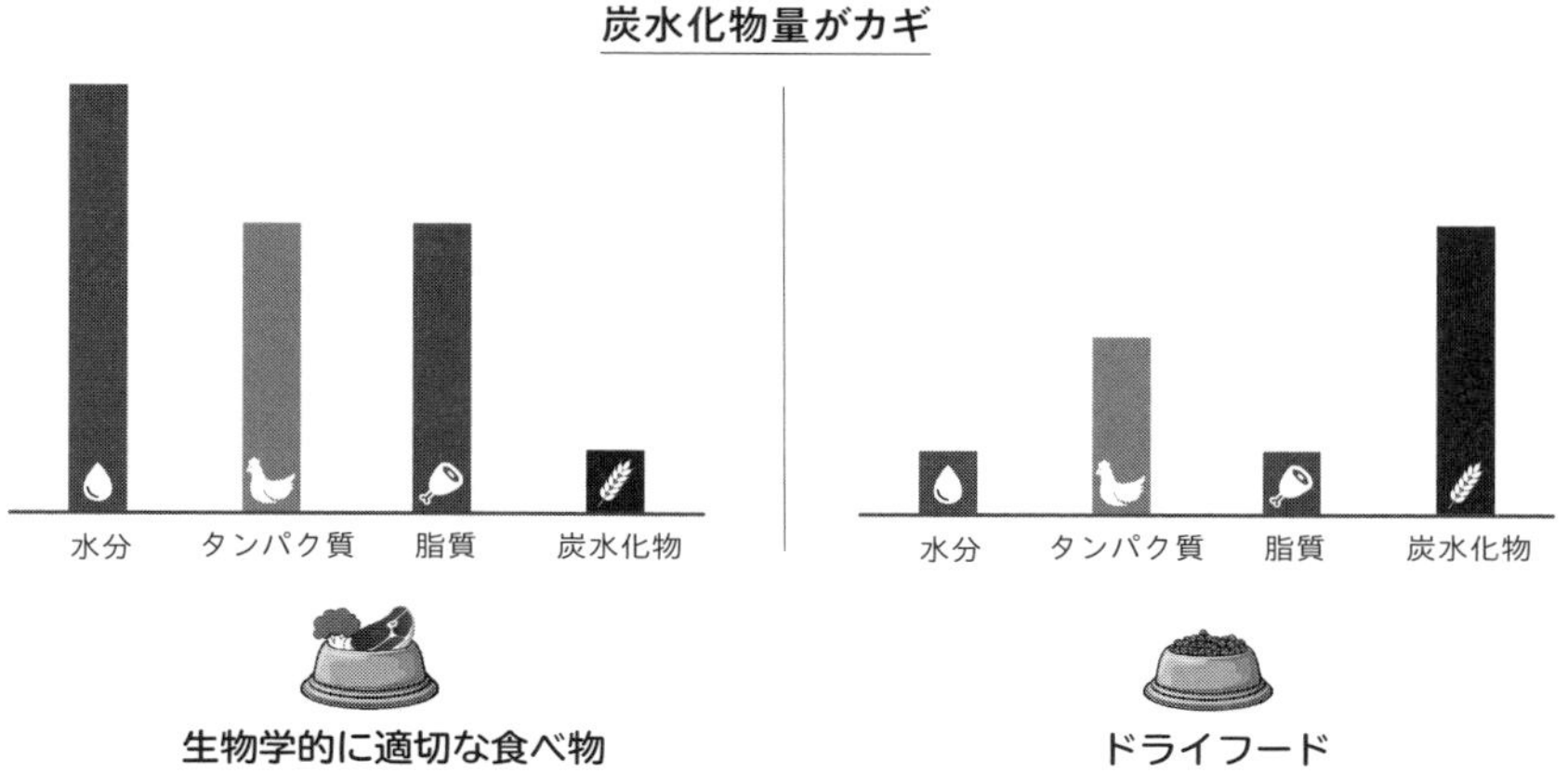

ち人間と同様に犬も炭水化物が大好きで、炭水化物にとんでもなく夢中になってしまいかねません。エネルギー摂取量の30～60％の割合ででんぷんを摂取した場合（ほとんどのカリカリがそうです）、ファストフードを食べた子どものようになります。そこまででんぷんが多いと、大量のエネルギー（それだけのカロリーは肥満につながりかねません）がつくられ、さらに脳内化学物質の状態悪化、炎症、栄養失調（過食でありながら栄養不足）を引き起こします。炭水化物のカロリーが、もっと必要な栄養たっぷりの新鮮な肉によるカロリーに取って代わってしまうからです。

食べ物に含まれる炭水化物（でんぷん）量の算出は、そのフードが生物学的に適切か否かを判断するパワフルなツールです。犬の進化的に適切な食べ物は、水分、タンパク質、脂質が高く、糖質／でんぷんが非常に低いものであり、カリカリとは真逆になっています。

ペットフードの炭水化物（アワ、キヌア、じゃがいも、レンズ豆、タピオカ、トウモロコシ、小麦、米、大豆、ひよこ豆、モロコシ、大麦、オートミール、「古代穀物」など）は、肉副産物やミートミールのようなものを含めて、どのような品質の肉よりもずっと安価なうえ、その粘性のおかげで製造過程でまとめやすくなります。そのため、ここで算出する炭水化物量はまた、安価で不要なでんぷんか高価な肉か、何に対してお金を払っているかも明らかにします。

私たちが使う炭水化物という言葉は、糖質を含まない健康的な食物繊維を指しているわけではないことを忘れないでください。「悪い炭水化物」、つまり代謝を大混乱させ、有害なAGEをつくり出す糖類に変わるでんぷんを指しています。こうした炭水化物が愛犬のフードボウルに入るのを、最小限に抑えなければいけません。そしてこうした炭水化物は、多くの（言ってしまえばほとんどの）超加工ペットフードの大半を占めています。動物栄養士であり、ペットフードを独自に調合しているリチャード・パットン博士は、野生の犬の場合、でんぷんが10％以上含まれる食べ物を口にする機会はほとんどないと言います。犬はでんぷんを必要としないことがわかっているため、ドッグフードとして与える分も少なければ少ない方がいいのです。

犬は選択肢を与えられたら、炭水化物ではなくタンパク質と健康的な脂質を選ぶことを忘れないでください。でもだからといって、愛犬のフードからでんぷんをすべて取り去ることばかりを気にしなくてはいけないという意味ではありません。私たち人間と同様に、犬も代謝にストレスがかかる食べ物（つまりファストフード）をいくらか口にしてもいいのですが、ゴールは、愛犬が生まれながらにして持っている代謝機構と共鳴するような食べ物である、脂身の少ない肉と健康的な脂質からのカロリーを優先することです。

消費者はもはや、ドッグフードのラベルの一番上に肉があればいいという考え方をとっくにしていないことを、ここまで読んだあなたはわかったと思います。そこに含まれている肉はなぜ検査にひっかかり、「フィードグレード」の原材料になったのでしょうか？　その肉は、ヘルシーな「こま切れ」肉だったのでしょうか、それとも病変組織だったのでしょうか？　その肉はどこから来たのでしょうか？　抜け目のない消費者は、「成分分割」と「ソルト・デバイダー」のような、企業の巧妙なやり方をわかっています。わかりにくいのは、安価なでんぷん系炭水化物からのエネルギー量つまりカロリーです。というのも、本書が印刷されている時点では、ペットフードには「栄養成分表」がいまだにないからです。

犬という種の動物にとって、でんぷん系炭水化物が20％未満の食べ物がもっとも栄養的に優れており、代謝ストレスがもっともかかりません。でんぷんの摂取量を最小限に抑えることはまた、そこで使われている穀物（多くは遺伝子組み換えがなされています）から食物連鎖に入り込んだ除草剤、殺虫剤、グリホサート、マイコトキシンの残留物を含む、「剤」とつく有毒なものを愛犬が摂取するのを最小限に抑えることになります。最近は、炭水化物含有量の情報を製品そのものかウェブサイト上で開示するペットフード・メーカーがますます増えてきました。もし記載されていなければ、メーカーに連絡して教えてもらいましょう。ただし、自分で計算した方が早く済みます。ドライフードとモイストフードでは、水分量の割合を算出する計算式が若干異なります（缶入り／モイストフードの計算式は、www.foreverdog.com に記載しています）。

ドライフードに含まれる炭水化物量を算出するには、ドッグフードの袋の横あるいはウェブサイト上の保証成分分析表を見つけてください。保証成分分析表には、そのフードに含まれる粗タンパク質、繊維、水分、脂質、灰分の量が記載されています。灰分とは、推定されるミネラル量です。灰分を保

炭水化物量の算出方法

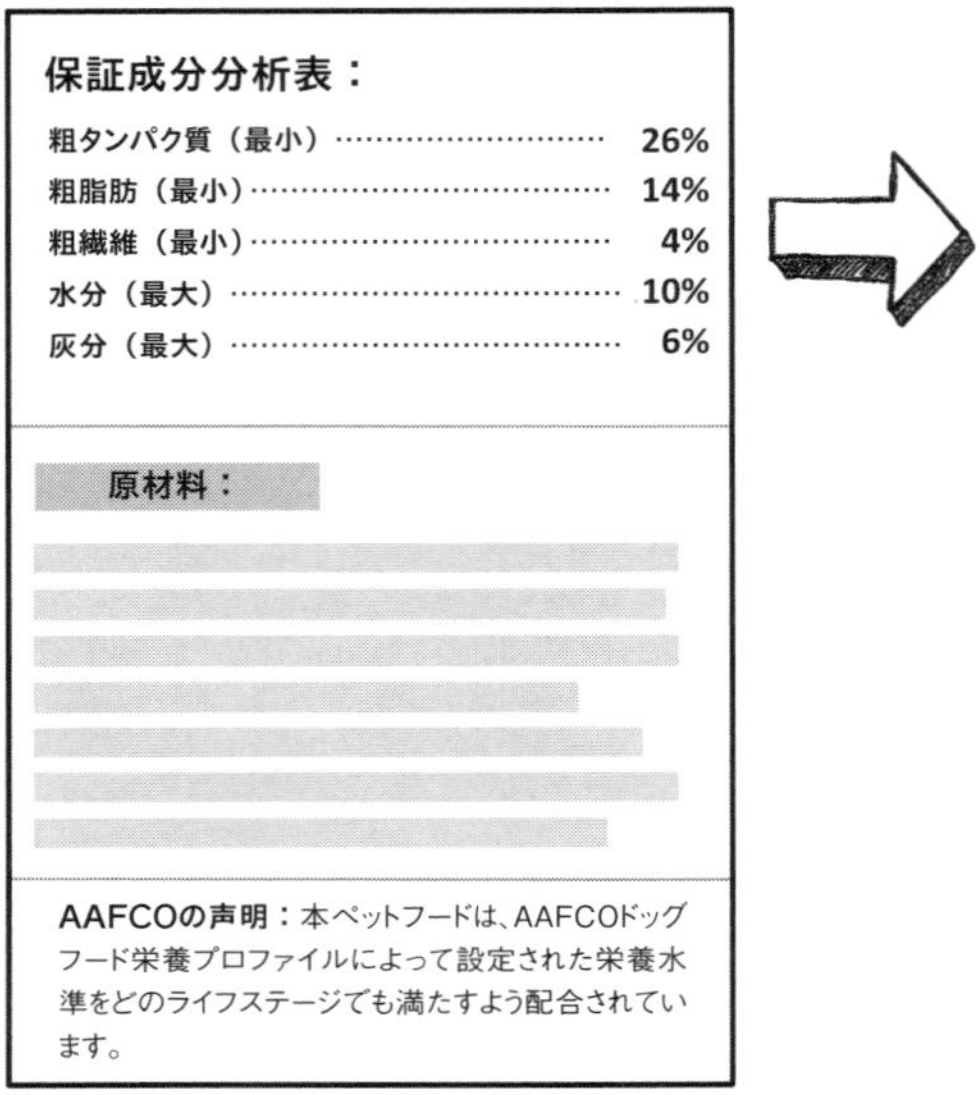
保証成分分析表：
粗タンパク質（最小）…… 26%
粗脂肪（最小）…… 14%
粗繊維（最小）…… 4%
水分（最大）…… 10%
灰分（最大）…… 6%
原材料：
AAFCOの声明：本ペットフードは、AAFCOドッグフード栄養プロファイルによって設定された栄養水準をどのライフステージでも満たすよう配合されています。

100
−
タンパク質 26%
＋
脂質 14%
＋
繊維 4%
＋
水分 10%
＋
灰分 6%
＝
炭水化物 40%

証成分分析表に記載しないペットフード・メーカーもたまにいます。もし載っていなければ、6%としましょう（灰分はほとんどの食べ物に4〜8%含まれています）。炭水化物の含有量を算出するには、シンプルにタンパク質、脂質、繊維、水分、灰分（記載がない場合は6%）をそれぞれ加え、合計値を100から引きます。この数字が、そのドッグフードに含まれる炭水化物（つまり糖質）の割合です。この計算はぜひ座ってやってください。というのも、1袋120ドルもする「超高級」ドッグフードが、実は35%も炭水化物（糖質）だと知り、多くの人がショックを受けるからです。

● グッド……でんぷん由来の炭水化物が20%未満のドッグフード

● ベター……でんぷん由来の炭水化物が15%未満のドッグフード

●ベスト……でんぷん由来の炭水化物が10％未満のドッグフード

栄養士や獣医は場合によって、医療的な理由で犬の食べ物の炭水化物含有量を増やすことがあります（例えば妊娠中など）。とはいえ一般的には、ヤギやうさぎとは違い、健康的な犬は多くのカロリーを炭水化物から摂取する必要がないため、医療面で必要でない限り、愛犬に大量の炭水化物を食べさせることはおすすめしません。

劣化の回数

「ペットフードの計算」における2つ目の課題は、加工のレベルや度合いを見極める助けとなります。フードが精製され手を加えられていればいるほど、栄養価が下がり、有毒な加工副産物が含まれるようになります。フードが新鮮、超短時間処理、加工、超加工のうちどれかを見極めるのは難しくもありますが、みなさんにとってわかりやすいよう、できるだけシンプルにしています。パート2で学んだことを復習すると……

●**未加工（生）または超短時間処理による新鮮なフード**……保存のために少しだけ手を加えられた新鮮な生の食材で、栄養価の損失は最小限。手を加える方法として例えば、食物の粉砕、冷蔵、発酵、冷凍、低温乾燥、真空パック、低温殺菌があります。最小限の処理がなされたフードは、品質を下げる工程を1回経ています。

●**加工フード**……前項のカテゴリー（超短時間処理されたフード）に対し、さらに熱処理がなされたもの（つまり加工工程は2回）。

●**超加工フード**……家庭料理では見られない原材料が含まれる、工業的な製造品。すでに加工された材料を複数使い、さらに味、食感、色、香りを強化する添加物を加えて、複数の加工工程が施されます。超加工フードは、天火で焼く、燻製する、缶に詰める、押出成形するなどで製造。複数回の加熱により質が劣化しており、平均的なドライフード1袋に入っている原材料は、平均で4回の高熱処理を経ています。

超短時間処理による新鮮なフードは、操作工程（品質が劣化する工程）が少なく、加熱はされていないか、されていても低温です。これがなぜそこまで重要なのでしょうか？　栄養素にとっての敵は、時間、熱、そして（酸化を引き起こし酸敗へとつながる）酸素です。ドッグフードにおいて、もっともまん延している悪者は熱です。熱は、フードに含まれる栄養価に悪影響を与えます。原材料が加熱されるたびに、栄養価がさらに失われるのです。超加工処理で栄養価がどれだけ失われるかについて、ブランドごとに調査した公開データは存在しません。とはいえ、加工の段階で著しく失った栄養価を埋め合わせるために、合成のビタミンとミネラルが大量に加えられており、そこから、最終的な製品がいかに栄養価が欠けて劣化しているかがうかがえます。ここでは、1度の加熱で一部の栄養素がどうなるかを示すために、人間用の食べ物について行われた研究の文献から、栄養価損失の事例を掲載します。さらに3回の再加熱を経ている平均的なドライのドッグフードがどうなるかの参考として、「再加熱」の値を見てください。

典型的な最大の栄養損失（生食との比較）

栄養素	冷凍	ドライ	調理済み	調理＋水切り	再加熱
ビタミンA	5%	50%	25%	35%	10%
ビタミンC	30%	80%	50%	75%	50%
チアニン	5%	30%	55%	70%	40%
ビタミンB 12	0%	0%	45%	50%	45%
葉酸	5%	50%	70%	75%	30%
亜鉛	0%	0%	25%	25%	0%
銅	10%	0%	40%	45%	0%

残念な話はここで終わりではありません。原材料が加熱されるたびに、老化や病気に対してもっともパワフルな武器をさらに失うのです。犬のエピゲノムにいい影響を及ぼす、強力なポリフェノールと酵素補因子は加熱によって失われ、回復力のある細胞膜をつくるのに必要な、壊れやすい必須脂肪酸は不活性化され、タンパク質とアミノ酸は変性します。また再加熱によって、加工されていない生の食べ物の「アントラージュ効果」（成分を単体で摂取するよりも複数で摂取した方が効果が大きくなること）も失われてしまいます。つまり、犬がイキイキと健康的な体を維持するのに必要なものを提供するために、自然に生成されるビタミンやミネラル、抗酸化物質と調和して機能する、新鮮な食べ物に含まれる多様な微生物群が生み出す効果が、すべて消えてしまうのです。

超加工フードは、2つのダメージを並行して引き起こします。繰り返しの加熱は、病気や変性を予防する栄養素や生物活性化合物を壊し、細胞の老化や死のプロセスを加速する生体毒素をつくり出します。**加熱処理で生まれた終末糖化産物（AGE）は、犬をあっという間に老化させ、病**

加熱処理による影響

ペットフードの製造

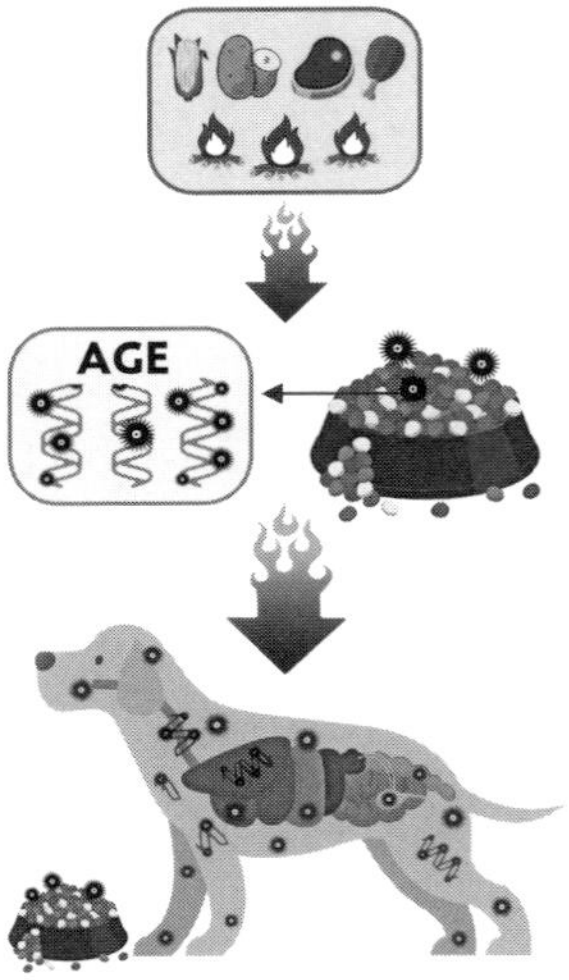

気をつくります。そして犬は毎日、こうした有毒な物質をとんでもない量、超加工ペットフードとして食べているのです。原材料を何度も繰り返し加熱することで、ペットフード業界が必死になって見て見ぬふりをしている、顕微鏡でしか見えないほど小さなモンスターがつくられます。メイラード反応が繰り返し起きることで、最終的な製品であるフードのなかに、考えられる限りのあらゆる方法で犬の健康にネガティブな影響を与えるＡＧＥが生成されます。食べ物の加熱が高熱であればあるほど、長時間であればあるほど、そして回数が多ければ多いほど、ＡＧＥが生成されるのです。繰り返しの加熱により栄養成分が損なわれ、ＡＧＥ量が増加します。

　原材料の品質がよければよいほど（そして使われている原材料の種類が多ければ多いほど）、未加工の食べ物に含まれていた当初の栄養素が、製品に多く含まれることになります（生の製品を考慮する際に特に重要です）。当然ながら、原材料が加熱処理される回数が少なければ少ないほど、最終的な製品には多くの栄養素が残っています。

●**加熱処理レベルの算出法**……ドッグフードの原材料が何回加熱されたかは、簡単な計算で算出できますが、それぞれのタイプのフードがどのようにしてつくられたかを見極めるのは、少し難しくなります。違いを理解できるよう、いくつか例を見てみましょう。

●**ドライフード**……動物の死骸をすり潰し、動物性脂肪を骨と組織から分離させるために煮詰めます。「レンダリング」と呼ばれるプロセスです（加熱による劣化、1回目）。骨と組織を濾してから圧力をかけて水分を出し、熱で乾燥させ（加熱2回目）、粉砕してミートミールをつくります。原材料としてラベルに記載されているエンドウ豆、トウモロコシ、その他の野菜は恐らく、ペットフード工場に届けられた時点で、（熱によって）すでに乾燥した状態か、（エンドウ豆プロテインやコーン・グルテン・ミールのように）粉末状になっています。すでに乾燥・加熱処理されたこれらの原材料はそのあと、（同じくすでに加熱調理して乾燥させてある）ほかの原材料と混ぜ合わされ、生地がつくられます。この生地を押出成形機で高圧調理し、その後、天火で焼く（ベイク）か、高温で「エアドライ」します。押出成形されたカリカリは押出成形機から出てきた際、水分を取り除くために、工程の最後のステップとして再び加熱されます（少なくとも4回目となる加熱による劣化）。ということで、**平均的なドライのドッグフード1袋には、少なくとも4回高温処理された原材料が入っています。まさに死んだ食べ物です。**

そしてそのちょうど反対側にあるのが未加工の生の食べ物で、最適な栄養指標を満たした状態で犬に与えられるように、一度も加熱せず混ぜ合わせただけの新鮮な食材でできています。また、生の原材料を混ぜ合わせ、劣化を伴う一瞬（短時間）の処理を1回行った場合、超短時間処理とみなされます。これには、次のようなものが含まれます。

●**冷凍生ドッグフード**……生の原材料を混ぜて冷凍します。細菌を除去するために、製品が劣化する加工として2回目となる、熱を用いない加工、静水圧殺菌（高圧低温殺菌、ＨＰＰ）が行われます。

●**フリーズドライのドッグフード**……生あるいは冷凍の肉を生あるいは冷凍の野菜、果物、サプリと混ぜ、フリーズドライにします（1回目の劣化。加熱なし）。原材料があらかじめ冷凍されていた場合、２つの処理工程を踏んだことになります。とはいえ、加熱しなければ栄養素の損失やＡＧＥ生成はたいした量にはなりません。

●**軽く調理したドッグフード**……ペットフード業界で急速に成長しているカテゴリーですが、それには理由があります。ある程度のカスタマイズが可能で、信じられないくらい便利なヒューマングレードのドッグフードをつくる、透明性がかなり高い、非常に成功した企業が増えているのです。こうした企業のほとんどは、カスタマー・エクスペリエンスの達人です。ウェブサイトは見識のあるペットの飼い主が愛犬の年齢、体重、犬種、エクササイズの習慣、さらには食物過敏症や食の好みを入力できるようになっているほか、愛犬に合うようにつくられた食事や一定期間分の食事（冷凍）を自宅まで直接届けてくれ、配送も自動で繰り返し行ってくれます。オーガニックの原材料だけを使ってほしい？　大丈夫です。いくつかのタンパク質にアレルギーがある？　大丈夫です。こうした企業が、ほかのペットフードのカテゴリーに対していい勝負を挑んでいるのも納得です。調理された食事のなかでもっとも健康的なこのタイプのドッグフードは、冷凍で保存期間を伸ばしています。そのため、みなさんの近所にあるペットショップでは、生のフードや生を低温殺菌した（ＨＰＰ）フードの隣にある冷凍コーナーに並んでいるはずです。

とはいえ、非常に人気の高い、調理済みのものを冷蔵保存したドッグフードのブランドの一部でさえ、原材料の調達に関する透明性や合成栄養素の添加となれば、雲行きが怪しくなります。カスタマーサービスに電話をかけ、「使用している肉はどこで調達したものですか？」「肉がなぜ冷蔵庫で半年ももつのですか？」「どのように品質を保っているのですか？」といった質問をすると、気まずく長い沈黙になる可能性があります。ラベルに合成のビタミンやミネラルがいくつも記載されているようだと、その企業が使用している原材料の栄養密度や加熱処理の手法に疑問を抱かせます。これは、あなたの食の方針によっては、たいしたことではないかもしれないし、大問題かもしれません。とはいえ、ペットにどのブランドのフードを与えているにせよ、飼い主のみなさんには、こうした一般常識にのっとった疑問をぜひ抱いてほしいと、私たちは考えています。

●**低温乾燥ドッグフード**……このカテゴリーにある多くのブランドは、軽く合格です。でんぷんは最小限しか含んでおらず、すべて生の原材料からつくり始めており、低温で短時間のうちに乾燥処理しています。ところが、低温乾燥ドッグフードのブランドのなかには、「グッド」の点数に達しないものもいくつかあります。教訓……詳細を知るには、製品のラベルをじっくり読みましょう。カロリーが本物の肉や健康的な脂質から来るものか、それともでんぷんからか、「炭水化物量算出」をしてみましょう。生の新鮮な原材料を使っているドッグフード・メーカーなら、ラベルにもそのような記載があるはずです（例えば、チキン、サヤインゲンのように）。もし記載された原材料が「低温乾燥チキン、低温乾燥サヤインゲン」であれば、原材料はドッグフードになる前に、常温保存が可能な（つまり新鮮でない）状態だったということです。そのため、原材料供給業者の段階で、加熱工程が少なくとも1回はあったということです。最後に、合成栄養素の添加（このあとにお教えする方程式です）は、あなたが今購入を考えている低温乾燥フードのブランドが、あなたの食の方針と共鳴するか否かを判断する手助けとなります。

原材料が、何度くらい熱加工されているかをざっくりと知るには、原材料表示のラベルを見てみましょう。そして、そのフードは冷凍保存しなければならないのであれば（つまり常温保存が可能でないなら）、新鮮である証拠です。もし常温保存が可能なら（冷凍は不要）、フードを安定させるために何かしらの加工がなされています。フリーズドライは栄養価をもっとも失わない方法で、その次に低温乾燥が続きます。もし原材料が新鮮なのか、事前に加工（乾燥）されていたのかについて疑問があれば、そのメーカーに電話して聞いてみましょう。品質劣化のスコアが低ければ低いほど、そのフードは体にいいということになります。

私たちは、AGE専門家であるサウスカロライナ医科大学のデイヴィッド・ターナー博士にインタビューしました。博士によると、ドッグフードの加工技術とAGE生成を比較した最新の調査で、

加工技術とフードの劣化

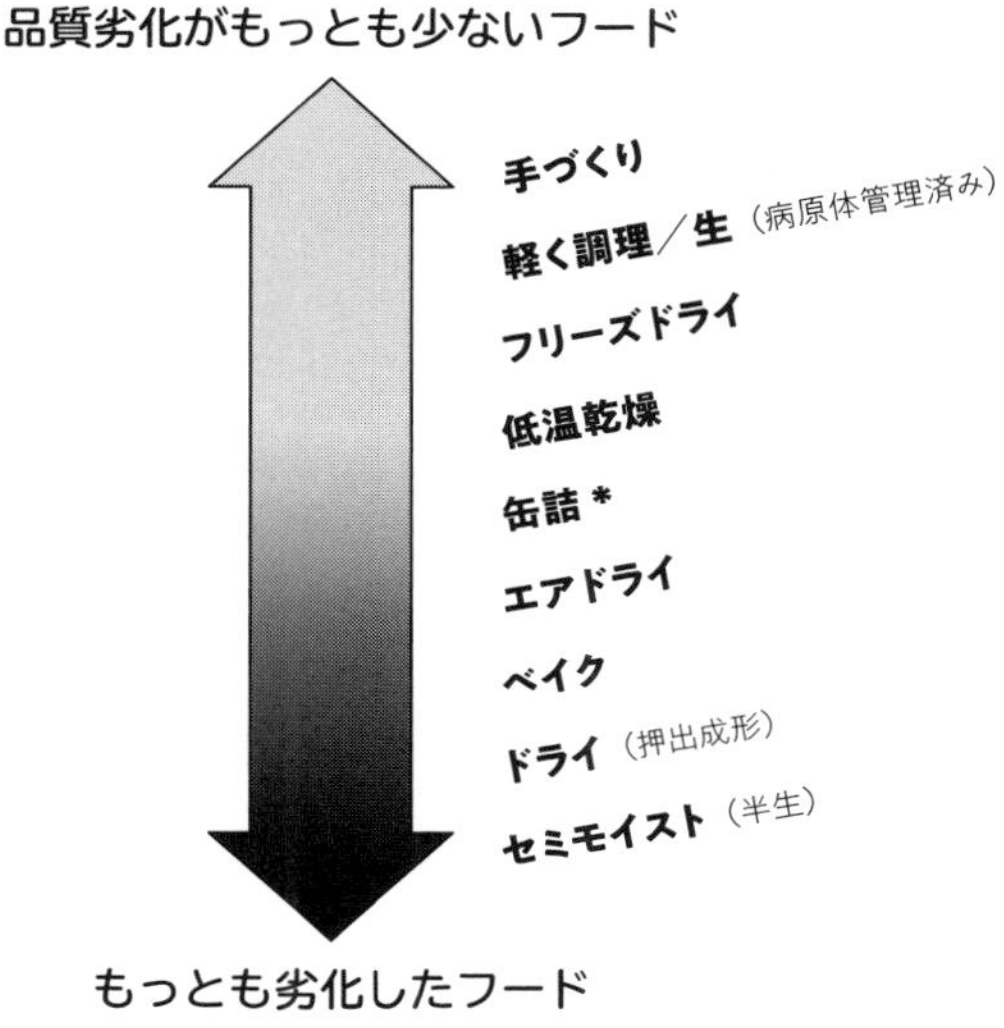

もっとも高いＡＧＥ値が検出されたのは缶詰のフード（摂氏１２３度強で調理）でした。これはフードに含まれる糖質／でんぷんの量や、使用原材料に含まれるＡＧＥの蓄積効果、さらには缶入りフードの加熱時間が比較的長いことが原因である可能性があります。ほかの研究では反対に、水分が高いフード（缶詰など）は、ＡＧＥ生成が減るとしているものもあり、でんぷんの含有量、温度、缶詰の加熱時間によって、ＡＧＥの値にはかなりの幅がある可能性があります。上の図の缶詰にアスタリスク（＊）がついているのはそのためです。セミモイストのフードは、ペットフード・ホームワーク全体を通じて「不合格」となります。理由は、セミモイストのカテゴリーにおいて、グッド／ベター／ベストな選択肢はないからです。セミモイストは、絶対におすすめしません。

なかには、製造過程でどの加工技術が使わ

れたかを知るのが難しいケースもあります。最近ではメーカーは、自社製品をなんとしてでも従来のカリカリとは別モノとしたいため、「クラスターズ（房）」「チャンクス（塊）」「モースル（一口のごちそう）」などと、独自の呼び方をしているほどです。こうしたわかりにくいドライフードの新しいカテゴリーに、「生のコーティングがされた」カリカリというものもあります。ＡＧＥがたっぷり含まれた粒状フードの外側に、フリーズドライの生フードで層をつくり、あたかもヘルシーであるかのようにしているのです。まるでハンバーガーとフライドポテトにブロッコリースプラウトをひとつまみ加えたようなもので、このような高価なファストフードの悪い点を、良い点がすべて打ち消してくれるわけではありません。

「最小加工」という表現は業界の新たな流行語で、どのカテゴリーのペットフード・メーカーも、実際の加工技術が何かにかかわらず、この言葉をマーケティング素材に使っています。ペットフード業界は「最小加工」の意味を定義するガイドラインを導入するべきであるという提言にもよらず、これまでのところ公的には何も導入されていません。そのためこの言葉は、押出成形を除くあらゆる加工技術を網羅する、紛らわしいものになっています。だからこそ私たちは、もっとも偏りのない、目から鱗のフード評価をするために、企業の宣伝文句ではなくペットフード・ホームワークの結果を重視するようおすすめしているのです。もしそのメーカーのウェブサイトを見ても、フードの加工法がわからない場合、メールか電話をして原材料が加熱された回数、温度、時間を聞きましょう。

生の鶏肉でさえ、食肉解体処理がされる前に、工場畜産され、高温加工された（グリホサートとＡＧＥが満載の）餌を食べて育った場合は、低レベルのＡＧＥを含むのですが、私たちはこれを知ったとき、興味深いと思いました。ＡＧＥは、食物連鎖のなかを移動していくのです。ペットフードのＡＧＥに関する研究では、有害なＡＧＥ値でいうと、押出成形のドッグフード（約１３０度で加熱）は下から2番目の悪者です。当然ながら、もっとも含有量が少ないのは生の食べ物です。缶詰と同様に「エアドライ」のフードは、でんぷん含有量と加熱温度の幅が広いため結果はまちまちです。そのため、メーカーに電話をして直接聞いた方がいいでしょう（メーカーのウェブサイトで必要な情報が得られればその限りではありません）。

劣化の回数の結果

●**グッド**……すでに加工された原材料を混ぜ合わせ、熱加工を1回（低温乾燥フードの多くが該当）

●**ベター**……生で新鮮な原材料を混ぜ合わせ、フリーズドライか高圧低温殺菌（ＨＰＰ）。または生で新鮮な原材料を混ぜ合わせ、非加熱か低温加工を1回（生肉を低温乾燥させたフードや軽く調理したフードの多くが該当）

●**ベスト**……生で新鮮な原材料を混ぜ合わせ、そのまま提供か、冷凍（熱処理なし）で3カ月以内に使用（手づくりごはん、市販の冷凍生フード）

合成栄養素の添加

ペットフード・ホームワークの最後の課題は、フードに含まれる栄養素がどこから来ているかを判断するものです。復習すると、製品に添加されたビタミンとミネラルの数は、生の原材料から損失したビタミンとミネラルの量を反映したものであり、高温加工で失われた栄養素を補うために加えられたものでした。フードに含まれる栄養素は、2つのうちのどちらかから来ます。つまり、栄養価の高い食べ物を使った原材料か、化学合成物質（人工的につくられ添加されたビタミン、ミネラル、アミノ酸、脂肪酸）か。ドッグフードの栄養価が低ければ低いほど、そしてフード製造時に熱が使われれば使われるほど、より多くの合成栄養素を加えなければならなくなります。

この課題でのグッド／ベター／ベストのスコアは、本書で提供しているホームワークの課題のなかでもっとも主観的で、あなた個人としての食の方針に依存します。私たちの経験では、犬の飼い主はいずれの考えにせよ、このテーマに強い意見を持っている人が多くいます。そこまで意見がない人は、栄養強化食品の多くには合成のビタミンやミネラルが入っており、誰だって口にしていると指摘します。また、自分自身が合成のビタミンやミネラルのサプリをたくさん飲んでいる飼い主もいます。こうした人たちにとっては、愛犬が微量栄養素の大部分を同じような形で摂取するのも、比較的受け入れられるのです。「ペットフードの計算」のいいところは、あなたと愛犬にとって何がいいかを、個人的な食の方針に照らし合わせて、自分で決められるという点です。この計算法はシンプルに、愛犬の食習慣と健康について、情報を充分に得たうえで決めるためのツールなのです。

「劣化の回数」の課題は、栄養面で適正な製品にするために、合成栄養素をいくつ加えなければならないか、ということです。低品質の原材料（通常はヒューマングレードかフィードグレードかの問題）と栄養価の低い原材料（常にコストの問題）は必然的に、より多くの化学合成物質を意味します。添加された合成ビタミンと合成ミネラルの数を数えるのに加え、「避けるべき12の原材料」である、下記の好ましくない添加物が入っていないか、ラベルをチェックしましょう……エトキシキン、メナジオン、着色料（カラメルを含む）、家禽（動物）ダイジェスト、動物性脂肪、プロピレングリコール、大豆油、副産物、コーン・グルテン・ミール、BHA／BHT、ミートミール、亜セレン酸ナトリウム。

やり方……ラベルに表示されている合成栄養素の数を数えます（原材料のリストは、メーカーのウェブサイトかパッケージの裏などに記載されています）。メーカーのウェブサイトを閲覧する際は、あなたの食の方針のうち、もっとも大切なポイントを念頭に置いておきましょう。添加されたビタミンとミネラルは、原材料表のなかで食材のあとに記載されています（次ページの図表を参照してください）。各栄養素は読点で分けられているため、名称を発音できなくても、いくつ含まれているかは数えられるはずです。

●**グッド**……「避けるべき12の原材料」（394ページ記載）がどれもラベルに記載されておらず、合成栄養素の数が12未満のドッグフード。

●**ベター**……「避けるべき12の原材料」がどれもラベルに記載されておらず、合成栄養素が8未満で、健康面で良い面がいくつかある（オーガニックの原材料、遺伝子組み換え作物不使用など）ドッグフード。

●**ベスト**……「避けるべき12の原材料」がどれもラベルに記載されておらず、合成栄養素が4未満で、

合成栄養素をチェックしよう

合成ビタミン&ミネラルの数：

4

ペットフード・ラベル

原材料：牛肉、牛ハツ、牛骨粉、牛レバー、牛腎臓、オーガニック・サヤインゲン、オーガニックほうれん草、オーガニック・ビーツ、オーガニック・ブルーベリー、紅花油、オーガニック・ケルプ、イヌリン（チコリ・エキス）、海塩、亜鉛アミノ酸キレート、ビタミンEサプリメント、マンガンアミノ酸キレート、ビタミンD3サプリメント

健康面で良い面がたくさんある（ヒューマングレードの原材料、オーガニック、遺伝子組み換え作物不使用、野生／放し飼い／低温殺菌の肉など）があるドッグフード。あらかじめ混ぜたビタミンとミネラルではなく、高価な本物の食材を使った原材料からの栄養素であるため、各カテゴリーでもっとも高価な製品。

この課題は、あなたの価値観、信念、優先事項、予算をもとに、あなたと愛犬にとって何が適切であるかを、あなたが自力で決められるようにすることを意図したものです。考慮すべき点はたくさんあります。例えば、生の食事は、加熱処理されていません（そのため、加熱による栄養素の損失はなく、ＡＧＥ生成もありません）。栄養面で完全でありバランスの取れた生のフードのラベルに合成栄養素が塊になって記載されていたら、それはつまり、愛犬が最低限必要としている栄養素を、そのメーカーが合成栄養素の添加物によって提供しているということです（そのため、原材料表にはそこまで多様な原材料が記載されておらず、恐らく肉と内臓肉程度で、あとは合成栄養素の添加物でしょう）。足りない栄養素を特定の分量だけ補うために、高価だったりちょっと変わったりしている新鮮な原材料を

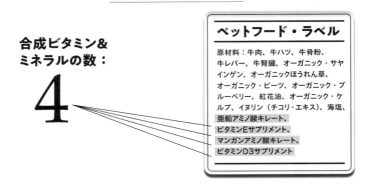

メーカーが購入していないため、このフードは安価なはずです。これを、合成栄養素が2つ（通常はビタミンEとD）しか入っていない生のフードと比べてみてください。こうしたフードは、栄養素の出どころである高価な食材が、ラベルに多く記載されています。

カリカリ（と10％の主要長寿トッピング）を与え続けることにしたみなさんは、カリカリのブランドをどう評価しますか？

カリカリも、新鮮なフードのブランドを評価したのと同じ方法で評価すべきです。ペットフード・ホームワーク（炭水化物量算出、劣化の回数、合成栄養素の添加）と、グッド／ベター／ベストのシステムに従ったランクづけは、どのタイプのドッグフードにも使えます。「避けるべき12の原材料」には、特に気をつけなくてはいけません。カリカリのカテゴリーのなかにも、品質や加工技術にはかなりの幅があります。「冷間押出」「低温の天火で焼く」「エアドライ」は、オーブンのさまざまな温度で行う、比較的新しい熱加工です。これらの製品のでんぷん含有量もまた、かなり幅があります。愛犬のために製品を購入する際は必ず、あなた自身の食の方針が関係してきます。そのためカリカリについても、ほかの食べ物と同じ質問を投げかけましょう。コストについても、高価なドライフードのブランドを中心に、それぞれのカテゴリーをきちんと比較してください。もしコストが問題なのであれば、オーガニックの「超高級」カリカリは、自宅まで配達してくれる冷凍生フードより高価である可能性があります。きちんと調べて損はありません。

プロのアドバイス……カリカリは、ほかのタイプのドッグフードと比べ、酸敗（油脂の酸化）しやすい傾向にあるため、必ず低温の乾燥した場所（理想的には冷凍庫）で保管する必要があります。3カ月以内、理想的には30日以内で使い切れる小袋を購入しましょう。

高まる生フード人気

次世代のペット・ペアレントの間では、生のペットフードの人気が高まっています。でんぷん、AGE、化学合成物質を最小限に抑えることで、生のドッグフード・ブランドはペットフード・ホームワークの課題でロックスター並みの評価を受ける結果になっています。繊細で熱に弱い食品酵素、必須脂肪酸、ファイトケミカルは損なわれずに残っており、食物連鎖のなかを移動して、愛犬の体内に入る準備ができた状態にあります。アメリカで市販されている生ドッグフードの約40％が、熱によらない高圧殺菌（HPP）で処理されています。HPPは、ペットフードに含まれるサルモネラ菌に対してFDAが掲げているゼロ・トレランス（不寛容）の方針に従うべく企業が採用している、FDAに承認された複数の処理法の1つです。このカテゴリーでは、栄養が適正であるか否かが最大の注意点であるため、生フードを選ぶ際は必ず、栄養適正表示が記載されているものにしましょう。

ペットフード・ホームワークは、ブランドを評価する際の枠組みとなります。一番重要なのは、愛犬に与えたい（あるいは避けたい）ブランドをより深く理解するための評価ツールであるという点です。答えに正しいも間違いもありません。情報を知ったうえで、あなた自身やライフスタイル、信念、そして愛犬のニーズのために賢明な判断を下せるようにと、背中を押してくれる知識のパワーなのです。フォーエバードッグ食事計画に関して言えば、理想と現実を見分けることが重要です。誰だって、すべてを常に正しく行うなんて、ほとんどできません。どこでもいいので着手して、愛犬の健康にいい影響が出るよう少しずつ変えていくことに、前向きになれることが大切です。知識を身につけてしまうと、罪悪感に苛まれることもあります。知れば知るほど、まだまだ自分は力不足だと感じてしまうのです。第一歩としてはまず、「プレッシャーがかかっている」という考えから、「自分にもできる」という考えに気持ちを切り替えましょう。

もちろん、グッド／ベター／ベストのシステムには、ありとあらゆる注意事項が存在します。そのため、ちょっとした常識と優れた判断力が役に立つはずです。「ペットフードの計算」は、総合栄養食とうたっているブランドに対して使うのが一番適しています。例えば、「栄養補助食または間食」とラベルに書かれたドッグフードを試してみることに決めたとします（栄養面で不足しているため、自分で栄養バランスを取る必要があります）。すると、栄養面で充分でないブランドでも、「ベスト」のカテゴリーに当てはまるものもあることに気づくでしょう。合成のビタミンやミネラルは添加されていないからです。当然ながら、だからといって、それが「ベスト」のブランドにはなりません（不足分を自力で調整しない限り）。私たちは先日、地元の農家の人たちが出しているファーマーズ・マーケットで、こんなラベルがついているペットフードを見かけました。「放し飼いの鴨肉、鴨ハツ、鴨肝、オーガニックのほうれん草、オーガニックのブルーベリー、オーガニックのウコン」。きっかけ、足がかりとしてはいいのですが、ラベルには、健康的な甲状腺機能に役立つヨウ素のもとになるようなものが記載されておらず、ビタミンやミネラルのもとになるものもありません。ラベルを見て、その食べ物にはヨウ素が不足していると気づくだけの栄養の知識は、今のあなたにはないかもしれません（もしかしたら今後も身につけないかもしれません）。それでも、何を質問すべきかを学ぶことはできます。

ドッグフード産業の活況でありがたいのは、毎週のように新たなブランドが市場に参入し、多くの選択肢があることです。好きなメーカーをいくつか見つけ、さまざまなブランドとタンパク質をローテーションさせてみることをおすすめします。市販のドッグフードを与える際に栄養面で多様にするには、ブランドをローテーションさせるのが一番です。最初のうちは、あまりの種類に圧倒されてしまうかもしれませんが、そのうちに、フードやスタイルの選択肢がいろいろあってありがたいと思えるようになるでしょう。食の方針、時間、予算によって、どんな人でも（どんな犬でも）合うものが見つかるはずだからです。グッド／ベター／ベストのスコアのものをさまざまに組み合わせることもできます。ブランド、タンパク質、カテゴリーをローテーションさせましょう。そして、実質的には無限の選択肢となるレシピや与え方を活用し、完璧な長寿フードを愛犬のためにカスタマイズしてあげましょう。そして次回は、まったく違うドッグフードを買ったり、自分でつくったりすることもできます。とはいえ、何かを買う前にぜひホームワークに取り組みましょう。そうすれば、わかったうえで購入できます。

課題２　より新鮮なフードのうちどのタイプにするか決めよう

すべてのドッグフードに当てはまるような、厳格なルールはありません。というのも、考慮すべきポイントはあまりにもたくさんあるからです。こうしたポイントが、あなたのライフスタイルや愛犬ならではのニーズにどう関わってくるかを評価できるのは、あなたしかいません。これまで新鮮なフードを与えたことがないのであれば、新しいことを始めるにあたって、もっともわかりにくく気が重いのは、どの種類のフードを与えるかを決めることかもしれません。

「より新鮮なペットフード」のカテゴリーのなかにも、手づくりごはんから、近所で購入できる（初めての人には、独立系のペットフード小売店がおすすめです）市販の生、調理済み、フリーズドライ、低温乾燥タイプなどさまざまな種類のドッグフードがあります。また、びっくりするほど遠くの場所から、あらゆるタイプの新鮮な食べ物をオンラインで取り寄せることもできます。こうした買い物は、かなり満足度が高いものです。新鮮な食事はこのように多様であるため、決めることがさらに増えます。考慮すべき点は多くあり、そのすべては、あなたの生活状況や食の方針に関係しています。みなさんが調べるなかで出会うであろうわかりにくいトピックの一部について、少しでもわかりやすくなるよう、各タイプの長所と短所をお伝えします。私たちが目指しているのは、みなさんが自分のニーズに一番合うのはどのレシピ、どのメーカーか決められるよう、より新鮮なフードのカテゴリーにあるすべての選択肢の概要を提供することです。次に紹介するのは、あなたが利用できる選択肢すべてです。それぞれを読みながら、どれがあなたのライフスタイル、予算、愛犬にもっとも合うか、ぜひ考えてみてください。

超短時間処理による新鮮なフードのカテゴリー

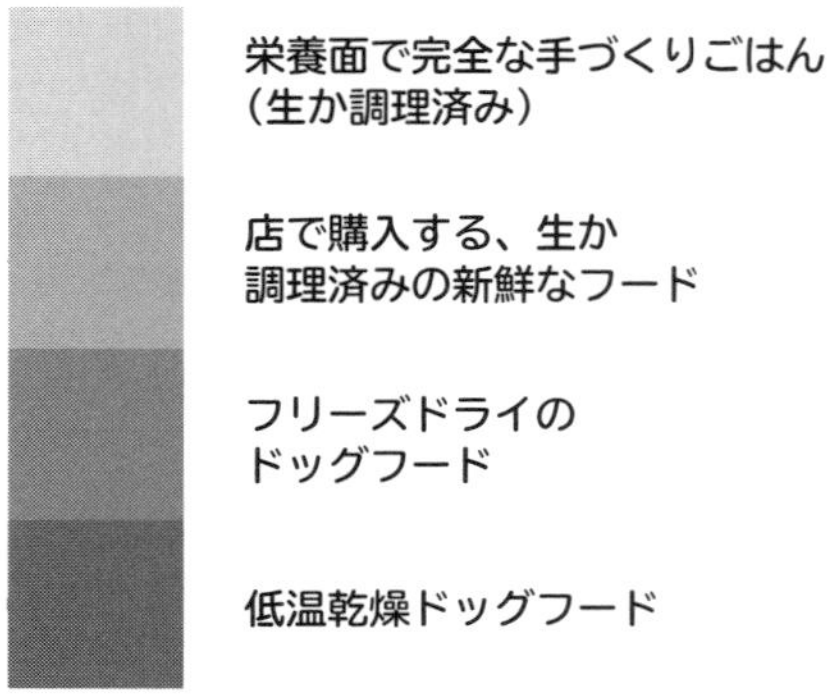

手づくり、店で購入、またはハイブリッドの食事計画

手づくり

手づくりは間違いなく、ドッグフードの原材料についてもっとも自分でコントロールできる食事ですが、愛犬のための手づくりは、お金も時間もかかりかねません。さらに毎日つくる予定でない限り、冷凍庫のスペースも必要になります。毎日つくれたらすばらしいですが、すぐに大変になってしまう可能性もあります。私たちのように手づくりをしている人はほとんどが、週1回、月1回、あるいは3カ月に1回つくり、解凍しやすいよう小分けにして冷凍しています。獣医はたいてい手づくりごはんに反対しますが、間違ったやり方をする——つまり、愛犬に与える最低限の必要栄養量を憶測で決めてしまうからなのです。「バランスの取れた食事」（この言葉の定義は人によって異なるため、何の意味もなしません）の背景をかなりかいつまんで説明すると、次のようになります。

前述のとおり、全米研究評議会（ＮＲＣ）は最低必要栄養量を策定しています。これは、子犬や子猫、妊娠中や泌乳中のメス、成犬が栄養不足にならないために必要となるビタミンおよびミネラルの基本的な量に基づいたものです。それを判断する実験が行われたのは何年も前で、しかも必ずしも倫理にかなった方法ではありませんでした。研究者は実験動物にそれぞれの栄養素を与えず、その際に臨床的に何が起きたか（あるいは起きなかったか）を記録。さらにその動物を犠牲にして、体内で何が起きていたか、あるいは起きていなかったかを記録したのです。結果として、栄養に関連した無数の病気を予防するのに必要な微量栄養素の最低限の水準を知ることができたという点については、議論の余地はありません。また、栄養素を過剰に、または誤った割合で取った場合、どうなるかを学べたケースもありました。ＮＲＣが最低必要栄養量を発表した後、ＡＡＦＣＯ（アメリカ）とＦＥＤＩＡＦ（ヨーロッパ）はそれぞれの独自基準をつくる際に、ＮＲＣの情報を土台に使いました。どの栄養基準にも不備があると批判する人も多く、私たちも同じ意見です。とはいえ、自宅の台所で自分のペットに対し、意図せず栄養不足の実験をしてしまいたい人などいないという意見にも同意します。この研究では、犬が生命を維持するためにビタミン、ミネラル、脂肪酸が摂取カロリー１０００キロカロリーあたりそれぞれ何ミリグラム必要か、明確になりました。しかしそこには二重の問題があります。まず私たちの目指すところは、単に生命の維持ではありません。私たちは、長寿マニアなのですから！　次に、基本となる必要な栄養素をどう（そしてどのくらい）与えるかを推測するのは難しく、ほとんどの人は間違えるという点です（だからこそ、獣医は手づくりのごはんに注意を促すのです）。私たちは、栄養たっぷりの食べ物を与えるのがなぜ大切なのか、そして正しくやるにはどうすればいいのか、仲間である愛犬家のみなさんの理解を促すために本書を書きました。

生のドッグフード提唱者のなかには、NRCが最低必要栄養量を策定した際に、犬や猫が摂取するよう進化してきた混じり物のない肉ではなく、超加工食品を食べさせて調査したことを指摘する人もいます。私たちも、同じ意見です。これでは間違いなく、結果を歪めてしまうでしょう。超短時間処理の新鮮なフードを与えた動物を使った充分なデータを研究者が収集するまで、犬の基本的な必要栄養量について、だいたい合っているか否かを判断するために、現行の基準に頼るしかありません。それでも、嬉しい側面もあります。新鮮な食べ物の方が、消化吸収されやすいことが研究でわかっています。現行の最低栄養基準（非常に低いハードル）を使って、生や超短時間処理の食べ物を評価すると、ホームラン級の成績になります。新鮮な食べ物は、自然な形の食べ物からの栄養素を最適な量で提供してくれます。言い換えると、生あるいは超短時間処理のドッグフードのレシピが、理想的とは言い難い現行の基準を満たすなら、どの種類の超加工フードよりも優れた栄養を提供することになるということです。

難点は、多くの飼い主は善意から、さまざまな種類の新鮮な肉、内臓、野菜を時間をかけてローテーションさせれば、愛犬に必要な栄養素をすべて与えられると思い込んでいる点です。これでは、破滅的な結果をもたらしかねません。私たちはこれまで、多くのクライアントが悲しむ姿を見てきました。そして獣医や獣医団体が発する、「手づくりごはんは与えないで。リスクが非常に高いから！」という言葉を、これまで（痛いほど）耳にしました。手づくりごはんへの懸念が正当だと思わせるだけの、飼い主と愛犬の痛みと惨状を、獣医たちは充分すぎるほど目にしてきたのです。要するに、獣医の懐疑的な態度は当然なのです。この理由から、手づくりごはんは最高の食べ物にも最悪の食べ物にもなりえます。

私たちには、解決策があります。その解決策は、意思決定をシンプルにするうえ、愛犬の健康をガラリと変える重要な変化を起こすための自信を与えてくれます。その解決策とは、犬に必要な栄養素を満たすようにつくられたレシピかテンプレートを使えば、手づくりごはんをきちんとあげられる、と獣医に証明することです。ペットの栄養について学んでいること、栄養不足にならないようにガイドラインに従うつもりでいることを、かかりつけの獣医に説明しましょう。率直に言って、これによって、診察室にいるみんなの不安が軽減されるはずです。

もしあなたが、ドッグフードを手づくりすると決めたなら、拍手を送ります！　そして一度立ち止まり、人生の恵みに感謝してほしいと思います。あなたは手づくりするという選択肢を手にできますが、できない人はたくさんいるのです。愛犬の健康と寿命を最大限にすることに献身的なあなたのことを、すばらしいと思います。その全力での取り組みは、とてつもなく大きな報いをもたらすでしょう！

もう1つお願いしたいのは、手づくりする食べ物が、少なくともビタミン、ミネラル、アミノ酸、必須脂肪酸の最低限の必要栄養量を必ず満たすべく、さまざまなレシピまたは栄養評価ツールを使うことです（手づくりレシピを評価する際に気をつけるべき具体例については、本書ウェブサイトをご参照ください）。手づくりごはんは、未調理（生）でも、調理済み（AGE生成を最小に抑えるため、軽く茹でるのがおすすめですが、好きなように調理してください）でも、愛犬に提供できます。ごはんを手づくりするために時間、エネルギー、リソースを注ぎ込んでいる人の大部分が、栄養面で最適なごはんは、必要最小限のごはんとはかなり違うことを認識しています。こうした長寿マニアたちは、自然な形に近い食べ物の栄養素が持つパワーを本当に理解しており、このパワフルなツールを愛犬の役に立つよう最大限に活用したいと思っています。

合成栄養素とは？　研究室で人工的につくられたビタミンとミネラルで、食事の栄養価を高めるために、人間用や動物用の食べ物に使われています。合成栄養素にはさまざまあり、形状やタイプが異なるほか（それによって消化性、吸収性、安全性が変わります）、品質や純度も異なります。人間や犬が本物の食べ物からビタミンやミネラルを摂取すればするほど、必要な合成栄養素は少なくなります。

手づくりのドッグフードには、２つのカテゴリーがあります……（1）自然食材レシピ（合成栄養素なし）と（2）合成栄養素を使ったレシピです。

合成栄養素なしの手づくりごはん

自然食材レシピ（合成栄養素なし）のカテゴリーでは、栄養素はすべて、加工されていない自然のままの食べ物に由来します。愛犬の栄養面でのニーズを満たすために、追加的なビタミンやミネラルのサプリを購入する必要はありません。ただし、セレンのためのブラジルナッツ、亜鉛のための缶入り二枚貝など、手に入りにくい食材や値段の張る食材が必要なレシピもあります。特定の食べ物が、愛犬の体にビタミンやミネラルを提供するとき、それが本物の食べ物から来た栄養素であるため、愛犬の体は何をすべきかきちんと理解します。ただし自然素材レシピの場合、最低限の必要栄養量を満たすために、厳密に、つまり正確に従う必要があります。犬は野生の環境において、必要なビタミンとミネラルを摂取するために、さまざまな種の獲物や体の部位（目や脳、腺を含む）を幅広く食べます。例えば亜鉛。愛犬に、睾丸、歯、齧歯動物の被毛（亜鉛の栄養源として最適）を与える人はそう多くはいないため、亜鉛は希少な栄養素です。食料品店で手に入れた肉の従来的な部位や各種野菜をローテーションで与えるだけでは、愛犬が最低限必要な亜鉛量を満たせません。亜鉛の不足は、皮膚の不調、創傷の治りにくさ、さらには胃腸、心臓、視力の問題を招きます。その他、ビタミンDとE、ヨウ素、マンガン、セレンなど、手に入りにくい栄養素も同じです。

残念ながら、オールインワンの犬用マルチビタミンは、手づくりごはんのバランスを取るのに充分ではありません。また、食材を代替品で済ませたために、レシピがバランスを失うときにも、「食事面のズレ」は起こります。こうしたズレや、栄養面で充分でないさまざまなレシピをローテーションさせることは、栄養面での問題の土台となります。これでは、かかりつけの獣医が動揺しても当然でしょう。

手づくりごはんは、生でも、軽く調理（茹でるか蒸すか煮込むか）しても大丈夫です。生の肉を扱うときや与えるときは、安全に調理や保存をする方法を守らなければいけません。自分の食べ物にするのと同じです。あなたのお腹に収まるバーベキュー用の肉にせよ、愛犬のフードボウルに乗せる肉にせよ、あらゆる肉には食物が媒介となるリスクが伴います。健康的な犬は、多くの細菌負荷に耐えられるよう進化しており、酸性度が非常に高い胃のおかげで、外から入ってきた微生物をうまくやりすごすことができます。カリカリを食べている犬でさえ、健康的な犬の胃腸管には、大腸菌、サルモネラ菌、クロストリジウムがどれも見つかります。これらは「常在菌」なのです。

食材の茹で方

ポーチ（沸騰寸前のお湯で茹でること）は、やさしく火を通しつつ、栄養や水分を保ちます。食材をポーチしても茶色に変化することはなく、つまりは生成されるMRPも少なく済みます。鍋に肉を入れ、浄水器を通した水（または335ページの「長寿マニアの手づくり骨スープ」か、313ページの「薬効きのこスープ」）を肉がひたひたになる程度に入れます。料理の専門家によると、タンパク質を「固める」ために、生アップルサイダービネガーをひと振りかけるといいそうです。このステップに関する科学的な根拠はありませんが、プロのおすすめなので私たちもやっています。鍋を熱し、70度にまで温度を上げます。この温度なら、細菌を殺すもののAGEを大量につくり出すことはありません。肉の量によって調理時間は異なります（少量なら通常は5～8分）。栄養たっぷりの茹で汁は取っておき、フードを与える直前にトッピングとしてかけてあげましょう。ハーブやスパイスを加えるのもおすすめです（ポリフェノールたっぷりの風味豊かなスープをつくるには、332ページをご覧ください）。

自然の食材を使った手づくりごはんは、一番お金がかかりますが（オーガニックや放し飼いの食材を選んだ場合はなおさら）、栄養価と新鮮度が一番高くもあります。通常の農作物や工場畜産された肉を選べば費用が抑えられるかもしれません。とはいえ、野生を捕獲した動物の肉や放牧や放し飼いで育てられた動物の肉の方が、栄養価が高く、化学物質の含有量が低い可能性があります。住んでいる地域の農業従事者を支援することをおすすめします。都市部なら、地元のファーマーズ・マーケットか生活協同組合を調べて、地元で育てられた農作物や肉をどこで見つけられるか確認してみましょう。独立系の健康食品店は、地産の農作物や肉をどこで手に入れられるかを知っていることがよくあります。もし愛犬にアレルギーがあるなら、珍しい肉を特別注文で取り寄せるのもいいでしょう。愛犬の医療面や栄養面でのニーズに合わせ、特定の健康効果があるすばらしいスーパーフードを加えることもできます。もっとも重要なのは、すべて自分が一つひとつ選んだものを与えているため、愛犬が何を口にしているかをきちんと把握できることです。www.freshfoodconsultants.org〔著者であるカレン・ベッカーなどが立ち上げた、ペットフードのコンサルタント一覧表を公開しているサイト〕に記載されている専門家の多くは、栄養面で完全な、すぐにダウンロードできる手づくりごはんのレシピを直接提供してくれます。

愛犬が健康上の問題から特定の「療法食」を必要としている場合、愛犬のために手づくりのレシピを考案してくれる認定獣医栄養士が世界中にいます。www.acvn.org〔アメリカ獣医内科学会〕で探してみてください。www.petdiets.com の獣医栄養士たちは、健康上の問題があったり、健康面で特定の目標があったりする愛犬のために、生あるいは調理したレシピを考案してくれます。

「手づくりのドッグフード・レシピ」とネット検索すると、まるで人間が食べる食事を取り上げる専門チャンネルで見かけるような、きれいに飾られたフードボウルの写真を掲載したサイトへのリンクが際限なく出てきます。ここでも、かなり気をつけてください。手づくりレシピ(掲載されているのがオンラインであれ書籍であれ)には、栄養が適正であるという声明「このレシピは、○○の基準に基づき、最低限の必要栄養量を満たすよう配合されています」(○

○には、ＡＡＦＣＯ、ＮＲＣ、ＦＥＤＩＡＦのどれかが入ります）がはっきりと記載されている必要があります。また、レシピと一緒に、原材料の分量または重量順リスト、使う肉の脂肪分の割合、カロリー含有量、レシピに含まれるビタミン、ミネラル、アミノ酸、脂質の量の内訳が提供されているはずです（４１４ページの例を参照）。こうした情報が提供されないレシピは、ごほうびやトッピング（愛犬の摂取カロリーの10％まで）として、あるいは時々与えるごはんとして以外、使わないでください。適切な配合がなされていないレシピを、愛犬の基本の食事として頼ってしまうと、栄養不足になり、健康寿命に悪影響が出る可能性があります。www.foreverdog.comでは、栄養面で完全なレシピの例を提供しています。本書に記載のレシピは、その一例です。始めたばかりの人はほとんどが、ＡＡＦＣＯやＮＲＣ、ＦＥＤＩＡＦの栄養ガイドラインに準拠した、信頼できる企業が出している、きちんと配合された市販の冷凍フードを使った方が手軽で便利だと感じるものです。とはいえ、もし料理が好きなら、愛犬をとても満足させてあげられることでしょう！

これは、自然の食材を使った成犬向けの総合栄養食の一例です（子犬はこのレシピよりも多くのミネラルが必要であり、子犬用のレシピはもっとずっと複雑なのです）。なお、赤身90％以上の低脂肪の牛ひき肉を使う必要があることと、特定の栄養素を満たすための食材を加える必要がある点に気をつけてください。例えば、生ひまわりの種パウダーはビタミンＥ、ヘンプシード（麻の実）は必須脂肪酸であるαリノレン酸（ＡＬＡ）とマグネシウム、タラの肝油はビタミンＡやビタミンＤの必要量１３００ＩＵ、スパイス棚にある生姜はマンガン、ヨウ素がたっぷり含まれたケルプは健やかな甲状

手づくり牛肉ディナー
成犬用

5ポンド	（2.27 キロ）	赤身 90 パーセント以上の牛ひき肉、ポーチした状態か生
2ポンド	（908グラム）	牛レバー、ポーチした状態か生
1ポンド	（454グラム）	アスパラガス、みじん切り
4オンス	（114グラム）	ほうれん草、みじん切り
2オンズ	（57 グラム）	生のひまわりの種、粉末
2オンス	（57 グラム）	生のヘンプシード、殻を取ったもの
	（25 グラム）	炭酸カルシウム（地元の健康食品で調達）
	（15 グラム）	タラの肝油
	（5グラム）	生姜パウダー
	（5グラム）	ケルプパウダー

腺機能に必要なミネラルがそれぞれ含まれます。これらの食材のどれか1つでも指定された分量だけ入っていなければ、レシピはバランスを崩してしまいます。おやつや1回のごはんとしてならいいですが、愛犬が常に食べる主食としては充分ではありません。もっとも重要なのは、バランスの取れたレシピか否かは、そのレシピを長期的に与えた場合、愛犬の1日の必要栄養量のおおよそが満たせるかを、栄養分析によって確認する必要があるという点です。

このレシピを栄養価ごとに分解したものは、まったく違うもののように見えます（添付資料の4ページを参照）。数字やフォーマットによっては、複雑で圧倒されてしまうものです。愛犬の主要な食料源として手づくりごはんを与える場合、最低限の栄養適正量を確保するための食事ガイドラインに従うことが大切です。

合成栄養素入り手づくりレシピ

合成栄養素入り手づくりレシピは、愛犬に必要な栄養量の一部を満たすために、人工のビタミンやミネラル、その他の栄養サプリを使います。例えば、セレンの摂取源としてのブラジルナッツの代わりに、人間用の健康食品店で買った粉末のセレンを加えます。どのサプリにも言えることですが、幅広い品質とさまざまな形状の栄養素が売られており、あなたの知識や食の方針によっては、心強いと感じるかもしれないし、怖気づいてしまうかもしれません。

合成栄養素はさらに、2つのカテゴリーに分けられます。自分でビタミン／ミネラルをミックスするか（ＤＩＹ）、手づくりのレシピを総合栄養食にすることを目的につくられた、市販のオールインワンの製品かです（一般的なマルチビタミンとは異なります）。

ＤＩＹ……手づくりのドッグフード・レシピの多くは、個別のビタミンやミネラル（例……亜鉛、カルシウム、ビタミンＥとＤ、セレン、マンガンなど）を購入し、特定の分量を加える必要があります。加えるサプリの数や量は、栄養源となる、レシピに使われる自然の食材によります。食べ物のなかにないものは、合成栄養素から取る必要があります。ＤＩＹでのブレンドの難点は、個別のビタミンやミネラルを最高で十数種類も購入するのは、気が遠くなってしまいかねないことです。錠剤を粉末にすり潰したり、カプセルを開いたりして、たいていは非常に少ない量を正しく計るのは難しいう

手づくり七面鳥ディナー
成犬用（ＤＩＹサプリ使用）

5ポンド	(2.27 キロ)	赤身 85%の七面鳥ひき肉、生か火を通したもの
2ポンド	(908 グラム)	牛レバー、生かポーチしたもの
1ポンド	(454 グラム)	芽キャベツ、みじん切り
1ポンド	(454 グラム)	サヤインゲン、みじん切り
8オンス	(227 グラム)	エンダイブ、みじん切り

追加するサプリ、健康食品店で購入

1・8オンス	(50 グラム)	サーモンオイル
	(25 グラム)	炭酸カルシウム
	(1200IU)	ビタミンDサプリ
	(200IU)	ビタミンEサプリ
	(2500 ミリグラム)	カリウム・サプリ
	(600 ミリグラム)	クエン酸マグネシウム・サプリ
	(10 ミリグラム)	マンガン・サプリ
	(120 ミリグラム)	亜鉛サプリ
	(2520 マイクログラム)	ヨウ素サプリ

えに、正確さが求められます。またこれらを、食べ物に物理的にしっかり混ぜ込む必要があるのは言うまでもありません。ヒューマンエラーが起きる可能性は、現実的にありえます。431ページはDIYサプリを使った手づくりレシピの一例です（栄養価の情報は添付資料を参照してください）。なお、牛レバーを加えることで、このレシピは銅と鉄分のサプリが不要になっています。

DIYでのブレンドの利点……あなたのお好みの形状のサプリを使うレシピを選べます。例えば、あなたの愛犬が尿にシュウ酸結晶ができやすく、調べてみたところ、食事から取るカルシウムの形として愛犬の症状にいいのは、クエン酸カルシウムだと知ったとしましょう。愛犬の具体的なニーズをサポートするのに、最適な形で栄養素を取り入れている手づくりレシピを選ぶことができます。キレート化したミネラルを選ぶのも、それが重要だと思うのなら1つの選択肢です。このように自分でコントロールできることが嬉しいと感じる人もいれば、怖いと感じる人もいます。手づくりレシピを自分でつくって、栄養面で完全にするために必要なサプリの計算をスプレッドシートにしてもらいたい場合、www.animaldietformulator.com［英語のみ］に利用登録すれば、アメリカ（AAFCO）やヨーロッパ（FEDIAF）の栄養基準を満たす手づくりごはんのレシピをつくることができます。

手づくりごはんのバランスを取るとうたっている、オールインワンの犬用ビタミン／ミネラルのパウダーもまた、さまざまな長所と短所があります。最大の短所は、ほとんどのものが、実際に手づくりごはんのバランスが正しく取れるように配合されていない点です。マルチビタミンとミネラルの製品の大部分は、無数にあるさまざまなレシピが確実に栄養面で適正になるような栄養分析がなされていません。このため長期的に見ると、栄養不足や過剰になりかねません。最低限の必要栄養量を満たさない、あるいは安全な上限を超えるオールインワンの製品は、栄養上の深刻な問題になります（例……膀胱結石、心臓病、肝臓病、腎臓病、甲状腺機能低下症、成長・発達上の問題）。

「本品小さじ1杯を手づくりごはんに加えれば、愛犬が必要なものがすべてまかなえます」のようなキャッチコピーで売られているサプリの虹色の効果に対して私たちは、すぐに疑いの目を向けてしまいます。医師や獣医は必ずしも、診察室で目にする健康上の問題と栄養の不足・過剰とを結びつけて考えはしませんが、直接的な相関関係がある可能性はあります。

手づくりのごはんを完全食にする目的でつくられた、適正に配合されたオールインワンの製品の利点は、その製品1つあればよく、計算する必要がないところです！　手づくりごはんの仕上げに、レシピに示された量を加え、よく混ぜ、愛犬に与えます。オールインワンのビタミン／ミネラルの製品は、自分で栄養をミックスするよりも簡単なうえ、ユーザーによるエラーのリスクも少なくなります。

概して、**合成のビタミンとミネラルを適切な分量加えた手づくりごはんは、新鮮な手づくりごはんのなかでもっともお金がかからず、獣医からの反対も少ない方法です。**微量栄養素の必要量を満たすために、自然な食材を幅広く調達する必要がないわけですが、その便利さはつまり、愛犬のビタミンやミネラルが、自然な食べ物ではなく粉末のものという意味になります。この点は、あなたの食の方針によってプラスにもマイナスにもなりえます。もしオールインワンの粉末を使うのであれば、新鮮な食べ物由来の栄養の多様性を最大化するべく、手づくりのレシピを頻繁にローテーションすることをおすすめします。次の2つは、しっかりとした研究をもとにしたウェブサイトで、手づくりごはんを与えている多くの飼い主に人気です……www.mealmixfordogs.com では、生か調理された成犬向け手づくりごはんに使う、完全にオールインワンの粉末を販売しています。またwww.balanceit.comでは、どのライフステージ（子犬を含む）でも使える、完全にオールインワンの粉末や、腎臓に問題のある犬のためにつくられたビタミン／ミネラルのミックスがあります。

DIY手づくりごはんのサポート【英語のみ】

すぐにダウンロードできる総合栄養食レシピ……

▼www.foreverdog.com（無料！）

▼www.planetpaws.ca

▼www.animaldietformulator.com（アプリを使えば、オリジナルのごはんが簡単につくれます）

▼www.freshfoodconsultants.org（すぐに印刷できる総合栄養食を提供するウェブサイトや専門家のリンクを多く掲載）

オールインワンの粉末サプリを使ったごはんを自分で考案（自分で食材を選びます）……

▼www.balanceit.com

▼www.mealmixfordogs.com

愛犬の健康上の問題や悩みなどに合わせ、獣医栄養士と協力して、調理するごはんをカスタムメイド……

▼www.acvn.org
▼www.petdiets.com
新鮮なフードのコンサルタントと協力して、生か調理する総合栄養食のレシピを愛犬に合わせてカスタムメイド……
▼www.freshfoodconsultants.org
ドッグフード配合ソフトウェアを購入してすべて自力で行う……
▼www.animaldietformulator.com（ＡＡＦＣＯおよびＦＥＤＩＡＦの栄養ガイドラインに準拠）
▼www.petdietdesiger.com（ＮＲＣ栄養ガイドラインに準拠）

お店で購入した（市販の）新鮮フード

犬のごはんを自分でつくる時間がない、またはつくりたくない場合は、地元の独立系ペットショップで購入できる（または宅配してもらえる）市販の新鮮なドッグフードを検討してみましょう。選択肢は豊富にあり、どれも長所と短所があります。念のため再び書きますが、生のフードははっきりした栄養適正表示があるものだけを購入するべきです。これは、市販の生の製品に関して特に重要です。他国で販売されている生のペットフードのかなり多くが、最低限の必要栄養量を満たすようにはつくられていないからです。アメリカでは、市販のペットフードはすべて、総合栄養食か一般食かを明示する必要があります。栄養面で不完全なフードは「間食または補助食としての利用のみ」と記載されており、つまりごほうびやトッピング、またはたまに（週1回）ごはんとして与えることができるという意味です。もしあなたが（最新のアプローチに時間と意識を注ぎたいと願う）「次世代のさらに次の世代のペット・ペアレント」なら、自分で計算して不足している栄養素を加え、総合栄養食にすることもできます。こうした製品は、総合栄養食よりずっと安価であるため、手づくりごはんを与えている私たちの仲間には、この選択肢を選ぶ人も多くいます。また、肉、骨、内臓のミックスとひき肉を自宅でバランスよく配合できるように手伝ってくれるウェブサイトもあります。もしこの方向に進むなら、計算（またはスプレッドシートを使った作業）をたくさんすることになります。市販されている、栄養が不足した生の「獲物モデルのフード」のなかには、「進化の面で犬が必要とするビタミンとミネラルをすべて配合」など誤解を与えるような言い回しを巧みに使っているメーカーも少なくありません。製品がＮＲＣやＡＡＦＣＯ、ＦＥＤＩＡＦに栄養面で準拠している旨がパッケージに何も書かれていなければ、そのフードは、ごほうびかトッピングとしてのみ使いましょう。愛犬の主要な食料源として与えてはいけません（不足した栄養分をあなたが自分で補足しない限り）。きちんと配合された生のフードはたくさんあります。ラベルをしっかりと読みましょう。

生か軽く調理した総合栄養食のドッグフード（合成栄養素ありまたはなし）

調理済みあるいは生で冷凍された総合栄養食は、とても楽です。解凍して与えるだけですから。ただ、冷凍庫のスペースが問題になる可能性があるうえ、翌日の分を解凍することを忘れないようにする必要もあります。また、メーカーを信頼しつつ、ぜひ自分でもリサーチしてください。多くの新興、とりわけアメリカ国外の生食メーカーの多くは、最低限の必要栄養量に満たないフードをつくっており、なかには品質の低い原材料を使っているメーカーもあります。生食を与えるという世界的なすばらしいトレンドにおける最大の問題の1つは、栄養的に不完全なフードを与えている人の爆発的な増加（か、メーカーが栄養ガイドラインにまったく準拠しないこと）です。詳細については、添付資料16ページに記載の、栄養適正表示がない、または「間食または補助食としての利用のみ」とラベルづけされたフードについての私たちの考え方をご参照ください。

なお、アメリカで市販されているすべてのペットフードについて、FDAは病原性である可能性のある細菌に対しゼロ・トレランス（不寛容）の方針を掲げているのは前述のとおりです。メーカーのウェブサイトには、自社製品に対しその企業が食の安全性にどう取り組んでいるかの情報が記載されています。

軽く調理したドッグフードの品質も、ピンからキリまであります。簡単に言えば、生か軽く調理した市販のフードは、栄養適正、原材料の品質、メーカーの品質管理によって、最高レベルかもしれないし、最低レベルかもしれません。地元のスーパーマーケットや大型小売店で売っているフィードグレードの冷蔵フードのなかには、冷蔵庫での保存期間が6カ月とラベルづけされているものもありますが、私たちに言わせれば、それはありえません。一般常識で考えれば、冷蔵肉は遅くとも1週間以内に使うべきです。私たちが見つけた、保存加工がもっともされていない品質の良い製品は、冷凍コーナーにあります。「ペットフードの計算」は、このカテゴリーの製品の良し悪しを見分けるための重要なツールです。

フリーズドライのドッグフード

重さあたりの値段で考えると、市場で売られているなかで、もっとも値の張るフードかもしれません。というのも、食べ物をフリーズドライにするコストとテクノロジーにお金がかかるためです。しかし常温保存が可能で加工が最小限のフードを求めているなら、ぴったりです。基本的に、生のフードを真空のなかで急速冷凍させたものです。フリーズドライの工程は、製品を冷凍させて減圧し、昇華と呼ばれるプロセス（氷などの物質が、液体を経ずに固体から気体へと変化すること）で、ほぼすべての水分を取り除きます。

前述のとおり、フリーズドライのドッグフードは、水か、スープなどの煮汁、または冷ましたお茶（ここで使うお茶のアイデアについては332ページを参照）で戻してから与えます（たいしたことではないですが、袋から出す以外で必要なステップです）。フリーズドライのフードは常温でかなり保存がきき、そのため忙しい人（や犬）にとって非常に便利です。冷凍庫のスペースも不要で、前日に冷凍庫から出すのを覚えておく必要もありません。フリーズドライのなかには、「トッピング」とラベルづけされ、栄養面で完全ではない製品もあります。愛犬の食事をすべてフリーズドライの製品にする場合、栄養適正表示を確認してください。

低温乾燥ドッグフード

どのブランドであれ、決める前にまずは「ペットフード・ホームワーク」をすることをおすすめしますが、低温乾燥ドッグフードについてホームワークを行うのは特に重要です。このカテゴリーはもっともしっかりとリサーチする必要があるのです（だからこそリストの最後に持ってきました）。低温乾燥ドッグフードをつくるには、2つの方法があります。1つ目は、生のペットフードをつくっているメーカーが、その製品をただ低温乾燥させるもの。このタイプは、すべて生の原材料からスタートするうえ穀物はまったく含まず、でんぷんもそこまで含まれていないため、かなり優れています。私たちの意見では、フリーズドライと同じくらいすばらしいフードです。

紛らわしくて気をつけなくてはいけないのは、低温乾燥ドッグフードの2つ目のつくり方です。メーカーは、すでに低温乾燥した状態の原材料を購入しますが、そこには多くのでんぷん系炭水化物が含まれており、それをドッグフードの配合に再加工します。市場に出回っている低温乾燥フードの多くはでんぷんが大量に入っています。そして、原材料の供給業者が原材料をそれぞれかなり異なる温度で（栄養とAGEの含有量に影響を与えつつ）低温乾燥させるため、市場に出回っている低温乾燥フードのなかには、（超短時間処理として）最高カテゴリーに当てはまらないものもあります。ありがたいことに、その最高カテゴリーに当てはまるブランドは多くありますが、ラベルを本当に注意深く確認する必要があります。

低温乾燥フードは、食べ物に含まれる水分が低温の弱い熱でゆっくりと取り除かれています。なかには、「エアドライ」のドッグフードを製造しつつ、水分を低温でじっくり取り除く「低温乾燥」であると主張するメーカーもいます。エアドライは同じ加工技術なので、原則的には確かにそうなのですが（どちらの技術も水分を除去するために空気を使います）、エアドライは一貫して高温を使います。そしてMRPが生成されるのは、そのときなのです。加工温度について簡単に質問するメールを1本、メーカーに送ることで混乱を解消できます。「ペットフードの計算」で許容できるスコアになるような、可能な限り低温で製品を乾燥させているブランドを選びましょう。それから、こうした低温乾燥フードは、必ず水分を加えて戻してから与えます。水分のない食べ物を一生食べ続けるような体のつくりになっている哺乳類は存在しません。

課題3　新鮮なフードにする割合を選ぼう……フードボウルの25％、50％、100％をアップグレード

愛犬のフードに関して、あなたの最初のゴールは何か、そろそろ決めるときです。超短時間処理の新鮮なフードを扱う量は、毎食か、あるいは少なくとも週何回か、どの程度にしたいですか？　現時点でまったくわからなければ、愛犬の食習慣から超加工ペットフードをどのくらい減らしたいか、またはなくしたいかを考えてみましょう。シンプルにするために、フードボウルに対する基本的なアップグレードの割合を、いくつかあらかじめ選んでおきました。新鮮なフードに変える割合は、１／４か、半分か、すべてか。健康面をワンランクアップさせるために、今愛犬に与えている超加工フードの25％、50％、１００％を、超短時間処理の新鮮なフードに切り替えることができます。基本のごはんが何にせよ、主要長寿トッピングの10％に変わりはありません。最後にお伝えすると、もし今の時点で基本のごはんを変えないことに決めた場合でも、それでも構いません。ぜひ本書を読み進めてください。

超加工フードをもっと健康的に……25％の新鮮なフードで効果を発揮……愛犬の毎日のカロリー摂取量の25％を、超短時間処理の新鮮なカテゴリーに分類されるブランドやフードに変えると、すばらしい健康効果がもたらされます。考えてみたら、10％の主要長寿トッピングと25％の新鮮フードへの

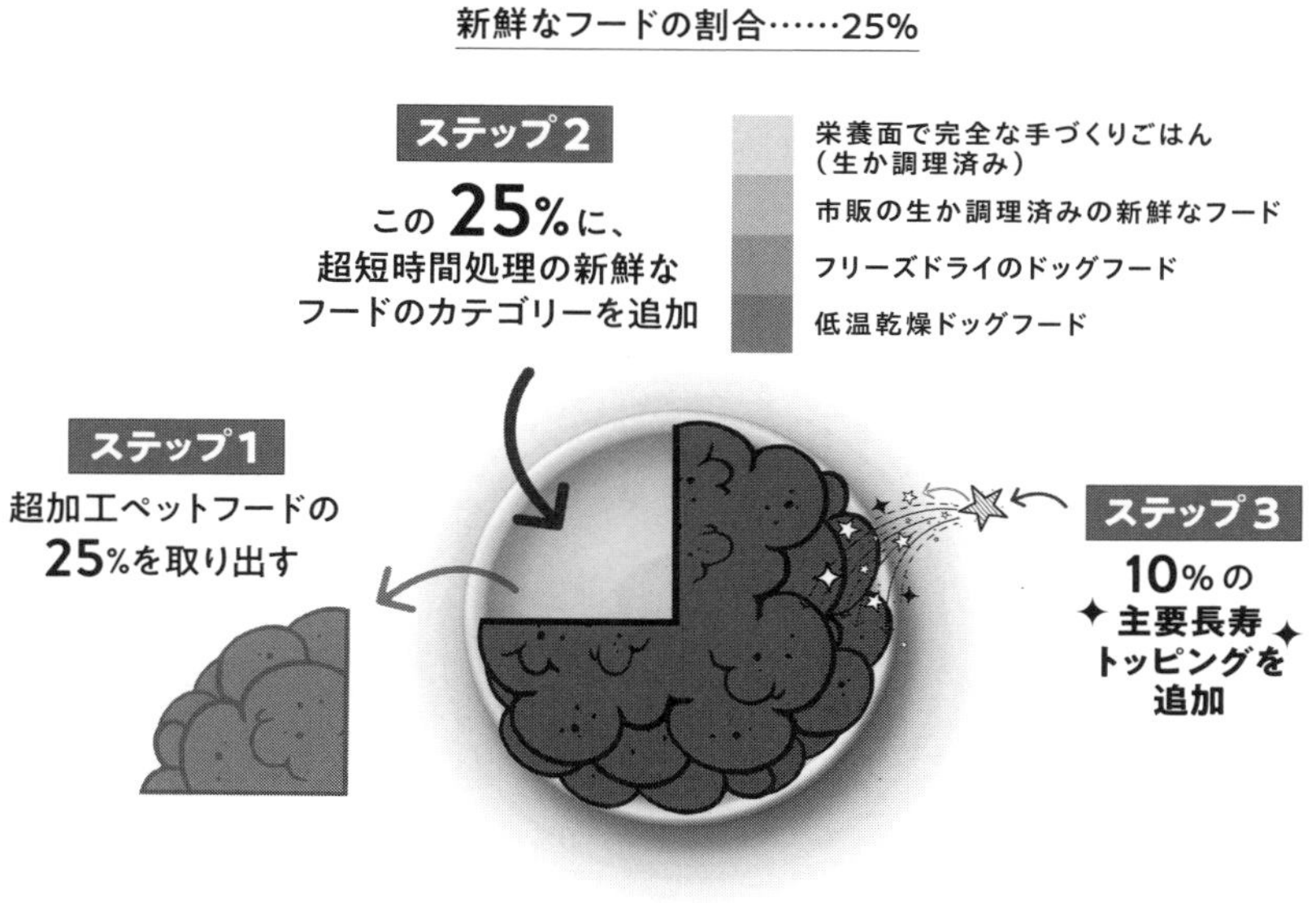
新鮮なフードの割合……25%
ステップ2
この25%に、
超短時間処理の新鮮な
フードのカテゴリーを追加
栄養面で完全な手づくりごはん
（生か調理済み）
市販の生か調理済みの新鮮なフード
フリーズドライのドッグフード
低温乾燥ドッグフード
ステップ1
超加工ペットフードの
25%を取り出す
ステップ3
10%の
主要長寿
トッピングを
追加

アップグレードにより、新鮮な食べ物の比率は、1日の摂取カロリーの1／3ほどにアップします。これはつまり、超加工フードの約1／3を、より新鮮な食べ物から来るカロリーに置き換えたということです。目に見える変化をもたらすのに充分な割合です！

フードボウルの50%をアップグレード

……愛犬の1日の摂取カロリーの50%を、超加工フードから超短時間処理の新鮮なドッグフードのカテゴリーに変える（加えて最大10%の主要長寿トッピング）とはつまり、愛犬のカロリー摂取のほぼ2／3が、非常にフレッシュになるということです！

　この50%のプランでは、1日のカロリー摂取量の2／3がより新鮮な食べ物からのものとなります。

100%新鮮なフードにアップグレード

新鮮なフードの割合……50％

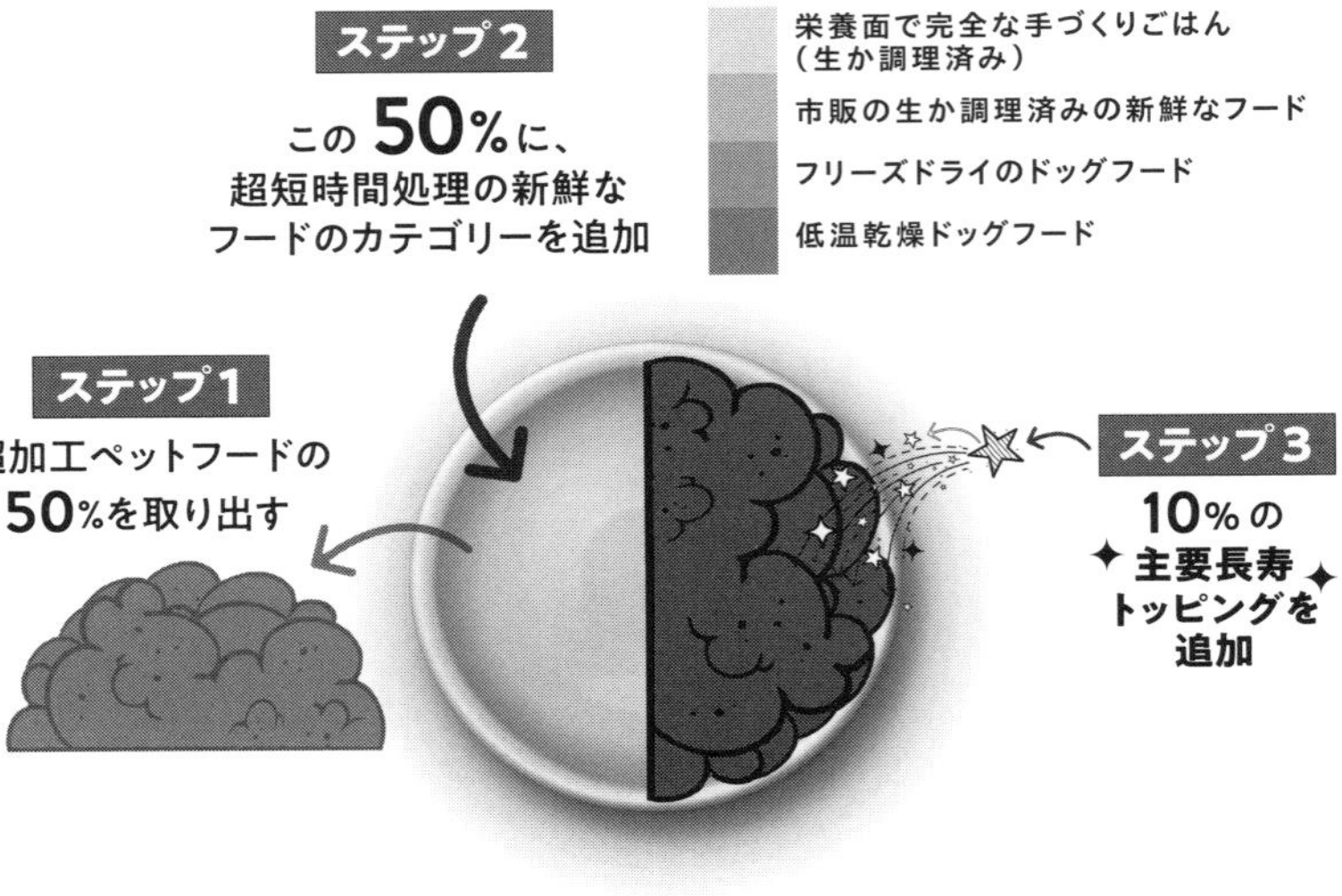
ステップ2
この50％に、
超短時間処理の新鮮な
フードのカテゴリーを追加
栄養面で完全な手づくりごはん
（生か調理済み）
市販の生か調理済みの新鮮なフード
フリーズドライのドッグフード
低温乾燥ドッグフード
ステップ1
超加工ペットフードの
50％を取り出す
ステップ3
10％の
主要長寿
トッピングを
追加

……輝かしいこのオプションを選んだということは——長寿マニア界隈では絶対的な基準になっていますが——愛犬のフードボウルから、超加工フードをすべてなくす決断をしたということですね。ブラボー！ あなたの愛犬は、カロリーの100％をもっとも健康的なペットフードである、超短時間処理の新鮮なカテゴリーから摂取することになります。また、毎日の食事をさらにパワーアップさせるために、最大10％の主要長寿トッピングも楽しみます。今ごろはおわかりだと思いますが、目指すところは、予算とライフスタイルが許す限りもっとも新鮮で、もっとも栄養が詰まったフードを愛犬に食べさせることです。100％以上に最高な手段はありません！

当然ながら、これらの割合は単なる提案です。また、今よりも新鮮なフードのカテゴリーを1つだけ選ばなければいけないわけではありません。ハイブリッド形式の、新鮮な

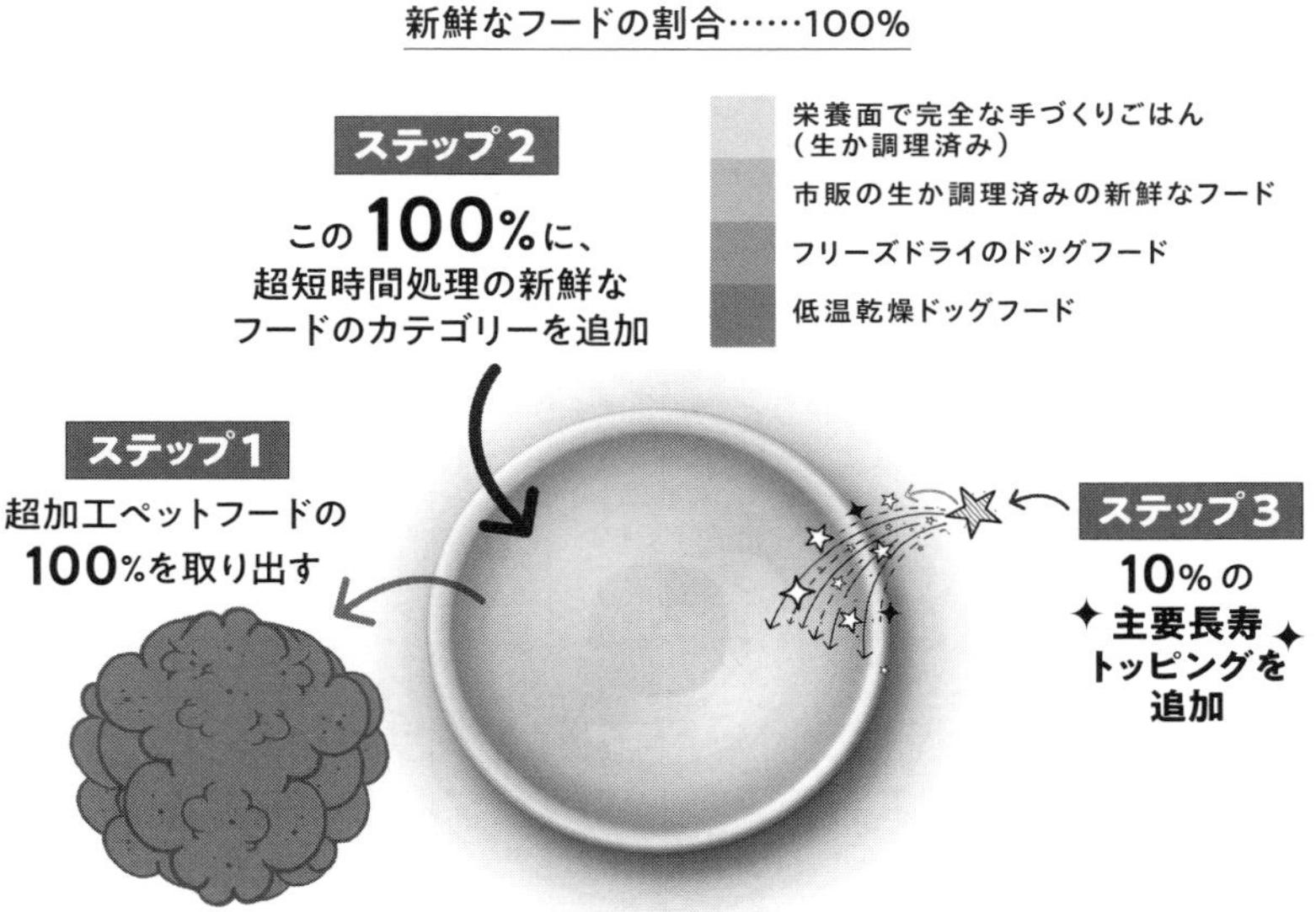
新鮮なフードの割合……100%
栄養面で完全な手づくりごはん（生か調理済み）
市販の生か調理済みの新鮮なフード
フリーズドライのドッグフード
低温乾燥ドッグフード
ステップ2
この100%に、超短時間処理の新鮮なフードのカテゴリーを追加
ステップ1
超加工ペットフードの100%を取り出す
ステップ3
10%の主要長寿トッピングを追加

フードを複数組み合わせたフード・プランがライフスタイルに一番合うと感じる人は多くいます。できるときに手づくりのごはんをつくり、週末にキャンプへ行くときはフリーズドライのフード、平日は市販の生か調理済みのフード、といった具合です。すでに新鮮なフードを与えている場合、マイクロバイオームと栄養をもっと多様にするべく、レシピ、ブランド、タンパク質源のバリエーションを増やせばいいだけかもしれません。もし愛犬がいろいろな食べ物を食べるのに慣れていないなら、愛犬の体とマイクロバイオームが適応できるよう時間をかけて、新しい食べ物やブランドをゆっくりと取り入れましょう。新しい食べ物をいろいろ口にするのに慣れたら、あなたのスケジュール、予算、冷凍庫のスペースに合わせ、異なるタイプの食べ物を組み合わせることもできます。

ここに示す、フォーエバードッグ食事計画の最初の例では、平日の就業時間が一番短いときに手

例1　ペットフードの食事スケジュール

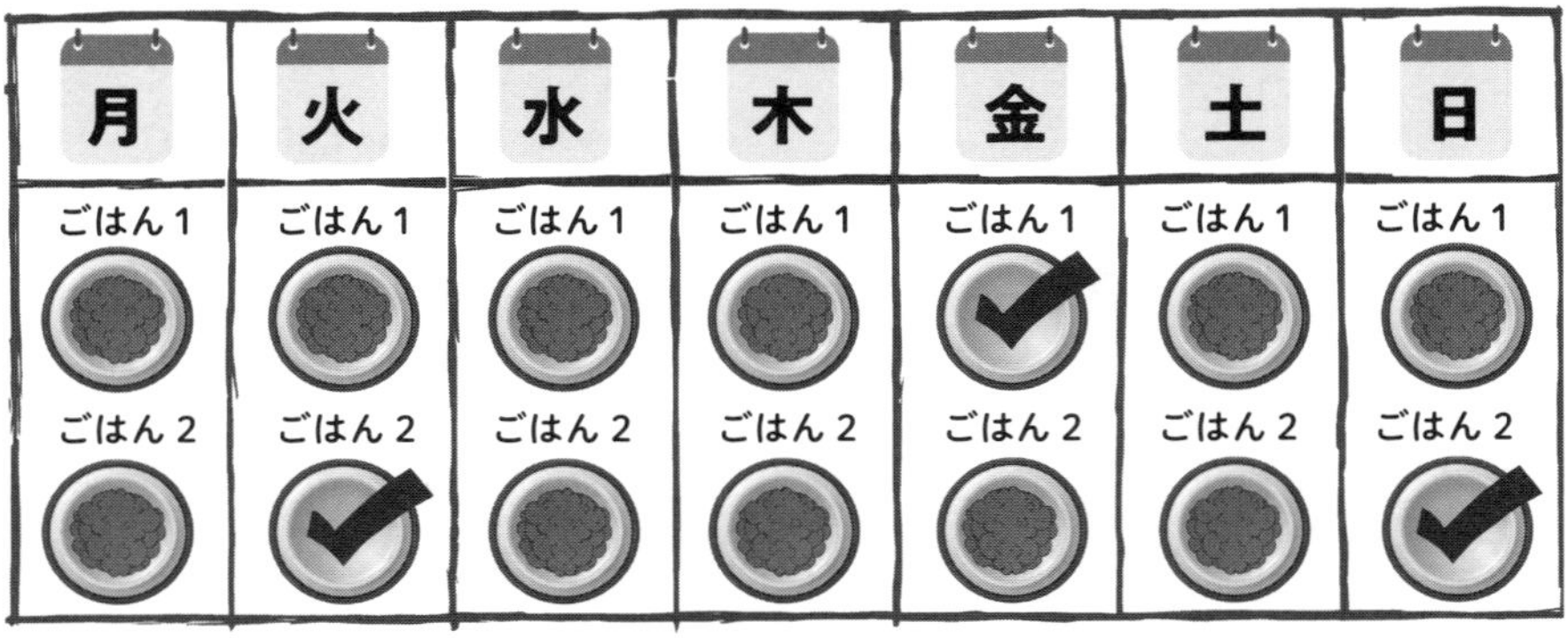

例2　ペットフードの食事スケジュール

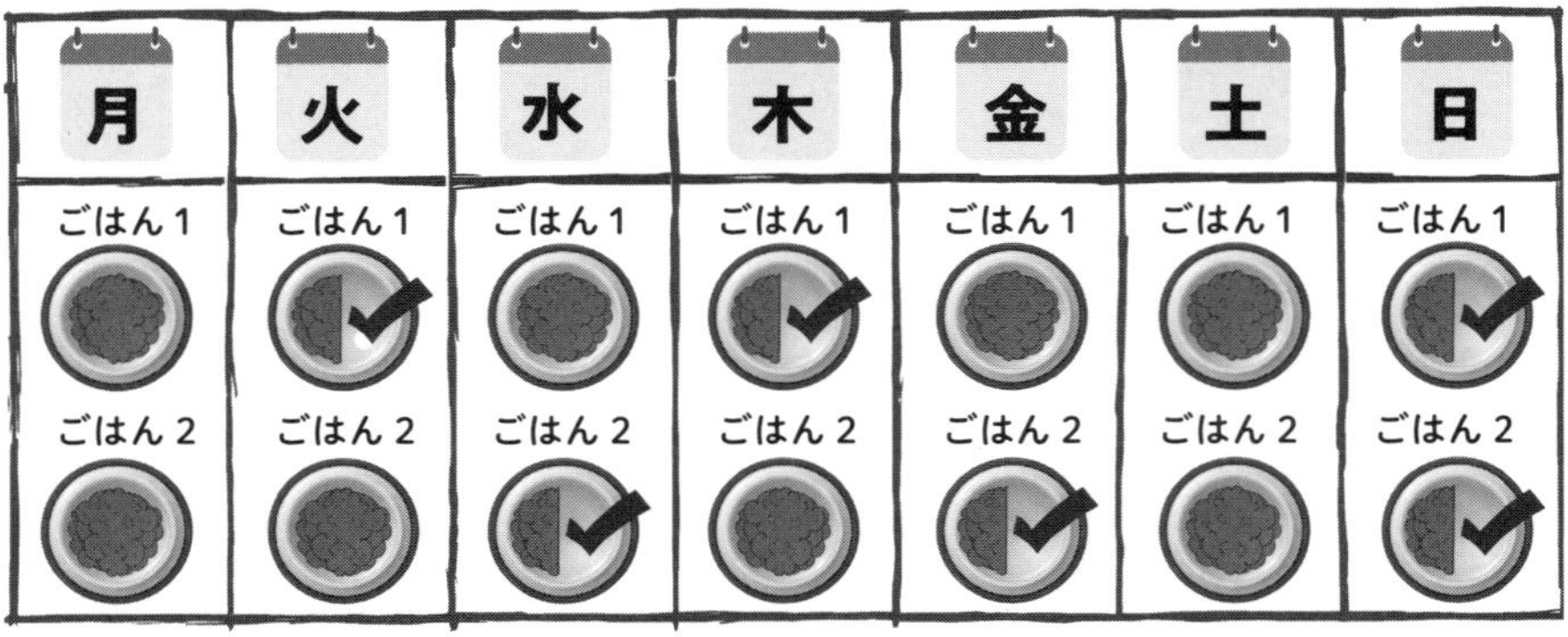

づくりをするなどして、週3回の食事を100%新鮮なものに置き換えています（チェックマークがついているところ）。残りの食事は、スーパーフードを使った燃料となるよう、最大10%分の主要長寿トッピングを混ぜています。

2つ目の例では、1週間に14回あるごはんのうち6回、約50%を新鮮なフードに置き換えます。50%ずつとなる6回のうちのいくつかは、生食50%とカリカリ50%、またはフリーズドライ50%と軽く調理したごはん

50%、のような形でもいいでしょう。おわかりのように、組み合わせの可能性は無限にあります。フードは主要長寿トッピングで仕上げます。

愛犬のごはんの改善は、オール・オア・ナッシングの取り組みではありません。週に数回、アップグレードさせるところから始めましょう。それから、始めの一歩は小さくいきましょう。始めはごほうびの質を上げるだけでもいいですか？　もちろんです。フリーズドライか低温乾燥させた肉だけでできたごほうびは、食料品店で買った、炭水化物たっぷりで超加工されたジャンクフードのおやつよりずっと優れています。もし食品低温乾燥機を持っているなら、新鮮な長寿フードを低温乾燥させて、常温で長期保存がきく安価なごほうびをＤＩＹできます。愛犬のごはんの25%を新鮮なフードに切り替えるのに、３カ月かかっても大丈夫ですか？　もちろんです。最初の一歩は、今のものと比べたら品質が良い、という程度のドライフードに変えるのでもいいですか？　もちろんです。どこからでもいいので、やりやすいところからとにかく始めましょう。

新しいフードを取り入れる

まったく新しいフードは、愛犬のごはんに本当に少しずつ加えましょう。主要長寿トッピングを取り入れる移行期間は、基本となるごはんは同じものにして、10%のヘルシーな「追加分」として体内に入ってくるまったく新しい食べ物に、愛犬のマイクロバイオームが合わせられるように時間をかけてあげます。これは、今の食べ物が主に超加工フードだったり、愛犬が消化器疾患を抱えていたりするならとりわけ重要です。恐らく愛犬のマイクロバイオームは多様でないため、食べ物をガラリと変えると胃腸管に大きな問題を引き起こしかねません。フードの多様化をうまく進めるコツは、ゆっくりと着実に変えていくことです。愛犬が敏感なら、主要長寿トッピングは1回につき1つずつ、ごほうびかフードに乗せる小さなトッピングとして取り入れるのをおすすめします。根気強くいきましょう。2センチ弱程度のヒカマを今日食べてくれなくても、諦めてはいけません。明日も試してみましょう。これは短距離走ではなく、健康を目指すマラソンなのです。

プロのアドバイス……缶入りかぼちゃ（100％のもの。可能であれば、缶詰ではなく生のかぼちゃを蒸したもの）を少量、フードにトッピングすると、多くの犬の場合、軟便を固くするのに役立ち、食べ物の移行が楽になります（体重10ポンド、約4・5キロにつき小さじ1杯程度）。または、移行を早く進めすぎたり、おやつのせいで愛犬のお腹が緩くなったりした場合、粉末のアカニレ（スリッパリーエルム）を地元の健康食品店で購入してきて使うのも、軟便に驚くほどよく効きます。私たちはこれを、自然の胃腸薬と呼んでいます。愛犬が下痢になったら、活性炭（これも健康食品店で購入できます）が助けてくれます！　体重25ポンド（11キロ強）あたりに1カプセルで通常は効果を発揮します。うんちが100％、通常の状態に戻ってから、新しいフードを取り入れるようにしましょう。

敏感な胃への特別サポート

プロバイオティクスと消化酵素を愛犬の今のごはん（を多様化させる前）に加えることで、新しい食べ物と栄養素に向けたシームレスな移行へと胃腸管を準備させるのに役立ちます。こうしたサプリは、ガスが溜まりやすく胃腸不良になりやすい犬の消化のストレスを和らげます。プロバイオティクスは（第8章で取り上げたとおり）、消化酵素に食べ物の消化・吸収をアシストしてもらいながら、胃腸管のバランスを保つ善玉菌です。追加的なアミラーゼ（炭水化物を消化）、リパーゼ（脂肪を消化）、プロテアーゼ（タンパク質を消化）を提供してくれる犬用の消化酵素は、地元の独立系ペットショップ（またはオンライン）でたくさんのブランドが販売されています。サプリをできるだけ多様化させるために、時間をかけて複数のブランドや製品をローテーションさせましょう。

バラエティは人生のスパイス

愛犬の食習慣を多様化させるということは根本的に、愛犬の栄養とマイクロバイオームの範囲を多様化させるということであり、愛犬の免疫系全体にとって非常に有益です。生のハーブやスパイスを加えるにせよ、新たなタンパク源を使ったごほうびを試してみるにせよ、あるいはこれまで愛犬に与えたことがないタイプのドッグフードをあげてみるにせよ、愛犬の味蕾と体は、新しい冒険に向けて準備万端です。愛犬のごはん、タンパク質、レシピをどのくらいの頻度で変えるかは、愛犬とあなたのライフスタイルによります。なかには、自分が毎日違う食事を食べるのと同じように、毎日違うごはんを与えるという人もいます。タンパク質やブランドを1袋／箱ごと、月ごと、季節ごと、四半期ごとに変えるという人もいます。どのタイミングが正しいとか間違っているとかはないので、愛犬の生理機能やあなたのスケジュールに合わせて、あなたがやりやすいように取り組みましょう。

好みがうるさかったり腸が敏感だったりする犬には、新しいフードやブランドの導入は時間をかけて行います。例えば食物アレルギーや過敏性腸症候群（ＩＢＳ）など、愛犬が健康面で何らかの問題を抱えている場合、愛犬の問題をコントロールするのに非常に効果があるおやつ、トッピング、タンパク質、ブランド、レシピがいくつかあるかもしれません。効果があるとわかっているものをローテーションしましょう。これらのうちで愛犬が好きな食べ物と、最初は嫌がるかもしれない食べ物をライフログに書き留めます。新しい食べ物を初めて取り入れるときは、何度も試したり、ほかの与え方をしてみたりしましょう（初めて与えるときは、生の代わりに軽く蒸したものを最初に何度か試してみてください）。食べ物、食事のタイミング、そしてフォーエバードッグの食事計画を楽しみながらいろいろと試してみてください。自分や愛犬に合わせてカスタマイズしましょう。そして、自分自身や愛犬をほかの人や犬と比べることは、絶対にしないでください。あなたと愛犬はどちらも唯一無二の存在であり、愛犬のフードに関する方針や取り組み方は、あなただけのものですから。

愛犬の好みを見つけるメリーゴーランドをつくろう

あなたの愛犬は、本書で提案しているフードをすべて気に入ってくれるわけではありません。でもそれが楽しいのです。愛犬が実際に気に入るのはどのフードか発見する旅を、あなたも愛犬も楽しんでくれることを保証します。愛犬と行くこの「フードの旅」は、愛犬とあなたが協力して愛犬の好きな食べ物を見つけ出す、喜びに満ちた発見のプロジェクトとなるでしょう。新鮮な食べ物を一口、初めて愛犬に与えるとき、愛犬の感覚を刺激し、脳に働きかけることになります。たとえその一口が愛犬の好みでなくても、犬に安全な食べ物を冷蔵庫から与え続けてください。愛犬の生涯ずっと続くことになる、新しい味覚の発見の旅をふたりで歩んでいるのです。

うんちに注目

うんちは、新しい食べ物に胃腸管がどう反応しているか（そして愛犬の腸がどれだけ健康的か）を知るすばらしいバロメーターです。新しい主要長寿トッピングを取り入れるスピードや食べ物の移行のスピードが適切か確認し調節するために、愛犬のうんちを毎日観察することをおすすめします。もし軟便になったらペースを落とし、新しい食べ物の量を減らしてください。同じ犬は2匹といませんし、愛犬の生理機能を理解し、尊重することが重要です。もし愛犬が、これまでの食習慣のなかで新しい食べ物や新鮮な食べ物を一切口にしたことがないのなら、主要長寿トッピングの多くに関心すら示さないかもしれません。でもがっかりしないでください。愛犬が好きなものが1つ、2つ見つかるまで、リストに載っているほかの新鮮なフードを代わりに試してみて、愛犬の頭と体がついて行けるペースで、与える食べ物のバラエティをゆっくりと増やしていきましょう。愛犬の嗜好が広がるにつれ、愛犬の好みがわかっていくでしょうし、やがて好みが変わることにも気づくかもしれません。

うんちが安定しており、新たな食べ物を使って愛犬のごはんをアップグレードする準備があなたにもできたら、どの程度の速さで新しい食べ物を増やし、古い食べ物を減らすか判断するのに、うんちの質が手がかりになります。健康的な犬の一般的なガイドラインとしては、まったく新しい食べ物に移行する際は、今の食べ物の10％を新しい食べ物に置き換えます。翌日のうんちが大丈夫なら、新しい食べ物の割合を毎日5～10％ずつ徐々に増やしていき、古い食べ物が新しい食べ物にすべて置き換わるまで、少しずつ変えていきましょう。軟便になったら、新しい食べ物の量を増やしてはいけません。うんちが固くなったら移行を再開します。ペットフード・ホームワークをやったあと、今のブランドをもっと健康的なものに変えることにしたなら、いきなり移行して消化不良にならないよう、古い食べ物がなくなるよりかなり前から新しい食べ物を買うかつくるかしておきましょう。古い食べ物がなくなったから新しい食習慣を始めるというのは、まったくおすすめできません。腸内マイクロバイオームが調整できるよう移行期間があった方が、体は最善の対処ができます。

愛犬が新しいごはんを食べるようになり、うんちの状態もよければ、次に取り入れるブランド、レシピ、新しいタンパク質を見つけるという楽しいプロセスを開始できます。やがて、マイクロバイオームが多様化し耐性がついていけば、たいていの人は、愛犬の胃腸に一切影響することなく、タンパク質やブランド、新鮮なフードの種類などを次々と変えることができるようになります。ちょうど、腸が健康的な人が毎日さまざまなバラエティの食べ物を口にしつつ、胃腸には何も問題が出ないようなものです。バラエティは人生のスパイスです。そしてそれは人間にとってだけでなく、動物界全体のマイクロバイオームや栄養面にとっても同じく恩恵になります。

一番大切なのは、あなたのライフスタイルに合った「フォーエバードッグ食事計画」をつくることです。長寿マニアの多くは、手づくりごはんであれ、市販の新鮮なフードであれ、幅広いバラエティのレシピを週に何回か与えることに、心からの喜びと満足感を抱いています。でもほかの人は、今のフードのストックが半分までいったら、ただいろいろなブランド（とタンパク質）を購入するのがやっとで、その先を計画するだけの余裕が精神的、時間的、金銭的にありません。現在の袋の半分まで使ったら、地元のペットショップへ戻り、違うタイプの肉でできた違うブランドの袋を買います。今のフードがなくなるまで、今のフードと買ってきた新しいフードを半々で混ぜて与えます。新しい袋が半分までいったら、同じプロセスを繰り返します。突き詰めるとこの人たちは、主要長寿トッピングや冷蔵庫に入っている適切な食材を加えつつ、袋ごとにブランドとフレーバーを変えることで、愛犬のマイクロバイオームを多様化しているのです。これもまた、愛犬の栄養摂取を多様化させる方法として、まったく問題ありません。あなたにとってやりやすい方法で取り組んでください。

ドライフードに加える目玉食材

- いちご、ブラックベリーは、マイコトキシンによって引き起こされる酸化ダメージから守ってくれます。
- ニンジン、パセリ、セロリ、ブロッコリー、カリフラワー、芽キャベツは、マイコトキシンの発がん作用を低減します。
- ブロッコリースプラウトは、ＡＧＥによる炎症を抑えます。
- ウコンと生姜は、マイコトキシンによって引き起こされるダメージを緩和します。
- ニンニクは、マイコトキシンによる腫瘍発生を抑えます。

・緑茶は、マイコトキシンによるＤＮＡの損傷を減らします。

・ストレートの紅茶は、マイコトキシンからのダメージから肝臓を守り、体内でのＡＧＥ生成を抑制します。

例えば、あなたの元夫が週末に愛犬を預かり、カリカリしか与えなかった場合、愛犬があなたと一緒に過ごす平日には、ためらわずに新鮮な食べ物を与えてください。何度言っても言い足りないくらいですが、食べ物は毒にも薬にもなります。そしてあなたは、賢明な選択肢を選ぶための具体的なツールを手にしています。ただし、その知識がストレスにならないようにしましょう。目指すところは、健康的なバラエティを提供したり、奥底に存在する懸念をなくしたりするのに必要な知識を武器として使い、可能な限り愛犬に栄養を与えることです。それから、私たち人間と同じように、犬もいくらかの「ファストフード」を食べても大丈夫です。大切なのは、栄養の主な摂取源として超加工フードを常食としないことです。

与える量のコントロール

愛犬が適正体重であり、基本のごはんを今すぐ変えないのであれば、与えているカロリー量を変える必要はありません。しかし愛犬が食べる時間枠（理想的には8時間）を管理する必要はあります。愛犬の食べ物をアップグレードすることに決め、ごはんの25％、50％、あるいは１００％（またはその間の割合）を超短時間処理の新鮮なフードに切り替えるなら、新しい食べ物の量がどのくらいか、食べ物のカロリーに基づいて（食べ物そのものの量や大きさではありません）計算する必要があります。

新しい食べ物をどのくらい与えるべきか、どうしたらわかるでしょうか？　今どのくらいの「分量」を与えているかは自分でわかっていると思いますが（1カップを1日2回など）、愛犬が何キロカロリーを摂取しているかはわからないかもしれません。カロリー情報は、ドッグフードの袋に記載されています。フードはどれも同じではなく、カロリー面ではかなり違うこともあるため、単にブランドを変えるだけというわけにはいきません。愛犬が今、1日に何キロカロリーを摂取しているか知っていれば、現在の体重を維持するには新しい食べ物をどれだけの分量で与えればいいかを算出できます。要するに、愛犬が体重を維持するにはこれまで食べてきたのと同じカロリーが必要ですが、食べ物はどれも同じカロリー量ではないため、計算が重要なのです。

ドッグフードを切り替える際のカロリー計算法

カロリー情報は、フードの袋に記載されています。例として、愛犬の今のフードが1カップあたり３００キロカロリーで1日2カップ食べているとすると、愛犬の1日の摂取カロリーは６００キロカロリーとなります。もし50％を新鮮な食べ物にするとしたら、カロリーの50％は新しい食べ物から来ることになるため、これまでの古い食べ物から３００キロカロリー＋新しい食べ物から３００キロカロリー＝1日６００キロカロリーとなります。もし新しい食べ物が

1カップで200キロカロリーなら、愛犬は新しい食べ物を1日に1・5カップ（300キロカロリー）＋古い食べ物1カップ（300キロカロリー）食べることになります。愛犬の基本的な1日のカロリー必要量を計算するには、体重（キロ）に30をかけ、そこに70を足します。22・7キロの犬の場合……22・7×30＋70＝1日の必要カロリーは751キロカロリーとなります。この計算式は激しい運動に必要なカロリーは考慮していないため、愛犬の活動レベルに合わせて調整してください。

組み合わせに関する誤った定説

哺乳類（犬も人間も）は、調理した食べ物と生の食べ物を同時には消化できない、という都市伝説をよく聞きます。ここ10年でとんでもない都市伝説をあまりにも多く耳にするので、この段落をまるまるすべて使い、こうした根拠のない噂を一掃することにします。認定獣医内科医のリー・ストッグデール博士の言葉を引用すると、「犬は生理学的に、何でも食べるように適応している……生であれ調理済みであれ、肉、穀物、野菜（中略）など、ときにはそこで転がり回ったあとで、何でも口にする」としています。研究では、生と調理されたタンパク質、脂質、炭水化物を1回の食事で一緒に摂取しても、（人間にとっても犬にとっても）消化面でネガティブな影響はないことが、はっきりと示されています。健康的な人間は、クルトン（調理済み炭水化物）が乗ったサラダ（生野菜）とチキンの胸肉（調理済みタンパク質）や、巻き寿司（生のタンパク質と調理済みの炭水化物）と海藻サラダ（生野菜）を、消化面での混乱（つまり嘔吐や下痢）を起こさずに一緒に食べることができます。同様に、健康的な犬は、生や調理済みの食べ物を同じごはんのなかで食べることができます（そうした食べ方を何千年もしてきています）。1回のごはんに混ぜた場合でも、犬は人間と同じように、脂質、タンパク質、炭水化物（糖質）を問題なくきちんと消化していることが、消化に関する研究によって確認されています。もしあなた自身、自分の食べ物を分けたりずらしたりして（生や調理済みの炭水化物、脂質、タンパク質を特定の順番で）食べており愛犬にもそうさせたいならそれでもいいですが、その必要はありません。犬はうんちを食べたりお尻を舐めたりするうえ、私たち人間よりも強い胃腸管を持っています。もし愛犬が膵炎を患った経験があったり胃が弱かったりする場合、新しく取り入れた食べ物の消化を助けるために、消化酵素やプロバイオティクスを加えましょう。

タイミングのパワーを尊重しよう

覚えておいてください。科学によると、いつ食べるかは、何を食べるかと同じくらい重要です。**この2点は、寿命と健康寿命を左右するもっとも重要な要素なのです。**愛犬に与える食べ物を今日変えることがあまりにもプレッシャーに感じるとか可能でないのなら、タイミングを変えるところから始めましょう。サッチダナンダ・パンダ博士やデビッド・シンクレア博士と話したところ、2人は誠心誠意、習慣的なカロリー制限（毎日決まったカロリー量を与える）や、体が生まれつき持つ概日リズムに合わせて食事を与えて、代謝を最大化させることを推奨しています。「すべてのホルモン、すべての消化液、すべての脳化学物質、すべての遺伝子（ゲノム内の遺伝子でさえも）は、1日のうち、時間によって上がったり下がったりする」とパンダ博士は指摘します。博士はまた、腸内マイクロバイオームが体の概日リズムに従っていることも強調します。例えば数時間何も食べないでいると、腸内は異なった環境になります。そのため、異なる細菌の組み合わせが繁殖し、これが、腸内をきれいにするのに役立ちます。しっかりと一貫した食事と断食のリズムを取り入れることで、異なる細菌の組み合わせを育みます。マイクロバイオームの構成は、何をいつ食べるかによって、太陽光やホルモンの干満などの合図を受けつつ、良くも悪くも日々変わっているのです。

パンダ博士は、時間制限給餌の強力な支持者であり、よくある比喩を使ってわかりやすくその利点を伝えています。夜行性動物を除き、動物は暗闇のなかで食べることはありません——犬は夜間に狩りをしないのです。それはつまり、太陽が沈んだら、食べるのをやめる時という意味です。問題は、なかには1日中ブラインドが降ろされた家で暮らし、いつ太陽が昇ったり沈んだりするのかよくわからない犬もいる点です。パンダ博士は、断続的断食（インターミッテント・ファスティング、曜日や時間などで食べない枠を設定する）よりも時間制限給餌（食べる時間枠を設定する）を好みますが、その理由は断食の場合、おかしなやり方を推奨しかねないからです。例えば、朝に断食をして、その日最初の食事として昼食まで待つことにすると、夜寝る前にドカ食いしてしまいます。就寝前の食事は、概日リズムにとって理想的とは言えません。

愛犬の概日リズムを理解し、尊重すると、非常に大きな恩恵が得られます。レジリエンス（回復力）の強化、生殖機能の改善、消化力の向上、心臓機能の向上、ホルモンバランスの改善、気分の落ち込みの減少、活力の改善、がんのリスクの低減、炎症の減少、体脂肪の減少、高血圧の改善、運動協調性の改善、腸ストレスの低減、血糖の改善、筋機能の向上、寿命の延伸、感染の重症度の低下、脳の健康状態の改善、睡眠の改善、認知症リスクの低下、不安症の緩和、注意力の改善など。リストは続きますが、言わんとしていることは伝わりましたよね！

アメリカ国立老化研究所のマットソン博士の研究室は、こうした発見が正しいことを確認しています。同じカロリーを摂取しているにもかかわらず、8〜12時間の時間枠で食べるマウスは、無制限に食べ物にありつけるマウスよりも長生きするのです。この事実を簡単に覚えるには、こう考えるといいでしょう。体内にある概日時計が、体の食べる準備が整ったと語りかけてくるとき、その食べ物は体にいいものです。そして概日時計がダメだというときは、同じ食べ物でも体に有害となりえます。愛犬の概日リズムを尊重すると、健康な体を保てるうえ、高齢になったときに病気にかからなくなるなど、その影響は長く続きます。

シンクレア博士は、こうした提言に同意します。私たちが単刀直入に「これまで学んできたすべてのなかで、ご自身の愛犬に適用するなら、どれですか？」と尋ねたとき、博士の答えはシンプルかつパワフルでした。可能な限り体脂肪を絞り、ごはんを与えすぎず、たくさん運動させる。博士はよく、「空腹でいたっていいのですよ」と口にします。考えてみてください。古代の人間も愛犬の祖先も、1日に複数回の食事やおやつを食べるなんて贅沢はありませんでした。当然、毎朝まったく同じ時間にたっぷりと朝食を取ることもしませんでした。犬は捕まえた獲物を食べ、次の狩りが成功するまで断食したのです。現代の食習慣は、豊かな世界の文化と習慣による産物以外の何ものでもありません。**愛犬の自然な概日リズムを尊重すると、愛犬の健康が最善の状態になります。**そのくらいシンプルなことなのです。

さまざまな時間制限給餌（ＴＲＦ）の取り組み方から選ぶことができます。まずは、「食べる時間枠」を設定するところからスタートしましょう。もしあなたが、愛犬のフードボウルに食べ物を常に置きっぱなしにしている珍しいタイプの飼い主なら、最初のステップはフードボウルを下げることです。「食べ放題」の日々はもうおしまい。私たちは、食べ放題とは実は天国にあるものだと思っています。なのでこの地上にいる間は、地上のルールと生理学的原理に従わなくてはいけません。それには、愛犬の生理機能を尊重することも含まれます。犬は犬であり、ヤギではないのです！　反すう動物やほかの草食動物（牛や馬など）は、終日何かしら食べていなければなりません。これら巨大な動物は、エネルギー源や栄養源として草を食べており、体重１０００ポンド（約４５４キロ）を維持するためには、ものすごい量の草を食べる必要があります。広くて平たい大臼歯（とにかく噛みまくるため）や、食べた草すべてからエネルギーを発酵させるのに必要なとりわけ長い胃腸管などその生理機能のために、こうした動物たちは、ほぼ常にモグモグして、その巨大な代謝機構に燃料を注ぐ必要があるのです。犬はこれと正反対です。

獣医は通常、中毒性副作用を抑えたり化学療法の効果を高めたりするためや、急性の嘔吐や下痢など、犬の特定の病気に対し断食をすすめます。ただし、健康な犬にＴＲＦがもたらす恩恵を理解して実際に断食をさせるのは、心身の健康の維持に取り組む獣医だけです。実際の断食法はあなたとかかりつけの獣医にお任せしますが、時間制限給餌は断食ではありません。愛犬が通常摂取するのと同じカロリーを与えますが、１日のうちに特定の時間内でのみこれを行います。

私たちが「的を絞ったカロリー消費」と呼ぶものを、特定の時間枠内で行いましょう。理想的には、普通の体重の犬ならたいてい8時間で、就寝時間の少なくとも2時間前には、すべてのカロリー摂取を断ちます。「8時間の時間枠に的を絞ったカロリー消費」は、時間制限給餌を私たちなりに表現し

的を絞ったカロリー消費

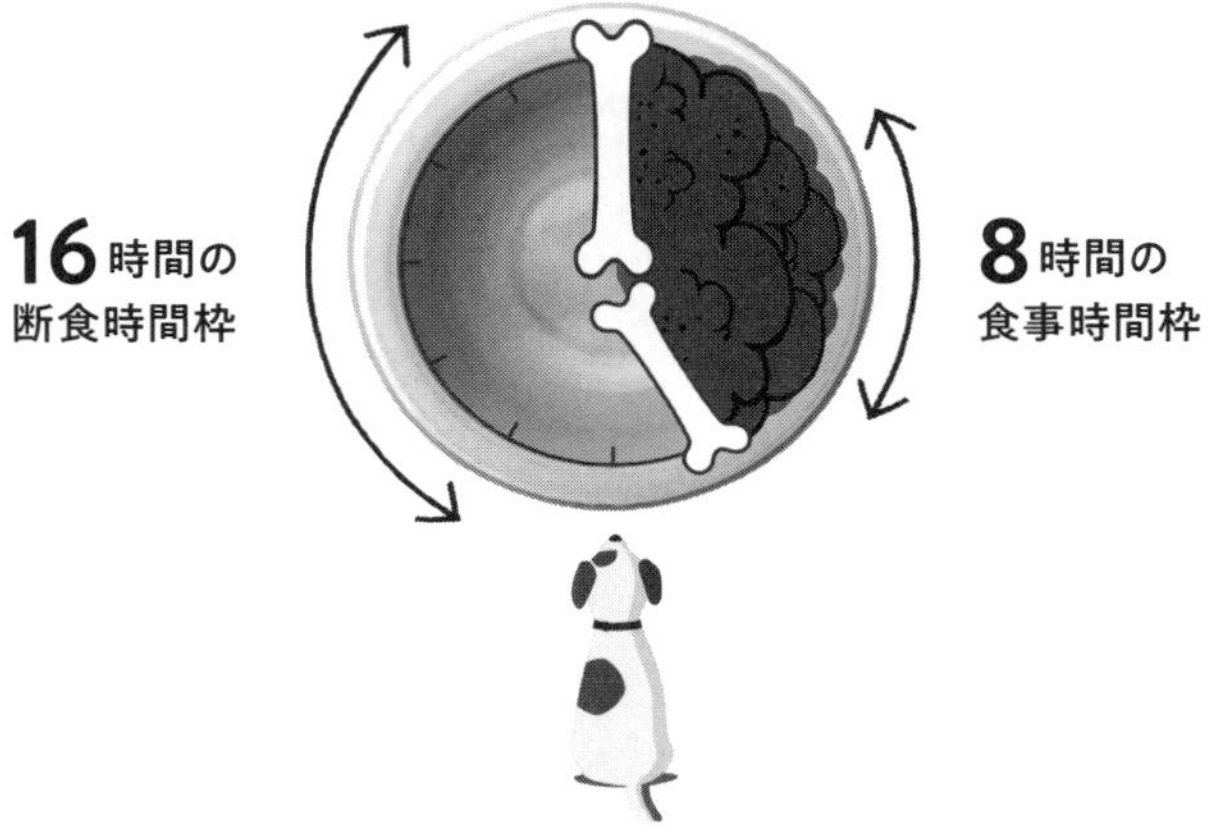

た言葉ですが、時間制限給餌よりもやさしい響きがありますし、実際に「制限」しているわけでもありません。ただ戦略的になって、カロリーを意識しているだけです。

　私たちはこれまで、何百人という長寿マニアたちにＴＲＦをすすめてきましたが、すばらしいフィードバックを受けています。家族みんながよく眠れるようになり、犬は日中、前ほど不安がらなくなり、消化の調子もよく、夜もぐっすり眠れるようになりました。何よりも重要なのは、ＴＲＦが、健康面のさまざまな恩恵も生んでいる点です。そしてそうした恩恵は、食べ物を一切変えてもいないのに、ＴＲＦを始めてから見られるのです。**1日のカロリーを特定の時間内に与える、それだけで愛犬の代謝や心身全体の健康に対し、ポジティブな影響をもたらすことができるのです！**

　わかります。ディナーのあとにごほうびをあげないという選択を意識的にするのは、難しいものです。ディナー後かなり遅い時間まで愛犬がおやつを食べる習慣があるならなおさらです。でも、ディナー後のおやつをディナー後のお散歩に変えるまたとないチャンスです。ディナー後に、食べ物にからんで愛犬に特定の習慣があるのなら、いつものおやつを骨スープの氷（335ページのレシピ）に切り替えましょう。そしてもしディナーには遅すぎる時間にあなたが帰宅したときは、シンプルに、愛犬にもごはんを抜いてもらいます。実際のところ、健康的な犬が食べたくないと意思表示をしたときは、そのとおりにさせてあげてください。**1回の食事を抜くことは、何も悪いことではありません。癒やす力のあるミニ断食なのです。**ロドニーの愛犬シュービーは、24時間以上の断食を自分で決め、36時間後、あるいは48時間後に、お腹が空いたので次のごはんを食べる準備ができたとロドニーに伝えてくる、ということをよくやります。あなたの愛犬が自然に、例えば朝食を食べたがらないなら、お腹が空いたと言ってくるまで、断食させてあげましょう。お腹が空いたと言ってきたら、最初のごはんを与えます。これが、食べる時間枠のスタートです。

あなたの愛犬が健康で、1日に何回ごはんを食べるかをあまり気にしないようであれば、あなたにとってもっとも都合のいいときに、1日1回ごはんを与えます（できれば就寝の2時間以上前）。1日3回与えているなら、2回目のごはんを1回目と3回目に分け、1日2回与えるようにします。「昼食」を食べることに慣れてしまっているのなら、いつも食べている時間帯に「持ってこい」や「引っ張りっこ」のようなちょっとした遊びをします。あなたと一緒に遊べることが嬉しくて、昼食を忘れてしまうはずです。また、愛犬がごはんをもらえるものだと期待する時間帯に、長寿フードや主要長寿トッピングをごほうびとして使い、おやつが出てくるパズルやノーズ・ワーク・マット（おやつを隠して嗅覚で探させるマット）で遊ぶこともできます。この新しい習慣に対して、愛犬はごはんを懇願したり、何かしらの意見を伝えてきたりするかもしれません。愛犬がどれだけかわいく訴えてきても（または怒っても）、プレッシャーに負けてはいけません。犬は進化的に絶食に適応しており、あなたの「愛のムチ」によって結果的には、今よりも健康的になるのですから。2つの点を覚えておいてください。犬は牛ではないこと。そして慣れること。1日2回の低GI食のおかげで、消化機能は、消化と消化の間に短い（ながら非常に有益な）休息を取ることができます。

私たちがインタビューした専門家のほとんどはまた、食事時間枠のなかで、愛犬が食べる時間を定期的に変えるよう提案していました。ごはんの時間の変更は、代謝の柔軟性を強化します。いつも食事の時間を厳格に守っているなら、1回目のごはんはいつもより30分早く与え、次のごはんは15分遅くあげることから始めましょう。この方法は、まるで時計じかけのようにスケジュールどおりに胃酸を分泌し、時間どおりにごはんがもらえないと胆汁を吐くような犬に効果的です。食事時間枠に主要長寿トッピングをトレーニング用のごほうびとして使いながら、そして愛犬の懇願を無視しながら、ごはんの時間を徐々に変えることで、代謝をもっと柔軟にして、時間制限給餌がもたらす長寿の恩恵をすべて活性化させるよう愛犬を条件づけることになります。そしてこれはすべて、愛犬のカロリー摂取量を変えることなく行えるのです。

愛犬の食べる時間枠を決めるボディ・スコア・テスト

痩せすぎの犬……愛犬にとって理想的な体重と、その体重を維持するのに必要なカロリーを決めます（獣医と一緒に決めた方が安心ならそうしましょう）。このカロリーをすべて、10時間の食べる時間枠内で3回のごはんに分けて与えます。適正体重になったら、それを維持するために、カロリーを1日2回のごはんに分けて与えます。

愛犬のボディスコア・テスト

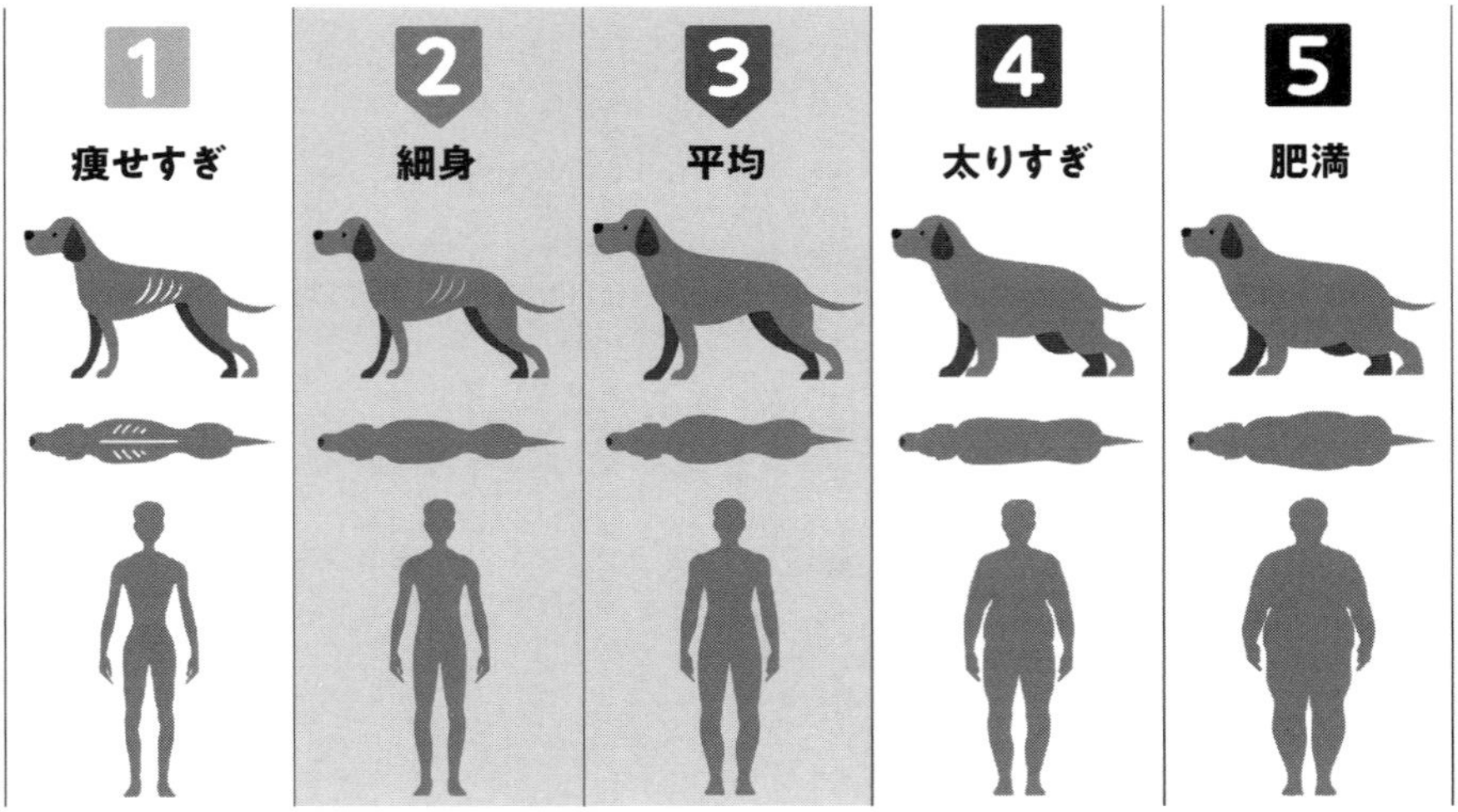

細身〜平均的な犬（理想的な体重）……適正体重を維持するために、全カロリーを8時間の枠内で1回か2回のごはんに分けて与えます。

健康的な（糖尿病でない）太りすぎ／肥満の犬……愛犬がかなり体重を落とす必要があるなら、獣医に協力してもらい、段階的で安全な減量目標を設定しましょう。体重の1％を毎週落としていくよう目指します。例えば、50ポンド（約22・6キロ）の犬で10ポンド（約4・5キロ）落としたいなら、週に0・5ポンド（約0・22キロ）、または月2ポンド（約0・9キロ）落とすべきでしょう。スケジュールどおり減っているか、毎週愛犬の体重を測って確認します。最初の2週間は、10時間の枠内ですべてのカロリーを与えます（メタボリックシンドロームを患う人が減量に成功し、動物実験でもうまく再現されている最適な食事時間枠です）。その後、愛犬の食べる時間枠を8時間に減らします。ごはんの回数は好きなように決め、カロリーをその回数で分けます（3回を選ぶ飼い主がほとんどで、その場合は少ない量を多い回数で食べることになります）。理想体重に達したら、全カロリーを1回か2回のごはんに分け、引き続き、8時間の枠内で与えます。

愛犬が肥満なら、新鮮なフードに切り替えるコストを計算する際には、愛犬の肥満を維持するために支払うであろう膨れ上がった金額ではなく、理想体重を維持するのに必要なフードの量で計算するのを忘れないでください。より上質な食べ物をかなり量を減らして与えることにしたおかげで、そこまでコストをかけずに愛犬の食べ物の質を劇的に改善できた人を、私たちはたくさん見てきました。賢明な選択です。

説得力のある、1日1回食の事例

オートファジーの機能を最大限に引き出し、代謝ストレスを最小限に抑えるという意味で、私たちがインタビューした科学者や研究者は、健康的な犬には1日1回のごはんが理想的だという点で同意しています。パンダ博士は、1回の大盛りごはんか小さく6回に分けるかによらず、食べる時間枠の8時間以内ですべてのカロリーを摂取することが、長寿の恩恵を最大化するのにもっとも重要だと強調しました。ファン博士は、犬がごはんを食べるたびに、その体は「若返りモード」から出て「消化モード」へとシフトするため、ごはんの回数が少ない方が、「若返りモード」とオートファジーが起きる回数を増やせると指摘しています。若返りモード（食べていない時間）でしか実現しない健康面での利点を最大限に活かすために、私たちは愛犬のごはんを1日1回にしています。パンダ博士は、もっとも重要なアドバイスとしてこう述べています。ごはんの回数にかかわらず、愛犬の食べる時間枠を10時間未満（理想的には8時間）に制限することが、もっとも重要な戦略です。

タイミングよくごほうびをあげる

ごほうびは、人間のおやつのようなものだと考えてください。何を、どのくらい、どの頻度で食べるかはすべて、全体的な心身の健康にかなり影響します。あなたも愛犬も絶対におやつを食べないのなら、この情報は読まなくて結構です（とはいえ、このセクションはほとんどの人に当てはまると思います）。

理想的にはごほうびは、例えば、「よくできました！」と伝えるなど、愛犬と戦略的にコミュニケーションを取る際の報酬として、目的を持って与えるべきです。愛犬がかわいいからとか大好きだからごほうびをあげるのも理解できますが（犬はかわいいし、私たちだって大好きです）、この理由であげるごほうびは頻度と量を減らし、その代わりとしてハグしたり、キスしたり、遊んだり、散歩したりすることをおすすめします。ごほうびをおやつとして（または理由もなく）与える場合、あまりにも頻繁だったり、サイズが大きかったり、タイミングが悪かったりすると、オートファジーをオフにしてしまう可能性があります。ごほうびに関する私たちからの提案は、愛犬のごはんのほんの少しを、ごほうびとして使うというものです。そんなのつまらないと思うと思いますが、実用的です。

愛犬の心を食べ物に代わって満たす存在になる……時に私たちは、心が「今」という瞬間に集中する代わりとして、食べ物を使うものです。今ここ――マインドフルネス――は、人間の心身の健康に極めて重要です。ジャンクなごほうびを、一口サイズの小さくて健康的なものに置き換えつつ与える頻度も下げていくと同時に、栄養のない無駄なカロリーを、目的のある心のこもった愛犬との触れ合いに切り替えていきましょう。電話はしまいます。愛犬をしっかり見てください。愛犬に語りかけてください。今という瞬間にしっかり存在しましょう。愛犬に2分くらいかけてキスしてあげましょう。お互いにものすごい量のオキシトシンが分泌されます。マインドフルネスは、あなたと愛犬どちらにとっても、強力な万能薬なのです。

犬のトレーナーや行動主義心理学者は知っているように、小さな食べ物を使って愛犬にごほうびをあげるのには、たくさんの重要かつ有効な理由があります。その理由としてとりわけ顕著なのが、トレーニングのためや、好ましい行動（トイレは屋外でするとか、新しい芸を覚えるなど）を強化することです。私たちがごほうびで目指すところは、インスリンの急激な上昇を避けるために、小さな一口サイズ、理想的にはグリーンピース大（またはもっと小さく）で与えることです。もっとも健康的なごほうびとしては、第7章で紹介した長寿フードなら何でもいいのでカットして使いましょう。また、主要長寿トッピングの10％を、（ごはんとして直接フードボウルに乗せる代わりに）トレーニング用ごほうびとして使うこともできます。ブルーベリーは、大型犬のごほうびにぴったりのサイズです。オーガニックのミニキャロットを薄くスライスすれば、トレーニング用のごほうびが4～6個つくれます。2本を輪切りにすれば、愛犬のトレーニングで「よくできました！」と伝えるための、丸

1日分のごほうびが充分できます。本書に記載した長寿フードのうち、私たちがトレーニング用ごほうびとして1日中使って愛犬の血糖を乱したものはありませんでした。きちんと血糖値測定器で確認しています。

ドッグフード以外で、愛犬の口に入るものは何があるか、全部考えてみてください。自分が食べているサンドイッチのはじっこやピザ生地の最後の一口を、いつも与えていませんか？　すぐにやめてください。人間の食べ物を愛犬と分け合うのはいいのですが、生物学的に適切なものにしましょう。つまり、炭水化物はゼロにします。戸棚にある超加工ごほうびはやめて、オーガニックな肉、新鮮な農産物、種、木の実を一口あげましょう。ありがたいことにペット産業には、生物学的に適切な、肉だけでできたフリーズドライや低温乾燥の犬用ごほうびが溢れるほどたくさんあります。長寿フードに加えて市販のごほうびを使うなら、ラベルをしっかりと読んでください。私たちがおすすめするのは、原材料が1つだけの、肉のみ、あるいは野菜のみでできたごほうびです。というのも、こうしたものはGI値が低く、混ぜ物や保存料が添加されていないからです。ヒューマングレード、オーガニック、放し飼いで育てられた動物などの選択肢があります。ごほうびのラベルは、例えば「放し飼いのうさぎの低温乾燥肉」「フリーズドライ・ラムラング（子羊の肺）」「牛レバー、ブルーベリー、ウコン」など、シンプルでわかりやすいものであるべきです。最小限の原材料を使って超短時間でつくられた、新鮮なごほうびを選ぶといいでしょう。ごほうびは、豆サイズに砕けるはずです。覚えておいてください。愛犬がごはん以外に食べるものは何であれ「追加分」であり、こうした自由に使えるカロリー（10％）は価値あるものに使うべきです！　健康的で新鮮な食べ物を少しだけごほうびとして使うことで、概日リズムが乱れたり、代謝ストレスが引き起こされたりすることはありません。

新鮮な食べ物のごほうびのうち愛犬が好きなものがいくつかわかったら、それを使い続けます。ただし、新しい食べ物をいろいろと試すことは続けましょう。愛犬の嗜好が拡大する様子を学ぶことは、あなたと愛犬にとって楽しく、ワクワクするものです。愛犬が新鮮な食べ物を与えられたことがなく、興味を示さなかったりうろたえたりしても、不安にならないでください。新鮮な食べ物を食べる機会が一切なかった犬の多くは、最初はそれが何かわからないのです。味蕾がこれまでとは違う新しい食べ物に反応していくにつれ、一度拒絶した新しい食べ物でも試そうとする可能性は非常に高いので、諦めないでください。

どこから手をつけたらいいか、わからないですか？　もし予算が限られているか、石橋を叩いて渡るタイプなら、とりあえずはこれまで与えてきたものと同じフードを与え続け、もっといい時間にごはんを与えられるよう、タイミングにフォーカスしてください。食べる時間枠をつくり、健康的で贅肉のない体重を維持できるよう、愛犬が理想的なカロリーを摂取できるようにしてあげてください。ごほうびを与える状況を整えます。主要長寿トッピングを加えます。毎日の運動習慣を新たに始めるか、バラエティを増やします。毎日のスニファリやその他の環境エンリッチメントの機会（「わんこ版ハッピーアワー」として知られます）を計画します。自宅環境を最適化し、空気を浄化し、化学的な洗浄剤の使用をやめます。そして運動を楽しみ社会的な交流を豊かにすることで、ストレスを軽減しましょう。

もし前に進む心構えはできたものの、すべてに取り組むほどの心の準備はできていないなら、まずは質の高い食べ物をこれまでのごはんに混ぜることで、愛犬の食習慣を段階的に改善させることができます。「グッド」のブランドから「ベター」のブランドに変え、新鮮なフードを使って加工フードの割合を下げます（新鮮なフードの割合が25％なら、50％に引き上げます）。ごはんをもっといいタイミングで与えるようにし、可能な限りたくさんの長寿フードを加えます。

フォーエバードッグの領域に全力で飛び込む準備ができた長寿マニアのみなさんは、ぜひ加工フードをやめ、すべて本物の食べ物にして、ごはんをもっといいタイミングで与えるようにしましょう。そしてできるだけ多くの長寿フードを加えつつ、同時に、自宅の環境を最適化し、また、愛犬を運動させたり社会的な交流を楽しませたりすることで、ストレスを軽減させましょう。

長寿マニア、本章での学び

▼始める（ステップ1）……主要長寿トッピングの導入

・主要長寿トッピングに加え、どのごほうびを試すか決めます。四角くカットできるか自然のままで一口サイズになっている、私たちのお気に入りは次のとおりです……ブルーベリー、エンドウ豆、ニンジン、パースニップ、プチトマト、セロリ、ズッキーニ、芽キャベツ、リンゴ、キクイモ、アスパラガス、ブロッコリー、きゅうり、きのこ類、グリーンバナナ、ベリー類、ココナツ、小さな内臓肉、生のひまわりやかぼちゃの種

▼続ける（ステップ2）……基本のごはんを評価し変更する

・グッド／ベター／ベストのペットフード・ホームワークを完成させる……「炭水化物量」

「劣化の回数」「合成栄養素の添加」を算出。

・新鮮なフードのカテゴリーから選択……手づくりの生か調理済み。市販の生、調理済み、冷凍フード、低温乾燥のフード。あるいはその組み合わせ。

・新鮮なフードの割合を決定……25％、50％、100％

▼うまくいったこと、いかなかったこと、新しいアイデアなどをライフログに記録。

▼新鮮なフードと主要長寿トッピングを少しずつ取り入れ、新しい食習慣へとゆっくりと、下痢にならない程度のペースで移行させます。

▼ボディ・スコア・テストを行い、愛犬の理想的な体重を維持するために、適正なカロリーを与えるようにします。

▼愛犬の食べる時間枠（目標は8時間）とごはんの回数を決めます。もし愛犬が健康なら、ごはんを1回抜いても何も問題ないことを忘れないでください。就寝の少なくとも2時間前には食べるのをやめさせます。

10 運動、環境、遺伝で長生き
健康ガイドラインと遺伝的・環境的影響のコントロール

ダイヤモンドは女性の親友だと言った人が誰にせよ、
その人は犬を飼ったことがないに違いない。

――不明

ダーシーという名の21歳の小さなミックス犬（私たちはラッキーなことに、ビデオチャットで彼の誕生日を祝うことができました）は1日1回、バランスの取れたごはんを食べていました。まさに、パンダ博士の提言どおりです。ダーシーの飼い主たちにはほかにも、ダーシーの長生きにつながるような生活習慣が多くありました。飼い主によるとダーシーの長寿は、7歳から手づくりのごはんを食べていたおかげでした。生涯の3分の2は、ヒューマングレードで低炭水化物のつくりたてのごはんを食べ、プラスして新鮮な鮭、少量のパーナ貝、ウコン、アップルサイダービネガーも口にしていました。自ら断食する日もあり、飼い主は好きなだけ断食させ、ごはんを抜く回数が1回にとどまらないこともありました。

ダーシーが若かったころ、1日のほとんどの時間を兄弟犬であるスパニエルのミックス犬と一緒に屋外の庭で過ごしていました。健康的な土、新鮮な空気、化学物質がついていないため口にできる草、さらにはさまざまな刺激や環境エンリッチメントにたっぷりと触れることができました。飼い主によると、ダーシーが動物用の薬や自宅の化学物質に習慣的にさらされることはなかったそうです。子犬のときに予防接種を受けましたが、その後は毎年のワクチンは受けませんでした（ワクチン抗体価を使って、成犬後にワクチンをさらに受ける必要が本当にあるか否かを見極める方法については後述します）。後年、体がこわばり動きも遅くなってくると、体に負担をかけずに関節や筋肉を動かし続けられるよう、ハイドロセラピー（水中での運動）を受けました。ダーシーの飼い主はフォーエバードッグの原則を守り、そしてダーシーは幸せに長生きしました。

ここまでみなさんには、食べ物のルールや提案をたっぷりお伝えしてきました。そして今、フォーエバードッグ・メソッドの締めくくりとなる、丈夫な犬を育てるのに必要な3点を最後にお教えするときがきました……

▼最適な動き

▼遺伝的考慮

▼ストレスと環境からの影響をコントロール

では始めましょう。

最適な動き

本書を書いているまさに今ドイツでは、犬を1日2回、閉じ込められている状態から外へ出さなければ（散歩に連れ出さなければ）ならない、と定める法案が議論されています。私たちがこれまで会ってきたすべてのフォーエバードッグに1つ共通するのは、運動を毎日たくさんした点です。すべての犬は、生まれながらのアスリートです（通常どおりに呼吸したり動いたりできなくなってしまった犬種を除く）。リハビリ専門獣医や理学療法士のほとんどは、有酸素コンディショニング（運動）に加えて、少なくとも1日1回――リードを外して――走ったりダッシュしたりすると、犬はもっとも調子がよくなると考えています。もっといいのは水泳で、これなら流動的に、しかも犬にとって自然な形で体を動かすことができるうえ、すべての関節がいつもより幅広い動きをすることになります。これは、リードでつないでいるときにはできません。

メトシェラ犬の研究主任であるエニク・クビニ博士は、避妊手術を受けていない27歳のメス犬、ブクシーと22歳のケドヴェシュは、「自由な暮らし」をしていたと教えてくれました。自分の好きなものを選べたうえ、動きが常に制限されていたわけではなく、2匹とも多くの時間を屋外で過ごしました。クビニ博士によると、オーストラリアの最長寿犬だったブルーイとマギーのライフスタイルもこれに似ており、毎日たっぷりと屋外で過ごしたそうです。その他の興味深い類似点としては、どの犬も、生で未加工の食べ物をいくらか食べていたことや、身の回りにある草や植物を少し食べたこと、そしてワクチンやノミ・ダニ予防の薬は常に使用するのではなく、調整していたことです。

都市部の犬は、自分は都会的な飼い主と一緒に恵まれた暮らしをしていると思っているかもしれません。しかし研究によると、都会の犬は座りっぱなしになりがちで、多くのストレスを抱えてコルチゾール値が高く、問題行動も多く、社交スキルは低く、土や免疫力を高める微生物に触れる機会も少ないことなどがわかっています。現実的に考えてみましょう。都市部（多くは都市部近郊）は一般的に、人間（つまり犬の飼い主）にとっては、ペースが速くストレスが多い暮らしを意味します。この人たちは、長時間労働をして、1日のほとんどを屋内の人工的な照明の下で過ごしがちです。そしてそのペットは、何のにおいを嗅ぐか、どのくらいの長さで体を動かせるかを選べません。なぜなら、舗装されたかなり狭い範囲を、かなり限られた時間だけ散歩に連れ出されるからです（きちんと連れ出されていれば）。

都市の生活にはクリエイティブな運動方法を

イングリッド・フェテル・リーが書籍で書いているように、人間にとって8万世代の間、自然とは訪れる場所ではなく、（動物と）暮らす場所でした。農業革命が永続的な地域社会をつくってからはわずか600世代、そしてコンクリートだらけで緑地が著しく不足した近代都市の誕生からは、わずか12世代しか経っていません。犬は都市に暮らし始めてからまだ6世代も経っていないため、少し配慮してあげなければいけません。たとえコンクリートジャングルのなかでも、愛犬の1日の必要運動量をクリエイティブに満たす方法はたくさんあります。例えば、トレッドミルを走れるように犬を訓練する、犬の託児所に任せる、散歩代行を頼む、共同住宅の階段を走って上り下りする、水中トレッドミルの利用を申し込む、仕事のあとに空いているバスケットコートを見つけてフリスビーで遊ぶ、などです。あなたの想像力が足りないせいで、心身のバランスを保つのに必要な1日の運動量を、愛犬から奪わないでください！

現実としては、ほとんどの犬は充分な運動ができておらず、動きたいだけ動ける機会を与えられていません。そのせいでエネルギーが溜まり、過活動、不安の高まり、破壊行動につながりかねません。これは、犬がシェルターに連れて行かれる主な理由でもあります。「疲れた犬は良い犬だ」という考えには、明確な科学的裏づけがあります（体が疲れた子は良い子だと親が知っているのと同じです）。時折、愛犬を毎日どのくらい運動させるべきかとクライアントから聞かれますが、シンプルな答えは、「就寝時間までに犬がヘトヘトになるくらい」です。人間に運動の基本的なガイドラインがあるように犬にもありますが、一般的には犬が心身ともに健康でいるには、毎日の有酸素運動が人間よりもっ、、、、とたくさん必要です。そしてそれが、問題でもあります。

私たちは、世界屈指の高齢犬の飼い主の何人かにインタビューしました。オーギーの場合、飼い主であるパパによると、15歳のときでさえ毎日1時間泳ぎ、20代まで生きました。２０２１年春に亡くなる前は、運動といえばもっぱら歩くことでした。第4章に登場したマギーの飼い主ブライアン・マクラレンによると、30歳のマギーは、トラクターに乗るブライアンのあとを追い、農場の端から端まで約5キロメートルを1日2往復、週7日、20年にわたり走っていました。つまりマギーは合計すると、平均で1日20キロメ、、、、、ートルほど運動していたことになります。世界中のどの高齢犬にも一貫しているのは、雨でも雪でも晴れでも、毎日激しい運動を欠かさないことでした。第1章に登場したブランブルの飼い主アン・ヘリテージは、25歳の愛犬ブランブルが、毎日数時間歩いていたと本に記しています。モンゴルでは遊牧犬の一種バンホールが、遊牧生活を送る人間とともに歩き回り、18歳という高齢になっても骨の折れる農作業に従事し、家畜を守ることで知られています。個性的な犬であるバンホールは、大型で壮健で、防衛本能が強く、その大きさにしては食べる量が比較的少ないのが特徴です（ここからも、食べる量が少ない方が有益であることがうかがえます）。

運動が体にいいのは、誰もが知っています。そのため、人間を対象にした、運動の価値に関する研究の詳細な説明は割愛します。ただ1つ言えるのは、飼い主は飼い犬を散歩させるときに気分がよくなり、より深い幸せを感じることを示す研究まで存在するということです。運動がいかに犬の健康と生活（さらには態度と行動）を劇的に改善するかを示す、研究とエビデンスの多さは圧倒されるほどです。活動的なライフスタイルの利点については、パート1で多く取り上げました。しかし犬の運動について科学的に裏づけされた結論は、次のとおりです……

- **▼恐怖や不安を緩和する**
- **▼反動的な行動を減らし、良好なふるまいを増加（つまり、退屈であるために取りがちな問題行動を緩和または解消）**
- **▼騒音公害や分離不安に対する閾値が上昇（より耐えられるようになる）**
- **▼リンパの解毒手段を提供（リンパ系は免疫機能の重要な部分であるため、クリーンで健康的な状態の維持が大切）**
- **▼体重過多や肥満、関節炎、心臓病、神経変性障害に至るありとあらゆる病気のリスクを低減（さらに体重管理を手助け）**
- **▼犬が高齢期に入るにあたり非常に重要である、強靭な筋骨格系の維持**

▼消化系を正常に維持
▼抗酸化物質の花形であるグルタチオン生成を引き上げ、アンチエイジング分子として大切なＡＭＰＫを増加
▼血糖値のコントロールを助け、インスリン抵抗性や糖尿病のリスクを低減（アドバイス……毎食後にたった10分散歩するだけでも、血糖値の急上昇が抑えられる可能性も）
▼犬の自信と信頼を構築しつつ、落ち着きを保つ能力を向上

過度に活動的で興奮しやすい犬ほど、動く必要があります。不安とストレスを抱えた犬は、激しい有酸素運動をすれば、ストレスホルモンをもっと健全な数値に戻せます。身体能力、大きさ、年齢、犬種にかかわらず、どの犬も運動が必要です。とはいえ、ほとんどの犬は充分に運動できておらず、だからこそ太りすぎたり、関節が痛んだり、退屈しすぎてイライラしたりしている犬が、今の時代あまりにも多いのです。そして高齢犬の多くは、ぞんざいな扱いを受けています。高齢犬は、かつての体や感覚ではなくなっているため、においを嗅ぐときはもっと時間が必要です。彼らに毎日、外でにおいを嗅ぐ時間をたっぷり与えることは、運動としてのみならず、豊かな暮らしや世界との関わりという意味でも非常に重要です。

私たち人間もほとんどの人は、毎日もっと運動した方がいいはずです。**犬の場合、老化防止には心臓が持続的にドキドキする程度の運動を最低でも20分間、週3回以上行うべきです。ほとんどの犬は、もっと長くて回数が多い方がメリットがあります。20分よりも30分～1時間、週3日よりも週6、7日の方がよいでしょう。**愛犬の祖先や野生のいとこは、次のごはんを狩り、縄張りを守り、遊び、交尾し、子育てをしながら日々を過ごしていました。日常生活は屋外で、非常に活動的かつ社交的に、身体的にも精神的にも困難に直面しながら過ごしていたのです。ほかの犬と一緒に過ごす犬は、休息時間がそうでない犬の約60％と短くなっています。人間と同様に、犬も体を動かす理由が必要です。たとえ裏庭がかなり広くて緑豊かでも、自宅に2匹目（または3匹目）の犬の親友がいても、それだけでは犬にとって身体的・精神的（行動面）にいい状態を保つのに必要な運動をするモチベーションにはなりません。活動的でいられるよう、あなたが愛犬に手を差し伸べ、相手になり、モチベーションを与えなければならないのです。たとえ太りすぎでなくても、走ったり遊んだり有酸素運動をしたりする機会を定期的に持てなければ、愛犬は骨、関節、筋肉、内臓に悪影響を及ぼす、関節炎やその他の衰弱性疾患を患いかねません。定期的に身体的・精神的に刺激を受けないと、愛犬の行動や認知も悪影響を受けるでしょう。運動不足、刺激不足の犬によく見られる好ましくない行動には、噛んではいけないものを噛む、けんか好き、人に飛びかかる、ものを壊す勢いで引っかいたり掘ったりする、不適切な「捕食ごっこ」、ゴミ箱に飛び込む、ものを口に入れる、乱暴に遊ぶ、過剰反応、活動過多、注意を引くための行動などがあります。

犬は、すべての関節を自然な可動域で動かし、筋緊張を高め、腱と靭帯を鍛えるような、多種多様な活動や運動を取り入れた、毎日の「運動療法」の機会が得られると、イキイキします。一貫した毎日の運動は、最長の健康寿命を確保する前提条件となる、長期的な健康効果がかなりあります。犬が年齢を重ねていくうえで私たちが目にする最大の問題の1つは筋緊張の喪失で、これが虚弱、進行性の変性関節疾患、関節可動域の低下を引き起こす土台となります（ケガや痛みの増加の土台にもなるのは言うまでもありません。そしてこうしたケガや痛みが、病気としては診断されないような攻撃性や行動の変化の原因となります)。

知っていましたか。週末だけがんばっても、意味がありません。飼い主のなかには、週末にたくさん犬とアクティビティをすれば、平日の運動不足を補えるのではないかと考える人もいます。このアプローチの問題は、週末だけ高い運動能力を発揮するようけしかけることで、ケガをしやすくなるという点です。犬の体は毎日整えておかないと、急激にたくさん動かしたときに、長期的な関節のダメージにつながるケガをしかねません(人間にとっても同じです!)。

恐らくあなたの愛犬は、終日ほぼゴロゴロ過ごして、あなたが仕事から帰って来るのを待っているはずです。愛犬の腱、筋肉、靭帯もまた、ずっとダラダラしています。仕事から帰宅してボール投げを20回もしたら、十字靭帯損傷を起こしかねません(獣医でもっともよく目にする膝のケガ)。そして、激しい遊びを数分間したからといって、筋肉を鍛える、きちんとした30分間の有酸素運動と同じ健康効果があるわけではありません。犬はすぐにスイッチが「オン」になりますが——人間が相手をしてくれるのを待っています——たいていは「オフ」のスイッチを持っていません。激しい遊びに先立ち愛犬の体をウォーミングアップさせ、(ボディランゲージを読んで)止めどきを判断するのは、私たちの役目なのです。もっとも大切なのは、犬は、自分が楽しめる方法で体を動かしたり筋骨格系の調子を整えたりする機会を毎日与えられると、最高の体調でいられる点です。す﹅べ﹅て﹅の犬(たとえ非常に小さな子たちであれ)は、屋外で体を動かすようにできています。体をとにかくたくさん動かすようなつくりになっているのです。

年齢による筋骨格系の衰えを防止する唯一の方法は、愛犬を毎日動かすことです。筋緊張は薬を飲んでも改善できません。そして犬は年齢を重ねるほどに、筋緊張がもっと必要となります。健康的に高齢期へと入っていくために、犬の持久力や優れた筋肉量、筋緊張の構築にフォーカスできる時期である中年期において、この点は特に重要です。犬の中年期に、しなやかで回復力のある筋骨格系をつくるべく集中することは、まさにその先何年にもわたって「骨組み保険」をかけるようなものです。この戦略は、とりわけ大型犬に役立ちます。目指すべくは、しなやかで回復力の高い体です。

多くの飼い主が直面する大きな難問は、永遠の親友である愛犬と質の高いひとときを過ごす時間の捻出ですが、愛犬と一緒に行う毎日の運動習慣は、究極の解決策かもしれません。私たち人間はいつもその気になれるわけではないかもしれませんが、ほとんどの犬は、体を動かす準備は常にできています。なお、愛犬とただぶらぶら歩くだけでは、充分なエクササイズとは言えない点に注意してください。もしあなた自身がウォーキング好きならば、愛犬にはパワーウォーキングをさせましょう。有酸素運動の適切な強度に達してカロリーを燃焼させるには、1時間で4～4・5マイル（約6・4～7・2キロメートル）（1マイル約15分、1キロメートル約9分半）のペースで歩きます。

このような強度の高いウォーキングは、愛犬のみならずあなたにも、肥満、糖尿病、心臓病、関節疾患のリスク低下など、重要な健康効果をもたらす可能性があります。とはいえ、もしウォーキング・パートナーである愛犬がクンクン嗅ぎながらダラダラと歩くタイプの散歩に慣れ切っているなら、まずはそれを変えなければいけません。こうしたタイプの（スニファリとして知られる）散歩も、頭の体操として私たちは大好きですが、有酸素運動にはなりません。それから、そぞろ歩きからパワーウォーキングにたった1日で移行できると思わないでください。愛犬が慣れるまで数回、そして持久力が改善するまで数週間はかかるでしょう。犬に違う種類のアクティビティをするのだと知らせる手段として、違うハーネスや首輪を使うのもおすすめです。私たちの場合、激しい有酸素運動にはボディハーネスと短めのリード、のんびりしたスニファリには平たい首輪と長めのリードを使っています。

もしあなた自身がパワーウォーキングのペースで歩けないなら、例えば水泳など、ほかの種類の有酸素運動を検討してみましょう。私（ベッカー博士）が何年も前に動物用のリハビリ／理学療法センターを開設した主な理由は、冬の間も犬が安全に運動できる場所を提供するためでした。水中トレッドミルは、すばらしいトレーニングになるうえ、高齢犬や太りすぎの犬、障害のある犬にぴったりです。きちんと教えれば、小型犬はバスタブを使って自宅で泳げるようになります。犬のデイケア（預かりサービス）の多くは現在、大型犬にトレッドミルのサービスを提供しています。そして世界中の動物リハビリの専門家は、それぞれの犬のニーズに合わせた運動プランをつくるよう訓練を受けており、すぐに対応してくれるでしょう（リハビリ専門家の連絡先一覧は、添付資料の14ページにあります）。また、あなたと愛犬が一緒に楽しめる犬用の「スポーツ」がいくつもあります。dogplay.comは、ルールのある運動や体系的な遊びを愛犬のために探す際の情報源にぴったりです。**バラエティの多さは重要ですが、楽しむこともまた重要です。愛犬の視点に立って、**性格や能力に合ったアクティビティを選びましょう。犬が年齢を重ねていくと、必要な運動法は変わります。年齢の高い犬は、「立ち上がり訓練」のような意図的に筋肉を強化するような運動から恩恵を受けます（リハビリの専門家の多くは、愛犬のニーズに一番合った運動を遠隔セッションで指導してくれます）。自宅での定期的なマッサージややさしいストレッチは、愛犬の気分を上げつつ、体にしこりやこぶ、その他の変化がないかを定期的にチェックするのにぴったりです。www.foreverdog.com では、自宅でチェックする方法や何を探すべきかについてのさらなる情報を公開しています。

頭の体操ゲーム……犬は、思考力や体を使う必要があります。体の運動も非常に重要ですが、頭の運動は、犬が高齢になっても頭の回転の速さを維持してくれます（退屈も防止します）。ノーズ・ワーク（セント・ワーク）、アジリティ（またはその他のスポーツ）、あるいは頭を使うパズルを生涯にわたり楽しむ犬は、年齢を重ねても比較的、認知力が低下しません。非常に優れた犬用頭の体操パズルは、ニーナ・オットソンやマイ・インテリジェント・ペッツから出ていますが、自分で手づくりもできます。フォーエバードッグのウェブサイトで、いくつかのアイデアをシェアしています。

取り組む運動の種類と、愛犬のボディタイプや能力（例えばマズルが短い犬種は、呼吸に気をつけてあげなければいけません）、気性（ほかの犬に攻撃な犬は特別な配慮が必要です）、年齢（高齢犬や永続的な身体障害のある犬は特別な配慮が必要です）をきちんと合わせてあげることが非常に重要です。愛犬のために選ぶ運動のタイプ、時間的長さ、強度は時間とともに調整していくことになりますが、運動は必ず続けてください。

神経変性疾患にかかりやすい犬種もいれば、事故やケガによりすでに筋骨格系外傷がある犬もいるでしょう。身体的な機能障害のある犬には、必要なら特別仕様のハーネスや補助器具などを使いながら、それぞれのニーズに合うようカスタマイズした運動プランをつくることが特に重要です。

概日リズムを整えるスニファリ

朝、家を出る前に必ずブラインドやカーテンを開けましょう。愛犬を暗闇に置いて出かけてはいけません！　パンダ博士によると、日中にブラインドやカーテンを閉めて薄暗いなかで過ごす動物は、昼夜がまったくわからなくなるのは言うまでもなく、うつになる可能性もあります。博士は、愛犬の体が目覚めたり落ち着いたりするのに適切な神経化学物質を分泌できるよう、朝と夕暮れどきに各10分間の散歩をすすめています。賢明なこのアドバイスは、ホロウィッツ博士の、少なくとも1日1回は心ゆくまでにおいを嗅がせてあげるように、つまりスニファリをさせてあげるようにとの助言と合致します。私たちは前述のとおり、**概日リズムを整えるスニファリを朝晩1日2回**、行うことをおすすめします。スニファリの際は、何をどのくらいの時間嗅ぎたいかの決定権は、愛犬にあります。愛犬の頭の体操なので、リードを引っ張ってはいけません。においを嗅ぐ機会をたっぷり与えることは、愛犬の精神的・情緒的健康にとって非常に大切です（さらに人間の場合、食後に15分間のんびりと散歩をすると、血糖値が急上昇するリスクを終日にわたり抑えられることが研究でわかっています）。

あなたが愛犬との生活にさらなる動きと勢いを取り入れることに加え、愛犬の心身の健康《ウェルネス》を支えるサポーターとなる誓いをあなたが立ててくれることを、私たちは願っています。「はじめに」でフォーエバードッグ・メソッドとしてご紹介した、ＤＯＧＳ原則に従うことでこれを行います。

まずは、誓いを立てましょう。

誓いを立てる

飼い主としての私たちの責任は、愛犬の心と体を密かに観察することです。あなたは、愛犬の擁護者です。左記は、ペットの飼い主が、信じられないほどやりがいのある、すばらしい責務を忘れないでいるために、私（ベッカー博士）が友人のベスと一緒にかなり昔につくった誓いの言葉です。あなたもぜひ、自分の愛犬のウェルネスを支えるサポーターになってください。

私は、私自身と、私が世話をしている犬の心身の健康に責任があります。自分自身と愛犬のために、人生のあらゆる領域において知識豊かな擁護者となります。生活、癒やし、健康は常に変化しており、そのため効果的に擁護するには、学び、進化する必要があることを、私は理解しています。この責任を放棄してほかの人や医師に明け渡すことはいたしません。愛犬の心と体の健康は、私の手中にあります。

フォーエバードッグ・ライフログに、自宅でのウェルネス記録をつけましょう。愛犬の体重を数カ月おきに記録し、自宅で愛犬の体をチェックした際に見つけたしこり、こぶ、イボを書き留めておきます。臓器機能の変化を記録しておけるよう、身体検査や血液検査、臨床検査の結果のコピーをもらいましょう。新しい症状が出始めたら、それも書き留めます。行動面の変化や、どの犬がどのフードやサプリを口にしているかをメモします。継続的につけるこの愛犬のための健康日記は、自分がごはんを変えたのはいつか、フィラリア予防薬をあげたのはどの日か、水をたくさん飲むようになったのはどの月からか、などを覚えておく際に非常に役立ちます。すぐに書き留められるよう、日記は便利な場所に置いておきましょう。私たちの場合、簡単に写真を撮ったり音声メモを加えたりできるため、スマートフォンでDay One Journalというアプリを使ってこの日記をつけています。

ところで、愛犬の体内がどのくらい健康か、どうしたらわかるでしょうか？　臨床検査は優れた指標になります。血液パネル検査には、若い犬向けのもの、老犬向けのもの、さらにはもっと詳しい情報がほしいという長寿マニアにぴったりの、特別な診断項目を含む検査などがあります。犬が健康そうでよく食べるうえ問題なさそうに見えるからといって、血液検査やその他の診断が不要なわけではありません。実際のところは、愛犬に影響を及ぼすほぼすべての代謝や臓器の問題は、症状が出てくる何カ月も何年も前に、生化学的な変化から始まります。そしてそれは、血液検査で見つけることができるのです。腎臓、肝臓、心臓の病気の診断が下った際の、「もっと早く知りたかった」と言う言葉を、私たちはこれまで数え切れないほど耳にしてきました。現代のテクノロジーを使えば、もっと早く知ることができます。そして症状が出てくる前、まだ手の打ちようがあるうちに、生化学的な異常を特定できるシンプルで体に負担をかけない診断法は、絶対に活用するべきです。

愛犬が病気の兆しを見せるまで待っていたら、病気を治したり健康を取り戻したりするのに手遅れになってしまうかもしれません。積極的に健康を追求する飼い主や獣医は、細胞の機能不全を初期のうち、病気が始まる前に教えてくれる定期診断で、早いうちに変化を見つけることに取り組んでいます。

毎年の血液検査で、愛犬の臓器が最適な状態で機能しているという安心感が得られます。加齢のプロセスのどこかで、正常値は必然的に変化します。検査結果に異常が出たら、獣医に診てもらい再検査してもらいましょう。飼い主が補助的なサポートやセカンドオピニオンを求めるのは通常、こんなときです。愛犬の健康に関する不安を解消してもらうために、犬の健康を相談する先を複数つくったり、テイラーメイドの健康管理サービスを提供してくれる「コンシェルジュ・ウェルネス・サービス」をお願いしたりしてもいいですし、むしろそれが賢明なときもあります。たった1人のかかりつけ医（人間でも動物でも）が、歳を重ねていく家族の変化し続けるニーズに対し、充分な医療を提供し続けられるだなんて、私たちはまったく考えていません。年老いた愛犬のために、さまざまな獣医の視点やサービスを探し求めるのも同じです（添付資料の1ページには、毎年行う血液検査のおすすめを記載しています。最新の診断法に関する情報は www.foreverdog.com をご参照ください）。

遺伝と環境ストレス

生活習慣が健康寿命にどれだけ影響するかについて、たくさんの情報を提供してきましたが、遺伝の力を無視してしまったら充分とは言えません。遺伝は、犬種においてとりわけ重要です。健康的なゲノムを守り、促進するために私たちが今日できる最善策は、犬の繁殖法を考え直すことです。繁殖法を進化させることでしか、健康的なゲノム構成を確保することはできません。特定の病気に対する遺伝的素因や潜在的なリスクを知るために、ＤＮＡスクリーニングがますます一般的になり、利用しやすく、便利になってきたのは、前述のとおりです。犬用のＤＮＡテストもまた人気が高まっており、今後数年でテストはより包括的になるでしょう。しかし犬の繁殖の多くは、犬の健康を犠牲にしたうえで、どんな外見がいいかという人間の欲求に応えるものであるという事実は変わりません。

虚栄より健康を優先するすばらしいブリーダーもたくさんいます。しかしこの業界には、犬種による健康状態にひどく無知な（しかもまったく知ろうともしない）あこぎな人たちがいて、迷わされた消費者のニーズを満たそうと待ち構えているのです。子犬への需要の高まりが、こうした人たちによって簡単に腐敗してしまうこの業界に油を注いでいます。バランスの取れた脳と体を美に引き換えることが、多くの犬に惨状をもたらしています。バックヤード・ブリーダーと呼ばれるいい加減なブリーダーやパピーミルは、ペットを渇望する市場を満たそうと、過去10年で数多くの子犬を大量生産してきました。そして犬種の維持を目的に繁殖を行うブリーダーは、その闘いに敗れたのです。熟考を重ねて選び抜いた遺伝的特徴や気質は、大量生産された不健全な子犬に取って代わられました。

また新型コロナウイルスのパンデミックによっても、ペットへの需要が高まり、搾取的な繁殖が増加しました。終わりのない孤立による痛みを、人々が犬という無敵の存在に癒やしてもらおうとしたことで、オンラインでの子犬詐欺も大量に起きました。とはいえ、責任をもって活動しているブリーダーを調べる代わりに、ペットショップに足を運んでしまう人は多くいます。（すべてとまでは言えなくても）ほとんどのペットショップは、遺伝的な面での健康を優先させないようなところから子犬を仕入れています。そしてこれは、愛らしくて高価な、ひどい方法で繁殖された子犬を自宅まで送り届けてくれる、数多くのウェブサイトも同じです。騙されないようにしつつ、ひどい繁殖をされた子犬の悲痛を避けるための唯一の方法は、知識で武装することです。

需要と供給の基本原則によると、ひどい方法で繁殖された犬がまん延している状態を変えられるのは唯一、パピーミルや、ＵＳＤＡ（農務省）登録済みの大量生産の繁殖施設（工場形式で繁殖された犬）、さらには遺伝的に健康な犬を生み出すことを気にかけないバックヤード・ブリーダーを、人々が支持しなくなることです。これはつまり、思いつきで子犬を買わないこと。むしろ、受け入れのプロセスを子どもを養子に迎えるように考えることです。時間や計画、調査が必要なプロセスです。添付資料の8ページには、ブリーダーを決める前に投げかけるべき質問リストを掲載してあります。質の良いブリーダーならきちんと答えられるはずです。このアンケートは、将来的に愛犬の健康に大きな影響を及ぼしかねないエピジェネティックな要素について知見が得られるようになっており、とても価値ある内容になっています。例えば、新しい研究によると、妊娠した母親犬が生の食べ物を与えられ、子犬も早いうちから生の食べ物を口にできる場合、腸管疾患やアトピー（アレルギー）にかかる可能性が下がることが示されています。私たち人間がかなりコントロールできる環境リスク要因とは異なり、遺伝に働きかけられる力は、犬のゲノムプールの改善に取り組む、評判のよいブリーダーや組織に協力するところにあります。犬種維持のために繁殖を行うブリーダーは、「DNA構造の修復」を目指す繁殖を行っています。つまりブリーダーは、必要なDNA検査や健康チェックをすべて積極的に行い（結果は喜んで見せてくれるはずです）、はっきりとした意図をもって、犬種の遺伝的欠陥を繁殖時に取り除こうとしているのです。きちんと機能しているブリーダーはまた、健康、気質、目的（犬の役割）にフォーカスして、遺伝子プールを多様化させるべく取り組んでいます。こうしたブリーダーは、すでにわかっている遺伝的疾患をふるいにかけたり、既知の遺伝的問題を抱えた犬の繁殖を避けたりするだけでなく、もっと手を尽くすべきことがあると理解しているのです。

イヌ科生物学協会のキャロル・ブシャー博士は、遺伝子検査と人為選択だけでは、純血種が抱える遺伝子の悲劇がなぜ解消されないかを簡潔に説明しています。要約すると、犬の閉じた遺伝子プール（すべて同一家族を祖先とする純血種の犬）から、大きな遺伝的不備のない純血種の子犬が生まれるとき（意図的または意図しない同系交配）、良くないことがいくつか起きやすくなります。遺伝子の類似性の高まり、潜性（劣性）突然変異の発現の増加、遺伝子の多様性の低下、そして究極的には、遺伝子プールの規模の縮小です。

純血種の犬同士がさらに交配されていくにつれ、遺伝子面での災難がさらに引き起こされ、寿命の短縮を含む、より甚大な結果を引き起こします。遺伝学者はこれを、「近交弱勢」と呼んでます。そして気が滅入ることはまだあります。こうした子犬たちには、がんやてんかん、免疫系障害、さらには心臓、肝臓、腎臓の疾患といった多重遺伝子疾患のリスクも急増するのです。では、ドッグショーで優勝するチャンピオンの上位25%のような、「ベストのなかのベスト」を交配させたらどうでしょうか？　ブシャー博士の説明によると、純血種のほんの一部だけを交配させることで、そうした人気の犬種を救うのに充分な、個性的で多様な遺伝子素材を見つけるチャンスを（75%も）壊してしまう可能性があります。見つけにくい遺伝子の「ダイヤの原石」を特定する可能性を、文字どおり奪い取っているのです。長い目で見れば、純血種の子犬を買うほとんどの人は、獣医の費用がかさんでくると、愛犬の父親犬がどれだけ人気だったかや有名だったかよりも、どれだけ健康だったか（あるいは健康でなかったか）にもっと意識を向けるようになります。ブシャー博士の暗澹たる結論は、「適切な介入をしないと、その個体群の健康状態は、何世代もかけて着実に悪化していく」ということです。

ブシャー博士が言う介入とは、純血種の犬の遺伝子プールを拡大するべく、失われた遺伝子を別の個体群に異系交配（特定の遺伝的特徴を避けるために、特定の犬種同士をかけあわせること）させることで置き換えたり、異種交配プログラムによって新しい遺伝子素材を取り入れたりすることです。そのような手法に反対する、純血犬種主義者は多くいます。私たちが話を聞いたどの遺伝学者も、純血種にせよそうでないにせよ、あらゆる犬の健康を長期的に改善するのは適切な遺伝子管理である、と繰り返し述べていました。**覚えておいてください。遺伝性疾患とは、体がきちんと機能するために必要な遺伝子の欠損が原因です。**あなたがどれだけ適切なことをしても、もし健康的な心臓で機能すべき遺伝子が足りなければ、愛犬は心臓病を発症することになります。がん抑制遺伝子に変異が生じれば、がんができます。健康的な網膜の遺伝子を取り去れば、その結果として網膜形成異常になります。免疫系の多様な遺伝子を排除すれば、免疫障害は避けられません。動物に一塩基多型（SNP）がある場合、エピジェネティクスによってその発現を調整できる可能性がありますが、遺伝子素材が失われていると、遺伝子プールの拡大（新しいDNAの導入）、つまり異系交配をしない限り、置き換えはできません。

閉じた遺伝子プール内での人為選択によって起きる結果を意図的に減らすための、戦略的で世界的なビジョンを持った計画がないままにDNA検査だけしても、長きにわたって健康な犬をつくることはできません。これは、よく考えられた遺伝子管理によってのみ可能であり、第2章で登場したインターナショナル・パートナーシップ・フォー・ドッグスがまさに試みていることでもあります。DNA検査で純血種の犬の窮状が緩和されることはないものの、犬の健康サポーターとしての道のりを歩むあなたにとって、検査は非常に価値があるかもしれません。愛犬の長期的な健康に影響しかねない、病気にかかりやすい傾向を特定できるため、遺伝子検査は重要なステップとなりえます。毎日どのような生活習慣を選ぶかが、そのときの遺伝子の活動に、深遠な影響をもたらします。これは非常に心強い話です。もっとも心奪われるのは、**私たちの健康や長寿に直接関係する多くの遺伝子の発現に対して、私たち自身が働きかけられるという点です。**犬にも同じことが言えますが、一点だけ注意事項があります。犬のために賢明な判断を下すのは、私たち人間なのです。

残念なことに、多くの犬種のDNAはすでにダメージを受けています。例えば、特定の不安障害は特定の犬種に多く見られます。遺伝的特徴と行動との関連性を調べたノルウェーでの2020年の研究では、騒音に対してもっとも敏感なのは、ロマーニャ・ウォーター・ドッグ（イタリア原産で縮れた被毛をした探索犬）、ウィートン・テリア、そしてミックス犬種であることがわかりました。もっとも怖がりな犬種は、スパニッシュ・ウォーター・ドッグ、シェットランド・シープドッグ（シェルティ）、そしてミックス犬種でした。また、ミニチュア・シュナウザーの1割近くは知らない人に対して攻撃的で怖がりですが、ラブラドール・レトリバーでそのような特徴はほぼ聞いたことがありません。2019年のフィンランドの研究では、社交性に関連する遺伝子は、騒音感受性の高さに関連するDNAの延長線上にあることが明らかになりました。つまり、社交的な犬をつくろうとしたことで、私たち人間は意図せず騒音に敏感な犬をつくってしまったかもしれないのです。そのようなトレードオフは、恐らく私たちが気づいているよりずっと頻繁に起きています。しかしDNAの研究が加速するに従い、これ以上の問題を生み出さないために、悪い結果が制限され、より優れた遺伝子管理へと向かうよう私たちは願っています。適切な遺伝子管理を行えば予防できるにもかかわらず、特定の犬種が一連の病気に苦しむようあらかじめ組み込まれてしまうなんて、不公平です。私たち人間は、実質的には一部の犬種を完全に抹殺しているのも同然です。例えばイングリッシュ・ブルドッグは、すでに遺伝子の行き止まりに到達している可能性があります。短い鼻とシワシワの小さな体で知られた犬種であるイングリッシュ・ブルドッグは今や遺伝子的に互いに似すぎており、専門家によると、ブリーダーの手でこれ以上健康的にするのは不可能です。

犬を手に入れるのに適切な方法は、この世に2つしかありません……

選択肢1……ブリーダーの選択肢を選ぶなら、犬種の遺伝的特徴を積極的に改善しようとしているブリーダーだけをサポートすることが、あなたの責務です。ブリーダー候補との対話を始めるきっかけとして、添付資料の8ページに記載の20の質問からなるブリーダー・アンケートを活用してください。また、ウェブサイトwww.gooddog.comは、ブリーダーの質を見極める際に活用できる情報を提供しています。

選択肢2……評判のいいシェルターや保護施設から里親として犬を迎えます（最近では、保護団体や愛護団体のふりをするオンラインの子犬仲介業者がいるので気をつけてください）。このタイプの新しい詐欺については、Pupquest.orgが詳細な情報を提供しています）。保護犬またはホームレスの犬を受け入れるなら、その犬が持つＤＮＡについて何もわからないし、意見もできません（もしあなたが私たちと似た人であれば、それよりも目の前の命を救う方が大切な問題だと考えるでしょう）。地元のシェルターや特定の犬種を対象とした保護施設は、住む家のない犬で溢れかえっているために、評判がよいブリーダーからでも購入は拒否するという人は、少なくありません。最近は、子犬について知れば知るほど、相性のいい里親を見つけられる可能性が高くなるとの認識から、保護したミックス犬種の子犬にＤＮＡ検査を行うシェルターや保護施設が、ますます増えています。例えば、迎え入れる子が家畜をコントロールする牧羊犬の雑種なら、将来的に、何でも自分でコントロールしたがる傾向を強く見せる可能性が高いということです。受け入れる前に知っておくとよい情報ですね！　保護という行為は、心が弱い人には向きません。保護ペットと一緒に暮らすことで生まれる問題によって、繰り返しの心痛を経験している人はたくさんいます。例えば、シェルター出身の犬の多くは、生後8週間で避妊または去勢の手術をします。思春期前にこのような重要なホルモンを失うと、健康面やトレーニング面で問題が生まれがちになったり、何年も先に免疫系に悪影響を及ぼしかねないホルモンバランスの乱れが生涯続いたりしかねません。犬を迎えるにあたり、保護するか、それとも血統を守るべくよく研究しているブリーダーやきちんと機能しているブリーダーから購入するかは、かなり個人的な選択です。どちらを選ぶにせよ、一番大切なのは責任をもって迎える／購入すること。犬という新しい親友を家に迎え入れる際には、生涯続く大きな責任を理解するために、詳細にリサーチすることが極めて重要です。

犬種に関連した遺伝的な欠陥や変異の可能性をすべてリストアップするのは、本書の範疇を超えてしまいます。犬種ごとにどのようなスクリーニング検査が推奨されているかは、www.caninehealthinfo.org や www.dogwellnet.com で確認できます。ペットの飼い主としてあなたができる最善策は、あなたの目の前にいる犬の遺伝子構造を見極め、可能であれば、賢明なライフスタイルを選ぶことで遺伝的欠陥を後天的にサポートしてあげることです。テクノロジー（つまりDNA検査）は私たちに、愛犬の環境や経験にポジティブに働きかけることで、遺伝子の発現に影響を及ぼせるパワーを授けてくれました。愛犬の体内がどうなっているのかを知りたければ、ＤＮＡを調べましょう。そして本書や私たちのサイト www.foreverdog.com の情報を活用し、愛犬ならではのゲノムをサポートする生涯のウェルネス計画をつくってください。もし愛犬の具体的な遺伝子マーカーを知りたくなければ、本書で紹介している、科学に裏づけされたアイデアが、愛犬の健康寿命を延ばす大きな力になってくれるでしょう。

まとめると、愛犬のＤＮＡは変えられませんが（そして欠損遺伝子をあとから加えることもできませんが）、生活習慣を通じてエピゲノムに働きかけることで、愛犬のＤＮＡがどう発現するかを変えることはできます（復習として、１３８ページの「エピゲノムにもっとも影響するもの」のリストを確認してください。すべてあなたがコントロールできるものです）。私たちがインタビューした多くの研究者の口から繰り返し述べられたのは、犬の情緒面の健康にまつわる、新しい科学についての話題でした。私たち（人間）は長いこと、社会的交流が、犬の身体的な健康に影響したり健康をつくったりする点を過小評価してきました。犬は社会的な動物であるため、社会的能力を伸ばし、個性を発揮し、心から楽しく過ごせる場所である、社会的な環境が必要なのです。

慢性的な情緒的ストレスを社会的交流と刺激で抑制

あなたの愛犬には、何匹の友達がいますか？　ブルーゾーンで暮らす１００歳以上の人たちにとって、３本柱の１つが社会的な絆の強さであることは、驚きではないはずです。これを愛犬に置き換えると、しっかりした社会的ネットワークの構築になります。それから、ハグやキスのパワーも見くびってはいけません（スキンシップが好きな犬なら）。あなたとの友情は、愛犬にとってはとんでもないほど大切です。愛犬にとってあなたは、社会的能力を発揮できる唯一の相手かもしれないのです。

そのため、あなた自身が愛犬のロールモデルとしての役割を果たしているか、常に自己評価することをおすすめします。自分自身のストレスに取り組み、そしてできる限り、きちんと愛犬に意識を向け、楽しく遊び、親身になってコミュニケーションを取りましょう。愛犬との深く持続的な関係の構築は、生涯かけて取り組むプロセスです。新鮮な食べ物のうち愛犬の好きなものがわかったら、それをごほうびとして使い、終日またはあなたの仕事の前後でちょっとしたトレーニングをしましょう。

もしあなたの愛犬が、年齢が高くすでにきちんと訓練されていたとしても、毎日数分かけて、愛犬と一緒にコミュニケーション・スキルに取り組むことは大切です。犬は、仕事か、あるいは脳を使って考える興味深い何かを必要としています。もし愛犬を訓練したり愛犬に芸を教えたりするのに毎日数分も使いたくないという場合、集中できるような脳トレ・ゲームやごほうびが出てくるおもちゃを与えましょう。それから、1日に少なくとも1回は、一緒に遊ぶ時間をつくるのも忘れないでください。スタンフォード大学の研究者エマ・セッパラは書籍『自分を大事にする人がうまくいく』(大和書房)のなかで、人間は大人になってから遊ぶ時間をつくらない唯一の哺乳類だと指摘しています。犬は、私たちが思う以上に飼い主に遊んでもらいたいと思っています。人間が相手をしてくれるのを、文字どおり待っているのです。もっと遊んであげてください。私たち人間にもいいことです。

プロのアドバイス……愛犬と数分間、特別な時間を過ごせるときは、マインドフルネスを実践し、愛犬としっかりつながるために、携帯電話を機内モードにするといいでしょう。小さなうちから何に触れ、どんな経験をしたかが、犬の生涯の方向性を決めてしまうのは驚きではありません。子犬時代（生後4週間～4カ月）にどれだけ適切な社会化が行われたかが、後年にその犬が（ほかの犬や見知らぬ人間に対して）どれだけ怖がりになるかに、直接影響することが研究で明らかになっています。

犬の気性は主に遺伝子と、さらには生後63日間に何を経験したか（またはしなかったか）に基づいています。そのため、犬の訓練専門家でありブリーダーでもあるスザンヌ・クロージアは、この時期を豊かに過ごすための「豊かな子犬プログラム」をつくり、これまでに1万5000匹以上の子犬にポジティブな影響を与えてきました。そのなかには、補助犬になる運命の犬も多く含まれています。認定獣医行動学者のリサ・ラドスタ博士は加えて、母親犬の経験や妊娠中のストレス・レベルもまた、子犬が生涯で抱く不安、恐怖、攻撃性、不合理な恐怖症（フォビア）の閾値に関わってくると指摘します。ラドスタ博士は、「どのような環境かは、脳や気性の成長に伴い、子犬が後年どのような行動を取るかに影響する」と述べています。この点もまた、ブリーダー候補との深い対話が欠かせない大きな理由です。

avidog.comのゲイル・ワトキンズ博士は、パピーミルでは何十匹もの子犬を大量生産していることから、そこにいる繁殖犬が環境面、情緒面、栄養面で常にストレスを受けていると指摘します。そのためそこから生まれる子犬は、母親犬のストレスや心の傷になるような経験から後天的に影響を受け、行動面において、好ましくない特徴をさまざまに見せる可能性があります。

発達研究は、子犬の社会化にとって極めて重要な3つの時期を定義しており、最初のフェーズはブリーダー設備や保護施設で過ごす生後4週間です。子犬は生後4週間で早期の社会化プログラムを始めるべきです。こうしたプログラムは、カギとなる感覚的な経験を非常に短い期間内で提供するようにつくられており、適応能力が高く、おおらかな気性の犬に育てるために極めて大切です（おすすめの子犬向け早期社会化プログラムのリストは、添付資料15ページをご覧ください）。

生後9週間ほどの犬を受け入れると仮定すると、次の2つの大切な時期はあなたと一緒になってからになります。子犬を迎え入れてから2カ月間の子犬の生活は、主な行動や性格的な特徴、反応、さらには将来的な環境変化への耐性といったものの基礎を築くのにもっとも重要な時期となります。適切で安全な社会化によって、子犬はうまく生きていくために必要なコーピングスキル（ストレスに対応するスキル）を身につけます。社会化がうまくできた子犬は、適応能力が高く、コルチゾールや不安、恐れ、フォビア、攻撃性が少ない犬に育ちます。同様に、子犬時代にきちんと社会化されなかった犬は、生涯を通じてストレス反応（とコルチゾール）が高くなりがちです。

新しい状況に恐怖を抱かないようにするには、子犬がブリーダーや保護施設にいる生後4週間のときに予防を始めます。生後4週間から4カ月にかけて、世の中の光景や音（例えば掃除機、銃声やその他の大きな音、花火、嵐、車椅子、子どもたちの声、呼び鈴など）に、安全な状況で思いやりを持って毎日触れさせた子犬は、こうした出来事にパニックを起こす必要も、過剰反応する必要もないと学びます。このような幼いころの経験によって犬は、自信を持って、豊かに、大胆に生きるようになるか、あるいは先が読めない新しい状況から逃げたり身を守ったりといった行動を取り、とても恐ろしい世の中で身構えた状態で生きるようになります。ワトキンズ博士は、社会化でもっとも重要な点は、子犬を恐ろしい世界へと押し出すことではないと強調します。充実した生き方ができるように子犬を準備させる新しい経験を通じて、（これが行える短い期間内に）信頼を構築し、維持することなのです。

自宅での早期発達プログラムや継続的な子犬クラスは、犬がいいスタートを切る手助けをしてくれます。そのため、情緒面で柔軟で回復力のある《レジリエントな》成犬に育てるには、おすすめどころでなく絶対に不可欠です。一言で言うと、**特に生後4カ月までに（いいことも悪いことも）触れたり経験したりすることが、愛犬の行動や性格に生涯にわたり深く影響する可能性があります。**これが、愛犬の現在進行中のストレスホルモン生成の量に影響を及ぼし、それが健康寿命に影響します。新しい子犬を自宅に迎える前に、目的をもった、多様で、興味深く、情緒面で安全な社会化計画の情報を収集する時間をつくってください。

ワトキンズ博士は、飼い主との関係を重視した、恐れを抱かせないトレーニングを、少なくとも生後1年間は続けた方がいいと強調します。生後6カ月くらいから1歳～1歳4カ月の幼年期から青年期は、難しい時期である可能性があり（「ティーンエイジの月齢」と呼ばれています）、嫌悪を抱かせる罰を使わずに困難なこの時期をうまく乗り切ることは、心理面での長期的な健康に必要不可欠です。ワトキンズ博士はこう述べています。「体は成長して外見的には成犬に見えても、まだまだ認知面では成長を続けていることを忘れてはいけません」。残念ながら、コロナ禍で生まれ育ち、社会化ができていない「パンデミック・パピー」が今や、粗暴で敏感なティーンエイジャーになりつつあり、飼い主たちはかなりのストレスを抱えています。もっとも重要なのは、この状況を是正するために今すぐ（科学的な裏づけに基づく人道的な訓練法を身につけたプロの力を借りて）計画を練ることです。「優れた子犬に育てれば、優れた犬になる」のです。

「どんな犬になってほしいか教えて」

私たちの信念は、動物行動学者たちと同じです。生涯を通じた、関係性を重視した継続的な訓練は、選択肢の1つではなく義務なのです。子犬や保護犬が好ましくない行動をし始めたから取り入れるものではありません。そもそも行動面での問題を予防するものなのです。

愛犬を新しい経験に触れさせるのに、遅すぎることはありません。ただし、愛犬に不安や恐怖を抱かせないペースで進める必要があります。ラドスタ博士は、「愛犬のボディランゲージの読み方を学ぶのは、飼い主としてもっとも大切です」と話します。愛犬が言葉にしないコミュニケーションを正確に読み取ることは、ネガティブな経験から過剰なストレスを抱えているときに早期に介入できるなど、さまざまな理由で非常に重要です（犬のボディランゲージ入門書として、リリー・チン著『犬語図鑑：犬のボディランゲージを学んでもっと愛犬と仲良くなろう』（KADOKAWA）をぜひ読んでみてください）。犬に関する情報サイトPupquest.orgによると、最初の家で1年もたない子犬は最大50％に上り、生涯ずっと同じ家族と暮らすのは10匹に1匹しかいません。飼い主が変わった動物は、PTSDの兆候を見せることもあり、ほかにも、うまく抑えるにはたいてい専門家の介入が必要となるようなさまざまな行動を取る場合もあります。子犬が充分に社会化されていない場合、愛犬の安心感や幸福感を高めるべく、何歳からでもダメージコントロール（行動修正）を始められます。愛犬がどのくらい敏感か、または心を閉ざしているかにより、行動修正には専門家の助けが必要となるかもしれません。繰り返しの問題行動や懸念を解決するには、優れた資格を持つ人にすぐにでも助けてもらうことです。早く問題に取り組めば、早く改善します。トレーナーは、子どものベビーシッターを選ぶときのように賢く選びましょう。添付資料の14ページにおすすめリストを掲載しています。

生涯続くような不安を愛犬に抱かせないためには、あなたの家やコミュニティで幸せになり、きちんと行動し、関係性を築くのに必要な、社会的・情緒的スキルを愛犬に身につけさせる（あるいはできない子はうまく抑える）ことに加え、繰り返しのストレスとなる原因を突き止め、対処するといいでしょう。通院、爪切り、耳の掃除、お風呂などは、犬が不安になるであろうほんの一例です。**愛犬のストレス反応にどう対処すべきかを学ぶことは、愛犬との関係を築く際に使う「道具箱」のなかでもっとも価値あるツールの1つであり、愛犬にとって一生涯の贈り物となります。**

私たちの友人であるスーザン・ギャレットの強みは、世界レベルのアスリート犬をトレーニングしていることです。ドッグアジリティで10回も世界一になったことでよく知られています。しかしスーザンは、人間以外の種と意思疎通を図ろうとするときに誰もが経験する、日常的な問題の解決にも並外れた才能を持っています。犬を飼っている人は、自動的に犬のトレーナーになるということを、スーザンは思い出させてくれます。そして優れた犬のトレーニングとは、愛犬の自信とあなたへの信頼という、非常に重要な2つの要素を育てる以外にありません。あなたの訓練に対し、愛犬が常にベストを尽くすと信じながら愛犬と毎回コミュニケーションを取ることで、どちらのゴールも同時に達成できます。犬は、私たちを絶対に落胆させたくないのです。残念ながら、犬は「犬らしく」ふるまったせいで日常的に怒られています。その結果、飼い主への信頼が日常的に壊れてしまうのです。前述のとおり、あなたと愛犬との関係は、卓越した双方向のコミュニケーションと信頼の上に成り立っています。愛犬が保護犬にせよ子犬にせよ、愛犬の理解を育んでそれを維持するには、毎日の教育（訓練）が必要です。

犬はストレスや恐怖を感じたとき（花火、見知らぬ訪問者、煙探知機の警告音、新しいハーネス、車での移動、掃除機など）、意識的に判断するのではなく、反射的に反応します。犬の体は、自分の身を守るようにできているのです。飼い主として私たちが覚えておくべき一番大切なこととしてスーザンは、**ストレスや恐怖が、学びにとって即座に障害物になる点を指摘します。**人間であれ動物であれ、恐怖反応が引き起こされたときに「学ぶ」のは不可能です。ストレスホルモンが即座に分泌され、闘争・逃走・凍結反応が起きます。犬にとってはこれが、脅威を察知したときに身を守る最初の手段となるのです。体はすぐに全リソースを「サバイバル・モード」へと配置します。犬の場合の恐怖反応は、唸り声を上げる、噛みつこうとする、吠える、飛びつく、縮こまる、パニック状態になる、逃げるといった行動として表れます。

ストレス下では、犬は飼い主の言葉にいつものようには恐らく反応しないはずです。ただし、恐怖反応とは異なる、より健全な反応を教えた場合はこの限りではありません。つまり、強烈なストレスがかかった状況下でのコーピング・メカニズムです。愛犬はパニックモードになっているため、私たちの言葉が耳に入りません。パニックになっているからと愛犬を叱ってはいけません。代わりに、愛犬がストレスや恐怖の兆候を見せたときに、ポジティブな「条件性情動反応」をつくるのを目標にしましょう。必要であれば、専門家の助けを借りながら行います。また、ストレス下で犬を「訓練」することはできませんが、ストレスのある状況をこれまでとは違うものとして経験するような条件づけはできます。**犬が抱く飼い主への信頼を損なうのではなく高めることで、ストレスのかかる状況に犬がうまく対処し、恐怖を感じそうな状況をうまくやりすごせるようになる――そのように導く力が、私たちにはあるのです。**

このプロセスに全力で取り組むことで、犬の恐怖反応を引き起こすトリガーを変えることができます。そして将来的には、過去にトリガーとなっていたものに出会うたびに、愛犬は恐怖に突き動かされるのではなく好ましい反応ができるようになり、「これでいいんだよね？」という確認とごほうびを求めて、飼い主を見るようになるでしょう。

ペットを世話する人たちにインスピレーションと教育を与えることで、ペットの恐怖、不安、ストレスの予防・軽減を使命としている獣医やトリマーを探しているなら、Fearfreepets.com がおすすめです。「怯えた状態からペットを救ってあげよう」が彼らのキャッチフレーズです。大切なのは、愛犬の体に有害である、ストレスホルモンの分泌を繰り返し引き起こすような情緒面での障壁を乗り越えるために、できることは何でもしてあげることです。そして、情緒面でバランスが取れた状態を保つためにできることは何でもしてあげましょう。これは、あなた自身にも同じことが言えます。

当然ながら、愛犬の生活にあるすべてのストレスを軽減することはできません。世の中は予測できない恐ろしい出来事で溢れた、とんでもない場所ですから。とはいえ、日常的あるいは繰り返し発生する、既知のストレッサーをコントロールすることは可能です。そして、脱感作と反対条件づけ（トレーナーが使う行動修正テクニック）という、骨が折れるながらも非常にやりがいのあるプロセスを、犬のためにスタートさせるのが、飼い主としての私たちの義務でもあります。こうすることで、来年は今年よりもストレスが減るでしょう。もしも（反応する以外）何もしなければ、好ましくない行動は悪化し、あなたと愛犬との関係も同様に悪化することになります。

私たちが目指すところは、周囲に対して、信頼のおける安定した反応を常に一貫して私たち自身がすることです。常軌を逸した犬を意図せず生み出してしまわないために、この点は非常に重要です。私（ベッカー博士）は、ホーマーを迎え入れて間もなくしてから、ホーマーにとって脚を触られるのは厳禁であり（噛むリスクあり）、お風呂はどうやら臨死体験（高齢のホーマーがパニックアタックを起こすリスクあり）だと学びました。迎え入れてから半年後（つまり際立って短期間）で、ホーマーは抑えつける必要もなく、足湯に入ったままごほうびを食べるようになったことを、誇りを持ってお伝えします。愛犬の好ましくない行動に対処するために、科学的根拠のある「ダメージコントロール療法」に全力で取り組みましょう。とにかくやりましょう。さもないと、あなたにとっても愛犬にとっても、いいことでも健康的でもありません。

わんこデー（犬が決めます）

もし愛犬に、日中何がしたいか決めてもらったら、何をするでしょうか？　私たちはもっと、犬の視点から日々の暮らしを見てみるべきです。犬にとってどんなアクティビティがワクワクするのでしょうか？　どんな食べ物をもっと味わいたいのでしょうか？　何のにおいを嗅いで、誰とコミュニケーションを取りたいのでしょうか？　愛犬の好みを知ると、生活の質が高まるのは言うまでもなく、もっとよい飼い主になれ、愛犬との絆が深まります。愛犬の好みを知るための時間を取れば取るほど、愛犬の社会的、身体的、情緒的ニーズを満たせるようになります。

愛犬がどんな反応をするかわからないなら、ドッグランに連れて行ってはいけません。さもないと、愛犬のストレス（とあなたのストレスも）が悪化してしまいます。スザンヌ・クロージアに話を聞いた際、この点をはっきりと述べていました。**ドッグランは、社会化がうまくできていない犬や引っ込み思案の犬にとっては最悪の選択肢です。**敏感で怯えきっている犬に屋外でポジティブな経験をさせたいなら、愛犬の行動を再構築するための時間をきちんと取らなければいけません。そしてそれは、愛犬にストレスをかけないペースと訓練テクニックで行う必要があります（研究では、罰を与えて教えるタイプのトレーニングは不安を悪化させ、ストレスホルモンをさらに増加させることがはっきりと示されています）。多くの人は、社会化がうまくできていない、心に傷を負った保護犬を飼っていますが、愛情深い安定した環境があれば、愛犬の精神面や情緒面の問題が収まるだろうと誤って思い込んでいます。「それはありません」と、ラドスタ博士は断言します。（恐怖や不安を含む）問題行動のある犬を受け入れたり保護したりした場合、世界中の愛をかき集めたところで、問題は収まりません。すぐに問題に対処する必要があります。そしてできれば、専門家のチームにお願いすべきです。ラドスタ博士は、「自分の結婚式を計画するかのように、行動修正チームを組んでください」と助言します。米国獣医行動学者協会のサイト www.dacvb.org には、獣医行動学専門家の名簿が記載されています。

私たちが愛犬にできるもっとも重要なことは、愛犬の性格や身体能力に合った、心から楽しめて安全な経験、アクティビティ、運動を見つけ、それをさせてあげることです。犬は人間と同じように好みがあります。そして愛犬が日々の生活で何に喜ぶかの発見は、私たちの魂を満たしてくれるでしょう。もし愛犬が何をしたいのかわからないという場合、あれこれやってみることをおすすめします。小さかったころはあまり反応しなかったアクティビティでも、中年～シニア犬になったら興味を持つケースもあるので、いろいろと試してみましょう！

また、精神的にポジティブな刺激を脳に継続的に与える効果についても忘れてはいけません。抗炎症性の食べ物を、社会的経験および適切な運動と組み合わせると、脳内の非常に重要な成長因子ＢＤＮＦが増加するという研究について、先に詳しく述べました。これは、脳がその細胞に栄養を与え、新しい脳細胞の誕生を育んでいるということです。何歳になっても喜ばしいことです！

獣医行動学者のイアン・ダンバー博士は、愛犬の情緒面での健康のために私たち人間ができる最善策は、**豊かな社会生活をつくってあげること**だと考えています。愛犬が本当に好きな一握りの犬（犬友達）を見つけ、愛犬の生涯を通してずっとその子たちと遊ぶように努めましょう。犬は、定期的に犬らしくいられる機会がたくさん必要です。全力疾走する、土を掘る、地面で転げ回る、お尻のにおいを嗅ぐ、遊ぶ、引っ張る、かじる、吠える、追いかけるなど。こうした機会は、あなたが提供するのです。犬のお世話係以外に私たち人間が担う役割は、「退屈解消係」です。愛されている犬の多くは概して、退屈な日々を送っていますが、それは自ら選んだわけではありません。むしろ、彼らは自分の暮らしに選択権を持っていないのです。

ジュリー・モリスは、飼い犬である22歳のピットブル、ティガーのために、定期的に遊ぶ日を設けているると話してくれました。高齢になってきてからは特に、犬の友達と社会的な交流ができるように時間を取っています。些細なことに聞こえるかもしれませんが、ブルーゾーン研究でこうした交流が人間の情緒面にとって重要だと確認されているように、クビニ博士の研究でもまた、こうしたことが犬の情緒面でも重要であることが確認されています。人も犬も社会的な種であり、ポジティブな社会的関わりが、生涯ずっと必要なのです。

もしあなたの愛犬が、犬の集団のなかにいるだけの社会的スキルを持ち合わせていないなら、愛犬が自分の脳や体を使って心から楽しめる何かを見つけ、それを定期的にさせてください。攻撃的だったり、敏感だったり、引っ込み思案だったりする犬や、ＰＴＳＤを抱える犬に使うアクティビティ（犬の趣味、あるいは使役犬にとっては「仕事」となるもの）として私たちのお気に入りは、ノーズ・ワーク（においを使ったゲーム）です。ラドスタ博士は、愛犬に「５つの自由」を与えるのが、飼い主である人間の責任だとしています……

▼苦悩からの自由（恐怖／不安）

▼痛みやケガからの自由

▼環境ストレスや不快感からの自由

▼空腹や口渇からの自由

▼心身の健康を促す行動や、種に特徴的な行動をする自由

ニュージーランドのマッセー大学で動物福祉科学を教える教授、デイヴィッド・メラー博士はさらに一歩進めて、「5つの領域」と呼ぶガイドラインを策定しました。このモデルは、ネガティブな経験を単に最小限に抑えるだけでなく、長寿を促す可能性のある、ポジティブな経験を最大化することを重視しています……

▼**良質な栄養**……完全な健康と活力を維持し、喜びに満ちた食事経験を持てるような食習慣を提供

▼**良質な環境**……健康を損なう化学物質への暴露を最小限に抑える

▼**良質な健康**……ケガ、病気、体調不良の予防または迅速な診断／治療。良質な筋緊張と身体機能の維持

▼**適切な行動**……居心地のいい仲間となり、バラエティを提供し、行動に対する脅威や不快な制約を最小限にし、積極的な関わりや、満足感を得られるアクティビティを奨励

▼**ポジティブな精神的経験**……楽しい経験を味わうための、安全で楽しく、種に特徴的な機会を提供。さまざまな形の快適さ、喜び、関心、自信、コントロールできるという感覚の促進

豊かな栄養と低ストレスで害のない生活環境の提供。健康な体の維持。やりがいのある活動への取り組み。ポジティブな精神的経験の創生。ブルーゾーンの研究者は、丈夫で長生きするために、これらのすべてを推奨しています。

最後に大切なことをお伝えすると、愛犬を観察し、愛犬に耳を傾けてください。体、ボディランゲージ、行動のすべてを注視しましょう。自分の子どもや世界一親しい人について知っているのと同

じくらい、愛犬のことも知ってください。愛犬がいつ不安になるのか、そして何が好きかを知ってください。1日のどの時間が好きか、何で遊ぶのが好きか、どこをどう触られるのが好きか、何をするのが好きで、どの食べ物が好きか。愛犬を自分の親友にする、あるいは少なくとも大切な家族の一員とする努力をすると、あなた自身もっといい飼い主になるでしょう（そして愛犬の生活とあなたとの関係の質がそれぞれ、劇的に改善するはずです）。

今後はもっとしっかり目を配り、これまでとは違った関わり方をし、より敏感になってしっかりつながり、自分への問いかけの質も良くなるでしょう……この子はなぜ、右前足の先を2晩連続で舐めているんだろう？　思考プロセスも、これまでのような「うちの子、カーペットを舐めたあとに食べ物を吐き戻すなぁ」から、「なぜこの子はカーペットをこんなに舐めたがるの？」へと広がるでしょう。愛犬の苦しみの原因となっている根っこを突き止めずにはいられなくなるはずです。愛犬の擁護者として何をする必要があるのか、毎日知るための手がかりとして、愛犬の行動や選択に目を配るようになるでしょう。愛犬の行動に反応するのではなく、理解しようと努力するようになります。こうして、私たちに頼りきっている動物に最善を尽くす姿勢を持ち続ける務めが果たせるのです。失望どさせられません。でもこれをうまくやるには、愛犬をしっかりと知る必要があります。自宅で健康でいてもらうには、愛犬を取り囲む環境をもっとよく見る必要があります。

環境ストレスを最小限に抑え、化学物質の負荷を減らす

第6章では、私たちの現代の生活がいかに日常的に化学物質に囲まれているために有毒かを知り、逃げ出したくなったかもしれません。ベッドから出たその瞬間から（ベッド自体、ガスを放出する化

学物質で溢れていますが）、数え切れないほどの環境有害物質の源に遭遇します。比較的無害なものもあれば、獣医に処方されたノミ・ダニ駆除剤やフィラリア予防薬など避けられないものもあります。獣医が使う化学物質のなかには、病気の予防に重要なものもありますが、それでもやはり、愛犬の体はこうしたものをすべて代謝し、排泄する必要があります。私（ベッカー博士）は、多くの犬が、夏に肝酵素が上昇し、処方された害虫駆除剤の塗布や摂取が減る冬には通常に戻るのを見てきました。獣医に処方された化学物質への暴露は、全体的な化学物質の負荷（前述した体内蓄積量）や、病気のリスク要因を増やす可能性があります。256～257ページ記載の化学物質アンケート、あなたは何点でしたか？

自分が「毒されている」と感じても、慌てないでください！　あなたがどれだけ暴露しているかをここで強調した理由は、将来的に暴露を制限し、今後長きにわたりあなたと愛犬を守るよう手を打つための勇気を、あなたに持ってもらうためです。目指すところは、体の重要な機能を混乱させたり、DNAや細胞膜、タンパク質に影響したりするような暴露を避けることです。左記は、クリーンな環境にするための13項目のチェックリストです。項目のなかには、これまでの章ですでに取り上げたり暗に触れたりしたものもありますが、リストとして1カ所に集めておくと便利なので、**ここに集めました。**

①**すべては食べ物から……**コルチゾールとインスリンの急激な上昇を引き起こす、代謝面でストレスがかかる食べ物は最小限に抑えましょう（でんぷんはやめましょう！）。これまでの章で取り上げた方策をすでに取り入れているなら、物事は良い方向に向かっています。これまでより新鮮な

フードもまた、有害なマイコトキシン、食べ物に含まれる化学物質や残留物、さらには高熱処理による副生成物（ＡＧＥ）を愛犬が摂取するのを最小限に抑えられます。

② **プラスチック製の水入れをやめよう。**内分泌系をかく乱するフタル酸エステル類が多く使用されているためです。代わりに、良質なステンレススチール、磁器、ガラスのものを使いましょう。スチールの場合、厚さ18ゲージで、できれば第三者機関による純度試験を実施している企業のものを選びましょう。というのも、ステンレススチールでさえ汚染することが判明しているからです（前述した、数年前にペトコのステンレス製ボウルがリコールされた話を覚えていますか？）。磁器の場合、鉛やその他食品への使用が許可されていないものが含まれる可能性があるので気をつけてください。信頼できる会社が食器の用途でつくった質の高い磁器を購入しましょう。私たちのお気に入りは、パイレックスやデュラレックスのガラス製ボウルです。ほかの安価につくられた、鉛やカドミウムを含む可能性のあるガラス製品と違い、耐久性が高く毒性もありません。なお、飼い主は一般的に、犬用に大きめのフードボウルを購入する傾向があります。しかし大きな器に入れると正しい量でも少なすぎるように見えてしまうため、「見た目」を良くするためにフードをさらに盛ってしまいがちです。愛犬のために買ったフードボウルが大きすぎた場合、水入れとして使うことを検討してみてください。興味深いことに、水は犬の食習慣において重要な栄養素の１つ［水は栄養素ではないという考えが従来的には主流だが、欧米では広義な栄養素として捉える動きがある］であるにもかかわらず、水入れよりも大きいフードボウルを使っている家が多くあります。

③**浄水した水を使おう……**たとえあなた自身、水道水の味がどれだけ好きでも、あるいは水道局が報告書のなかでいかに水質を絶賛していても、少なくとも飲み水と調理用には、家庭用浄水器を買いましょう。人間が産業や農業で生産・使用する化学物質は、やがて飲料水として戻ってきます。家庭用の浄水器は、愛犬が摂取する水道水や井戸水からかなりの毒素を効果的に除去してくれます。最近の浄水技術は、手動で水を入れて使うシンプルで安価なポット型浄水器から、シンク下に設置する貯水タンクつきの浄水システムや、水源から入ってくる水を家まるごとすべて浄水できる炭素フィルターに至るまで、さまざまあります。一番最後のタイプが理想的で、特に定期的にフィルターを替えてくれるようなサービスに契約すれば、概して台所でもお風呂場でも水を信用できるようになるため、さらにおすすめです。活性炭による全館浄水や、蛇口や冷蔵庫など個別に取り付ける炭素フィルター、台所の逆浸透膜浄水器など、あなたの環境や予算に一番合った浄水技術を選びましょう。それぞれのタイプには長所と短所があるうえ、1つのタイプがすべての目的を果たすわけではないため、しっかり調べてください。

④**脱プラスチック……**暮らしのなかで使うプラスチックを最小限に抑えましょう。完全に避けるのは不可能ですが、プラスチック自体を制限し、それによってあなた（と愛犬）のフタル酸エステル類やBPAへの暴露を制限することは間違いなく可能です。ドッグフードや自分の飲み物をどう保存するか決める際には、常識を働かせましょう。可能であれば良質なガラス、陶磁器、ステンレスを使い、プラスチック製の袋に保管するのは避けます。どんなものであれプラスチックは、電子レンジ、調理、オーブン調理に絶対使ってはいけません。愛犬のおもちゃを買うときはプラスチック製をやめて、代わりに「BPAフリー」と書かれたラベルがついているものか、

100％天然ゴム、オーガニックコットン、麻、その他天然繊維を使ったアメリカで製造されたものを探してください。

⑤ **家に入るときは靴を脱ぎ愛犬の足を拭く……**多くの国では、家に上がるときは靴を脱ぐ習慣があります。家そのものやそこに住む人への敬意を示しています。しかしながらアメリカを含む欧米諸国では、靴を玄関（または外）で脱ぐのは一般的ではありません。とはいえ、靴を外で脱ぐのは、有害物質への暴露をもっとも簡単に避けられる手段の1つです。そうした有害物質には、病原菌、ウイルス、排泄物から、避けるべきあらゆる種類の化学物質を含む有害物質に至るまで幅広くあります。靴は、近所の工事現場の汚染された砂埃のほか、芝生や、近所の住宅、近くの公園、さらには家の外の舗道などで最近散布された化学物質を運んできます。犬は自然と人よりも地面に近いため、靴を脱ぐことは特に重要です。さらに一歩進めて、濡れた布（必要なら、オリーブオイルが主原料のカスチール石鹸を使います）で愛犬の足を拭いてもいいでしょう。冬に道路に塩を撒く寒い地域に住んでいる人は、この点は特に重要となります。冬の道路用塩で体調を悪くする犬はたくさんいます。自宅では、「ペットフレンドリー」の塩か砂を使いましょう。

⑥ **空気をきれいに……揮発性有機化合物（VOC）やその他の有害化学物質の出どころを最小限に抑える……**もしまだ持っていないなら、HEPAフィルターつきの高性能な掃除機を入手しましょう。HEPAはhigh-efficiency particulate air（高性能微粒子エア）の略語で、その製品がHEPAフィルターとして認められるには、空中に浮遊している直径0・3ミクロン以上の粒子を99・97％以上除去する必要があります。0・3ミクロンをわかりやすく比較すると、人間の髪

は一般的に、直径17〜181ミクロンです。HEPAフィルターはそれより数百倍細い粒子、つまりほとんどの埃、細菌、カビ胞子などを捉えることができます。VOCはたいてい埃に付着するため、HEPAフィルターつき掃除機は、自宅にある難燃性化学物質、フタル酸エステル類、その他のVOCを最小限に抑えるのに役立つのです。VOCがたっぷり使われた芳香剤、キャンドル、プラグ式芳香剤、カーペットクリーナーに気をつけてください。単純に、芳香剤、スプレー製品、プラグ式芳香剤、香りつきキャンドルはすべて自宅から取り除くことをおすすめします。こうした製品には、フタル酸エステル類や無数の化学物質が含まれています。**含まれるか否かわからないときは、取り除きましょう！**　カーペットがある場合、できるだけ頻繁に（少なくとも週1回）しっかりと掃除機をかけるようにします。一番長く過ごす部屋（居間、書斎、寝室など）に、HEPA空気清浄機を置くのもいいでしょう。換気扇がついている場所では、例えば台所（料理中）、お風呂（入浴中、シャワー中、そして身だしなみ用品をスプレーする際）、洗濯機のある場所（洗濯中）など、換気扇を回してください。定期的に、窓台を濡れ雑巾で拭き、ブラインドには掃除機をかけます。タイル張りの床やビニール床はモップで水拭きし、木製フローリングは定期的（可能なら週1回）に掃除機をかけるか乾式モップで拭きます。接着剤やペンキ、溶剤、洗浄剤など、有害物質ではあるものの必要なものは、生活空間から離れた物置や車庫に保管しましょう。

⑦**芝生の手入れ法を考え直す**……犬は保護服や靴を身につけていないうえ、蓄積された化学物質を洗い流すために定期的にシャワーを浴びるわけでもないため、肥料や殺虫剤、除草剤を含む屋外の芝生用の化学物質は、犬にとってずっと有害です。自然素材を使った有害生物駆除サービスや

芝生の手入れ法は存在します。今あなたの庭の物置や車庫にあるラウンドアップなどの合成殺虫剤や除草剤は、別のものにしましょう。安全でありながら効果的に雑草を取り除く、毒性がそこまで高くないオーガニックな除草剤は各種あります（www.avengerorganics.com は、ペット愛好家に人気の製品を扱っています）。家族のがんリスクを引き上げることもありません。www.getsunday.com のような、化学物質を含まないオールインワンの（自宅の土壌、気候、芝生に合わせた）芝生保守キットをすぐ使える状態で自宅に届けてくれる芝生の保守プログラムは、世界中で生まれています。

合成農薬のような名称が入っていないか、原料をチェックしましょう。オーガニック除草剤のなかには、クエン酸、クローブ油、シナモン油、レモングラス油、D—リモネン（ライム由来）、酢酸（食用酢）などを使っているものもあります。自然な除草剤の1つであるコーン・グルテン・ミールは、一般的にドライドッグフードに入っている原材料ですが、メヒシバの除草の方が適しています。有益な線虫の活用も忘れてはいけません。庭に放せば、ノミの幼虫、マダニ、アブラムシ、ダニ、その他の虫を食べてくれ、人間、植物、ペットには無害です。学びを始める場所として、ウェブサイト www.gardensalive.com はぴったりです。庭用の（鉛、BPA、フタル酸エステル類を浸出する）従来的なホースは、NSF（国立衛生財団）の認証を受けたフタル酸エステル類を含まないポータブル・ウォーターホースに取り替えましょう。PVCフリーのものが入手できればさらに安心です。そのホースは、プールから上がってきた犬を洗う際にも使いましょう！　持続可能でオーガニックなガーデニング方法の情報やアイデアは、イギリスの慈善団体サステナブル・フード・トラストのウェブサイト（www.sustainablefoodtrust.org）を参考にしてみてください。

獣医用殺虫剤のサポート

ノミ、ダニやフィラリアに使う駆除剤をどのくらいの頻度と程度で使うべきかについては、リスクとメリットを比較して評価するなど、一般常識を使って判断できます。例えばあなたの愛犬がマルチーズで、害虫駆除を定期的に行っている裏庭からほとんど出ないなら、愛犬に大量のマダニがたかるリスクは、深い森にキャンプやハイキングによく行く場合と比べてほとんどないはずです。リスクが高い森で愛犬と過ごすことが多いのなら、化学物質で守ってあげつつ、体内の解毒化経路をサポートしてあげる必要があります（第4章で説明している手順を参照してください）。

天然の虫除け（植物由来か毒性の低い化学物質でできているのが一般的です）は、愛犬に寄生虫を寄せつけないようにはしますが、常に100%効果があるわけではありません（ちなみに、化学的な殺虫剤も同じです）。「Preventives」（予防薬）とは、犬への使用がFDAに承認された化学物質（殺虫剤）のことで、特定の寄生虫や複数の種類の寄生虫を殺すものとして、それぞれの化学物質が承認されています。こうした獣医用殺虫剤は、さまざまな副作用の可能性があります。USDAは2003年、環境にやさしい殺虫剤スピノサドにオーガニック認証を付与しました。学名 *Saccharopolyspora spinosa* と呼ばれる土壌菌の発酵果汁に由来する比較的新しい殺虫剤で、やっかいな昆虫には有毒ですが哺乳類には毒性がなく、イソキサゾリン系の製品（ブラベクト、シンパリカ、ネクスガード）よりも安全性の高い選択肢かもしれません。イソキサゾリン系の製品を使用している犬の飼い主を対象に行われた最近の調査では、原材料に何かしらの反応が出ると答えたのは、66％に上りました。ＦＤＡは２０１８年9月20日、イソキサゾリンを含む製品が、筋肉の震え、運動失調、発作などの有害事象をペットに引き起こすとの警告を発表しました。ＦＤＡはイソキサゾリンを含む製品のメーカーと連携し、ラベルに神経面のリスクに関する警告が掲示されるようになりました。

愛犬の解毒経路がどれだけ機能しているか（愛犬が体からどれだけ化学物質を除去できるかが決まります）、投薬頻度、免疫状態などによって、どの殺虫剤にも特有のリスクとメリットがあります。犬のリスク特性に基づき、リスクとメリットは個別に見極めるべきです。また、マダニなど犬の寄生虫の多くは人間にも感染する可能性のある病気を持っているため、愛犬と同じくらい、あなた自身もリスクにさらされていることを忘れないでください。並行して使用する害虫駆除剤をどう選ぶかについては、屋外で遊ぶのが好きな子どもや自分自身にするであろうことを、愛犬にもしてあげてください。愛犬にとって適切な寄生虫対策は何かを判断するには、次のことを考慮しましょう……

▼愛犬は、体内から殺虫剤の排出が困難になるような基礎疾患を抱えているか？（肝臓シャント、肝酵素の異常、その他先天性異常）

▼居住地は、特定の寄生虫に対するリスクが低いか、中くらいか、高いか？

▼中～高リスクの地域に住んでいる場合、危険にさらされる頻度はどのくらいか？　毎日？　週１回？　月１回？

▼害虫には年間を通じてさらされるか？

▼体外につく目視が可能な寄生虫（ノミやマダニなど）について、定期的かつ徹底的に自力で自分

と犬をチェックできるか？　あなたか愛犬が屋外で拾ってくるかもしれない害虫を見つける第一の手段となるため、この質問は重要です。

▼解毒の手段は準備できているか？　居住地が高リスクの地域で屋外で過ごすことが多いなら、何らかの化学物質の使用は避けられないでしょう。しかし薬剤のタイプや使用頻度は、リスクが低くなる季節には調整すべきです。もし化学物質を使うなら、解毒の手段を用意しておくようおすすめします。そうでないと、愛犬の体内の殺虫剤蓄積量がかなりの量になってしまいます。私たちがインタビューした複数の微生物学者は、ノミやマダニ対策で化学物質を日常的に使っているなら、プロバイオティクスやマイクロバイオームの活用をすすめています。

もし高リスクの環境に住んでいるもののそこまで寄生虫に触れるリスクがない場合、あるいは低リスクの環境に住んでいるものの実際のリスクが高い場合、混合型の寄生虫対策が一番合理的かもしれません。自然由来の防虫剤と化学物質による予防薬を交代で使うのです。マダニが特有の地域なら、使用している予防法にかかわらず、少なくとも年1回は、ダニ媒介感染症の診断検査を獣医にしてもらうようおすすめします。詳細は、添付資料2ページをご覧ください。

手づくり防虫スプレー

・ニームオイル小さじ1杯（5ミリリットル）（ニームオイルは健康食品店かお好みの高品質エッセンシャルオイルのメーカーから入手可能）

・バニラエッセンス小さじ1杯（5ミリリットル）（台所の棚にあるものでＯＫ。ニームオイ

ルの持ちが良くなります）

・ウィッチヘーゼル1カップ（237ミリリットル）（ニームオイルが溶液に混ざりやすくなります）

・アロエベラ・ジェル60ミリリットル（液体の分離を抑えます）

原材料をすべてスプレーボトルに入れ、よく混ざるまでしっかりと振ります。振ったらすぐに犬にスプレーしてください（目は避けること！）。屋外にいる間は4時間おきに繰り返します。使用前に毎回よく振ってください。屋外から戻ったら、虫を除去するために必ずノミ取りコームでとかしてあげましょう（100％効果がある殺虫剤や天然の防虫剤はないことを忘れないでください）。効果を最大にするには、2週間おきに新しい溶液をつくります。

手づくり防虫首輪

・レモンユーカリオイル10滴（これらのオイルはすべて、お好みの高品質エッセンシャルオイルのメーカーから購入してください）

・ゼラニウムオイル10滴

・ラベンダーオイル5滴

・シダーオイル5滴

オイルをすべて混ぜ、バンダナ（または布製の首輪）に5滴落とします。屋外にいる間は犬にこのバンダナをつけさせます。屋外から戻ったらバンダナを外してください。屋外に行く前には毎日、改めてバンダナに5滴ずつつけます。繰り返しになりますが、屋外から戻ったら、ノミ取りコームをかけて虫を除去しましょう。

備考……これらの材料に愛犬が敏感なものが含まれる場合は使わないでください。

予防原則を実践しよう……予防原則とは、化学物質の効果が未知あるいは疑われている場合は、のちの悪影響を避けるために、今のうちに暴露を抑えるものです。疑わしければ避けましょう！

⑧ **一般家庭用品を見直す**……天然素材だけでできているオーガニックな犬用ベッドを買いましょう。自分のマットレスを新しいオーガニック素材のものに買い替えるだけの金銭的な余裕がない場合(ほとんどの犬は、私たち人間のベッドに入ってきます）にできる最善策は、オーガニックコットンか麻、絹、綿100％の保護カバーを買うことです。もし犬用のベッドをオーガニックに買い替える余裕がない場合も、同じように犬用ベッドにカバーをつけるといいでしょう。シンプルなオーガニックコットンのシーツかひざ掛け、ブランケットなどでも代用できます。VOCフリーの洗剤で毎週洗濯し、柔軟剤は使わないでください。家庭用の洗剤や消毒剤、染み抜きなどを購入する際は、大昔から使われているシンプルな原材料の地球にやさしい製品を選びましょう（例

えば、ホワイトビネガー、ホウ砂、過酸化水素、レモン汁、重曹、カスチール石鹸など）。家庭内で化学物質をベースにした消費財を使いすぎると、ほとんどの時間を家で過ごす犬にとってはなおさら悲惨な状況となります。家に持ち込む製品は注意深く吟味しましょう。「安全」「無毒」「グリーン」「天然」などと書かれているラベルには注意しましょう。こうした表現には、法的な意味はありません。ラベルをしっかり読み、原材料を確認し、警告文には特に気をつけます。害がなく効果的かつ経済的な原材料を使った自作の洗浄剤でもかなり効果があります。オンライン上では、よく知られた無毒の原材料を使った簡単なレシピがたくさん見つかります。「香料は取り除くこと」を思い出してください。連邦法では、「香料」として記載されている化学物質に関しては、メーカーはいかなる物質も公開する必要がないため、不誠実な企業は、あまり精巧とも言えないこの抜け穴を悪用して、有毒な原材料を隠しています。ラベルに「苛性」と記載があったり「飲み込んだ場合は中毒事故管理センターに連絡を」との警告が書かれたりしている化学物質をどうしても自宅で使わなくてはならないなら、化学残留物をすべて拭い去るために、水で二度拭き、三度拭きしましょう。

⑨ **犬の衛生まわりを考える……**犬用のシャンプーから耳掃除、歯磨きに至るまで、グルーミング用品はオーガニックまたは化学物質フリーのものを選びましょう。愛犬の体内に入れたり体に使ったりする製品の原材料を吟味します。例えば、涙やけを取るパウダーの多くは、愛犬のマイクロバイオームをやがて破壊しかねない、少量の抗生物質（タイロシン）が含まれています。食糞症（うんちを食べること）の防止薬のほとんどに、動物実験では行動障害や神経内分泌系の問題を引き起こす可能性が示されているＭＳＧ（グルタミン酸ナトリウム）が含まれています。

手づくり歯磨き粉レシピ……重曹大さじ2杯＋ココナツオイル大さじ2杯＋ペパーミントのエッセンシャルオイル1滴（お好みで）。材料を合わせてよく混ぜてペーストをつくり、ガラス容器に保存します。指にガーゼを巻いてペーストを指につけ、毎晩夕食のあとに愛犬の歯をマッサージしましょう。

⑩ **口腔の健康維持**……誰もが、口腔衛生に潜むパワーをかなり過小評価しています。しかし口腔の健康は、全身性炎症にどれだけ耐えられるかを含め、私たちのあらゆる面に関わっていることを科学がはっきりと示しています。口や歯茎が清潔で感染症がないとき、危険な炎症や歯の病気のリスクが低下します。推定で最大90％の犬が、1歳の時点で何らかの歯周病にかかっています。人間用の練り歯磨きには、甘味料キシリトールが含まれていますが、犬にとっては命取りになりかねません。フッ素も犬にとって安全ではないため、ペット用につくられた口腔ケア用品を使ってください。愛犬の口腔の健康は、生の骨を使ってさらにケアできます。オーストラリアで行われたある研究では、肉がついた生の骨を与えただけで、3日以内に90％の歯石が除去されました！（生の骨を与える際のルールについては、添付資料12ページをご参照ください）

⑪ **ワクチン抗体価検査を活用する**……抗体価検査とは、ペットが過去に受けたワクチンについて、その病気に対する現在の免疫の情報を提供してくれる血液検査です。人間の場合、免疫が数十年続き、ほとんどのケースでは一生続くため、子どものときに受けたコアワクチン（誰もが受けるべきワクチン）のブースター接種を大人になっても毎年受けることはありません。同様に、子犬

のコアワクチン接種も通常、効果が何年も（多くは生涯）持続する免疫がつきます。ほとんどの国において法律で義務づけられている狂犬病予防接種を除き、全ウイルス性疾患用のワクチンを自動的に再び受けさせる代わりに抗体価検査を行えば、（過剰に接種させずに）活発な免疫系を維持するのに必要なものだけを受けさせることになります。そのため、化学物質（免疫補助剤）によるペットへの負荷を下げるのに役立ちます。抗体価陽性とは、ペットの免疫系が効果的に反応できるという意味であり、その時点では追加的なワクチンが不要になります。私たちがこれまで会ってきたフォーエバードッグはどの子も、子犬のときにワクチンを受けたものの、成犬になってからは毎年受けるのではなく、接種のタイミングを調整していました。

⑫**騒音公害と光害の抑制**……人工照明にそこまで頼らなくて済むように、家のすべての部屋にできるだけ自然光を入れるようにしましょう。蛍光灯と白熱灯はどちらも、太陽光の全スペクトルが含まれるわけではありません。愛犬から自然な太陽光を奪うと、概日リズムの乱れやうつに至るまで、健康面で影響があることがわかっています。体内時計をもっと尊重しなければいけません。夕食後、あるいは遅くとも午後8時までには家の照明を落とし、ブルーライトを出す画面（スマホ、パソコンなど）は閉じるか、使用を最小限にしましょう。パンダ博士の家では、夕食後に天井の照明はすべて消すそうです。私たちもそれにならっています。博士は、「視野に必要な光は、健康に必要な光とは異なる」と、覚えやすい言葉で表現しています。手持ちのテーブルランプに使える調光スイッチは、10ドル（約１５００円）以下で安く手に入ります。就寝時間に近づいたら明るさを落として、メラトニンのバランスを保ち「オン」の状態にしましょう。家のなかで静かな部屋を確保し、テレビの大きな音のような、異質で耳障りな騒音が入ってこないようにしま

す。夜間はルーターを切りましょう。もしあなたが愛犬の就寝時間を過ぎても娯楽を楽しむ（つまり光と騒音を出す）夜型の場合、愛犬にとって、暗くて涼しくて落ち着いた安全な隠れ場所をつくってあげてください。

⑬ **積極的なウェルネス・チームを結成**……愛犬の健康への旅のサポートなら、ペット関連の独立系小規模小売店が頼りになります。その地域だけで経営されているこのような小売店はたいてい、従業員は非常に情熱を持った愛犬家で、ペットフードの選択肢の知識が豊富なうえに、店内で扱っているブランドについて独自に調べています。そうした人たちはまた、動物のウェルネスに関心を持つコミュニティにいるほかの専門家とのつながりも豊富なので、リハビリや理学療法の専門家、地元のトレーナー、予防獣医学を実践する獣医などを探しているときに助言してくれます。たいていは人間の健康と同じで、自分のヘルスケア・チームを組むかのよう

光害を抑制しよう

夜間の
明るい画面&光
・メラノプシンを活性化し覚醒状態にする
・睡眠ホルモン、メラトニンの低下
・概日リズムの乱れ
昼間の
薄暗い室内
•概日リズムの昼夜ズレ
•うつと不安症の助長
•覚醒度の低下

に、愛犬のヘルスケア・チームを選ぶことになります。ほとんどの人は、メンテナンスや健康のため、あるいは病気予防などで相談する、かかりつけ医、産婦人科医、カイロプラクターやマッサージ師、栄養アドバイザー、パーソナルトレーナー、歯科医、皮膚科医、セラピスト、足専門医がいるものです。年齢を重ねていくと、これにがん専門医、心臓専門医、内科医、外科医なども加わっていきます。目指すところは、体の特定部位や治療法の一面だけにフォーカスしたさまざまな専門家の知識を各種取り混ぜて、自分の心身の健康に向けたアラカルト・メニューをつくること。しかも、賢明な生活習慣を維持したおかげで病気が予防でき、そのためあとで専門家が必要になることがないほど、上手なアラカルト・メニューにすることです。医療的にも物理的にも、町医者がすべてを行っていた時代は終わりました。医療の分散はまた、世界の多くの地域において、獣医学の分野にも到達しています。ペットの飼い主の多くは、かかりつけの獣医のほか、総合医療または機能性医学の観点からウェルネスにアプローチする獣医、診療時間後の救急クリニック、ケガの治療（または予防）でリハビリを受けるための理学療法士、はり師やカイロプラクターなどを使っています。人里離れたところに住んでいるなどで、健康維持のための各種サービスが手近になくても、心配しないでください。本書を読むことがすばらしい第一歩ですし、あなたが自分と愛犬のために、博識で情報通なヘルスケア擁護者になるべく力を貸してくれる、信頼できる情報源がインターネット上にはたくさんあります。

最後に、心身の健康を向上させるために、無料でできることがたくさんあります。本書のアイデアを取り入れるのに、お金持ちである必要も、ボーナスまで待つ必要もありません。

運動は、二十数種類以上のサプリと同じ効果を発揮するうえ、自然な方法で愛犬の体から毒を排出してくれます。無料のデトックスです！　資金不足なら、アンチエイジングの強力なツールとして運動を活用しましょう。サプリでは補えないＢＤＮＦを愛犬が充分つくるためには、体を動かす機会を毎日与えなければいけません。ＢＤＮＦはストレスとフリーラジカルで減少し、有酸素運動と充分なビタミンＢ５（きのこ類に含まれます）で増加します。

また、メラノプシンを刺激する朝の散歩や、メラトニン分泌を促す夜の散歩も忘れないでください。ブラインドを開けて自然光をできるだけ取り込み、夜間はルーターをオフにし、手づくりの頭の体操ゲームを毎日行い、遊ぶ日を予定に組み込み、愛犬の体重を維持し、時間制限給餌を実践し、就寝時間の少なくとも2時間前には食べ物を与えるのをやめます。食べる時間枠を設定するだけでも、愛犬の代謝面・免疫面の健康は著しく改善します。

これは、愛犬の長寿に向けた環境をつくるために本書で取り上げた提案の一部にすぎません。そんなにお金はかかりません。例えば自分の食料品を購入する際、凹んだり傷ついたりして安く売られている農作物を探して、冷凍しておきましょう。残り物の野菜を、愛犬のフードボウルへとリサイクルしましょう（ソースは除いてください）。自家栽培しましょう。生協に入りましょう。地元のファーマーズ・マーケットの人たちと知り合いになりましょう。食べ物をテイクアウトした際の彩りについていたパセリを無料の主要長寿トッピングとして取っておきましょう。自宅のスパイスラックにある料理用スパイスのうち、犬に安全なものを愛犬のごはんに乗せてあげましょう。自分が食べ残したチキンの骨を茹でてスープをつくりましょう。ハーブティーを愛犬の分を入れて2人分つくりましょう

(冷ましてから愛犬のごはんにかけてください)。愛犬を森に連れ出し、土で遊ばせたり湖で泳がせたりしましょう。愛犬がもっと長くもっと健康に暮らせるようにするために毎日できる、斬新かつ経済的なアイデアは無限にあります!

愛犬の心身の健康を徐々に改善していくプロセスは、ちょっとした進化ともいえる旅路です。犬と人間は数千年にわたりともに進化してきました。頼り合い、学び合い、耳を傾け合い、そしてお互いの身体的・精神的な健やかさを互いに支え合って高めてきたのです。あなた自身のフォーエバードッグを育てる冒険に乗り出すときは、次のことを忘れないでください。犬は今この瞬間に生きています。今というこの瞬間は、健康の旅をともにまい進し、もっとも長くて充実した「おうちへ帰るまでの道のり」にするための最高の機会なのです。

長寿マニア、本章での学び

▼犬は最低限20分間、心臓が継続的にドキドキする程度の運動が週3回以上必要です。ほとんどの犬にとって、もっと長くて回数が多い方がメリットがあります。20分より30分~1時間、週3回より6~7回の方がいいでしょう。運動の内容についてはクリエイティブになって、愛犬が何が好きかを探りましょう。

▼脳の体操は、体の運動と同じくらい大切です(www.foreverdog.comでアイデアを紹介して

います）。

▼毎日の運動に加え、朝晩1日2回、概日リズムをつくるスニファリに連れ出しましょう。少なくとも1日1回は、愛犬が興味を持つもののにおいを好きなだけ嗅がせてあげます。リードを引っ張ってはいけません。

▼犬を里親として迎えるにせよ購入するにせよ、責任を持って行ってください。犬を購入するなら、遺伝子的な観点から健康的な子犬を繁殖させることに注力している、しっかり研究を重ねた有資格のブリーダーに依頼します（犬を購入する前に投げかけるべき質問については、添付資料の8ページ参照）。

▼保護犬を受け入れるなら、愛犬のＤＮＡを知らなくても問題ありません。関心があれば、遺伝子検査（www.caninehealthinfo.orgやwww.dogwellnet.comを参照）で知ることができます。遺伝的な傾向の多くについては、あなたが生活習慣要因をコントロールすることで、後天的にポジティブに働きかけることができます。

▼情緒面にかかる慢性的なストレスは、継続的に社会的な関わりや精神的な刺激を与えたり、犬が主役の愛犬が好きなアクティビティをさせたりすることで、最小限に抑えましょう。

▼環境ストレスを最小限に抑え、愛犬の化学物質の負荷を減らすために、本章で紹介した13項目のチェックリストを活用しましょう。

それでは、フォーエバードッグの1日の例を見てみましょう。本書を読んでいるほとんどの人は、ドアを開けて愛犬を放せば、好きなように1日を過ごして最高の暮らしをしてもらえるような農場に住んでいるわけではないでしょう。飼い犬のほとんどは、私たちの帰りを待っているのです。犬にとって意義深い選択、運動、取り組み、遊びをつくり出すための責任は、私たちの肩にかかっています。愛犬の心と体に栄養を与える「愛犬にとってすてきな日々」を意図的につくってあげるよう、自分に誓いを立てましょう。

愛犬にとってすてきな1日とは、どんな日でしょうか？　誰にとっても同じなわけではありません。私たちのコミュニティでは、たくさんの人たちがフォーエバードッグの原則を実行に移し、各自のライフスタイルに合った「フォーエバードッグの日」をつくり上げています。そして私たちは幸運にも、それを実際に目にしてきました。では、ステイシーとチャームの例を見てみましょう。

ステイシーはピッツバーグ在住の26歳の女性で、プロのドッグウォーカー（散歩代行）です。チャームは保護されたヨープー（ヨークシャーテリアとトイプードルのミックス）、8歳です。ステイシーの仕事が早朝に始まる日は、朝の運動の時間はありません。そのため、その日のルーティンはこんな感じです……

▼朝一番に、自宅のカーテンとブラインドをすべて開ける。
▼浄水したばかりの水をパイレックスのガラス製ボウルに汲む。
▼犬の朝ごはん……手づくりごはん少量を、天然素材だけでつくられたカリカリ大さじ1杯と混ぜ、温かい骨スープをかける。サプリは食べ物に隠す（ステイシーの仕事中にチャームがうんちをしなくて済むよう、ステイシーは朝のごはんをたくさんはあげません）。
▼概日リズム調整のためのスニファリ10分（チャームにとってはにおいを嗅ぎ、うんちやおしっこをし、さらににおいを嗅げる時間であり、ステイシーにとっては新鮮な空気を吸いつつコーヒーを飲める時間）。
▼ステイシーは6時間仕事に出かけ、遅いランチの時間に帰宅。自分のランチを温めている間に、主要長寿トッピングをトレーニング用のごほうびとして使い、「おすわり」「待て」「伏せ」を数分練習。ステイシーがランチを食べている間に、チャームはフリーズドライのお肉を使った、インタラクティブな脳ゲームのおもちゃに取り組む。
▼チャームと一緒に20分間のパワーウォーキング。帰宅後、再び仕事へ。
▼ステイシーが仕事から帰宅。ウォーミングアップとして綱引きをしてから、裏庭で激しいキャッチボール。犬の夕食（チャームの主なカロリー源）……「薬効きのこスープ」（313ページ参照）で戻したフリーズドライのフードに、健康のためのサプリをプラス。ステイシーは自分の夕食用に使うのと同じ野菜をみじん切りにし、主要長寿トッピングとしてチャームのごはんに混ぜる。
▼ステイシーが食事中は、「リックマット」（食べ物を塗りつけて舐めさせるもの）に市販の生のフード大さじ1杯を塗ってチャームの気を逸らす（かなり効果があります）。
▼食後10分間、概日リズム調整のスニファリ。たいていは近所の犬と顔を合わせるので挨拶をして

交流。

▼家の照明を落とし、カーテンを閉める。

▼就寝時間……テレビとルーターをオフにし、チャームの歯を磨き、心が落ち着くような軽いボディマッサージ（ついでに頭から爪先まで健康チェック）。消灯。

明日はどんなフォーエバー・デーになるでしょうか？

エピローグ

新たに行われた研究によると、犬を飼うことによる心理面へのメリットは、本物です。しかも、かなりの説得力があります。アメリカでは「パンデミック犬」の受け入れが急増しました（非営利のデータベースであるシェルター・アニマルズ・カウントによると、２０２０年、里親による犬の受け入れ件数は30％増）。これは、犬がメンタルヘルスを向上させ、孤独を軽減してくれるものだと、私たち人間が総体的に犬に信頼を寄せている事実を鮮やかに示しています。私たちが数千年にわたり逸話的に知っていたことは今や、研究によって裏づけられています。研究に次ぐ研究が、ペットを飼うことが、人生を楽観視し、うつや不安の症状を和らげる助けになると示しているのです。犬は私たちの心にも、健康にもよいのです。著者であり動物のエキスパートでもあるカレン・ウィネガーは、こんな言葉でぴったり言い表しています。「人間と動物の絆は思考力を越えて、心と感情を直接結びつけ、ほかに比べるものがないほど私たちを育んでくれる」。まさに、そのとおりです。犬は、ほかのものとは比べものにならないほど、私たちの魂に栄養を与えてくれます。私たちの人生をとても豊かにしてくれます。だからこそ、愛するペットを失うときは、人間の家族や友人を失うのと同じくらい、ときにはそれ以上、つらい思いをする可能性があります。

犬はこれまで私たちに、多くを与えてくれました。今度は、私たちが与える番です。みなさんが自分の愛犬に、可能な限り尽くしたいと思うようなきっかけに、本書がなればいいなと私たちは願っています。人が動物の世話をしようと心に決めるとき、その子をきちんと扱うという、道徳的責任を負うことになります。適切な飼い主になるぞと、心のなかで誓うのです。愛犬にとって正しいことをしたいと考えます。新たに伴侶となったもふもふの大切な子が、幸せで、満たされ、健康でいてほしい、犬としての自分を思う存分表現してほしいと願います。そしてこれを行う最善策は、愛犬の体、脳、魂を刺激したり栄養を与えたりする環境をつくり、生活手段を提供することです。

とはいえ、自分がこれまでやってきた「かつてのやり方」を責めたり、そのせいで罪悪感を抱いたりしないでください。ペットフード業界は、犬が健康的に長生きするには、超加工され、気の抜けたような栄養が含まれた食べ物さえあればいいと、飼い主をまんまと思い込ませてきたのです。でも今のあなたなら、もう大丈夫。

本書を読んだあなたは、あなたにぴったりなフォーエバードッグのウェルネス計画をつくるための科学的知識（なぜ）とツール（「ハウツー」）をすべて手にしています。そしてそのおかげで、あなたの愛犬は大変革をもたらす健康の旅へと出発することになるのです。大がかりな見直しは必要ありません。少しずつの変化が、パワフルな結果をもたらします。大枚をはたく必要もありません。冷蔵庫に入っているオーガニックのブルーベリーが、愛犬のゲノムに語りかける強力な抗酸化物質のパンチを送り出してくれます。私たちが本書で目指すところは、あなたが自分と愛犬のために適切な選択肢を選ぶにあたり、必要な情報を提供することです。正しい知識があれば、正しい行動が取れます。愛犬の食事やアクティビティを計画する際に確認できるよう、本書を常に手元に置いておき、最新情報や参照文献は私たちのウェブサイトで確認してください。それから、食べ物やアクティビティはいろいろなものを取り混ぜるのも忘れないでください。バラエティは人生のスパイスであり、フォーエバードッグを育てるためにもとても大切です。

どこから始めればいいのかと、今は及び腰になっているかもしれないし、自分がきちんとやれるのだろうかと不安を感じているかもしれません。でも、やめないでください。お約束します。できますから！　本当に、そんなに難しくはありません。確かに、全力で取り組む必要があるし、時間もかかります。でも、あなたは全力で取り組む準備ができていると、私たちにはわかっています。だって、本書をもうすぐ読み終えるじゃないですか！　それから、自信が知識に追いつく日が必ず来ることも約束します。どうかそれまで、がんばって奮闘を続けてください。読み続け（ラベル、記事、本）、調べ続け（ネット上に情報はたくさんあります）、そして動物のウェルネスに関心を持つコミュニティともっと深く関わり続けてください。世界には、私たちのような人たちがたくさんいます。探し始めさえすれば、自分に合ったサポート・コミュニティが見つかるはずです。回数をこなせばやがて、不安は小さくなり自信は大きくなります。なかには、自分にぴったりなのでフォーエバー・ルーティンとして定着するものもあるでしょう。試したけどやめるものもあるはずです。それがまさに正しい取り組み方です。

最高の瞬間は、こんなときです。あなたはある日、ふと悟るのです。自分が愛犬にとって、正しいことをしていると。なぜなら、愛犬がそう教えてくれるから。愛犬のエネルギー、輝き、生命力、改善した健康、軽やかな足取り、キラキラした目――それを見て、あなたは知るのです。健康と長寿というかけがえのない贈り物を、自分が愛犬にあげたことを。フォーエバードッグを育てるために自分の役目を果たしたのだと悟る以上に、満足感に満たされるものはありません。よくやりました。さらなる成功を祈っています。ずっと永遠《フォーエバー》に。

謝辞

お礼をお伝えしたい人は、たくさんいます。とんでもないほど激しく謹んで感謝している人が、とにかくたくさんいるのです。本書は、喜びに満ちた、協力的かつ共同的な取り組みであり、数多くの人たちが、本書が本来あるべき姿である「世界中の犬にとっての健康革命」とするために、惜しげもなく知見、時間、専門知識を分け与えてくれました。本書に登場する世界的な専門家や科学者を始め、立ち上げ当初からこのプロジェクトをサポートしてくれた、すばらしい人たちに私たちはインタビューし、つながり、手を組み、学びました。本書に対する彼らのワクワク感や、自分の研究についてシェアしたいという熱意――犬がより健康に長生きするよう助けたいという彼らの根本的な目標――は、このプロジェクトの始めから終わりまで、私たちにとってものすごい刺激になりました。世界屈指の高齢犬の何匹かやそのすばらしい飼い主に会えたことは、一生に一度の貴重な宝物であり、言うまでもなく決して忘れはしないでしょう。

シンディ・ミールには、私（ロドニー）をジョニ・エヴァンスに紹介してくれたことにお礼を言います。ジョニがキム・ウィザースプーンに話すよう提案してくれ、最終的にはキムが本書の制作そのものを導いてくれました。ハーパーコリンズのすべてにも感謝しています――ブライアン・ペリンは、コロナ禍に本を刊行するという難しいタスクを取りまとめるために、私たちのチームであるレイチェル・ミラー、マーク・ルイス、ビア・アダムスとともに、ケネス・ジレットやマーク・フォルティエのチームとそれぞれ協力してコツコツと取り組んでくれました。ハーパーウェイヴのカレン・リナルディは、優れた腕前でプロジェクト全体を指揮し、私たちにとってこの冒険における最大の財産であるサイエンス・ライターのクリスティン・ロバーグを紹介してくれました。クリスティン、何百という参照文献やインタビューをきちんと把握してくれ、ロドニーが数年かけて培ってきた科学的知識をまとめる手伝いをしてくれて、ありがとう。これだけ幅広い読者層に向けたこのような膨大な情報の整理は、まさに圧倒される思いでした。でも大丈夫だとあなたは約束してくれ、そして実際に大丈夫でした。あなたと一緒にできて、本当に良かったと思っています。

それからボニー・ソロウは編集面で、原稿をさらに良くするためにかけがえのない提案をしてくれました。ジョーおばさん（シャロン・ジョー・エルロッド博士）、スティーヴ・ブラウン、スーザン・シックストン、タミー・アッカーマン、ローリー・コガー博士、サラ・マッケイガン、ジャン・カミングス、そして私（カレン）の永遠の親友スーザン・レッカー博士、みなさんの編集面での提案に感謝します。ペットの健康に全力で取り組む、格別に才能豊かな専門家集団の一員でいられる私たちは、とても光栄です。ルネー・モリン、私たちが運営する次世代のペット・ペアレントのためのオンライン・コミュニティ「インサイド・スクープ」でのあなたの揺るぎないサポートのおかげで、誰もが温かく迎え入れられたと感じています。舞台裏でのあなたの力添えはとても貴重です。ほかにも、ニッキー・タッジ、ホイットニー・ラップ、プラネット・ポウズのチームのみんな、そしてもちろん常に誠実な家族など、たくさんの人が即座に手を差し伸べてくれました。本書をつくっている間、私たちのママであるサリーとジャニーンが提供してくれた、健康的でおいしい手づくりごはんのおかげで、働きながらもきちんと栄養を取ることができました！

ママ・ベッカーには、おやつをつくってくれたのみならず、執筆で私（カレン）があまりにも忙しかったときに、私が飼っているすべての動物たちのごはんをつくってくれたことに、感謝します。そして何日も夜通しで編集作業をしてくれたアニー（カレンの姉妹）へ。わかりやすさやまとまりを出すためにしてくれた提案は、極めて貴重でした。それから、動物を愛するウェルネス・コミュニティや、本書を求めてくれた、世界中の数多くの長寿マニアの人たちにも、深く感謝しています。動物のウェルネスを擁護する知識豊富な人たちによる国際的なネットワークは、日ごとに大きくなっていきます。フォーエバードッグの原則を実行して驚きの結果を出しているみなさん、あなたの揺るぎないサポートと刺激的な証言が、私たちの人生で果たすべき使命と魂に燃料をくべてくれます。最後に、私たちの人生にいてくれ、もっともパワフルな教師であり親しい友でいてくれる愛犬たちへ、本書を始めたときと同じように、もっとも深い感謝を表現せずに終わらせるわけにはいきません。愛犬のおかげで私たちは、さらに良い人間になれます。私たちの願いは、本書がすべての人をより良い飼い主にしてくれることです。

添付資料

おすすめの検査

年1回の検査は、健康維持に欠かせません。犬は人間よりもずっと早く歳を取るため、加齢が始まる（または新しい症状が出る）なかで健康管理がきちんと最新状態で行えているかを確認するために、私は患者さんの多くを中年期以降は半年ごとに診ています。ウェルネスとは常に変化するプロセスであり、健康寿命を最長にするというゴールを達成するには、患者の食事や個別の健康対策を常に修正していく必要があります。愛犬の年1回の健康診断で重要な要素としては、身体検査に加え、基本的な検査（全血球計算や血液化学検査を含む）、検便による寄生虫検査、尿検査があります。健康状態の見極めや、年齢をうまく重ねているかを判断するのに役立つ付加的な診断法もあります。こうした検査は、愛犬の病気予防としてさらなる助けになります……

▼**ビタミンD検査**……犬と猫は、太陽光からビタミンDをつくることができないため、食事から取る必要があります。残念ながら、市販のペットフードの多くに使われている合成ビタミンDは、一部のペットには吸収しにくい可能性があります。また手づくりごはんは、完璧なバランスを考慮してつくったものでない限り、ビタミンDが不足しがちです。ビタミンD検査は、通常の血液検査に加えるオプションとなりますが、かかりつけの獣医に加えるようお願いすることもできます。ビタミンD不足は、免疫反応の異常など愛犬にとって良くない影響がたくさんあります。

▼**ディスバイオシス検査**……免疫系の70％以上が腸内にありますが、ペットの多くは、吸収不良、消化不良、そして究極的には免疫システムが弱ったり機能不全になったりを引き起こす腸関連疾患に苦しんでいます。

良好な健康を改めてつくるには、リーキーガットや腸内菌共生バランスが崩れたディスバイオシスガットを見つけて対処することが非常に重要です。衰弱していたり、慢性病を患っていたり、高齢だったりのペットならなおさらです。

▼**C反応性タンパク（CRP）**……犬の全身性炎症をもっとも敏感に検出できるマーカーの1つで、今では獣医が検査をすべてその病院内で行えるようになりました。

▼**心臓バイオマーカー（脳性ナトリウム利尿ペプチド、BNP）**……シンプルな血液検査で、心臓が損傷していたりストレスを受けていたりするときに放出する物質を測定できます。心筋炎、心筋症、心不全の診断テストに最適です。

▼**A1c**……もとは糖尿病を測定するツールとして使われていましたが、人体をハッキングするバイオハッカーたちや、代謝学の研究者、機能性医学の実践者たちが10年ほど前に、代謝面での健康状態を示すマーカーとしてA1cを使い始めました。A1cは実は終末糖化産物（AGE）で、ヘモグロビン（酸素を運ぶタンパク質）がどれほど糖と結びついているか（糖化）を測る測定法なのです。A1c値が高ければ高いほど、炎症、糖化、代謝ストレスが多いという意味です。犬でも同じです。

▼**ダニ媒介感染症とフィラリア症の複合検査**……北米を含む世界の多くの場所で、シンプルにフィラリアだけを検査する時代は終わりました。ダニはどこにでもおり、フィラリア症よりも一般的な、致命的となりえる複数の病気を隠し持っています。ライム病などのダニ媒介感染症は、特定の地域で犬と人間の間で静かにまん延しています。かかりつけの獣医に、フィラリア症、ライム病、さらにはエーリキア症とアナプ

ラズマ症という2種類の菌種を診断する、SNAP 4Dxプラス（アイデックス・ラボラトリーズ製）またはAccuPlex4（アンテック・ダイアグノスティクス製）をお願いしてください。もしも、あなたの愛犬がライム病の診断検査の1つに陽性を示したら、暴露した経験があるという意味であり、ライム病にかかっているという意味ではありません。実際に研究によると、ほとんどの犬の免疫システムは、細菌に反応して取り除くという、本来すべきことをしているだけなのです。とはいえ約10％のケースでは、犬が実際に感染しており、細菌を除去できなくなっています。症状が出始める前にこうした犬を見つけだし、すぐに治療しなくてはいけません。ライム病への感染を、ライム病の病原体への暴露と識別する検査は、定量C6（QC6）血液検査と呼ばれています。QC6で愛犬がライム病の陽性であることがはっきりするまで、獣医に抗生物質を処方してもらってはいけません。何らかの理由で抗生物質を使うなら、本書で紹介したマイクロバイオームを構築する方法に必ず取り組んでください。ダニ媒介感染症を診断するこうしたシンプルな血液検査のどれかを、半年から1年に1回受けることをおすすめします（居住地域でこれらの病気がどれだけ猛威を振るっているかや、使用しているノミ・ダニ殺虫剤の強さや頻度によります）。天然成分のみの虫除けを使っているなら、強力な殺虫剤ほど効果はないため（毒性も低いですが）、検査の頻度を上げましょう。もし獣医に処方してもらったノミ・ダニ薬を使っているなら、毎年AccuPlex4かSNAP4DXプラスを行いましょう。そしてしっかり解毒してください！

備考…www.foreverdog.comでは、革新的なバイオマーカーやウェルネス診断検査、その他の検査に関するさらなる情報を掲載しています。

ビーフを使ったごはんの栄養分析

グラム	ポンド	オンス	パーセント	原材料
2,270.0	5.00	80.00	58.07%	牛ひき肉、赤身 93%、脂肪 7%、そぼろ状、フライパンで褐色になるまで加熱
908.0	2.00	32.00	23.23%	牛のレバー、蒸し煮で加熱
454.0	1.00	16.00	11.61%	アスパラガス、生
113.5	0.25	4.00	2.90%	ほうれん草、生
56.8	0.13	2.00	1.45%	ひまわりの種、乾燥
56.8	0.13	2.00	1.45%	ヘンプシード
25.0	0.06	0.88	0.64%	炭酸カルシウム
15.0	0.03	0.53	0.38%	タラの肝油、カールソン製、400IU/ 小さじ 1
5.0	0.01	0.18	0.13%	生姜、粉末
5.0	0.01	0.18	0.13%	ケルプミール、海藻、タイダル・オーガニックス製
3,909	**8.61**	**137.76**	**100.00%**	

主要栄養素分析 アトウォーター基準			
構成	配合どおり	乾物	% kcal
タンパク質	25%	66%	54%
脂質	9%	23%	42%
灰	2%	6%	
水分	63%		
繊維	1%	2%	
正味炭水化物	2%	4%	3%
糖類（限定的なデータ）	0%	1%	1%
でんぷん（限定的なデータ）	0%	0%	0%
合計			100%

主要栄養素情報	
レシピの合計キロカロリー	7,098
kical ／オンス	52
kcal ／ポンド	824
kcal ／日	342
レシピ回数、日数	20.7
kcal ／キロ	1,817
kcal ／キロ、乾物	4,863
1日に与えるグラム数	188
1日与えるオンス数	6.6

理想体重		10.0	ポンド						40.0				
		4.5	Kg						18.2				
活動レベル、FEDIAF 201	K ファクター	kcal/ 日	オンス / 日	グラム / 日	体重の%	カロリー / ポンド	カロリー /kg	回数 / 日	kcal/ 日	オンス / 日	グラム / 日	体重の%	カロリー / ポンド
成犬													
安静時エネルギー	70	218	4.2	120	2.6%	21.8	47.9	3.8	616	12.0	339	1.9%	15.4
成犬――屋内着席時	85	265	5.1	146	3.2%	26.5	58.2	4.7	748	14.5	412	2.3%	18.7
成犬――あまり活動的でない	95	296	5.7	163	3.6%	29.6	65.1	5.2	836	16.2	460	2.5%	20.9
成犬――活動的	110	342	6.6	188	4.2%	34.2	75.3	6.0	969	18.8	533	2.9%	24.2
成犬――より活動的	125	389	7.6	214	4.7%	38.9	85.6	6.9	1,101	21.4	606	3.3%	27.5
成犬――非常に活動的	150	467	9.1	257	5.7%	46.7	102.7	8.2	1,321	25.6	727	4.0%	33.0
成犬――使役犬	175	545	10.6	300	6.6%	54.5	119.9	9.6	1,541	29.9	848	4.7%	38.5
成犬――ソリ犬	860	2,677	52.0	1,473	32.5%	267.7	589.0	47.2	7,572	147.0	4,167	23.0%	189.3

ミネラル	AAFCI 2017　成犬——活動的				
	単位	最小	最大	レシピ	1日の量
Ca（カルシウム）	g	1.25	6.25/4.5	**1.57**	**0.54**
P（リン）	g	1.00		**1.66**	**0.57**
Ca: P ratio（割合）	:1	1:1	2:1	**0.95 : 1**	
K（カリウム）	g	1.50		**2.27**	**0.78**
Na（ナトリウム）	g	0.20		**0.41**	**0.14**
Mg（マグネシウム）	g	0.15		**0.22**	**0.08**
Cl（塩素）（USDAのデータなし）	g	0.30		**0.01**	**0.00**
Fe（鉄）	mg	10.00		**21.81**	**7.47**
Cu（銅）	mg	1.83		**19.02**	**6.51**
Mn（マンガン）	mg	1.25		**1.59**	**0.54**
Zn（亜鉛）	mg	20.00		**30.74**	**10.53**
I（ヨウ素）（USDAのデータなし）	mg	0.25	2.75	**0.475**	**0.16**
Se（セレン）	mg	0.08	0.50	**0.124**	**0.04**

ビタミン	AAFCI 2017　成犬——活動的				
	単位	最小	最大	レシピ	1日の量
ビタミンA	IU	1,250.00	62,500	**42940.13**	**14,704**
ビタミンD	IU	125.00	750	**252.63**	**87**
ビタミンE	IU	12.50		**12.90**	**4**
チアミン、B1	mg	0.56		**0.73**	**0.3**
リボフラビン、B2	mg	1.30		**5.24**	**1.8**
ナイアシン、B3	mg	3.40		**46.56**	**15.9**
パントテン酸、B5	mg	3.00		**11.95**	**4.1**
B6（ピリドキシン）	mg	0.38		**2.91**	**1**
ビタミンB12	mg	0.01		**0.099**	**0.034**
葉酸	mg	0.05		**0.432**	**0.148**
コリン	mg	340.00		**860.95**	**295**

脂質	AAFCI 2017　成犬——活動的			1000kcalごと	
	単位	最小	最大	レシピ	1日の量
合計	g	13.80	82.5	**47.06**	**16.11**
飽和脂肪酸	g			**15.89**	**5.44**
一価不飽和脂肪酸	g			**15.19**	**5.20**
多価不飽和脂肪酸	g			**7.11**	**2.43**
LA（リノール酸）	g	2.80	16.30	**5.12**	**1.75**
ALA（αリノレン酸）	g			**0.65**	**0.22**
AA（アラキドン酸）	g			**0.44**	**0.15**
EPA＋DHA（エイコサペンタエン酸＋ドコサヘキサエン酸）	g			**0.41**	**0.14**
EPA（エイコサペンタエン酸）	g			**0.18**	**0.06**
DPA（ドコサペンタエン酸）	g			**0.09**	**0.03**
DHA（ドコサヘキサエン酸）	g			**0.23**	**0.08**
オメガ6/オメガ3	:1		30:1	**5.25**	

アミノ酸	AAFCI 2017　成犬——活動的			1000kcalごと	
	単位	最小	最大	レシピ	1日の量
タンパク質合計	g	45.00		**135.74**	**46.48**
トリプトファン	g	0.40		**0.99**	**0.34**
トレオニン	g	1.20		**5.26**	**1.80**
イソロイシン	g	0.95		**5.98**	**2.05**
ロイシン	g	1.70		**10.84**	**3.71**
リシン	g	1.58		**10.69**	**3.66**
メチオニン	g	0.83		**3.40**	**1.17**
メチオニン - シスチン	g	1.63		**5.08**	**1.74**
フェニルアラニン	g	1.13		**5.69**	**1.95**
フェニルアラニン - チロシン	g	1.85		**10.06**	**3.44**
バリン	g	1.23		**6.97**	**2.39**
アルギニン	g	1.28		**9.09**	**3.11**

七面鳥ドッグフード・レシピ

animaldiet FORMULATOR

レシピ原材料

アイテム	グラム	ポンド	オンス	パーセント
七面鳥、ひき肉、赤身 85%、脂質 15%、そぼろ状にフライパンで焼く	2,270.00	5.00	80.07	51.23%
牛のレバー、蒸し煮をして加熱	908.00	2.00	32.03	20.49%
芽キャベツ、加熱済み、塩分無しで茹でて水気を切る	454.00	1.00	16.01	10.25%
インゲン、サヤインゲン、グリーンピース、冷凍、あらゆるスタイル、未調理	454.00	1.00	16.01	10.25%
エンダイブ、生	227.00	0.50	8.01	5.12%
サーモンオイル、ワイルドサーモンオイルブレンド、オメガアルファ	50.00	0.11	1.76	1.13%
炭酸カルシウム	25.00	0.06	0.88	0.56%
ビタミン D3、400IU/G	3.00	0.01	0.11	0.07%
ポタシウム、ソラレー製、カプセル 1 つに 99 Mg、1G=1 カプセル	25.00	0.06	0.88	0.56%
クエン酸マグネシウム、1 錠につき 200 Mg、1G=1 錠	3.00	0.01	0.11	0.07%
マグネシウムキレート、10 Mg	1.00	0.00	0.04	0.02%
亜鉛、30 Mg、錠剤	4.00	0.01	0.14	0.09%
ヨウ素、ホールフーズ製、1 カプセルにつき 360 mcg	7.00	0.02	0.25	0.16%
ビタミン E 400IU、1 gm = 1 カプセル、ブルーボネット製	0.13	0.00	0.00	0.00%
合計	**4,431.13**	**9.77**	**156.30**	**100.00%**

主要栄養素分析

自然の食物に含まれる栄養素には、時にかなりのばらつきがあります。
栄養含有量は概算として使用してください。

構成	配合どおり	乾物	% kcal
タンパク質	19.33%	54.01%	39.78%
脂質	11.23%	31.36%	56.1%
灰	2.52%	7.05%	
水分	64.2%		
繊維	0.71%	1.99%	
正味炭水化物	2%	5.59%	4.12%
糖類（限定的なデータ）	0.24%	0.67%	0.49%
でんぷん（限定的なデータ）	0.16%	0.44%	0.32%
合計			100%

主要栄養素情報

レシピの合計キロカロリー	7,538.38
kcal ／オンス	48.23
kcal ／ポンド	771.67
kcal ／日	2,068.33
レシピ回数、日数	3.64
kcal ／キロ	1,701.20
kcal ／キロ、乾物	2,108.97
1 日に与える量（グラム）	1,215.80
1 日与える量（オンス）	42.89
ケトン比（g 脂質 /(g タンパク質 + g 正味炭水化物)）	0.53

ミネラル

	単位	最小	最大	レシピ	1日の量
Ca（カルシウム）	g	1.25	0.00	1.54	3.19
P（リン）	g	1.00	4.00	1.45	3.00
Ca: P ratio（割合）	ratio	1 : 1	2 : 1	1.06 : 1	
K（カリウム）	g	1.25	0.00	1.79	3.70
Na（ナトリウム）	g	0.25	0.00	0.37	0.77
Mg（マグネシウム）	g	0.18	0.00	0.22	0.45
Cl（塩素）（USDAのデータなし）	g	0.38	0.00	0.00	0.00
Fe（鉄）	mg	9.00	0.00	15.33	31.71
Cu（銅）	mg	1.80	0.00	17.85	36.92
Mn（マンガン）	mg	1.44	0.00	2.16	4.47
Zn（亜鉛）	mg	18.00	71.00	33.62	69.53
I（ヨウ素）（USDAのデータなし）	mg	0.26	0.00	0.33	0.69
Se（セレン）	mg	0.08	0.14	0.15	0.32

ビタミン

	単位	最小	最大	レシピ	1日の量
ビタミンA	IU	1,515.00	100,000.00	39,965.19	82,661.27
ビタミンC	mg	0.00	0.00	12.02	24.85
ビタミンD	IU	138.00	568.00	242.30	501.16
ビタミンE	IU	9.00	0.00	9.00	18.62
チアミン、B1	mg	0.54	0.00	0.62	1.29
リボフラビン、B2	mg	1.50	0.00	5.03	10.41
ナイアシン、B3	mg	4.09	0.00	45.14	93.37
パントテン酸、B5	mg	3.55	0.00	13.10	27.10
B6（ピリドキシン）	mg	0.36	0.00	2.75	5.70
ビタミンB12	mg	0.01	0.00	0.09	0.19
葉酸	mg	0.07	0.00	0.41	0.86
コリン	mg	409.00	0.00	749.15	1,549.50
ビタミンK1（最小データ）	mg	0.00	0.00	158.03	326.87
ビオチン（最小データ）	mg	0.00	0.00	0.00	0.00

アミノ酸

	単位	最小	最大	レシピ	1日の量
タンパク質合計	g	45.00	0.00	113.65	235.07
トリプトファン	g	0.43	0.00	1.32	2.72
トレオニン	g	1.30	0.00	5.00	10.34
イソロイシン	g	1.15	0.00	5.08	10.51
ロイシン	g	2.05	0.00	9.56	19.78
リシン	g	1.05	0.00	9.55	19.76
メチオニン	g	1.00	0.00	3.16	6.54
メチオニン - シスチン	g	1.91	0.00	4.61	9.53
フェニルアラニン	g	1.35	0.00	4.83	9.99
フェニルアラニン - チロシン	g	2.23	0.00	8.91	18.43
バリン	g	1.48	0.00	5.70	11.80
アルギニン	g	1.30	0.00	7.65	15.83
ヒスチジン	g	0.58	0.00	3.33	6.89
プリン	mg	0.00	0.00	0.00	0.00
タウリン	g	0.00	0.00	0.02	0.05

脂質

	単位	最小	最大	レシピ	1日の量
合計	g	13.75	0.00	66.00	136.52
飽和脂肪酸	g	0.00	0.00	15.85	32.79
一価不飽和脂肪酸	g	0.00	0.00	19.03	39.35
多価不飽和脂肪酸	g	0.00	0.00	15.42	31.90
LA（リノール酸）	g	3.27	0.00	12.96	26.80
ALA（αリノレン酸）	g	0.00	0.00	0.76	1.56
AA（アラキドン酸）	g	0.00	0.00	0.69	1.42
EPA + DHA（エイコサペンタエン酸＋ドコサヘキサエン酸）	g	0.00	0.00	2.12	4.38
EPA（エイコサペンタエン酸）	g	0.00	0.00	1.28	2.64
DPA（ドコサペンタエン酸）	g	0.00	0.00	0.04	0.08
DHA（ドコサヘキサエン酸）	g	0.00	0.00	0.84	1.74
オメガ6/ オメガ3	ratio			4.75 : 1	

ブリーダー候補に聞くべき20の質問

遺伝子検査および健康診断

①母親犬は、その犬種にとって現在適切とされるＤＮＡ検査をすべて受けましたか？（犬種ごとの検査リストは www.dogwellnet.com に記載されています）

②父親犬は、その犬種にとって現在適切とされるＤＮＡ検査をすべて受けましたか？

③アメリカの動物整形外科財団（ＯＦＡ）によるスクリーニング検査で、両親犬の股関節形成不全（またはペンヒップ）、肘、膝蓋骨の結果はどうでしたか？

④影響のある犬種の場合、ＯＦＡの甲状腺データベースに母親犬、父親犬の甲状腺検査の結果を最後に登録したのはいつですか？

⑤その犬種に必要である場合、母親犬と父親犬は眼科医の検査を受けたことがあり、結果は伴侶動物眼科登録（ＣＥＲＦ）またはＯＦＡに報告されていますか？

⑥ブリーダーが、この母親犬と父親犬の組み合わせを繁殖させることで対処／修正／改善しようとしている、犬種に関連した問題はありますか？

エピジェネティクス

⑦ 母親犬と父親犬の食事のうち、未加工または最小限の加工がされた食べ物が占める割合は何％ですか？

⑧ 母親犬と父親犬のワクチン接種のプロトコル（スケジュールや種類）はどのような状況ですか？

⑨ 当該子犬のワクチン・プロトコルは、計算図表（子犬にとってどの日のワクチン接種が効果的かを見極めるための母親犬の抗体価検査）を用いて決めていますか？

⑩ 両親犬にはどのくらいの頻度で殺虫薬（フィラリア、ノミ、ダニ用の局所または経口の薬）を使っていますか？

社会化、発達初期段階、ウェルネス

⑪ 子犬を新しい家に引き渡す前にブリーダーが設けている初期の社会化プログラム（生後0～63日）は何ですか？

⑫ 繁殖契約では、子犬を特定の年齢までに避妊または去勢させることを求めていますか？

⑬ もし求めている場合、不妊手術条項に精管切除や子宮摘出の選択肢が含まれていますか？

⑭ 契約書は、子犬のトレーニング教室に飼い主が一緒に出席することを求めていますか？

⑮ その犬種に適切な場合、子犬は生後6～8週間の間に獣医眼科に診てもらっていますか？

⑯ 子犬は、新しい家に引き渡される前に、ブリーダーのかかりつけ獣医で基本的な健康診断を受けていますか？ 子犬が何歳のときに引き渡されますか？

透明性

⑰ ブリーダーは、(直接またはビデオ通話で) 自宅または施設を訪問するのを許してくれますか？ また、身元照会の連絡先をくれますか？

⑱ 飼い主が子犬を維持できなくなった、または受け入れがうまくいかなかった場合、ブリーダーはいつでも子犬を引き取ってくれますか？

⑲ 飼い主がサポートを必要とした場合、ブリーダー（またはそのネットワークにいる誰か）は手を差し伸べてくれますか？

⑳ 子犬引き受け時に受け取る種類一式には、左記のすべてが含まれますか？

▼契約書

▼アメリカン・ケンネルクラブまたは適切な場所への登録用紙か、すでに登録済みの場合は登録証
▼適切な場合は、その他の血統登録（例えばオーストラリアン・シェパード・クラブ・オブ・アメリカなど）
▼一胎子登録
▼当てはまる場合は、子犬の眼科検査結果のコピー
▼獣医による子犬の健康状態の概略（初めての診察以降の診察記録）
▼母親犬の健康証明書（ＤＮＡ検査の結果のコピーを含む）
▼父親犬の健康証明書（ＤＮＡ検査の結果のコピーを含む）
▼母親犬と父親犬の写真
▼役立つ情報（おすすめの給餌スケジュール、おすすめのワクチン・プロトコル、免疫がついたか確認するための抗体価検査を行うべき日、トレーニングに関する情報）

生の骨のルール

歯ごたえのいいグラノーラを食べたからといって人間の歯垢が取れないのと同じように、歯ごたえのいいごほうびを与えたからといって、愛犬の歯垢が取れるわけではありません。それなのにいまだに、カリカリが愛犬の歯を「磨いてくれる」ものだと信じられています。磨きません！　これは、恥知らずなマーケティングの策略なのです。犬の歯から歯垢を取り除くには、3つの方法があります。獣医がプロの技術できれいにする（口のなかをきれいにするにはもっとも効果的ですが、通常は麻酔が必要となります）、あなたが毎晩、夕食後に磨いてあげる（おすすめです）、そして愛犬が噛むことで自力で歯垢を除去するように働きかける（「機械的な研磨」と呼ばれています）。犬が生のおやつ用の骨、とりわけ軟骨や柔らかい肉がついたものを噛むとき、歯はブラシとフロスをかけたのと同じ状態になります。しかも、あなたがやってあげるのではなく、犬が自力でやってくれるのです。ある研究では、犬に生の骨を与えると、大臼歯、第一および第二小臼歯からほとんどの歯垢と歯石が3日以内に除去されることがわかりました！　こうした骨は、犬がかじるのが大好きなため「おやつ用の骨」と呼ばれていますが、噛み砕いて飲み込むものではありません。また、かなりたくさんの使用ルールもあります。

近所の独立系ペットショップの冷凍コーナーに行けば、さまざまな生の骨が見つかるはずです。知識豊富なスタッフが、あなたの犬にぴったりな大きさの骨を選ぶのを手伝ってくれるでしょう。もし独立系のペットショップが地元になければ、近くの精肉店かスーパーマーケットの精肉コーナーに行けば、（蒸したり燻製したり茹でたり焼いたりしたものではなく）生の足先の骨が見つかるはずです（スープ用の骨として冷蔵食品か冷凍食品のコーナーにあるかもしれません）。骨を家に持ち帰ったら、冷凍庫で保存しましょう。そして愛犬に与えるときに1本ずつ解凍します。一般的には、大型の哺乳類（牛、野牛、シカ）の足先の骨がもっとも安全です。その他のアドバイスとしては……

▼愛犬の頭のサイズに合った大きさの骨を選ぶ。骨が大きすぎるということはありませんが、小さすぎることは確実にありえます。骨が小さすぎると喉につまらせる危険性があり、（歯の損傷を含め）口内を著しく傷つけてしまう可能性もあります。

▼もし愛犬が歯の修復治療やクラウンをしている場合、あるいは歯にヒビが入っていたり柔らかかったりする場合（かなりの高齢犬）、おやつ用の骨を与えないでください。

▼犬が骨を噛んでいるときは、絶対に目を離さないでください。犬がひとりで骨を持って部屋の隅に行ってしまわないようにします。

▼多頭飼いをしている家では、おやつ用の骨を与える前に、けんかをしないよう犬を離してください。このルールは、犬同士がカジュアルな友達のような関係でも、親友のような関係でも当てはまります。大切なものを守ろうと威嚇する「リソースガーディング」をする犬には、骨を与えるべきではありません。ひと通り噛み終わったら骨を集めます（最初は15分がいいでしょう）。

▼骨髄は脂肪が豊富で、愛犬の毎日のカロリー摂取に加えることもできます。膵炎を患っている犬は、骨髄を食べてはいけません。胃が弱い犬は、骨髄を食べすぎると下痢になる可能性があるので、愛犬の胃腸管が脂質の高いおやつに慣れるまで、骨髄は掻き出してから与えるか、最初は1日15分な

ど噛む時間を短くするかしましょう。太り気味の犬や脂肪分の低い骨が必要な犬には、骨髄があらかじめ取り除かれた生の骨を与えるのもいいでしょう。

▼生の骨を犬がかじると、床がかなり汚れる可能性があります。そのため多くの人は、屋外で与えたり、熱湯と洗剤で掃除がしやすい場所で与えたりしています。また、どんな骨であれ加熱した骨を与えてはいけません。

追加情報

最新情報については、www.foreverdog.com をご参照ください。

リハビリ専門家を見つけるためのリソース

▼ケーナイン・リハビリテーション・インスティテュートの卒業生を探せるサイト：www.caninerehabinstitute.com/Find_A_Therapist.html

▼カナダ理学療法士協会：www.physiotherapy.ca/divisions/animal-rehabilitation

▼アメリカ・リハビリテーション獣医協会のオンライン名簿：www.rehabvets.org/directory.lasso

▼ケーナイン・リハビリテーション認定プログラムの卒業生を検索：www.utvetce.com/canine-rehab-ccrp/ccrp-practitioners

トレーニングおよび素行に関する情報

- Certification Council for Professional Dog Trainers (CCPDT): www.ccpdt.org
- International Association of Animal Behavior Consultants (IAABC): www.iaabc.org
- Karen Pryor Academy: www.karenpryoracademy.com
- Academy for Dog Trainers: www.academyfordogtrainers.com
- Pet Professional Guild: www.petprofessionalguild.com
- Fear Free Pets: www.fearfreepets.com
- American College of Veterinary Behaviorists: www.dacvb.org

子犬向け早期プログラム

- Avidog: www.avidog.com
- Puppy Culture: www.shoppuppyculture.com
- Enriched Puppy Protocol: https://suzanneclothier.com/events/enriched-puppy-protocol/
- Puppy Prodigies: www.puppyprodigies.org

機能性獣医学を実践するコンシェルジュ・ウェルネス・サービス

- College of Integrative Veterinary Therapies: www.civtedu.org
- American Veterinary Chiropractic Association: www. animalchiropractic.org

- ▶ International Veterinary Chiropractic Association: www.ivca.de
- ▶ American College of Veterinary Botanical Medicine: www. acvbm.org
- ▶ Veterinary Botanical Medicine Association: www.vbma.org
- ▶ Veterinary Medical Aromatherapy Association: www.vmaa.vet
- ▶ American Academy of Veterinary Acupuncture: www.aava.org
- ▶ International Veterinary Acupuncture Society: www.ivas.org
- ▶ International Association of Animal Massage and Bodywork: www.iaamb.org
- ▶ American Holistic Veterinary Medical Association: www.ahvma.org
- ▶ Raw Feeding Veterinary Society: www.rfvs.info

足りない栄養を自力で加える「補足給餌」について

アメリカのペットフードはすべて、パッケージに「栄養強調表示」と呼ばれるものを掲示する必要があります。ラベルでの強調に関する規制がないカナダやその他の国に住んでいる人は残念ながら、購入するフードが、栄養面で充分かを自力で調べる必要があります。アメリカにおいて、「栄養補助食または間食用」とラベルに書かれたフードは、栄養面で完全ではないという意味になります。犬が必ず食事で摂取しなければならない非常に重要なビタミンとミネラルが、そのフードには含まれていないのです。みなさんの居住地がどこであれ、市販のペットフードのラベルに栄養適正表示がなく、そのメーカーが（ＡＡＦＣＯ、ＮＲＣ、ＦＥＤＩＡＦに照らし合わせて）完全な栄養分析を提供できないなら、そのフードは、愛犬が毎日摂取する必要のある栄養価を満たしていないと考えるべきでしょう。それでも、加工温度、純度、全原材料の調達源をチェックして問題がなければ、おやつ、ごほうび、トッピング、成犬の一時的で短期的な食事（ごはん7回のうち1回、14回のうちの2回）として使うのにぴったりです。こうした不完全食は、常にそれだけを唯一の食事として与えるようにつくられているわけではありません。しかし問題は、それなのにそのように使われていることです。そしてそれが、犬が長生きするための道のりを邪魔する、あらゆる問題を引き起こしています。

重要な酵素反応の補因子として機能し、カギとなるタンパク質の生成を促進する、非常に重要なビタミンとミネラルが欠乏すると、犬の体は細胞レベルで最適な機能をしなくなり、それがやがて代謝や生理的なストレスになります。最終的に、病気は避けられなくなります。問題は、将来的に長寿でギネス世界記録を目指すなど、まったく無理なほど愛犬の体が衰弱してしまうときまで、微量栄養素の不足は外側に兆候が出てこないことです。誰もが、何を食べさせたらいいのかわからなくなっており、しかも最近は経済的に深刻な制約があるケースもよくあります。私たちも、それは心から理解できます。しかしこのシナリオのおかげで、ペットフード・メーカーはタイムリーな解決策を消費者に提供する絶好の機会を手にしています。つまり、（生か加工を最小限に抑えた原材料をしっかりと配合した総合栄養食、つまりより高価な食事を意図してつくっている多くのブランドと比べて）新鮮ではあるもののバランスを欠いた安いドッグフードを提供することです。市販されている生の「ひき肉」状のフード（肉、骨、内蔵を混ぜたもの）や、その他の調理済みか、低温乾燥、フリーズドライになった肉と野菜の「基本ミックス」のなかには、「次世代のさらに次の世代のペット・ペアレント」と言える、知識が超豊富で数学にも怖気づかない飼い主にとって、良い選択肢になるものもあります。こうしたミックスは、お財布にやさしいのです。トッピングやごほうびとして使うのにも優れています（愛犬の1日の摂取カロリー10％以内）。

このような、バランスの取れていないフードを愛犬の日々のごはんのベースに使いたいなら、必要な栄養価をすべて満たす必要があります。バランス食になるようにあなたがきちんと計算さえすれば（もちろん計算機を使って）、愛犬にとって最高のフードになる可能性を秘めた、小ロットのドッグフードをつくっているマイクロ企業はたくさんあります。透明性の高い会社は、自社の（栄養面でバランスの取れていない）フードの栄養分析をウェブサイトからＰＤＦでダウンロードできるようにしています。この情報を生フードのスプレッドシートに流し込み、現在受け入れられている栄養基準（www.foreverdog.com に掲載）と比較し、どの栄養素を加えるべきか判断できます。私たちのコミュニティにいる次世代のさらに次の世代のペット・ペアレントの多くが、この方法を取っています。こうすれば、バランスの取れた新鮮なフードをわずかな資金で与えることができます。完全にヒューマングレードで栄養面でも適切な食べ物をもっとも安く愛犬に与える方法としては、大規模セールの時期に購入する、生協に加入する、まとめ買いする、栄養面で完璧になるレシピを自宅で手づくりする、です。ただこれは、私たちが知っている多くの人にとって、なかなか実行できるものではありません。

もしバランスの取れていない市販のドッグフードを自力でバランスの取れたものにしようとするなら、足りない栄養価がどれかだけでなく、毎日最低限必要な栄養を満たすためにどのくらい加えればいいかをきちんと割り出してくれることを、愛犬はあなたに依存することになります。「補足給餌」「足りない栄養素を自力で補足して愛犬のごはんにする」は、悪いものではありません。むしろ、正しく計算して適切に実行すれば、生の原材料の加工程度と品質によっては、お財布にかなりやさしくなる可能性もあります。とはいえ、ペットフードのこのカテゴリーには、何よりも大切なことがあります――そのメーカーの企業倫理です。その企業は、自社製品の栄養分析テスト結果を、どのくらいの透明度で公開していますか？　これは、補足給餌として使うフードをどのくらいの期間であれ（単に主要長寿トッピングや時々与えるような軽いフード以上に）与える前に、投げかけるべき非常に重要な質問です。ほとんどどのペットフード・カテゴリーにも、「補足給餌」用のドッグフード・ブランドがあります（通常は、いかなる栄養強調表示もしていないものがこのカテゴリーに当てはまります）。これには、ファーマーズ・マーケットやペットショップ、大型小売店、オンラインなどで購入できる、マイクロ企業が出している生フード・ブランドの多くや、軽く調理された数種類のフードなどが含まれます。恐らく、このカテゴリーのマイナス面にみなさんはすでに気づいているのではないでしょうか……。

「獲物モデル」のひき肉状のフード――肉8割、骨1割、内臓1割を土台とするミックスや、生の部分が含まれるフード、あるいは「祖先が食べていたタイプのドッグフード」――をつくっているメーカーの多くは、バランスの取れていないこうしたフードに、どのような原材料またはサプリをどれだけ加えれば、栄養のバランスが取れるのかを記したリストを提供していません。さらに悪いことに、不足を補うために計算しようと、カスタマーサービスから必要な生データを入手することでさえ、難しかったり不可能だったりすることもあります。ドッグフードを売っている企業のなかには、なかに何が入っているかの情報を提供してくれない企業もあります。これはつまり、自社製品であるフードの栄養成分を知らないか、あるいは購入者に知ってほしくないという意味であり、恐ろしいことです。実はなかには、自社が出しているフレーバーやタンパク質を犬の飼い主がすべてローテーションして使いさえすれば、やがて最低限の必要栄養量を満たすはずだと大げさに宣伝している会社もあります。それが果たして、愛犬の必要栄養量を満たすのに実行可能な方法なのかという証拠を決して示すことなく。これについて、獣医たちは非常に腹立たしく思っています。というのも、通常はそんなことはないからです。バランスの取れていない多種多様な食べ物を、何もわからずにローテーションすることによる問題は、愛犬が栄養不足のままになるという点です。あまり加工されていない、新鮮あるいは生のフードを食べているにもかかわらず、健康が芳しくない動物を目にするもっともよくある理由の1つが、これです。新鮮な食べ物なのに、不完全なのです。

「当社のフードのバランスを取るには、ケルプとオメガ3脂肪酸を加えてください」のような、自社製品の栄養バランスの取り方について不明瞭なアドバイスしかしていないメーカーのフードを与える際は、気をつけてください。「時間をかけてローテーション」（複数の種類の肉、骨、内臓をローテーションさせる）というのもまた、獣医が非常に腹立たしいと考える栄養コンセプトです。なぜなら、それが果たして微量栄養素の必要量を満たしているのかを示せる人や企業は、ほぼいないからです。これは、ほとんどの人が考える以上に大きな問題です。獣医の多くはすでに、自分のクライアントが、超加工でかなり精製された「食べ物のような粒」（フレッシュフードの提唱者、イアン・ビリングハースト博士はカリカリをそう呼んでいます）から離れようとして、「従来的でない代替え的なフード・カテゴリー」を実験的に使っていることについて、不満を抱えています。自分の愛犬は、必要な栄養素を少なくともたいていの場合、きちんと食べられている、と心から断言できないなら、適正に配合されていないこうした市販のフードは、週2回（14回の食事のうち2回）か、または主要トッピング（カロリーの10％）として毎日与えるかにしておきましょう。www.freshfoodconsultants.

org の名簿に載っている専門家は、こうした製品のバランスを取る手伝いをしてくれます。または、www.petdietdesigner.com のスプレッドシートを使うのもいいでしょう。

次世代のさらに次の世代のペット・ペアレントの多くはまた、最低限の必要栄養量を満たす「肉つき生骨」（RMBD）や「骨と生食」（オンラインではBARF、バーフという表現が多く見られます）の手づくり版をマスターしています。このスタイルのフードは、獲物を模してさまざまな肉、骨、腺、内臓を混ぜ合わせるものですが、生食のバランスを取るためにスプレッドシートがたくさんつくられており、そうしたものを活用すればバランスの悪さは回避できます。

備考…本書で記述した内容に関する参照リストは、引用したかった情報源や論文の量が非常に多かったためにそれだけで大作になってしまったことから、オンライン www.foreverdog.com に移しました。こうすることで、常に最新状態に保つこともできます。本書に記述した一般的な主張については、キーボードを少し叩けばオンライン上で出典やエビデンスをみなさん自身で見つけられるはずです。その際には、専門家によって検証された、ファクトチェック済みの信用できる情報を掲載する、評判の良いウェブサイトをみなさんが使ってくれることを願います。この点は、健康と医療に関してとりわけ重要です。購読契約せずに使える、医療雑誌を検索できる最良のサーチエンジンには、次のようなものがあります。備考として www.foreverdog.com に記載した参照元の多くが、そうしたサーチエンジンを活用したものです。pubmed.gov（医療雑誌の記事のオンライン・アーカイブで、アメリカの国立衛生研究所の国立医学図書館が運営）、sciencedirect.com およびその兄弟サイトであるシュプリンガーリンク（SpringerLink）の link.springer.com、コクラン・ライブラリー（Cochrane Library）の cochranelibrary.com、さらには最初の検索のあとの補助的な検索に使うのに最適なサーチエンジン、グーグル・スカラー（Google Scholar）の scholar.google.com

です。こうした検索エンジンが使うデータベースには、エンベース（Embase、エルゼビアが所有）、メドライン（Medline）、メドライン・プラス（MedlinePlus）などがあり、世界中で行われた査読済みの研究を数百万件も網羅しています。本書では、特に注目を集めた研究についてはすべて盛り込むようにし、対話をより突き詰める必要があるところにはさらに情報を追加しました。こうしたリストは、さらなる調査に向けた出発点として使ってください。また、私たちのウェブサイト www.foreverdog.com で最新情報も忘れずに確認してください。

索引

【英字】

【ア行】

【カ行】

【サ行】

【タ行】

【ナ行】

【ハ行】

【ヤ行】

【マ行】

【ワ行】

【ラ行】

著者紹介

ロドニー・ハビブ
RODNEY HABIB

ペット・ヘルスに関してもっとも高い人気を誇るフェイスブック・ページ「Planet Paws」の創始者。ブロガーや講演家としても活躍しており、ドキュメンタリー「The Dog Cancer Series: Rethinking the Canine Epidemic」（犬のがん・シリーズ：犬の流行病を再考）の製作者でもある。ハビブによる学びの多いオンライン動画は、世界中で数百万回再生され、シェアされており、ペットの健康に関してもっとも人気で魅力あふれる専門家の一人として評判になっている。

カレン・ショー・ベッカー
KAREN SHAW BECKER

ペットが元気いっぱいの健康をつくるための常識的でよく考えられたアプローチは、世界中の数百万人というペット愛好家によって受け入れられており、「SNSでフォロワー数がもっとも多い獣医」として知られる。小動物専門の臨床獣医としてキャリアを築いてきたほか、執筆や講師業でも幅広く活動。さらに、健康志向のさまざまな組織でウェルネス・コンサルタントとしても活躍している。

訳

松丸さとみ

翻訳者・ライター。学生や日系企業駐在員としてイギリスで6年強を過ごす。現在は、フリーランスにて翻訳・ライティングを行っている。保護犬を迎え入れるつもりだったがなぜか気づいたら保護猫の里親となり、ただいま新米下僕として奮闘中。訳書に『LISTEN』（日経BP)、『限界を乗り超える最強の心身』（CCC メディアハウス)、『FULL POWER 科学が証明した自分を変える最強戦略』（サンマーク出版）などがある。

監修

山下翠

駿台予備学校講師。『生物 [生物基礎・生物] 入門問題精講』（旺文社）など著書多数。

装丁　　　稲永明日香
校閲　　　鷗来堂
編集　　　臼杵秀之

THE FOREVER DOG

愛犬が元気に長生きするための最新科学

2024年7月19日　初版　第1刷発行
2024年11月1日　初版　第2刷発行

著者　　　ロドニー・ハビブ　カレン・ショー・ベッカー
　　　　　クリスティン・ロバーグ
訳者　　　松丸さとみ
監修　　　山下翠

発行者　　品川泰一
発行所　　株式会社　ユーキャン学び出版
　　　　　〒151-0053　東京都渋谷区代々木1-11-1
　　　　　Tel 03-3378-2226
発売元　　株式会社自由国民社
　　　　　〒171-0033　東京都豊島区高田3-10-11
　　　　　Tel 03-6233-0781（営業部）
印刷・製本　シナノ書籍印刷株式会社

※正誤等の情報につきましては、下記「ユーキャンの本」ウェブサイトでご覧いただけます。
https://www.u-can.co.jp/book/information
※落丁・乱丁その他不良の品がありましたらお取り替えいたします。
お買い求めの書店か自由国民社営業部（Tel 03-6233-0781）へお申し出ください。

Printed in Japan ISBN 978-4-426-61587-1